国家科学技术学术著作出版基金资助出版

材料科学技术著作丛书

非晶晶化粉末冶金钛合金

杨 超 李元元 著

科学出版社

北 京

内 容 简 介

本书是一部介绍非晶晶化粉末冶金钛合金制备理论与实践的材料科学专著。全书共10章，首先介绍高强钛合金和非晶晶化理论的研究与应用现状。然后介绍非晶/晶态合金粉末的烧结致密化机制和致密化原子扩散系数，系统阐述粉末物性参数与烧结工艺参数等致密化影响因素、致密化定量化评估物理量、烧结致密化机制三者之间的内在关联，并对其中涉及的多组元粉末非晶化机制等理论进行介绍。在此基础上，重点介绍固态烧结和半固态烧结高强钛合金的超细晶和双尺度结构形成机制、微观组织演化与力学性能调控机制，进而分析其强化机制，并对其中涉及的合金成分设计准则等理论进行介绍。最后系统分析粉末原料的非晶含量和非晶粉末的晶化机制对烧结钛合金组织性能的影响机理，阐释采用非晶粉末原料和基于非晶晶化理论制备高强钛合金的必要性。

本书适合从事结构钛合金研究的科研人员参考阅读，也可供材料科学与工程、冶金工程等相关专业的本科生、研究生及相关人员参考阅读。

图书在版编目(CIP)数据

非晶晶化粉末冶金钛合金 / 杨超，李元元著. —北京：科学出版社，2020.7

(材料科学技术著作丛书)

ISBN 978-7-03-064453-4

Ⅰ. ①非… Ⅱ. ①杨… ②李… Ⅲ. ①超细晶粒-钛合金-粉末冶金-研究 Ⅳ. ①TF125.2

中国版本图书馆CIP数据核字(2020)第027603号

责任编辑：牛宇锋 / 责任校对：王萌萌
责任印制：吴兆东/ 封面设计：蓝正设计

科 学 出 版 社 出版
北京东黄城根北街16号
邮政编码: 100717
http://www.sciencep.com

北京虎彩文化传播有限公司 印刷
科学出版社发行 各地新华书店经销

*

2020年7月第 一 版 开本：720 × 1000 B5
2022年1月第二次印刷 印张：19 3/4
字数：378 000

定价：120.00元

(如有印装质量问题，我社负责调换)

《材料科学技术著作丛书》编委会

序 言

作为一种全新的高性能金属材料，非晶合金突破了传统金属几千年来化学成分和拓扑结构的有序主导，具有传统金属材料不具备的多种优异特性，例如，非晶合金是最硬、最强和断裂韧性最高的金属材料之一，也是最容易加工成形、最耐蚀、耐磨的金属材料之一。此外，非晶合金还具有宽过冷液相区、软磁、大磁熵和蓄冷效应等独特的物理性质。因此，非晶合金在电力、电子、兵器、航空、航天、体育和医疗器械等高技术和民用领域有重要的应用。纵观非晶合金近 60 年的发展历程，突破合金的低非晶形成能力，获得更大尺寸的非晶合金及其复合材料，寻求适合其工程化应用的特定场景，始终是领域内瞄准的“卡脖子”难题。非晶合金的尺寸取决于其制备技术和成分设计。熔体甩带法可制备微米级非晶合金带材；固态反应非晶化可制备非晶合金粉末与薄膜；通过成分设计，铜模铸造技术可制备毫米级块状非晶合金。需要指出的是，非晶合金熔体凝固制备技术的每次新突破，总是伴随着合金非晶形成能力的提高，以及新的非晶合金体系的发现。

粉末烧结技术可望突破合金低非晶形成能力对冷却速率的限制，利用非晶合金粉末过冷液相区内的超塑性和易成形性，制备出更大尺寸的非晶合金及其复合材料。澄清多组元粉末的非晶化机制、非晶合金粉末的烧结致密化机制、非晶合金粉末的晶化机制等科学问题，可为形成块状非晶合金的粉末烧结制备技术提供有益的探索和理论基础。

众所周知，超细晶及其双尺度结构金属材料不但兼具高强度和大塑性，还具有尺度与界面效应决定的高硬度和优异耐磨性，以及高晶界表面能带来的优异的生物相容性。抑制晶粒的过度生长，获得界面清洁、晶粒尺寸可控、组织分布可控、界面可控、性能优异的超细晶及其双尺度结构，一直是领域内共同关注的科学和技术难题。根据经典的晶粒形核长大理论，控制热力学和动力学条件，可有效抑制晶粒过度生长。近 20 年来关于块状非晶合金的成分设计研究表明，高度密堆的原子结构也可有效抑制晶粒的形核和长大，从而有利于获得超细晶及其双尺度结构。非晶晶化法(退火非晶条带或块状非晶合金)可制备界面清洁、晶粒可调控(纳米晶到超细晶)的块状晶态合金。然而，我们往往很难通过熔体凝固制备技术在高强高塑的晶态合金成分中获得块状非晶合金。幸好，固态反应非晶化可在高强高塑的晶态合金成分中制备出非晶合金粉末。以上两方面因素成为粉末冶金技术制备超细晶及其双尺度结构的独特优势。遗憾的是，国内目前关于非晶合金粉末烧结的书籍还很少，这和快速发展的非晶合金领域不相适应。目前迫切需要一本内容全面、系统的非晶合金粉末烧结方面的专著。

杨超教授和李元元教授根据非晶合金和粉末冶金学科的发展趋势，开展了非晶合金粉末烧结方面的系统化研究，在固态烧结和半固态烧结非晶合金粉末制备超细晶和双尺度钛合金方面取得了系列成果。他们将这些最新研究结果结合国内外的发展状况，撰写成这本专著。该专著系统概括了多组元合金粉末成分设计理论和非晶化机制、非晶合金粉末的烧结致密化机制，提出了基于非晶晶化的固态/半固态烧结制备新技术，确立了非晶粉末晶化机制与粉末烧结晶化块状合金之间的内在关联，介绍了系统化的超细晶及其双尺度结构粉末烧结制备技术。

该著作内容全面、系统而深刻，获得国家科学技术学术著作出版基金资助，是适用于非晶合金和粉末烧结研究及其知识普及和应用的重要著作。相信该专著将对材料科学与工程、冶金工程等领域的研究者、技术人员、教师及学生了解非晶晶化粉末冶金钛合金产生积极的作用，能进一步推动相关领域科学研究在国内的发展和创新。

中国科学院院士

中国科学院物理研究所研究员

广东松山湖材料实验室主任

汪卫华

2020年2月

前　言

金属材料的成分-制备工艺-组织结构-力学性能关系及其制备过程的热力学和动力学，是材料科学与工程、冶金工程等领域的重要研究方向。根据经典的霍尔-佩奇(Hall-Petch)关系，晶粒细化则金属材料强度增大。然而，有限的位错储存和加工硬化能力导致纳米晶材料难以兼顾塑性要求。目前普遍接受的观点为，超细晶(100～1000nm)及其双尺度结构在提高强度的同时兼具塑性。与粗晶材料相比，细晶材料还具有尺度与界面效应决定的高硬度和优异耐磨性，以及高晶界表面能带来的优异的生物相容性。毋庸置疑，如果能探索出一种新的超细晶及其双尺度结构制备方法，将具有极其重要的科学和工程意义。

非晶晶化法(退火非晶条带或块状非晶合金)可制备界面清洁、晶粒可调控(纳米晶到超细晶)的块状合金。该方法通常包括非晶合金的铸造法制备和退火晶化两个过程。形成块状非晶合金的前提条件通常包括高度密堆的原子结构、多个组成相的合金成分，以及高冷却速率的制备工艺，因此高强高塑的合金成分往往很难通过铸造法获得块状非晶合金。粉末冶金技术在成分设计、微观结构和组织性能调控等方面具有高度灵活性，可突破冷却速率的限制，在制备超细晶及其双尺度结构方面具有独特的优势。尤其，非晶合金粉末在其宽过冷液相区内具有超塑性和易成形性，形核长大具有热力学和动力学均匀性，基于成分设计和烧结工艺优化可调控其晶粒的形核长大机制，这为采用粉末冶金技术烧结非晶合金粉末制备高性能块状合金提供了科学依据。有鉴于此，作者将课题组 15 年来采用粉末烧结+非晶晶化制备高性能钛合金的研究成果系统化，撰写成书，希望能促进相关领域科学研究的发展和创新。

本书是作者在国家自然科学基金项目(编号：U19A2085；51574128；50801028)、国家重点基础研究发展计划(973 计划)前期研究专项(编号：2010CB635104)、广东省基础与应用基础研究重大项目(编号：2019B030302010)、广东省重点领域研发计划项目(编号：2020B090923001)、广东省自然科学基金项目(编号：2015A030312003；S2013010012147)、教育部新世纪优秀人才支持计划项目(编号：NCET-11-0163)、华南理工大学杰出人才培养计划等项目的支持下，带领 20 余名研究生和课题组成员共同努力 15 年的科研结晶，因此本书在诸多方面具有一定的原创性和探索性。全书共 10 章：第 1 章概述高强钛合金的研究现状；第 2 章概述非晶晶化理论及其应用现状；第 3 章论述机械合金化多组元粉末的非晶化机制；第 4、5 章重点论述非晶/晶态合金粉末的烧结致密化机制和致密化原子扩散系数，为通过调控粉末烧结工艺制备高强钛合金材料提供了重要的理论指导；第 6～8 章重点论述固态烧结和半固态烧结非晶合金粉末制备的超细晶和双尺度钛合金，聚焦于其合金成分-烧结工艺-微观组织-力学性能的相互关系，进而从定性与定量的角度阐释其强化机制；第 9、10 章论述粉末非晶含量和非晶合金粉末晶化机制对烧结钛合金组织性能的影响机理，阐释采用非晶粉末原料和基于非晶晶化理论制备高性能钛合金的必要性。

感谢课题组所有硕士和博士研究生为本书研究工作做出的贡献。另外，本书引用了许多国内外知名学者的研究成果，作者在此一并表示诚挚的谢意。

对于本书的不足和疏漏之处，恳请读者批评指正。

杨　超　李元元

2020 年 2 月

目　　录

第 1 章　高强钛合金的研究现状

1.1　钛与钛合金简介

钛，是一种重要的金属元素，其物理和化学性质如图 1.1 所示。钛在元素周期表中的原子序数为 22(第 4 周期，第ⅣB 族)，具有银白色金属光泽，密度为 4.507g/cm^3，熔点为 1660℃，沸点为 3287℃，具有熔点高、密度小、强度大、延展性好等多种优良特性，是一种重要的工业材料。

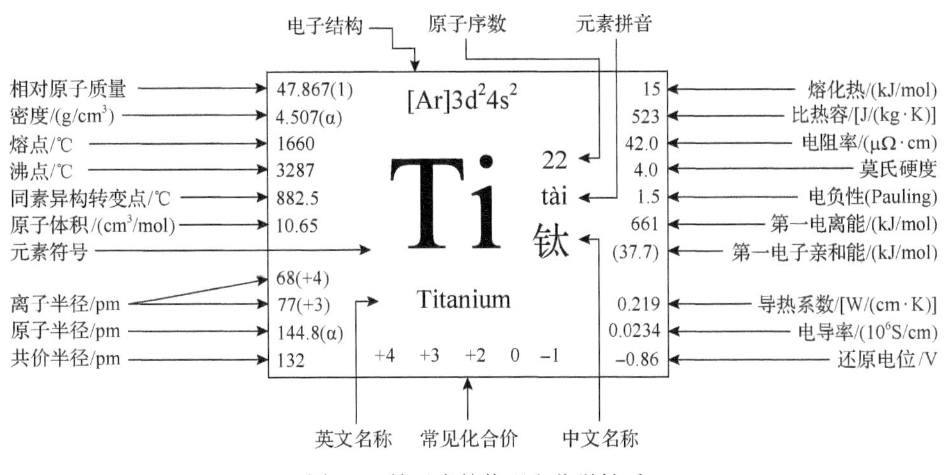

图 1.1　钛元素的物理和化学性质

钛合金，是指以钛元素为基础，添加单种或多种其他元素制备形成的新型合金。钛的活性较高，大多数元素均可与其互相作用，形成连续固溶体、有限固溶体、金属化合物、共价化合物、离子化合物等。合金元素可以通过改变其同素异构转变点和相组成等，达到优化其性能的目的。

1.1.1　钛的起源和发展

1791 年，英国牧师格雷戈尔(W. Gregor)在黑磁铁矿(铁钛矿)中首次发现了钛元素，并用发现地将其命名为“莫纳金尼特”(Menaccanite)。1795 年，德国化学家克拉普罗特(M.H. Klaproth)在对金红石(TiO_2)的研究中，确定了钛元素的存在，并以希腊神话中奥林匹斯众神统治前的世界主宰者泰坦(Titans)将其命名为“钛”(Titanium)。直至 1910 年，美国科学家亨特(M.A. Hunter)才首次用金属钠还原

$TiCl_4$制取了金属纯钛，即金属钠还原法(又称亨特法)。1932年，卢森堡科学家克劳尔(W.J. Kroll)用金属钙还原制备了金属纯钛。随后在1940年，克劳尔利用金属镁还原$TiCl_4$制备了金属纯钛，即金属镁还原法(克劳尔法)。金属镁还原法的生产过程安全性高，质量更优，是目前工业化生产海绵钛的最重要方法。1948年，美国率先利用金属镁还原法对钛进行工业化生产。紧随其后，日本在1952年、英国在1953年、苏联在1956年先后开始生产海绵钛，钛的工业化应用之路从此开启。

我国钛工业早在1954年就开始起步，1955年用金属镁还原法制备出了海绵钛，1956年开始钛渣试验，1958年正式进入工业生产阶段，生产出了钛锭、钛管、钛板等原材料和型材。我国钛工业发展至今，大致可分为三个阶段：创业期(1952～1978年)，成长期(1979～2000年)，崛起期(2001年至今)。图1.2为不同形式存在的钛。

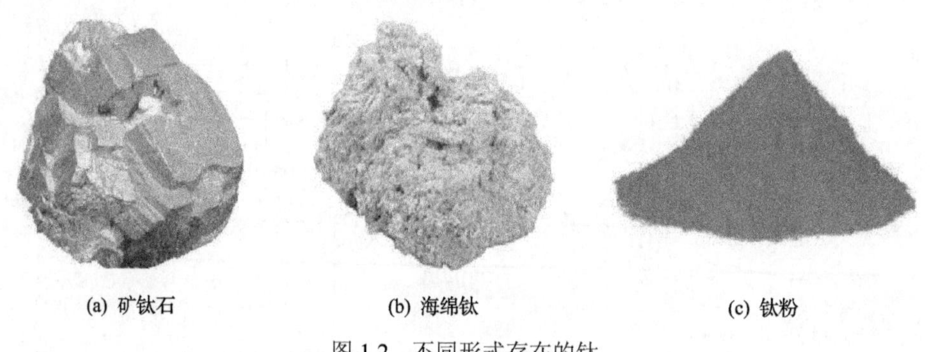

(a) 矿钛石　(b) 海绵钛　(c) 钛粉

图1.2　不同形式存在的钛

2010年，我国海绵钛的产量首次突破10万t。2012年，我国钛锭的产量突破10万t，基本满足了国内航空航天、交通运输、生物医疗、石油化工、海水淡化、体育休闲、装备制造等行业对钛的需求，但我国钛工业也存在“高端钛供不应求且依赖进口，低端钛严重过剩且不断淘汰”的窘境。自2015年以来，我国海绵钛产量出现大幅度下降趋势，钛锭产量也停止增长，钛工业正面临着供需平衡、由“量”的发展转向“质”的追求的巨大变革和飞跃。

1.1.2　钛与钛合金粉末制备技术

随着钛工业的不断发展，运用粉末冶金法制备钛合金零部件逐渐显示出其独特的优势。粉末冶金法制备钛合金是制取钛和钛合金粉末作为原料，再经过烧结、压制等方法将粉末加工成形零件的一种工艺，是钛合金近净成形技术的重要组成部分。钛合金粉末冶金技术具有材料利用率高、切削少、效率高的特点，在一定程度上可避免铸造所产生的成分偏析、组织不均匀等缺陷。

1. 钛粉末制备技术

目前世界上常见的钛粉生产方法有：氢化脱氢法、导电体介入反应法、阿姆斯特朗工艺、预成型还原法、高能球磨法、金属氢化物还原法、连续熔盐流法、等离子氢还原法、气相还原法、气雾化法等[1]。其中，氢化脱氢法具有操作简单、成本低等特点，是钛粉生产的最常用方法。

氢化脱氢法是将海绵钛吸氢后产生的脆性氢化钛，通过机械法粉碎，在真空高温条件下脱氢制取纯钛粉的一种工艺。氢化脱氢工艺流程如图 1.3 所示，在真空容器中将海绵钛和纯化后的氢气混合氢化，钛的氢化反应开始后能够吸收大量的氢气，氢气进入钛的晶格中，导致其脆性增加，进而在保护气氛中对氢化钛进行球磨粉碎制备出要求粒度的氢化钛粉末。随后，对氢化钛粉末进行脱氢处理，获得纯钛粉末。

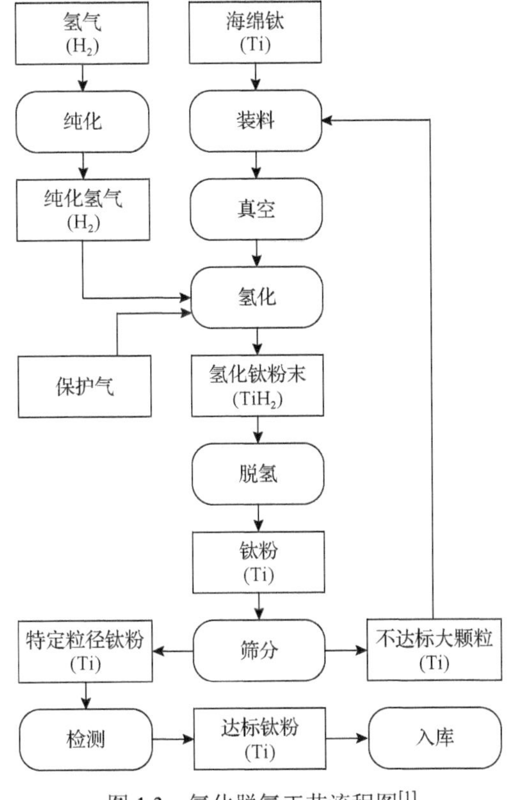

图 1.3 氢化脱氢工艺流程图[1]

2. 钛合金粉末制备技术

目前制备钛合金粉末的方法有：等离子旋转电极法、电子束旋转盘法、真空雾化法、气雾化法、快速冷凝法、机械合金化法等[2]。机械合金化法能快速获得活化钛合金粉末，其示意图如图 1.4 所示。在机械合金化法制备钛合金粉末的过程中，首先将钛粉和其他金属粉按照所需比例置于球磨罐中混合，然后通过球磨机的转动或振动，不断地碰撞、挤压金属粉末，使之反复产生形变、断裂、冷焊、扩散，最终达到粉末合金化的目的。

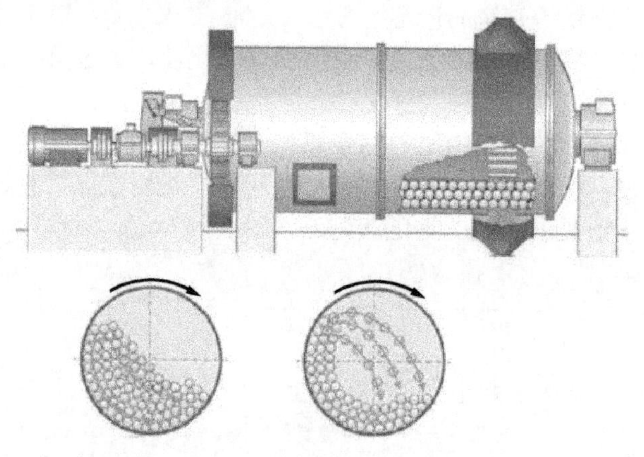

图 1.4 机械合金化法制备钛合金粉末示意图

1.1.3 钛合金的分类

钛具有两种同素异构结构，即 α 相与 β 相，其同素异构转变点约为 882℃。当温度低于相变温度时，钛具有密排六方(hexagonal close packed，hcp)结构，被称为 α 钛(α-Ti)；当温度高于相变温度时，钛具有体心立方(body-centered cubic，bcc)结构，被称为 β 钛(β-Ti)。同素异构转变的存在使钛合金具有迥异的特性和应用，因此可以用多种方法对其进行分类。

1. 按组织结构进行分类

利用钛的同素异构特点，在钛合金中加入不同的相稳定元素，使相变温度和相成分含量呈现出差异。根据室温条件下获得不同的基体组织，可将钛合金分为以下三大类：α 钛合金、β 钛合金和 α+β 钛合金，其牌号分别用 TA、TB 和 TC 表示。其常见分类如表 1.1 所示。

(1)α 钛合金。α 钛合金是由 α 相固溶体组成的单相钛合金，无论常温下还是较高的温度下，其均为单一 α 相，密度小，组织结构稳定，抗氧化性能好，耐磨性优于纯钛。α 钛合金在高温(500～600℃)下，仍然有良好的强度和抗蠕变性能，能够进行热处理强化，具有良好的耐热性。α 钛合金通常焊接性能良好，有好的超低温、室温、高温性能。

表 1.1　钛合金的分类及特点

分类		成分特点	显微组织特点	性能特点	典型合金
α钛合金	全α型合金	含有 6%以下的铝和少量的中性元素(Zr、Sn)	退火后，除杂质元素造成的少量β相外，几乎全部为α相	密度小，热强性好，间隙元素含量低，有好的超低温韧性	TA1～TA7，TA7ELI
	近α型合金	除铝和中性元素外，还有少量(≤4%)的β稳定元素	退火后，除有大量的α相之外，还有少量(体积分数 10%左右)β相	可热处理强化，有很好的热强性和热稳定性，焊接性能良好	Ti-75，TA12
	α+化合物型合金	在全α型合金的基础上添加少量的活性共析元素	退火后，除有大量的α相之外，还有少量的β相及金属间化合物	有沉淀硬化效应，提高了室温及高温抗拉强度和蠕变强度，焊接性良好	TA8
α+β钛合金		含有一定量的铝(＜6%)和不同量的β稳定元素及中性元素	退火后，有不同比例的α相及β相	可热处理强化，强度及淬透性随β稳定元素含量的增加而提高；可焊性好，一般冷成形及冷加工能力差；TC4ELI 合金有良好的超低温韧性，β稳定元素加工的 TC4ELI 合金有良好的损伤容限性能	TC3～TC12，TC4ELI
β钛合金	热稳定β型合金	含有大量β稳定元素，有时还有少量其他元素	退火后，全部为β相	室温强度较低，冷成形和冷加工能力强，在还原介质中耐蚀性较好，热稳定性、可焊接性好	TB7
	亚稳定β型合金	含有临界浓度以上的β稳定元素，少量的铝(一般≤3%)和中性元素	从β相区固溶处理(水淬或空冷)后，几乎全部为亚稳定β相。时效时，β相中析出α相，时效后为β相和α相	固溶处理后，室温强度低，冷成形和冷加工能力强，可焊接性好；经时效后，室温强度高，在高屈服强度下具有高的断裂韧性，在 350℃以上热稳定性差，此类合金淬透性好	TB1～TB5，TB8～TB9
	近β型合金	含有临界浓度左右的β稳定元素和一定量的中性元素及铝	从β相区固溶处理后有大量亚稳定β相，还有少量其他亚稳定相(α′或ω)，时效后为β相和α相	除有亚稳定合金的特点外，β相区固溶处理后，屈服强度低，均匀伸长率高。α+β相区固溶处理、水淬或空冷，时效后在高强度状态下断裂韧性及塑性较高，而α+β相区固溶处理、炉冷后在中强度状态下，可获得高的断裂韧性和塑性	TB6，TB10

(2)β 钛合金。β 钛合金是由 β 相固溶体组成的单相钛合金，在室温下具有很高的强度，在淬火、时效处理后，性能可以得到进一步提高。β 钛合金冷成形性能好，但其热稳定性能较差，不宜在高温条件下使用。

(3)α+β 钛合金。α+β 钛合金是双相钛合金。此种合金具有良好的综合性能，组织稳定性好，塑性、韧性和高温变形能力优异，能够进行热压力加工，淬火、时效处理可使其性能得到进一步强化。α+β 钛合金热稳定性略次于 α 钛合金，可在 400～500℃条件下稳定工作。

(4)新型结构钛合金。随着对钛合金的研究不断深入，钛合金的其他结构和组织也逐渐被研究人员所熟知，如双尺度钛合金及钛基复合材料等，其特性正逐渐被研究和利用[3]。

2. 按性能特点进行分类

众所周知，钛具有十大特性：①密度小，强度高，比强度大；②耐热性能好；③耐蚀性能优异；④低温性能好；⑤无磁；⑥热导率小；⑦弹性模量低；⑧抗拉强度与屈服强度接近；⑨在高温下容易被氧化；⑩抗阻尼性能低。此外，钛具有三种特殊的功能：①形状记忆；②超导；③储氢。根据其性能特点，可以将钛合金分为结构钛合金、耐热钛合金、耐蚀钛合金、低温钛合金、功能钛合金等几类。

(1)结构钛合金。结构钛合金是指具有一定力学性能的非高温用钛合金，多为α+β 钛合金和亚稳定 β 钛合金。此类钛合金的强度和断裂韧性高，成形性好，可热处理强化，可作为一般结构件使用。除了低强度钛合金主要用于耐蚀合金方面外，普通强度(约 500MPa)钛合金、中等强度(约 900MPa)钛合金、高强度(1100MPa 以上)钛合金等都广泛用于航空航天等领域。此外，由于钛合金具有弹性模量低的特点，经过对其成分和制备手段调控后，能得到模量与人体骨骼相匹配且生物相容性好的生物医用钛合金。

(2)耐热钛合金。耐热钛合金是指能够在较高温度下长期工作的钛合金，多为α+β 钛合金和近 α 钛合金，在室温下，有良好的塑性、抗蠕变性能和热稳定性；在其工作温度范围内，有较好的瞬时和持久强度；在室温与高温下，具有好的抗疲劳性能。

(3)耐蚀钛合金。耐蚀钛合金是指能够在腐蚀介质中稳定工作的钛合金。钛的氧化膜使其具有钝性，其在氧化性介质中的耐蚀性优于其在还原性介质中的表现。合金化处理可提高钛在还原性介质中的耐蚀能力。目前表现出比较优异耐蚀性的钛合金种类有钛钼合金、钛钯合金、钛镍合金、钛钼镍合金、钛钽合金等。

(4)低温钛合金。低温钛合金是指能够在低温条件下稳定服役的钛合金，多为α 钛合金和 α+β 钛合金。随着温度的降低，此类钛合金的强度反而会有所增加，而韧性下降不明显，可以作为低温条件下使用的结构件材料。

(5)功能钛合金。功能钛合金指利用钛的三种特殊功能而开发出的相应合金体系。记忆钛合金多指钛镍合金，其变形后在一定温度条件下，能够恢复初始形状；超导钛合金多指钛铌合金，其制成导线后，在温度下降到接近热力学零度时，会失去电阻，电流通过时不会产生额外消耗；储氢钛合金多指钛铁合金，能够大量吸收氢气，储存过程相对安全，并可以在一定条件下将氢气释放。

3. 按应用领域进行分类

钛具有诸多突出的优点，被人们称为“太空金属”“海洋金属”等，在国防军工和国民经济中具有广泛而重要的用途。根据其在各行业的使用情况，可以大致分为以下几类：

(1)航空航天用钛合金，如图 1.5 所示。航空航天是钛及钛合金的主要应用领域，其用量约占世界总用钛量的一半。有数据显示，飞机每减重 1kg，其使用费用可以节约 220～440 美元[4]。对火箭来说，减重可以达到减轻发射重量、增加射程、节省费用等目的。在航空领域，主要用钛的部位有：航空发动机的机匣、风机叶轮、机座、压气机匣、叶轮、集气管，飞机机身结构件、机翼结构件、高压油管、尾翼结构件、舱门、座椅导轮、起落架等。在航天领域，主要的用钛部位有：火箭发动机叶轮、燃料箱、压力容器、火箭喷嘴套管、输送泵、星箭连接带，人造卫星外壳、天线，载人飞船船舱、起落架、推进系统等。

(a) F-15战斗机钛合金发动机隔板

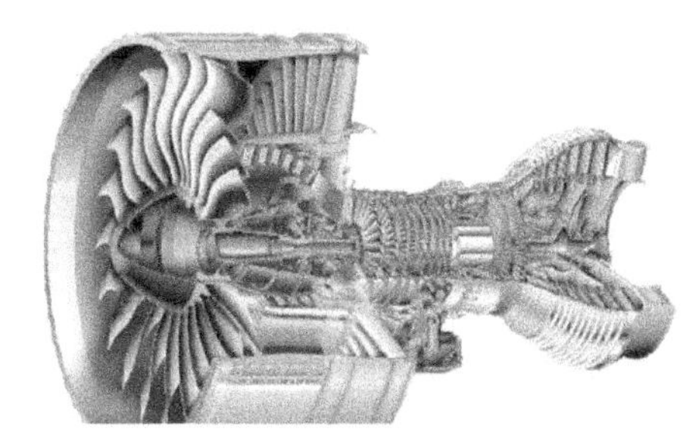

(b) 航空发动机钛合金部件

图 1.5　航空航天用钛合金

(2)化工用钛合金。化工用钛主要是利用钛的抗腐蚀性能，以纯钛居多。化工用钛是我国用钛量最大的领域，约占我国用钛量的一半左右。在化工领域主要用钛部位有：氧化塔、反应釜、蒸馏塔、储槽、热交换器、泵、阀、管道、电极等。

(3)体育休闲用钛合金，如图 1.6 所示。体育休闲用钛是目前极为活跃的一个领域，各种新型钛合金不断运用于此。在我国，体育休闲用钛合金使用规模约占全国用钛量的五分之一。目前主要的产品有：高尔夫球杆头与球杆、钓具、自行车、滑雪板、手表、眼镜架、相机、钛画板等。

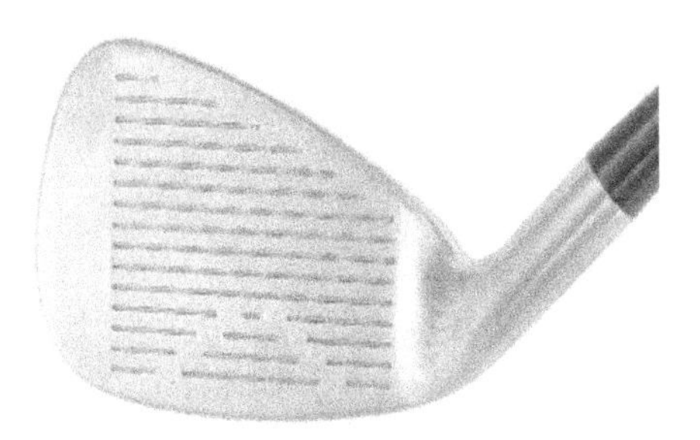

(a) 钛合金高尔夫球杆头

(b) 钛合金眼镜架

图 1.6　体育休闲用钛合金

(4)电力用钛合金。电力用钛合金主要利用钛的抗腐蚀能力，尤其是在海滨的电站，对防腐具有极高的要求。在电厂，主要用钛的部件有：蒸汽轮机转子叶片、凝气管，海滨电站海水进出口衬钛管和衬钛板，火电站烟囱钢钛复合板等。

(5)生物医用钛合金，如图1.7(a)所示。钛和钛合金耐腐蚀性强、化学性能稳定、无磁性、无毒性，其弹性模量和膨胀系数与人体骨骼相匹配，因而具有极佳的生物相容性，在生物医用领域逐渐替代不锈钢、Co-Cr 合金等，开辟了钛又一应用领域。目前生物医用钛的零件主要有：人体骨骼、牙齿、心脏起搏器、心血管支架、各种手术器械等。

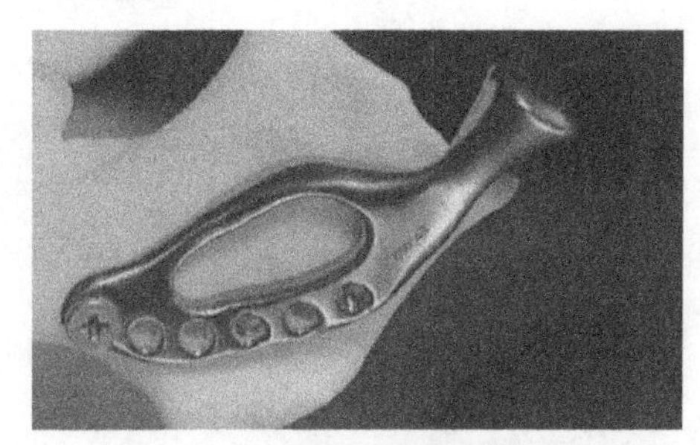

(a) 人造钛合金骨骼

(b) 国家大剧院建筑用钛合金

图1.7 生物医用及其他领域用钛合金

(6)其他领域用钛合金。除了上述领域外，钛合金还在海水淡化、船舶、建筑、交通运输、冶金，以及其他高技术领域被广泛应用。钛合金耐蚀性能使其在船舶、建筑等传统领域大放异彩，如图1.7(b)所示；因其密度小、比强度高等特点也被广泛应用于交通运输等领域；在高新技术方面，随着钛合金性能的开发和成型技术的改进，已逐步应用于大型激光器、磁悬浮列车等高精尖领域。

4. 按晶粒尺寸进行分类

按照晶粒尺寸分，钛合金又可以分为传统铸造粗晶钛合金(＞1000nm)和细晶钛合金(＜1000nm)。随着对钛合金的不断深入研究，钛合金有着向微纳尺度发展的趋势。依照晶粒尺寸，细晶钛合金又可分为：超细晶钛合金(100～1000nm)、纳米晶钛合金(1～100nm)和多尺度钛合金(多种尺度同时存在)三大类[5]。对于这三类钛合金会在后面几节进行介绍。

1.2 细晶钛合金

近年来，材料行业对于超细晶和纳米晶金属材料的讨论和研究越来越广泛和深入。由于晶粒尺寸的改变，晶粒排列方式、晶格结构等产生了一系列的变化，材料将产生小尺寸效应、表面与界面效应、量子尺寸效应、宏观量子隧道效应等粗晶材料所不具备的特殊效应。细化晶粒至细晶尺度，不仅会改善材料的综合力学性能，物理化学特性也将发生变化。正因如此，细晶钛合金研究与开发有着重要的意义和应用前景。

1.2.1　细晶钛合金的主要制备方法

1. 快速凝固法

快速凝固一般指以大于 10^5～10^6K/s 的冷却速率由液相凝固为固相的过程，是一种非平衡的凝固过程，通常生成亚稳相(非晶、准晶、微晶和纳米晶)。快速凝固是近几十年来凝固技术的重要进展之一，广泛用于细晶材料的制备。目前常用的快速凝固途径有：动力学急冷法(模冷技术、雾化技术、表面熔化与沉积技术)、热力学深过冷法(大体积液态金属深过冷技术、微小金属液滴深过冷技术、其他形状液态金属深过冷技术)、快速定向凝固法(提高固液界面温度梯度技术、提高过冷度技术)。但在实际应用中，往往会多种技术手段交叉结合使用，以获得所需要的晶粒组织。钛合金由于具有特殊的化学活性，熔炼过程极易氧化和受杂质的污染，所以针对快速凝固法制备钛合金的相关研究开展比较晚。

不同的快速凝固法机理不同：动力学急冷法是设法减小同一时刻凝固的熔体体积与其散热表面积之比，并设法减小熔体与冷却介质的界面热阻，通过提高环境的导热能力，增大热流的导出速率可以使凝固界面快速推进，从而实现快速凝固；热力学深冷法是通过各种有效的净化手段避免或消除金属或合金液中的异质晶核的形核作用，增加临界形核功，抑制形核，使得液态金属或合金获得在常规凝固条件下难以达到的过冷度；而快速定向凝固法则是在快速凝固法的基础上通过控制温度梯度或过冷度实现按要求的结晶取向进行凝固。

2. 剧烈塑性变形法

剧烈塑性变形法是利用材料加工过程中产生的剧烈塑性变形对晶粒进行细化，从而制备出超细晶或纳米晶材料的一种技术手段。剧烈塑性变形法可获得完整的大尺寸块状试样，且通过在变形过程中微观组织的控制，可以同时获得具有高强度与大塑性的块状细晶材料。

目前常用的制备块体细晶材料的剧烈塑性变形方法主要有以下几种：高压扭转、等径角挤压变形、累积叠轧、多向锻造、搅拌摩擦加工、反复锻造-压直等[6]。其中，高压扭转与等径角挤压变形是目前研究最热最多的两种方法。剧烈塑性变形作为一种独特的以组织性能控制为目的的塑性加工方法，已在 TC4、TiNbZrTa、TiNbZrSn 等系列钛合金材料的制备中获得了细晶材料。剧烈塑性变形法制备微纳米材料的变形细化机制比较复杂，目前还没有统一的理论解释，争论比较多的有三种晶粒细化机制[7]：形变诱导晶粒细化、热机械变形细化和粒子细化。

3. 热氢处理法

热氢处理法是一种先进的热处理手段，尤其是在钛合金的制备方面，对于其晶粒组织细化有着突出的作用。热氢处理法是通过置氢-除氢的方法来代替传统的升温-降温热处理，有效地降低了钛合金高温下的流变应力和成形温度，解决了钛合金不适用传统热处理的问题，实现了晶粒细化。据此还衍生出氕处理法，同样也能够制备细晶钛合金，提升其综合力学性能[8]。热氢处理法已在 TC4、TiAl 等系列钛合金得到应用，并成功制备出性能优异的细晶材料。

热氢处理法的主要机理，一是通过相变直接使 β(H) 相发生共析反应生成 α 相和氢化物细晶组织。二是氢元素降低了钛合金 β 转变温度，使钛合金在固溶淬火后获得 α′马氏体、α″马氏体和亚稳 β 相等亚稳相，亚稳相会在随后分解成更细小的细晶组织。三是氢化物对位错产生钉扎作用，阻碍了热处理过程中再结晶过程，在真空除氢时，随着氢化物的分解，再结晶过程逐渐恢复，并且由于热氢处理引入了大量缺陷又进一步促进了再结晶过程，产生的马氏体相也为晶粒异质形核提供了有利条件，组织得以细化、等轴化。

4. 热处理法

热处理法是通过调整热处理参数，改变热处理工艺，使粗晶材料在热处理过程中发生相变并细化晶粒组织的方法。热处理方法是较为传统的细晶手段之一，其可控性和操作性良好[9,10]。热处理法的主要机理是：通过调节升温速度、加热温度、保温时间等参数，控制粗晶或非晶材料的形核率和晶核生长速率，从而降低晶粒尺寸，最终制备出细晶材料。

5. 热机械处理法

热机械处理法是一种在高温下对合金进行热加工，即机械加工（如锻造、挤压、轧制等）与热处理工艺复合而成的处理方法[11]。这种方法通过大塑性变形的同时进行动态再结晶过程，产生了细小且均匀的组织。在这一过程中，随着变形温度的降低和应变速率的提高，晶粒将更加细化；而通过对工艺的调整，使部分晶粒发生回复再结晶，可以得到双尺度钛合金。

热机械处理法的机理是：在塑性变形过程中同步进行热处理，使晶粒发生动态再结晶并细化。双尺度金属材料的制备，是利用其中一部分变形得到的纳米晶粒，通过回复或者再结晶长大成较为粗大的晶粒[12]。

6. 粉末冶金法

粉末冶金法是一种典型的近终形、短流程制备加工技术，可以实现材料设计、制备与成型一体化。粉末冶金法可自由调控材料结构，从而精准调控材料性能，既可用于制备陶瓷、金属材料，也可制备各种复合材料。它能获得熔炼、铸造法等其他方法难以获得的全新的合金。目前常用的制备块状细晶材料的粉末冶金法主要有以下几种：压制烧结、热等静压烧结、放电等离子烧结等。

放电等离子烧结(spark plasma sintering，SPS)是一种集强电场、应力场和温度场为一体的成形固结方法，其系统示意如图 1.8 所示，经常被用来制备具有高熔点的合金材料，获得传统熔铸等方法所不能制得的新结构。由于脉冲电流在粉末颗粒间复杂的作用机理，等离子体可加速原子和离子的输送等质量传输过程，促进颗粒间烧结颈的形成和生长，从而促进粉末的致密化。放电等离子烧结时间极短、升温和降温速率极快，可在很大程度上抑制晶粒的长大，合成的材料微观结构可控性高，不需要后热处理。放电等离子烧结技术是纳米和超细晶高强韧块状合金材料制备的首选加工技术之一。

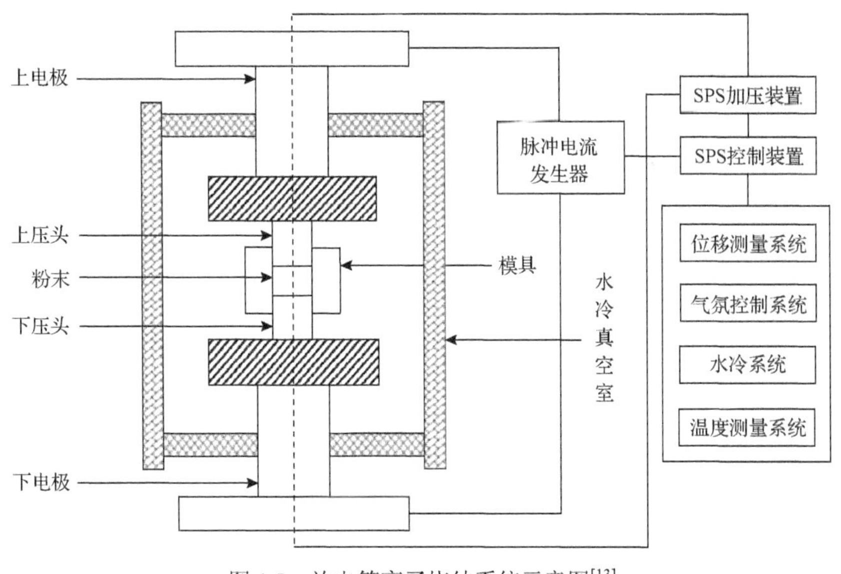

图 1.8　放电等离子烧结系统示意图[13]

1.2.2　细晶钛合金的结构及特性

1. 超细晶钛合金

一般来说，晶粒尺寸为 100～1000nm 的钛合金被称为超细晶钛合金，如图 1.9

所示。早在1906年Wilma就发现了超细晶增强现象[14]，并在1919年提出并证实了超细晶增强模型[15]。近年来，超细晶材料因其优异的特性，即室温下的高强度和高温下的超塑性等优异性能而受到广泛关注。研究人员在如何制备超细晶材料，特别是在保证超细晶材料具有较高强度的前提下，改善其室温塑性方面开展了大量的研究，并且提出了一系列改善超细晶材料室温塑性的方法[11]。

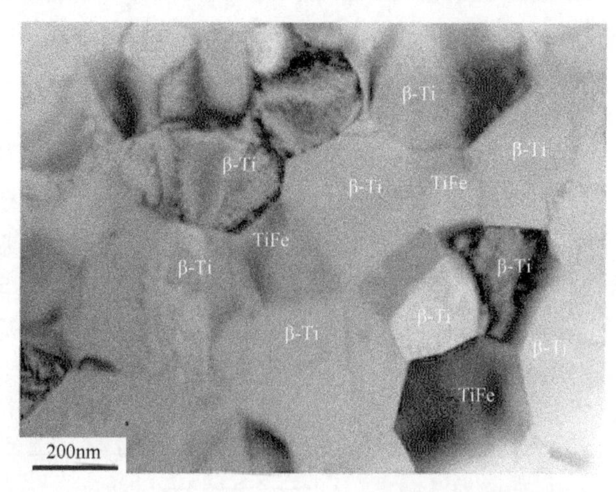

图1.9 双β型医用TiNbZrTaFe等轴超细晶结构透射电镜图

超细晶钛合金通常具有优异的性能，组织较为均匀。超细晶钛合金强度高，但室温下伸长率较低，通常为10%左右。国内外学者普遍认为超细晶材料室温塑性偏低主要是由其本身的固有特性决定的，即超细晶、纳米晶材料具有较差的加工硬化能力以及较低的应变速率硬化能力，导致其均匀变形能力较差，容易出现变形局域化，引发塑性失稳并导致低应变断裂。超细晶钛合金断裂的主要表现形式为在拉伸变形中屈服后即发生颈缩，进而引起低均匀塑性变形及在变形中形成较大尺度的宏观剪切带。变形在剪切带内的高度局域化，会导致裂纹在剪切带内迅速形核、扩展并导致最终试样宏观断裂。此外，受制备工艺的限制，超细晶材料中往往存在缺陷，如孔洞、杂质等，这也是导致其室温塑性差的一个重要原因。

2. 纳米晶钛合金

一般来说，晶粒尺寸为1～100nm的钛合金被称为纳米晶钛合金，如图1.10所示。传统的结构钛合金强度极限通常只略高于1000MPa，伸长率只有10%～15%，而使用快速凝固法制备的纳米晶结构钛合金强度可超过2000MPa。由于纳米晶材料具有极其高的晶界体积分数，其物理性能、力学性能及化学性能有别于传统的粗晶材料。自从Gleiter[16]第一次定义了纳米材料这个概念后，近二十年间在全球材料科研工作者中掀起了一股纳米材料的研究热潮。

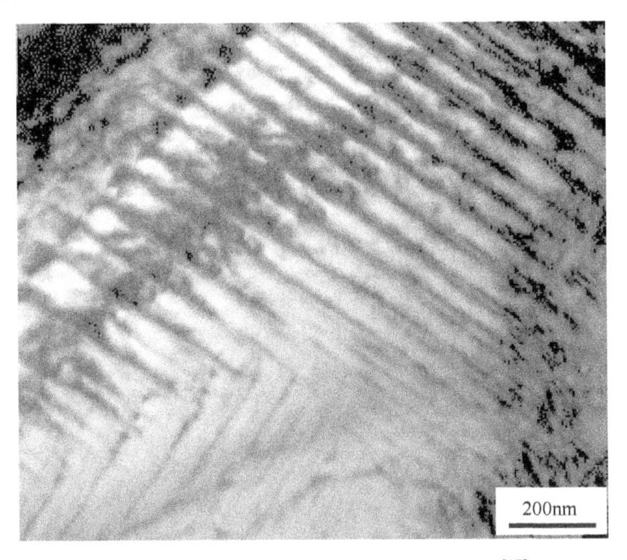

图 1.10　纳米结构 Ti-Cu-Ni-Sn-Nb 合金[17]

根据经典的霍尔-佩奇公式，细化晶粒是提高金属材料强度尤其是屈服强度的一个重要手段。这是因为晶体材料在发生塑性变形时，屈服强度主要与滑移能否在相邻两晶粒之间转移相关。而这种转移能否顺利发生，取决于已变形晶粒的晶界附近因位错塞积所产生的应力集中能否激发相邻晶粒的位错源开动。一般认为位错源位于晶粒中心区域，外加应力一定时，晶粒越细小，材料变形中晶粒内部位错越少，材料的屈服强度越高。如果把材料的晶粒细化到 100nm 以内的尺度时，屈服强度提高非常明显。而当晶粒细化至纳米量级时，尤其是 10nm 左右时，晶粒尺寸远小于位错产生相互作用的距离及位错运动的平均自由程，且由于晶界的比例大幅增加，极大地增强了位错在晶界的回复，导致纳米晶内少或者无位错，将出现偏离或者反霍尔-佩奇关系的现象。

3. 双尺度钛合金

纳米结构材料通常具有较高的强度，但是塑性较差。为了达到钛合金同时实现强化、韧化的目的，近些年来，科研工作者提出了“双尺度”“多尺度”微观结构的制备策略[3,18-21]，即探索并制备出纳米晶(＜100nm)、超细晶(100～1000nm)、细晶(1～10μm)和粗晶(＞10μm)中任意两种(或多种)尺度晶粒共存的新型材料，如图 1.11 所示。这一举措可在保持纳米或超细晶材料高强度的同时，有效地提高材料的塑性，具有重要的工程价值。目前实现多尺度结构钛合金的制备方法有快速凝固法、热机械处理法、粉末固结法等。

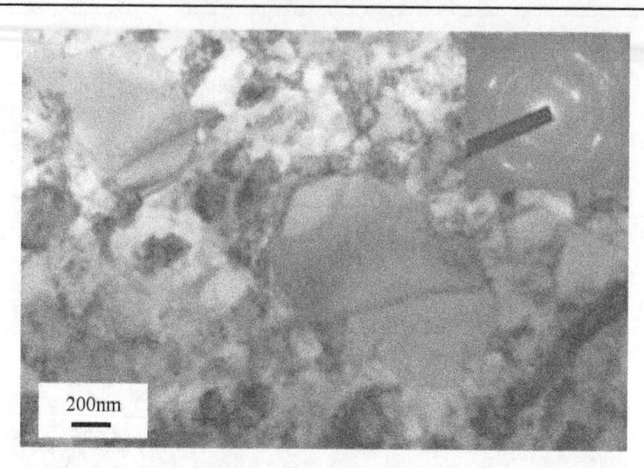

图 1.11 机械热处理法制备的超细晶+纳米晶双尺度结构纯钛[22]

1.3 钛合金的发展机遇与挑战

1.3.1 钛合金发展的不足

经过多年的长足发展，我国钛合金的研究已经由仿制阶段逐步转向创新开发阶段。当下，国内钛合金的研究水平基本与国外持平，并且在某些方面已经达到了国际领先水平，发展出了一批具有特色的钛合金体系和加工手段。但不得不承认我国钛合金发展与国外相比还是存在一定的差距，主要在以下几点：

(1) 国内钛合金发展起步晚，基础研究薄弱，原创性的成果和合金体系较少，针对钛合金材料设计、加工工艺等的手段少。

(2) 国内钛合金应用技术远远落后于国外先进水平，我国钛合金应用最广泛的领域是航空和国防，但相对于国外，应用比例过低，关键部位尚未使用钛合金进行替代，而其他领域钛合金应用比例更低。

(3) 国内在新型钛合金开发方面略有优势，但是在旧的钛合金体系方面开发有所不足。

1.3.2 钛合金发展展望

目前，国内在钛合金领域不断创新发展，以期获得不以牺牲塑性为代价的高强韧钛合金，来满足高速发展的航空航天要求。

1. 超高强度新型钛合金成分设计

随着钛合金应用场景日益增多，其服役环境对其力学性能要求越来越高，尤其是超高强度钛合金方面，迫切需要寻找突破口。现有的钛合金设计策略主要有经验法、铝当量、钼当量等，开发出新型钛合金成分设计策略对于促进高强钛合金的制备具有重要意义。

2. 钛合金新型制备工艺的开发

虽然现有钛合金的制备及加工技术比较成熟，但低成本钛合金制备加工技术仍然不足。开发创新大型优质钛合金坯料制备技术、高效短流程钛合金加工技术和成形技术迫在眉睫。

3. 钛合金工业化生产及应用的推进

目前钛合金主要是在航天、国防事业等领域发挥作用，民用领域应用较少，包括生物医学领域、汽车交通领域、体育休闲领域等。高性能、多功能、低成本钛合金的工业化生产及推广应用，是钛合金今后发展的重要方向。

参 考 文 献

[1] 洪艳, 曲涛, 沈化森, 等. 氢化脱氢法制备钛粉工艺研究. 稀有金属, 2007, 31(3): 311-315.

[2] 周洪强, 陈志强. 钛及钛合金粉末的制备现状. 中国材料进展, 2005, 24(12): 11-16.

[3] He G, Eckert J, Löser W, et al. Novel Ti-base nanostructure-dendrite composite with enhanced plasticity. Nature Materials, 2003, 2(1): 33-37.

[4] 王以华, 魏康中, 张海英, 等. 用辊锻工艺制造铝合金毛坯//全国精密锻造学术研讨会, 济南, 2013-03-23.

[5] 康利梅, 杨超, 李元元. 半固态烧结法制备高强韧新型双尺度结构钛合金. 金属学报, 2017, 53(4): 440-446.

[6] 李卓梁, 丁桦, 李继忠. 钛及钛合金剧烈塑性变形的研究进展. 航空制造技术, 2013, 436(16): 139-142.

[7] 王磊, 李付国, 汪程鹏, 等. 纯铜拉扭组合剧烈塑性变形细晶研究. 金属功能材料, 2013, 20(2): 20-26.

[8] 杨扬. 氕处理法制备细晶粒、超细晶粒钛合金及其机械性能研究. 稀有金属与硬质合金, 2005, 33(1): 57-60.

[9] Yang C, Liu L H, Cheng Q R, et al. Equiaxed grained structure: A structure in titanium alloys with higher compressive mechanical properties. Materials Science & Engineering A, 2013, 580(37): 397-405.

[10] Yang C, Liu L H, Yao Y G, et al. Intrinsic relationship between crystallization mechanism of metallic glass powder and microstructure of bulk alloys fabricated by powder consolidation and crystallization of amorphous phase. Journal of Alloys & Compounds, 2014, 586(7): 542-548.

[11] 王苗, 杨延清, 罗贤. 超细晶钛合金的制备及性能研究现状. 材料导报, 2013, 27(13): 94-98.

[12] 姚亚光. 新型双尺度结构钛合金的半固态烧结制备及其强韧化机理. 广州: 华南理工大学, 2016.

[13] Saheb N, Iqbal Z, Khalil A, et al. Spark plasma sintering of metals and metal matrix nanocomposites: A review. Journal of Nanomaterials, 2012, (9): 18.

[14] Mehl R F. The historical development of physical metallurgy//Cahn R W, Haasen P. Physical Metallurgy. Amsterdam: North Holland Publishing Co., 1983.

[15] Koch C. Bulk Behavior of Nanostructured Materials. Amsterdam: Springer Netherlands, 1999: 93-111.

[16] Gleiter H. Nanostructured materials: Basic concepts, microstructure and properties. Cheminform, 2000, 48(1): 1-29.

[17] He G, Eckert J, Löser W, et al. Composition dependence of the microstructure and the mechanical properties of nano/ultrafine-structured Ti-Cu-Ni-Sn-Nb alloys. Acta Materialia, 2004, 52(10): 3035-304.

[18] Kim Y C, Na J H, Park J M, et al. Role of nanometer-scale quasicrystals in improving the mechanical behavior of Ti-based bulk metallic glasses. Applied Physics Letters, 2003, 83(15): 3093-3095.

[19] Benkassem S, Capolungo L, Cherkaoui M. Mechanical properties and multi-scale modeling of nanocrystalline materials. Acta Materialia, 2007, 55(10): 3563-3572.

[20] Kühn U, Mattern N, Gebert A, et al. Nanostructured Zr- and Ti-based composite materials with high strength and enhanced plasticity. Journal of Applied Physics, 2005, 98(5): 171-243.

[21] Srinivasarao B, Oh-Ishi K, Ohkubo T, et al. Synthesis of high-strength bimodally grained iron by mechanical alloying and spark plasma sintering. Scripta Materialia, 2008, 58(9): 759-762.

[22] Yang D K, Hodgson P D, Wen C E. Simultaneously enhanced strength and ductility of titanium via multimodal grain structure. Scripta Materialia, 2010, 63(9): 941-944.

本章作者：蔡潍锶，李元元

第 2 章 非晶晶化理论及其应用现状

2.1 引　　言

非晶合金也称为非晶态合金、金属玻璃，是一种长程无序、短程有序结构的亚稳态材料。1938 年，Kramer 首次报道了用蒸发沉积法成功制备出非晶薄膜[1]。不久，Brenner 等采用电沉积的方法制备出 Ni-P 非晶薄膜[2]。1951 年，Turnbull 通过水银的过冷实验，发现只要冷却速率足够快，即使最简单结构的液体也可以在远离平衡熔点以下而不发生形核与长大[3]。1958 年，Turnbull 等[4]讨论了液体过冷对玻璃形成能力的影响，发现液态金属可以通过玻璃化转变形成非晶合金。1960 年，美国加州理工学院的 Duwez 研究小组采用喷枪技术成功制备了金硅($Au_{75}Si_{25}$)非晶合金薄带[5]，其 X 射线衍射结果如图 2.1 所示，开创了非晶合金研究的新纪元。

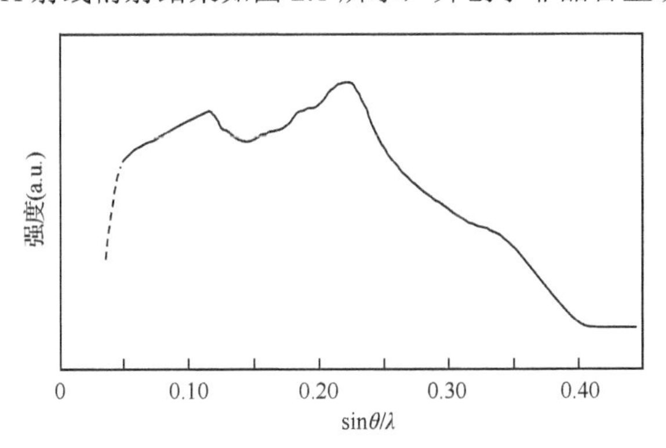

图 2.1　金硅($Au_{75}Si_{25}$)非晶合金薄带的 X 射线衍射图[5]

1969 年，非晶合金的制备有了突破性的进展，Pond 等用轧辊法制备出长达几十米的非晶薄带，为工业化应用提供了可能[6]。与此同时，非晶合金的形成机理、结构和性能引起了人们的极大重视。随着熔体快淬技术的完善，大量的非晶合金体系被陆续发现。20 世纪 80 年代以后，由于非晶带材和线材的成功商用，非晶合金的科学和工程应用研究达到了一个高峰。

20 世纪 90 年代，Inoue 等[7]采用金属模浇铸方法开发出了 La 基[8]、Mg 基[9]、Zr 基[10,11]、Fe 基[12~14]、Ti 基[15]、Ni 基[16]等强非晶形成能力大块金属玻璃体系，其临界铸造尺寸可达 1～30mm。同一时期，Johnson 等发现了迄今为止非晶形成能力最好的 Zr-Ti-Cu-Ni-Be 合金体系，其非晶形成能力已接近传统氧化物玻璃，临界冷却速率在 1K/s 左右[17]。该类金属玻璃通过熔体的自然冷却即可得到非晶结构，为工业化应用提供了可能。

作为一种亚稳材料，当温度高于玻璃化转变温度(glass transition temperature，T_g)时，非晶合金将会转变成晶态合金，这一过程称为晶化[18]。在这个连续加热致晶化的过程中，非晶合金会经历结构弛豫、相分离、形核和长大等过程。因此，通过控制非晶合金的晶化动力学过程，可以制备纳米晶/超细晶结构材料。相比于高能球磨、等通道挤压、喷溅涂覆法、电解沉淀等方法，非晶晶化法在制备纳米晶/超细晶材料方面具有特殊的优势：①工艺简单；②所制备材料组织均匀、无孔洞；③晶界未受到污染。下面章节将详细介绍非晶晶化法相关的理论及其部分研究现状。

2.2 晶化动力学理论及其应用

非晶合金在热力学上处于亚稳态，在适当的条件下要向能量较低的亚稳态或稳定态转变，发生结构弛豫，甚至晶化。当非晶合金发生晶化时，晶化相种类和微观形貌主要由晶化机制控制，与合金成分和结晶相的热力学性质密切相关。相关研究把非晶合金的晶化反应分为初晶、多晶和共晶型三种类型转变[19]。

(1) 初晶型晶化。初晶型转变是在非晶基体之上形成与基体成分和结构不同的晶化相，在这个转变过程中伴随着原子的长程扩散和重排。原子的扩散、晶化相与非晶相的界面能是控制转变过程的主要因素。例如，铝基非晶合金晶化是典型的初晶型晶化，首先是 α 铝析出，然后基体进一步晶化。

(2) 多晶型晶化。在多晶型晶化过程中只析出一种与非晶基体成分完全相同的晶体相，即无成分变化的晶化过程。

(3) 共晶型晶化。在共晶型晶化过程中，两种晶化相或更多晶化相同时析出，其特点是不同比例的两种晶化相或多种晶化相的总体成分与非晶基体的成分相同，因此非晶基体没有成分变化。需要注意的是共晶成分的非晶合金在晶化过程中并不一定发生共晶晶化。

此外，根据大块非晶合金晶化在差示扫描量热分析(different scanning calorimetry，DSC)曲线上放热峰的数目，又可以把晶化过程分为单阶段晶化和多阶段晶化。单阶段晶化的 DSC 曲线上只有一个放热峰，表示几乎在同一时间内析出一种或多种稳定相，析出各种相的结构与非晶基体相差很小，形核功大小很相近。多阶段晶化的 DSC 曲线上有两个或两个以上的放热峰。如果非晶合金晶化过程中析出的各种相的形核功相差较大时，在较低的温度下形核功较小的相就先析出。先析出的相可能是亚稳相，在随后更高温度下可进一步分解或转变为更稳定的相。对于多阶段晶化的非晶合金，在第一放热峰温度下退火，可得到均匀分布于非晶相基体之上的纳米晶粒结构，图 2.2 是锆基非晶基体和体积分数为 10%的 $CuZr_2$ 纳米晶颗粒。

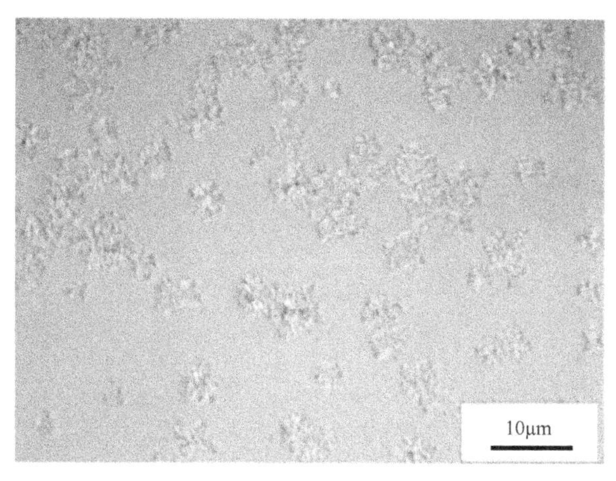

图 2.2　$Zr_{63}Ti_5Nb_2Cu_{15.8}Ni_{6.3}Al_{7.9}$ 非晶基体和体积分数为 10%的 $CuZr_2$ 纳米晶颗粒[20]

2.2.1　晶化动力学理论

金属材料的组织变化存在各种各样的形式，克里斯提安(J. W. Christian)提出了一种分类依据，如表 2.1 所示。

表 2.1　组织变化的分类

<table>
<tr><th rowspan="2">生长过程
初始过程</th><th colspan="2">扩散型</th><th rowspan="2">无扩散型</th></tr>
<tr><th>界面控制</th><th>扩散控制</th></tr>
<tr><td>非形核类型</td><td>晶粒长大</td><td>奥斯特瓦尔德热化、有序-无序转变、失稳分解、加工组织的回复</td><td>液相的非晶化</td></tr>
<tr><td rowspan="2">形核类型</td><td>纯物质的凝固-相变、加工组织的再结晶、晶粒异常长大</td><td>初晶和析出、共晶-共析相变</td><td rowspan="2">马氏体相变</td></tr>
<tr><td colspan="2">(界面+扩散)复合控制珠光体相变，不连续析出</td></tr>
</table>

1. 形核类型与非形核类型

通常相变或析出，是以生成相 β 在母相 α 中的“形核”作为发端而进行的。例如，再结晶是在加工组织内部应变易于消解的区域产生“晶核”，然后通过吞并周围的加工组织而不断长大。这种类型的组织变化存在“孕育期”，进行度与时间的关系呈现为一个“S”形的曲线(图 2.3(a))。另一方面，存在非形核类型相变。例如，有序-无序转变型相变中的原子在升温过程中是逐渐地混乱起来的，最后成为无序固溶体。这种组织变化与“形核”和“孕育期”没有任何关系。进行度-时间的关系则表现为渐进型曲线(图 2.3(b))。

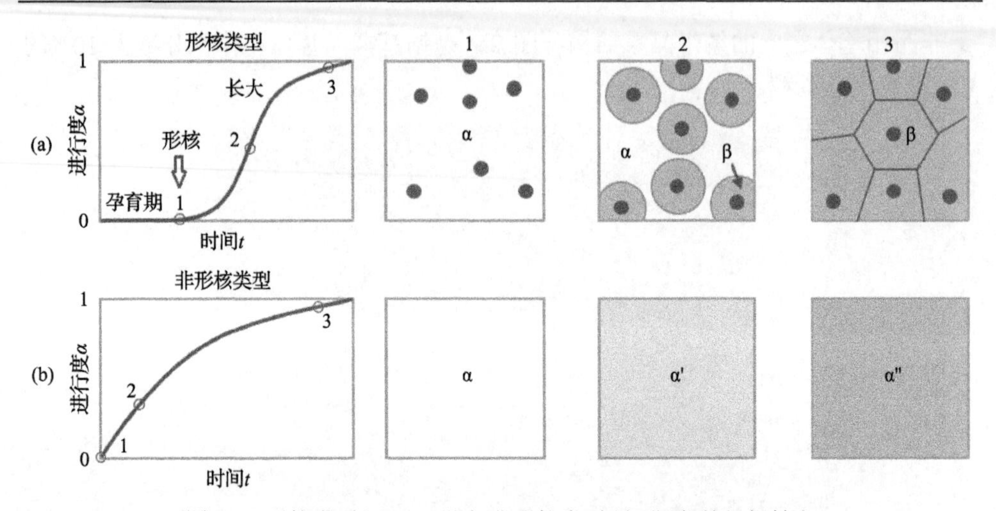

图 2.3　形核类型（“S”形）与非形核类型（渐进型）的组织转变

2. 扩散控制与界面控制

从 A-B 系的 α 固溶体中析出以 B 原子为主体的 β 相的过程，是受 α 固溶体中 B 原子扩散速度控制的。同素异构转变（Ⅰ→Ⅱ）是受穿过Ⅰ/Ⅱ界面的原子迁移频率控制的，也就是说是受界面移动速度控制的。前者为“扩散控制”的，而后者为“界面控制”的组织变化。

3. 扩散型与无扩散型

通常的组织变化，是一个个原子受到热激活而被切断与母相侧的键合，转移到生成相一侧晶格结点中来的“单元过程”连续不断进行的结果。这种模式与晶体中的扩散过程类似，所以也可称为“扩散型”。钢铁材料和陶瓷材料从高温快冷时，有时会发生由于原子的集团式变位而引起的结构变化，这种结构变化称作“无扩散型”或“马氏体型”相变。

1939 年，约翰逊、迈尔、阿夫拉米（W. A. Johnson，R. F. Mehl，M. Avrami）等提出，“形核类型”的扩散型相变的进行度（α）和时间（t）满足如下关系：

$$\alpha = 1 - \exp\left(-kt^n\right) \tag{2.1}$$

式（2.1）即为约翰逊-迈尔（Johnson-Mehl-Avrami-Kolmogorov，JMAK）方程，k 为常数，n 为阿夫拉米指数。非晶合金晶化过程中的动力学、晶化体积分数（进行度）与时间的关系也用 JMAK 方程来表示。从理论上讲，非晶合金的晶化动力学过程用 JMAK 方程描述需要满足 4 个假设条件[21]：①等温条件下的结晶过程；②第二相的形核质点（均质形核和非均质形核）随机分布；③新相的长大速率由温度控制，和时间无关；④晶化相的生长没有各向异性。需要指出的是，Henderson 等[22,23]的研究也证实，JMAK 方程还可用于分析非等温晶化动力学过程。

当组织转变呈现出不同的动力学机制时，相变的进行度(α)和时间(t)会呈现出不同的关系，通过拟合 JMAK 方程，可以获得不同的阿夫拉米指数值。理论研究表明，具体的 n 值对应不同的组织转变方式[24]，等温条件下不同阿夫拉米指数 n 对应的形核长大方式见表 2.2。例如，当转变的类型为扩散控制型且形核速率不变时，阿夫拉米指数为 2.5。所以，通过计算阿夫拉米指数 n，可以研究非晶合金在非等温和等温条件下的晶化机制，用于揭示非晶合金的晶化工艺参数与块状合金微观形貌的关系。

表 2.2　等温条件下不同阿夫拉米指数 n 对应的形核长大方式

类型	形核长大方式	阿夫拉米指数 n
多晶型转变	形核速率不断增加	＞4
	形核速率不变	4
	形核速率降低	3～4
	零形核速率	3
	晶粒边缘形核	2
	晶粒边界形核	1
扩散控制长大	形核速率不断增加	＞2.5
	形核速率不变	2.5
	形核速率降低	1.5～2.5
	零形核速率	1.5
扩散控制长大	针或盘状有限长尺寸	1
	扁平管状	1
	扁平盘状	0.5

2.2.2　晶化动力学理论应用

现有 JMAK 方程多用在等温条件下，但在不同的升温速度和退火温度下，阿夫拉米指数 n 也可用于表征非晶晶化过程中晶体的形核长大机制。在等温条件下，实际测量过程中，JMAK 方程演变为式(2.2)[25]：

$$\alpha = 1 - \exp\left\{-[k(t-\tau)]^n\right\} \tag{2.2}$$

式中，α 为晶化体积分数；t 为时间；τ 为起始时间；n 为阿夫拉米指数；k 为一个与温度有关的动力学常数。JMAK 方程也可以改写为式(2.3)所示[26]：

$$\ln[-\ln(1-\alpha)] = n\ln(t-\tau) + \text{const.} \tag{2.3}$$

通过 $\ln[-\ln(1-\alpha)]$ 与 $\ln(t-\tau)$ 曲线的斜率可以算出阿夫拉米指数 n。将方程(2.3)进行微分，可以获得局部阿夫拉米指数 $n(\alpha)$ 与晶化体积分数 α 的关系如下[26,27]：

$$n(\alpha)=\frac{\mathrm{d}\ln[-\ln(1-\alpha)]}{\mathrm{d}\ln(t-\tau)} \tag{2.4}$$

为了将 JMAK 方程应用于非等温晶化动力学的研究中，满足其使用条件，Blázquez 等[28]将 JMAK 方程进行了修改，结果如下：

$$\alpha=1-\exp\left\{-\left[\int_{t_0}^{t}k(T)\mathrm{d}t\right]^n\right\} \tag{2.5}$$

在等温条件下，式(2.2)可以直接应用，因为 k 是一个与温度有关的动力学常数。在非等温条件下，升温速度 $\beta=\mathrm{d}T/\mathrm{d}t$，因此方程(2.5)可以还可做如下修改[28]：

$$\alpha=1-\exp\left\{-\left(\frac{1}{\beta}\right)^n\left[\int_{\tau_0}^{\tau}k(T)\mathrm{d}T\right]^n\right\} \tag{2.6}$$

Blázquez 等[28]在假设 $\int_{T_0}^{T}k(T)\mathrm{d}T=k'(T-T_0)$ 的情况下，对式(2.6)进行了修改，结果如下：

$$\alpha=1-\exp\left\{-\left(\frac{1}{\beta}\right)^n\left[k'\left(T-T_0\right)\right]^n\right\} \tag{2.7}$$

式中，k' 也是一个与温度有关的新的动力学常数，可以用公式表达

$$k'=k_0'\exp\left(\frac{E_{\mathrm{x}}}{RT}\right) \tag{2.8}$$

式中，k_0' 是一个常数；E_{x} 为晶化激活能。通过将式(2.6)、式(2.7)和式(2.8)综合在一起，可以获得非等温条件下局部阿夫拉米指数 $n(\alpha)$ 与晶化体积分数 α 的关系[28]：

$$n(\alpha)=\frac{A\mathrm{d}(\ln[-\ln(1-\alpha)])}{\mathrm{d}\left\{\ln\left[\left(T-T_0\right)/\beta\right]\right\}} \tag{2.9}$$

式中，A 值为

$$A=\frac{1}{1+E_{\mathrm{x}}/\left[RT\left(1-T_0/T\right)\right]} \tag{2.10}$$

在实际的应用过程中，晶化体积分数 α 随着时间 t 的演变是获取 n 值的关键。晶化体积分数随时间的变化关系通常通过 DSC 分析等途径获得。例如，Atalay 等利用 DSC，对 $Fe_{73.5-x}Mn_xCu_1Nb_3Si_{13.5}B_9$ 非晶合金的晶化机制进行了研究，发现随着 Mn 元素含量增加，晶化激活能增加。当 Mn 含量(原子分数)值达到 3%时，晶化激活能达到最大[29]。晶化动力学表明，其晶化过程为扩散控制的三维形核长大。在非等温晶化研究中，Kong 等[30]发现，$Fe_{78}Zr_7B_{15}$ 合金的晶化过程分为两个阶段，如图 2.4 所示。晶化动力学研究表明，两个晶化阶段的形核速率均为先增大然后减小。

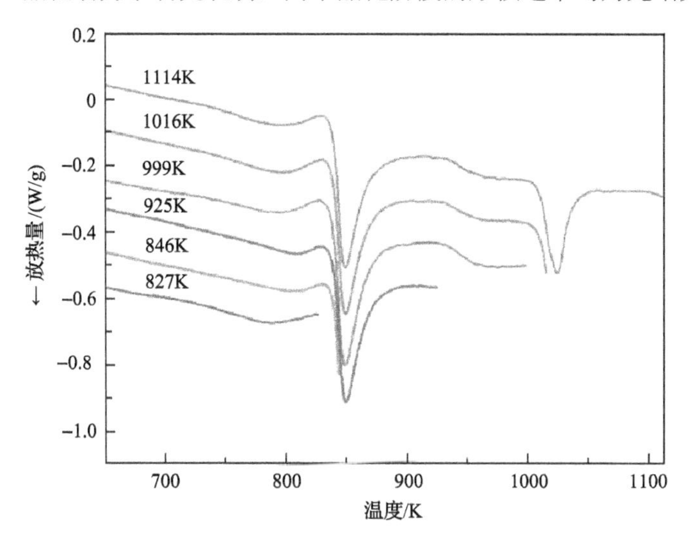

图 2.4　升温速率为 20K/min 时淬火态 $Fe_{78}Zr_7B_{15}$ 非晶带材的 DSC 曲线[30]

Zhang 等[31]研究了机械合金化制备的 $TiC/Ti_{50}Cu_{18}Ni_{22}Al_4Sn_6$ 非晶复合材料的热稳定性和晶化动力学；用 JMAK 方程分析了等温转变动力学，计算获得的阿夫拉米指数值表明，这两种粉末的晶化都为扩散控制的三维形核生长。在钛基金属玻璃基体中加入体积分数为 10%的 TiC 颗粒可促进晶化动力学，降低形核激活能。此外，Zou 等[32]研究了微量 Fe 元素对 Ti-Nb-Zr-Ta 合金非晶形成能力的影响，发现 Fe 含量改变会影响 Ti-Nb-Zr-Ta-Fe 非晶粉末的晶化动力学机制，进而影响晶化后块状合金的微观结构及力学性能。

2.3　形核长大理论及其应用

2.3.1　形核长大理论

通常情况下，非晶合金的晶化过程伴随着形核与长大。固态非晶向晶态转变的过程与金属熔体(液态非晶)凝固转变为晶态合金的过程相似。部分学者研究表明，对于非晶合金晶化过程中的均匀形核，其稳态的形核率可以表示为[18,33]

$$I = I_0 \exp\left(\frac{-Q}{RT}\right)\exp\left(\frac{-L\Delta G_c}{RT}\right) \tag{2.11}$$

式中，I_0为一速率常数；L为洛施密特(Loschmidt)数；Q为形核激活能(大约等于扩散激活能)；ΔG_c为形成临界晶核所需的自由能。其中ΔG_c可以表示为

$$\Delta G_c = \frac{16\pi\gamma^3}{3\Delta G_v^2} \tag{2.12}$$

式中，γ表示界面能；ΔG_v表示体积自由能或者固液界面自由能差。

很明显，形核率I在较大程度上取决于温度T。理论计算表明，在某个临界温度，形核率I存在一个最大值。同时，形核率I还可被形核激活能Q影响，而高的升温速率可以降低形核激活能。对于晶核长大过程，长大速率u可表示为

$$u = r_a \nu_0 \exp\left(-\frac{Q_g}{RT}\right) \tag{2.13}$$

式中，r_a为原子直径；ν_0为原子跃迁频率；Q_g为晶核长大激活能。由式(2.13)可见，晶粒长大速率u随温度升高而增大。从形核率和晶核长大速率与温度的关系可以看出，在非晶晶化过程中存在一个温度范围，其形核率大而晶核长大速率小。

2.3.2 形核长大理论应用

形核长大理论在非晶晶化过程中被广泛地讨论。Fe-Si-B非晶合金的晶化过程中[18]，形核率和长大速率随温度变化的测量表明，在500～550℃，形核率存在最大值，而长大速率随着温度升高逐渐增大。同时研究还发现，Fe-Si-B非晶合金晶化后的晶粒尺寸与退火温度密切相关，在500℃附近晶粒尺寸最小，退火温度低或高都会导致晶粒长大。这一研究结果表明，通过控制形核率可以有效调控非晶合金晶化后的晶粒尺寸。

Kühn 等[34]运用铜模铸造法制备了 $Zr_{66}Nb_{13}Cu_8Ni_{6.8}Al_{6.2}$ 合金和 $Ti_{66}Nb_{13}Cu_8Ni_{6.8}Al_{6.2}$ 合金，但塑性均较低。通过对制备的合金晶化处理，结果表明在钛基合金中会形成三种不同成分的晶核，而在锆基合金中只有一种成分的晶核形成。力学性能测试表明，$Ti_{66}Nb_{13}Cu_8Ni_{6.8}Al_{6.2}$ 合金强度超过 2000MPa，断裂塑性超过30%。因此，通过非晶晶化法可以控制晶化相的数量与种类、形核与长大，得到具有特定结构的块状合金材料，进而调控其综合力学性能。

此外，Eckert 等[35]基于 Zr-Al-Cu-Ni-(Ti) 非晶合金，研究了不同温度条件下，不同晶化体积分数材料的力学性能变化情况。研究结果表明，晶化体积分数与块状合金力学性能存在直接联系，晶化体积分数为40%的 $Zr_{57}Al_{10}Cu_{20}Ni_8Ti_5$ 非晶合金表现出最高的断裂强度(接近1700MPa)，这一数值大于铸造制备的同成分合金。

因此，可以通过控制晶化温度、晶化时间，即控制晶化过程中的形核率和长大速率来调控块状合金的晶化体积分数，进而调控合金的力学性能。

表 2.3 总结对比了部分锆基/钛基非晶/晶态合金的微观结构和力学性能[20,34]。由表 2.3 可知，完全非晶合金压缩屈服强度虽高，但是断裂塑性相对较低；部分晶化的合金性能(如弹性模量、屈服强度、弹性应变、断裂强度)相对完全非晶合金会发生较大变化；晶化相的结构与含量也对合金性能产生影响；相对铸造的类似成分合金而言，铸造合金强度高且塑性好。通过对比发现，非晶晶化制备的块状合金材料在某些方面性能比铸造合金好，但综合性能仍有所降低。

表 2.3　不同成分、不同条件下非晶合金与晶态合金的微观结构、性能对比结果[20,34]

试样成分	微观结构	E/GPa	σ_y/MPa	ε_y/%	σ_{max}/MPa	ε_f/%
$Zr_{54.5}Ti_{7.5}Cu_{20}Ni_8Al_{10}$	完全非晶	110	1765	1.73	1766	2.18
$Zr_{57}Ti_8Nb_{2.5}Cu_{13.9}Ni_{11.1}Al_{7.5}$	90%体积分数准晶+非晶	104	1765	1.8	1765	1.8
$Zr_{63}Ti_5Nb_2Cu_{15.8}Ni_{6.3}Al_{7.9}$	10%体积分数纳米晶+非晶	98.9	1611	1.78	1611	1.78
$Zr_{66.4}Nb_{6.4}Cu_{10.5}Ni_{8.7}Al_8$	25%体积分数树枝晶+非晶	84.2	1769	2.16	1794	2.23
$Zr_{67}Nb_6Cu_{11}Ni_7Al_9$	50%体积分数树枝晶+未知结构	93.7	1762	2.1	1909	2.8
$Zr_{66}Nb_{13}Cu_8Ni_{6.8}Al_{6.2}$	75%体积分数树枝晶+未知结构	84.4	1338	1.8	1870	13.2
$Zr_{74.5}Nb_8Cu_7Ni_1Al_{9.5}$	88%体积分数树枝晶+$CuZr_2$ 型纳米晶	108	1440	1.5	1845	5.6
$Zr_{72.2}Nb_{13.3}Cu_{5.3}Al_{9.2}$	96%体积分数树枝晶+$CuZr_2$ 型纳米晶	83.8	1225	1.7	1458	8.2
$Zr_{66}Nb_{13}Cu_8Ni_{6.8}Al_{6.2}$[34]	bcc 结构树枝晶(少)	84	1338	1.8	1870	13.1
$Ti_{66}Nb_{13}Cu_8Ni_{6.8}Al_{6.2}$[34]	bcc 结构树枝晶(多)	107	1195	1.3	2043	30.5

注：弹性模量 E，屈服强度 σ_y，弹性应变 ε_y，断裂强度 σ_{max}，断裂应变 ε_f，表中“多”“少”是二者比较结果。

本书重点聚焦于非晶粉末烧结过程中的晶化行为。在实验上主要是通过调控烧结温度、烧结时间等工艺参数，烧结非晶粉末，获得纳米晶/超细晶结构，随后进一步调控烧结参数(如继续保温或升温)，提高材料的性能，揭示出成分-工艺-结构-性能关系。

2.4　过冷液体的黏性流动特性及应用

2.4.1　过冷液体的黏性流动特性

当液体的温度低于液体的凝固点，而液体仍不凝固的现象叫过冷现象，此时的液体称为过冷液体。液体的凝固可以通过两条路径[36]，如图 2.5 所示。通常液体在凝固温度点(熔点)附近发生晶化，形核并长大成晶态固体物质。但是，晶化形核及长大过程需要一定时间才能完成。如果冷却速率足够快，以致液体来不及形核或晶核来不及长大时，难以形成凝固晶体所需的结晶核，那么液体在冷却过程中就可避免晶化过程(图中带箭头直线)形成非晶态固体。因此，非晶合金也被认为是冻结的液体。

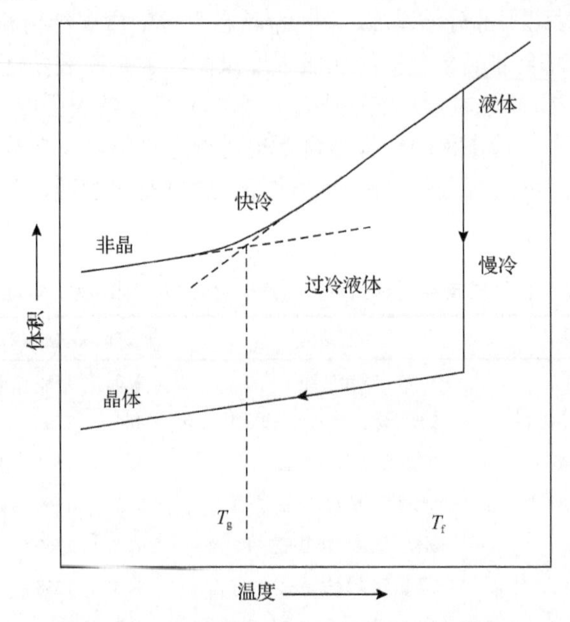

图 2.5 形成过冷液体、非晶、晶体的路径图

对于非晶合金，当加热到一定的温度(玻璃化转变温度)以上时，非晶合金同样会转变为过冷液体。一般的过冷液态不稳定，当具备凝固所需结晶核，如加入少许结晶核，甚至搅拌、摇晃液体，都能让液体迅速凝固成晶体。对于非晶形成能力很强的液体体系(如SiO_2玻璃形成液体)，其过冷液态很稳定。图 2.6 是非晶(玻璃)、过冷液体、液体和晶体之间的关系简图与特性差异。从图中可以看出，过冷液体不同于非晶和液体，是介于非晶态与液态的中间态物质。

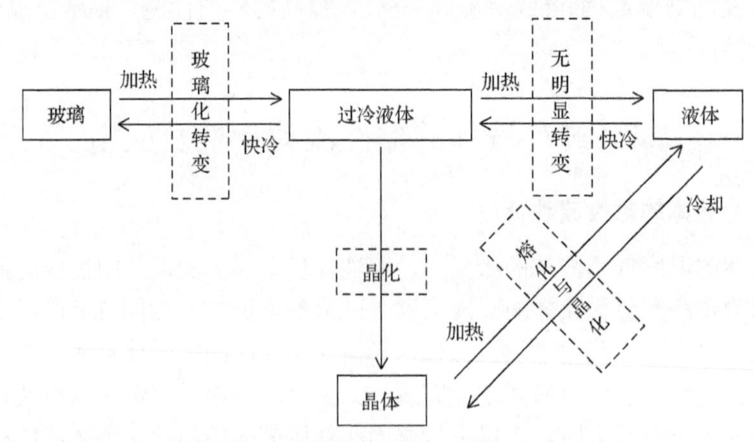

图 2.6 非晶、过冷液体、液体和晶体之间的关系示意图

多组元的块状非晶合金在玻璃化转变温度以上晶化温度以下，存在一个较宽的过冷液相区。大量研究结果表明，在过冷液相区材料具有超塑性行为[37]及黏性流动行为，且该类流动属于牛顿流体范畴，在玻璃化转变温度附近，其黏度与温度的关系符合 VFT(Vogel-Fulcher-Tammann) 方程[38,39]：

$$\eta = \eta_0 \exp\left(\frac{DT_0}{T - T_0}\right) \tag{2.14}$$

式中，η 为黏度；T_0 为 VFT 温度；D 为“脆度参数”；η_0 是黏度的高温极限。不同合金体系非晶合金的黏度随温度的变化关系如图 2.7 所示。从图 2.7 可以看出，非晶合金一旦进入过冷液相区之后，黏度随着温度的升高而急剧降低，存在数个数量级的变化。

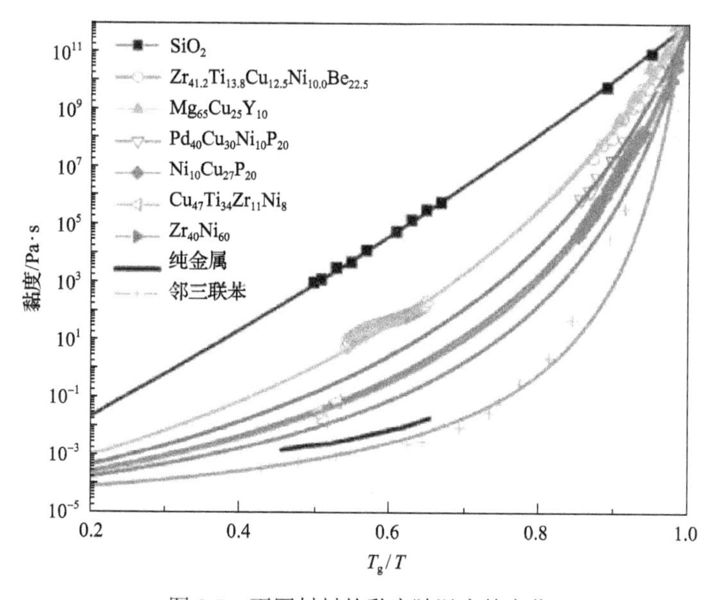

图 2.7　不同材料的黏度随温度的变化

2.4.2　黏性流动特性应用

非晶合金通常塑性很低，很难通过机械加工的方法成型复杂结构零件。非晶合金在高温下黏度会随着温度的升高而显著降低[40]，在应力-应变曲线上，通常表现出拉伸超塑性。因此，利用非晶合金的高温黏性流动特性或者超塑性，可按照人们的要求成型复杂结构零件。例如，中国科学院物理研究所张博等合成了 Ce 基块状金属玻璃(图 2.8)，基于非晶合金过冷液相区黏性流动的特性，实现了一些印章结构的热塑性成型[41]。

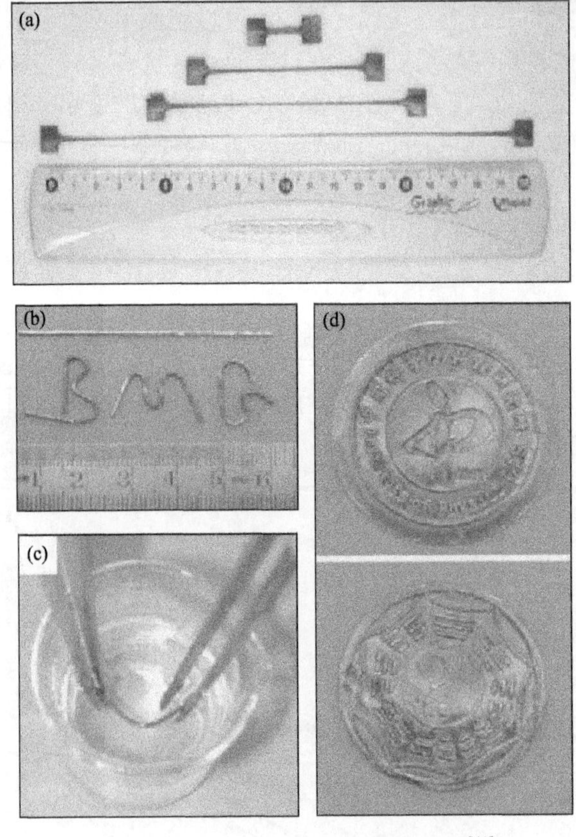

图 2.8　Ce 基金属玻璃的热塑性变形[41]

非晶合金的黏度除了受到温度、剪切率等的影响，还受到升温速度的影响。例如，Yamasaki 等[42]通过对 $Zr_{55}Cu_{30}Al_{10}Ni_5$ 块状非晶合金黏度的测量表明，随着升温速率增大，块状非晶合金在相同的温度下具有逐渐降低的黏度值，如图 2.9 所示。当升温速率从 20K/min 增大到 400K/min 时，块状非晶合金在过冷液相内的黏度比室温低至少 10^4 倍。另外，大的升温速率(几百开每分)虽然对玻璃化转变温度影响不大，但是，将在提高晶化温度的同时极大地提高块状非晶合金的过冷液相区宽度[18]，增大成型的温度窗口。

由图 2.10 可知，当以某一升温速率升温到过冷液相区内的某一温度 T，且保温时间超过临界时间 t 时，非晶合金将会晶化。当非晶粉末加热到过冷液相区以上温度区间时，非晶粉末会进入过冷液相区，具有黏性流动的特性。因此，通过调控升温速率、保温时间等工艺参数，改变非晶粉末在过冷液相区内的黏性流动行为与晶化的形核长大方式，理论上就可获得纳米晶/超细晶结构与复合结构的块状合金，同时材料具有较高的致密度。本书所涉及的利用放电等离子烧结制备纳米晶/超细晶钛合金的方法充分利用了非晶合金的此项特性。

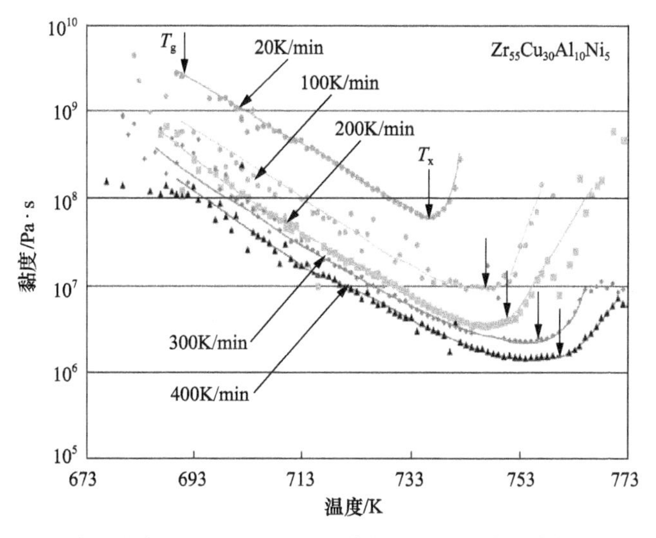

图 2.9　不同升温速率下 $Zr_{55}Cu_{30}Al_{10}Ni_5$ 块状非晶合金的黏度与温度的关系[42]

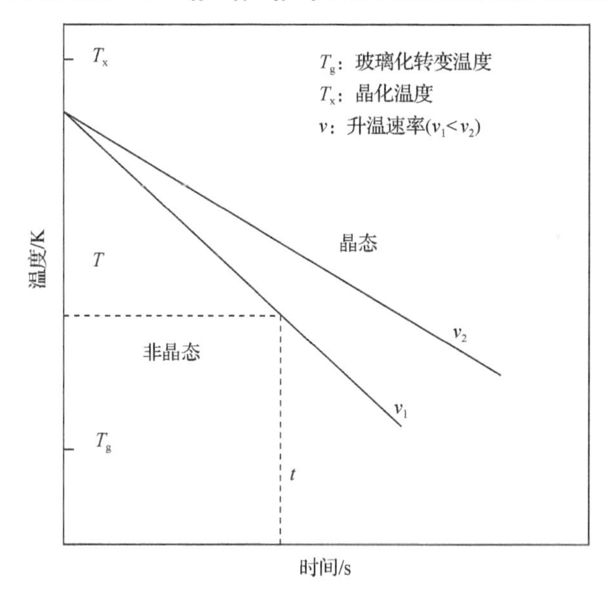

图 2.10　不同升温速率下非晶合金粉末晶化的时间-温度-转变(TTT)图

参 考 文 献

[1] 扎齐斯基 J. 玻璃与非晶态材料. 北京: 科学出版社, 2001.

[2] 惠希东, 陈国良. 块体非晶合金. 北京: 化学工业出版社, 2007.

[3] 泽伦 R. 非晶态固体物理学. 北京: 北京大学出版社, 1992.

[4] Turnbull D, Cohen M H. Concerning reconstructive transformation and formation of glass. Journal of Chemical Physics, 1958, 29(5): 1049-1054.

[5] Klement W, Willens R H, Duwez P. Non-crystalline structure in solidified gold-silicon alloys. Nature, 1960, 187: 869-870.

[6] Daveis H A. Amorphous Metallic Alloys. London: Butterworths, 1983.

[7] Inoue A. High strength bulk amorphous alloys with low critical cooling rates (overview). Materials Transactions JIM, 1995, 36(7): 866-875.

[8] Inoue A, Nakamura T, Sygita T, et al. Bulky amorphous alloys La-Al-TM (TM=transition metal) with high tensile strength produced by a high-pressure die cast method. Materials Transactions JIM, 1993, 34: 351-358.

[9] Inoue A, Masumoto T. Mg-based amorphous alloys. Materials Science & Engineering A, 1993, 173(1-2): 1-8.

[10] Inoue A, Zhang T. Fabrication of bulk glass $Zr_{55}Al_{10}Ni_5Cu_{30}$ Alloy of 30mm in diameter by a suction casting method. Materials Transactions JIM, 1996, 37: 185-187.

[11] Inoue A, Zhang T, Masumoto T. The structural relaxation and glass transition of La-Al-Ni and Zr-Al-Cu amorphous alloys with a significant supercooled liquid region. Journal of Non-Crystalline Solids, 1992, 150(1-3): 396-400.

[12] Inoue A, Zhang T, Takeuchi T. Bulk amorphous alloys with high mechanical strength and good soft magnetic properties in Fe-TM-B (TM=Ⅳ-Ⅷ group transition metal) system. Applied Physics Letters, 1997, 71: 464-466.

[13] Sen T D, Schwarz R B. Bulk ferromagnetic glasses prepared by flux melting and water quenching. Applied Physics Letters, 1999, 75: 49-51.

[14] Inoue A, Koshiba M, Zhang T, et al. Wide supercooled liquid region and soft magnetic properties of $Fe_{56}Co_7Ni_7Zr_{0\text{-}10}Nb$ (or Ta)$_{0\text{-}10}B_{20}$ amorphous alloys. Journal of Applied Physics, 1998, 83(4): 1967-1974.

[15] Zhang T, Inoue A. Thermal and mechanical properties of Ti-Ni-Cu-Sn amorphous alloys with a wide supercooled liquid region before crystallization. Materials Transactions JIM, 1998, 39: 1001-1006.

[16] Wang X, Yoshii I, Inoue A, et al. Bulk amorphous $Ni_{75-x}Nb_5M_xP_{20-y}B_y$ (M=Cr, Mo) alloys with large supercooling and high strength. Materials Transactions JIM, 1999, 40(10): 1130-1136.

[17] Bakke E, Busch R, Johnson W L. The viscosity of the $Zr_{46.75}Ti_{8.25}Cu_{7.5}Ni_{10}Be_{27.5}$ bulk metallic glass forming alloy in the supercooled liquid. Applied Physics Letters, 1995, 67(22): 3260-3262.

[18] Lu K. Nanocrystalline metals crystallized from amorphous solids: Nanocrystallization, structure, and properties. Materials Science & Engineering R, 1996, 16(4): 161-221.

[19] Koester U, Weiss P. Crystallization and decomposition of amorphous silicon-aluminium films. Journal of Non-Crystalline Solids, 1975, 17(3): 359-368.

[20] Eckert J, Kühn U, Das J, et al. Nanostructured composite materials with improved deformation behavior. Advanced Engineering Materials, 2005, 7(7): 587-596.

[21] Málek J. Kinetic analysis of crystallization processes in amorphous materials. Thermochimica Acta, 2000, 355(1): 239-253.

[22] Henderson D W. Experimental analysis of non-isothermal transformations involving nucleation and growth. Journal of Thermal Analysis and Calorimetry, 1979, 15(2): 325-331.

[23] Henderson D W. Thermal analysis of non-isothermal crystallization kinetics in glass forming liquids. Journal of Non-Crystalline Solids, 1979, 30: 301-315.

[24] Málek J Í. The applicability of Johnson-Mehl-Avrami model in the thermal analysis of the crystallization kinetics of glasses. Thermochimica Acta, 1995, 267: 61-73.

[25] Johnson W A, Mehl R F. Reaction kinetics in processes of nucleation and growth. Transactions of the American Institute of Mining and Metallurgical Engineers, 1939, 135: 416-422.

[26] Hua N B, Chen W Z, Liu X L, et al. Isochronal and isothermal crystallization kinetics of Zr-Al-Fe glassy alloys: Effect of high-Zr content. Journal of Non-Crystalline Solids, 2014, 388: 10-16.

[27] Gao Y L, Shen J, Sun J F, et al. Crystallization behavior of ZrAlNiCu bulk metallic glass with wide supercooled liquid region. Materials Letters, 2003, 57(13): 1894-1898.

[28] Blázquez J S, Conde C F, Conde A. Non-isothermal approach to isokinetic crystallization processes: Application to the nanocrystallization of HITPERM alloys. Acta Materialia, 2005, 53(8): 2305-2311.

[29] Wei H, Bao Q, Wang C, et al. Crystallization kinetics of $(Ni_{0.75}Fe_{0.25})_{78}Si_{10}B_{12}$ amorphous alloy. Journal of Non-Crystalline Solids, 2008, 354(17): 1876-1882.

[30] Kong L H, Gao Y L, Song T T, et al. Non-isothermal crystallization kinetics of FeZrB amorphous alloy. Thermochimica Acta, 2011, 522(1-2): 166-172.

[31] Zhang L C, Xu J, Eckert J. Thermal stability and crystallization kinetics of mechanically alloyed TiC/Ti-based metallic glass matrix composite. Journal of Applied Physics, 2006, 100(3): 36-39.

[32] Zou L M, Li Y H, Yang C, et al. Effect of Fe content on glass-forming ability and crystallization behavior of a $(Ti_{69.7}Nb_{23.7}Zr_{4.9}Ta_{1.7})_{100-x}Fe_x$ alloy synthesized by mechanical alloying. Journal of Alloys and Compounds, 2013, 553: 40-47.

[33] Li Y Y, Yang C, Qu S G, et al. Nucleation and growth mechanism of crystalline phase for fabrication of ultrafine-grained $Ti_{66}Nb_{13}Cu_8Ni_{6.8}Al_{6.2}$ composites by spark plasma sintering and crystallization of amorphous phase. Materials Science and Engineering A, 2010, 528(1): 486-493.

[34] Kühn U, Mattern N, Gebert A, et al. Nanostructured Zr and Ti-based composite materials with high strength and enhanced plasticity. Journal of Applied Physics, 2005, 98(5): 171-243.

[35] Eckert J, Reger-Leonhard A, Weiß B, et al. Bulk nanostructured multicomponent alloys. Advanced Engineering Materials, 2010, 3(1-2): 41-47.

[36] Torquato S. Glass transition hard knock for thermodynamics. Nature, 2000, 405(6786): 521-523.

[37] Wang G, Shen J, Sun J F, et al. Superplasticity and superplastic forming ability of a Zr-Ti-Ni-Cu-Be bulk metallic glass in the supercooled liquid region. Journal of Non-Crystalline Solids, 2005, 351(3): 209-217.

[38] Scudino S, Bartusch B, Eckert J. Viscosity of the supercooled liquid in multi-component Zr-based metallic glasses. Journal of Physics: Conference Series, 2009, 144: 12097.

[39] Dabhade V V, Mohan T R R, Ramakrishnan P. Viscous flow during sintering of attrition milled nanocrystalline titanium powders. Materials Research Bulletin, 2007, 42(7): 1262-1268.

[40] Busch R, Schroers J, Wang W H. Thermodynamics and kinetics of bulk metallic glass. MRS Bulletin, 2007, 32(8): 620-623.

[41] 张博. 非晶金属塑料. 北京: 中国科学院物理研究所, 2006.

[42] Yamasaki T, Maeda S, Yokoyama Y, et al. Viscosity measurements of $Zr_{55}Cu_{30}Al_{10}Ni_5$ supercooled liquid alloys by using penetration viscometer under high-speed heating conditions. Intermetallics, 2006, 14(8-9): 1102-1106.

本章作者：蔡潍锶，杨　超

第 3 章　机械合金化多组元粉末的非晶化机制

3.1　引　言

机械合金化是一种先进的亚稳材料合成法，是将合金粉末按照所需的比例置于球磨罐中，通过不断的碰撞、挤压，反复产生形变、断裂和冷焊，从而实现合金元素的扩散，获得新合金粉末。自从 Koch 等[1]利用球磨法成功制备出 Ni-Nb 非晶以来，人们已经认识到机械合金化制备非晶材料具有较大优势。目前，机械合金化法已经被广泛地应用于纳米晶、准晶、金属间化合物、固溶体和非晶合金等亚稳材料的制备。通常认为要通过固态反应获得非晶合金粉末，合金体系需要具有两种元素、负混合焓、元素之间相差较大的扩散速率。但是，在元素之间混合焓等于零，甚至大于零的情况下，也可以通过机械合金化制备出非晶合金。

在通常的固态反应中，负混合焓对合金化具有关键的促进作用，但在机械合金化过程中混合焓这一反应驱动力对非晶的形成不再起主要作用，而由机械合金化过程中的机械功所决定。在机械合金化条件下，晶粒的严重畸变形成了高密度的空位、位错、相界、晶界等缺陷，外界的能量在缺陷处聚集，提高了体系的自由能。与此同时，随着溶质原子不断进入溶剂中，晶粒尺寸不断减小导致晶界体积分数不断增加，内应力不断增加。当溶质原子在溶剂中的固溶度超过临界值时，溶剂晶格有可能失稳崩溃，从而促进了非晶化的反应。因此，机械合金化法可以不受冷却速率的限制，在远离平衡态的条件下发生物相转变，在更广的合金体系和成分范围以内制备出非晶合金材料[2]，其示意如图 3.1 所示。例如，杨超[3]在纯钛中引入氧元素，通过机械合金化法获得了 Ti-O 二组元的非晶材料。此外，近年来大量二元、三元的 Cu 基、Al 基、Fe 基和 Ni 基等非晶形成能力较差的合金体系，都已经通过机械合金化制备出非晶合金粉末[4]。

采用非晶粉末为烧结前驱体烧结制备块状合金，具有较多的优势，表现为：

(1) 非晶粉末在宽过冷液相区内具有超塑性和易成形性，在受力条件下更易于发生黏性流动并实现近全致密；

(2) 相同烧结温度下，非晶粉末的晶粒长大时间较同成分晶态粉末更短，有利于实现细晶化；

(3) 由于热力学和动力学的均匀性，非晶晶化的晶粒有利于实现等轴晶化；

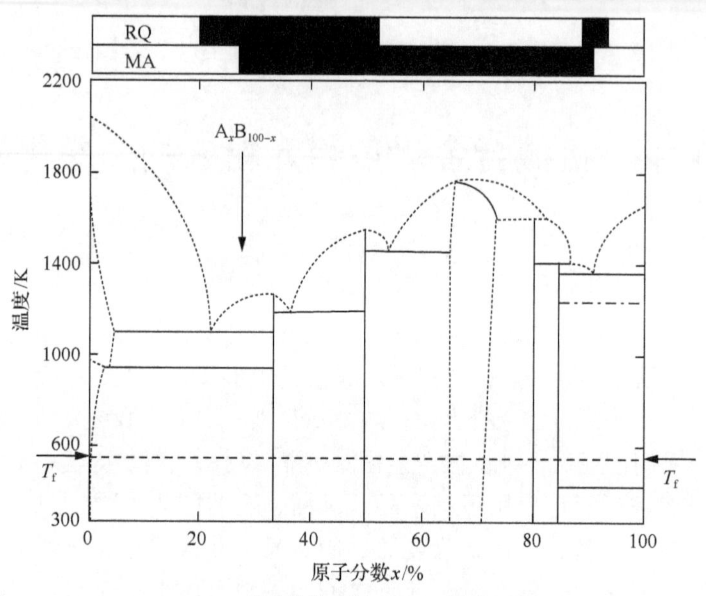

RQ — 快速熔体淬火；MA — 机械合金化

图 3.1 不同方法可制备非晶合金的成分范围[2]

(4)基于晶化动力学理论，调控晶化过程中晶粒的形核长大方式，有利于实现结构复合化；

(5)由于非晶晶化过程中析出晶体相的介电常数大于非晶相，故强电场可提高晶体相的形核率，从而有利于实现细晶化。

3.2 不同体系非晶合金粉末的物性对比

3.2.1 成分设计原则

设计出能够制备非晶粉末的合金体系和成分，是采用粉末烧结-非晶晶化法制备超细晶钛合金的前提。在设计合金体系和成分过程中，除要求能形成非晶外，在结构方面还要求晶化后能形成等轴 β-Ti 相包覆另一相。

基于此，作者提出了如下几条合金成分设计准则：

(1)选取在机械合金化条件下能形成非晶相的多组元合金系；

(2)通过添加难熔组元使其具有与合金中的主要组元形成固溶体的倾向；

(3)晶态合金主要包括两个晶体相，且能形成复合结构；

(4)复合结构中的增强相尺度大于热影响区。

关于合金成分的设计，将在本书第 6 章详细叙述。

3.2.2　合金粉末的机械合金化过程

在进行机械合金化的过程中，合金粉末的结构经历了颗粒细化、合金化、非晶化的转变；形成非晶的能量转变经历了晶态元素粉末混合物自由能、金属间化合物自由能、非晶合金自由能的转变，如图 3.2 所示，整个能量路径是一个自由能下降，体系趋于稳定的过程；粉末颗粒尺寸经历了增大、减小、再增大、均匀化的过程。以下将以 $Ti_{66}Nb_{18}Cu_{6.4}Ni_{6.1}Al_{3.5}$ 为例，描述机械合金化过程中的物性演化。

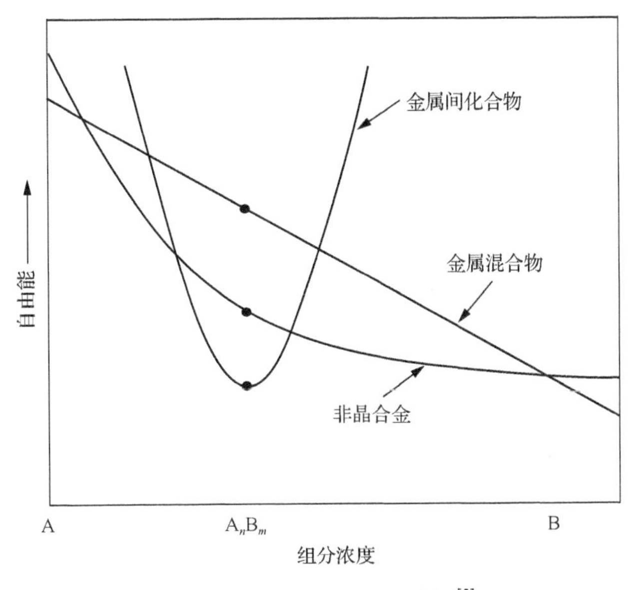

图 3.2　自由能与成分示意图[5]

1. XRD 分析

图 3.3 是不同球磨时间后 $Ti_{66}Nb_{18}Cu_{6.4}Ni_{6.1}Al_{3.5}$ 合金粉末的 X 射线衍射(X-ray diffraction，XRD)图谱。球磨 25h 后，在位于 2θ=39°开始出现漫散峰，意味着开始形成非晶相(图 3.3 曲线(e))。随着球磨时间的增加(图 3.3 曲线(a)～(f))，各相的衍射峰逐渐变宽，衍射峰强度逐渐变弱，这表明各相在机械合金化过程中的晶粒尺寸逐渐变小以及晶体相体积分数逐渐减少。球磨 60h 后，粉末的衍射峰完全宽化，粉末试样绝大部分为非晶态，然而在合金粉末的 XRD 图谱中，仍可发现很弱的 α-Ti 相和 Nb 相的衍射峰[6]。然后随着球磨时间的继续增加(图 3.3 曲线(g))，在非晶态的基体上逐渐析出纳米晶 α-Ti 相，位于 2θ=31.5°还析出一种新的未知相。随着球磨时间的增大，未知相的衍射峰逐渐增强，表明合金粉末逐渐发

生晶化。球磨至 110h 时，纳米晶 α-Ti 相占主要部分，而这两种未知相的衍射峰也随着球磨时间的增加而逐渐增强(图 3.3 曲线(g)～(i))。综合分析表明，合金粉末在球磨 60h 以后到达非晶相含量最大值，之后开始发生晶化现象。这种情况跟 El-Eskandarany 等[7]所报道的 $Co_{75}Ti_{25}$ 合金粉末在球磨过程中随球磨时间的增加经历“晶体→非晶→晶体”循环变化规律相符合。

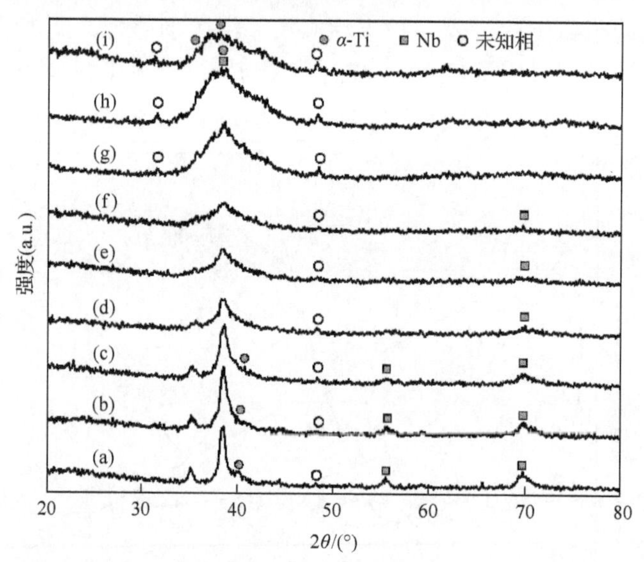

(a) 5h；(b) 10h；(c) 15h；(d) 25h；(e) 40h；(f) 60h；(g) 80h；(h) 100h；(i) 110h

图 3.3 不同球磨时间后 $Ti_{66}Nb_{18}Cu_{6.4}Ni_{6.1}Al_{3.5}$ 合金粉末的 XRD 图谱

2. DSC 分析

图 3.4 为不同球磨时间后 $Ti_{66}Nb_{18}Cu_{6.4}Ni_{6.1}Al_{3.5}$ 合金粉末的 DSC 曲线。由图可见，合金粉末随着球磨时间的增加经历了无放热峰→出现放热峰→放热峰消失的过程。球磨开始后，合金粉末开始发生合金化(图 3.4 曲线(a)、(b))。当球磨 25h 以后，开始出现比较明显的放热峰(图 3.4 曲线(c)、(d))，这说明粉末开始进入非晶态，并且随着球磨时间的增加，放热峰的强度逐渐增强，非晶相所占的体积分数也逐渐增多。球磨 60h 以后，放热峰强度达到最大(图 3.4 曲线(e))，表明合金粉末基本上进入非晶态，非晶相占据绝大部分体积分数。随后继续球磨(图 3.4 曲线(f)、(g))，放热峰开始变弱，并且随着球磨时间的继续增加而持续变弱直至消失。这是因为在非晶态的基体上逐渐析出纳米晶相，且体积分数随着球磨时间的增加而增加，直至球磨 110h(图 3.4 曲线(h))，DSC 结果与 XRD 结果相吻合。

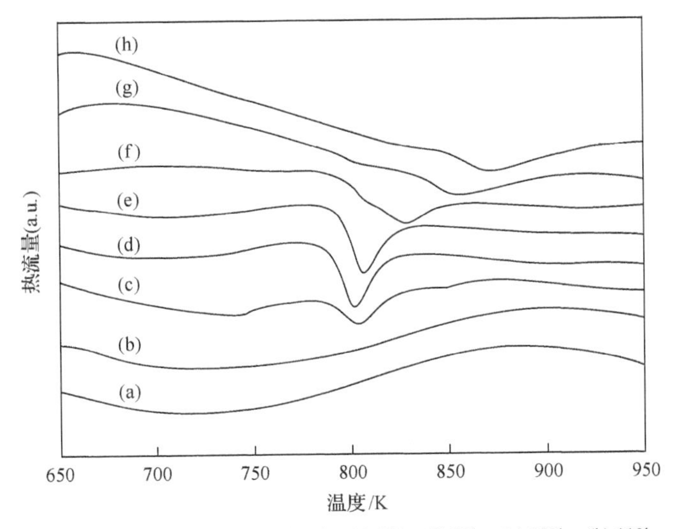

(a) 10h；(b) 15h；(c) 25h；(d) 40h；(e) 60h；(f) 80h；(g) 100h；(h) 110h

图 3.4　不同球磨时间后 $Ti_{66}Nb_{18}Cu_{6.4}Ni_{6.1}Al_{3.5}$ 合金粉末的 DSC 曲线

3. SEM 分析

图 3.5 为不同球磨时间后 $Ti_{66}Nb_{18}Cu_{6.4}Ni_{6.1}Al_{3.5}$ 合金粉末的扫描电子显微镜(scanning electron microscope，SEM)形貌。原始粉末主要为一些形状、大小不一的混合物(图 3.5(a))。球磨开始以后，随着球磨时间的增加，粉末颗粒尺寸呈变小的趋势。粉末试样中含有较多的 Nb，在机械合金化过程中易生成脆性的金属间化合物而发生断裂，因此，在球磨初期，颗粒尺寸持续变小(图 3.5(a)～(c))。在球磨 25h 以后，有部分的粉末颗粒尺寸大于球磨 15h 的粉末颗粒尺寸(图 3.5(c)、(d))。这是在球磨 25h 以后，由合金粉末的冷焊引起的。在球磨 25～60h，粉末颗粒尺寸出现变大后又变小的反复现象。这主要是因为在此期间，非晶粉末的体积分数逐渐增加，而又由于粉末中含有较高含量的 Nb，容易生成脆性的金属间化合物，于是就发生了反复的断裂与团聚现象，从而导致粉末颗粒尺寸的反复现象。当球磨达到 60h 以后，团聚最严重，说明粉末黏滞性最大。这进一步证实了当球磨 60h 以后完全进入非晶态(图 3.5(f))。当球磨时间从 60h 增加到 110h(图 3.5(f)～(j))，粉末颗粒持续减小。这是因为在非晶态的基体上逐渐析出纳米晶相，并且纳米晶相体积分数随着球磨时间的增加而增加，直至球磨 110h 后，颗粒尺寸达 4μm(图 3.5(j))。

3.2.3　不同体系非晶合金粉末的物性对比

从表 3.1 中不难看出，晶化放热焓和颗粒尺寸减小的趋势相同，晶化放热焓是决定颗粒尺寸的主要因素，放热焓越大，非晶粉末过冷液相区内的黏度越小，球磨过程中粉末越容易团聚，从而颗粒尺寸越大。

(a) 0h　(b) 5h　(c) 15h　(d) 25h　(e) 40h　(f) 60h　(g) 60h　(h) 80h　(i) 100h　(j) 110h

图 3.5　不同球磨时间后 $Ti_{66}Nb_{18}Cu_{6.4}Ni_{6.1}Al_{3.5}$ 合金粉末的 SEM 形貌

表 3.1　不同体系钛合金的物性参数

成分	玻璃化转变温度 T_g/K	晶化温度 T_x/K	过冷液相区 ΔT_x/K	晶化峰值温度 T_p/K	晶化放热焓 H_x/(J/g)	颗粒尺寸 d/μm	球磨时间 t/h
$Ti_{66}Nb_{13}Cu_8Ni_{6.8}Al_{6.2}$	715	799	84	809	55.2	60	80
$Ti_{66}Nb_{18}Cu_{6.4}Ni_{6.1}Al_{3.5}$	708	788	80	807	69.4	25	60
$Ti_{66}V_{13}Cu_8Ni_{6.8}Al_{6.2}$	720	770	50	788	28.4	30	40
$Ti_{58}V_9Cu_{12.6}Ni_{10.7}Al_{9.7}$	744	807	63	822	28.2	20	35
$(Ti_{66}Nb_{13}Cu_8Ni_{6.8}Al_{6.2})_1B_{1.2}C_{0.3}$	668	780	112	801	37.1	35	40
$(Ti_{66}Nb_{13}Cu_8Ni_{6.8}Al_{6.2})_1B_{0.8}C_{0.7}$	673	775	102	798	31.3	40	40
$(Ti_{66}Nb_{13}Cu_8Ni_{6.8}Al_{6.2})_1B_{10.3}$	—	690	—	738	11.2	20	35
$Ti_{66}Nb_{13}Fe_8Co_{6.8}Al_{6.2}$	674	751	77	—	—	—	70
$Ti_{40.6}Zr_{9.4}Cu_{37.5}Ni_{9.4}Al_{3.1}$	631	729	98	769	20.306	10	20
$Ti_{66}Nb_{13}Cu_8Ni_{6.8}Al_{6.2}$	700	780	80	793	52	10	50
$Ti_{68.8}Nb_{13.6}Co_6Cu_{5.1}Al_{6.5}$	674	746	72	790	—	10	50
$(Ti_{76.75}Co_{23.25})_{83}Fe_{17}$	331	399	78	409	4.94	—	60
$(Ti_{63.7}Fe_{17}Co_{19.3})_{87.8}Nb_{12.2}$	363	437	74	448	11.00	—	55
$(Ti_{63.7}Fe_{17}Co_{19.3})_{82}Nb_{12.2}Al_{5.8}$	431	486	75	493	15.41	15-50	50
$(Ti_{70.56}Fe_{29.44})_{90}Co_{10}$	306	380	74	410	4.26	—	55
$(Ti_{63.5}Fe_{26.5}Co_{10})_{87.8}Nb_{12.2}$	355	453	98	466	5.87	—	50
$(Ti_{63.5}Fe_{26.5}Co_{10})_{82}Nb_{12.2}Al_{5.8}$	—	487	—	520	27.8	—	45
$(Ti_{83}Fe_8Co_9)_{82}Nb_{12.2}Al_{5.8}$	—	486	—	526	31.61	—	60
$Ni_{50.2}Ti_{49.8}$	672	745	73	896	57.9	20	80
$Ni_{47.7}Ti_{49.8}Cu_{2.5}$	676	750	74	869	63.2	20	80
$Ni_{45.2}Ti_{49.8}Cu_5$	680	772	92	841	65.7	20	60
$Ni_{42.7}Ti_{49.8}Cu_{7.5}$	643	761	118	834	72.3	20	60
$(Ti\text{-}35Nb\text{-}7Zr\text{-}5Ta)_{98}Fe_2$	793	883	90	916	7.15	20	80
$(Ti\text{-}35Nb\text{-}7Zr\text{-}5Ta)_{94}Fe_6$	771	824	59	857	11.34	20	65
$(Ti\text{-}35Nb\text{-}7Zr\text{-}5Ta)_{90}Fe_{10}$	758	880	122	906	20.01	20	40

对于相同合金体系，改变其元素含量，将使其晶化放热焓发生变化，从而影响其颗粒尺寸，如 TiNbCuNiAl、TiVCuNiAl、$(Ti_{66}Nb_{13}Cu_8Ni_{6.8}Al_{6.2})_1BC$ 系列合金，当体系中部分组分发生含量变化时，晶化放热焓和颗粒尺寸也随之改变。此外，合金体系元素组元的增加，球磨至非晶态粉末所需时间逐渐变短，且球磨终态粉中形成了更多的非晶相，如$(Ti_{76.75}Co_{23.25})_{83}Fe_{17}$、$(Ti_{63.7}Fe_{17}Co_{19.3})_{87.8}Nb_{12.2}$、$(Ti_{63.7}Fe_{17}Co_{19.3})_{82}Nb1_{2.2}Al_{5.8}$，组元数由三递增至五，非晶化时间却依次递减。同时，元素组分的变化，也会对其晶化放热焓和颗粒尺寸产生影响，其变化与元素

间的互相作用有关。

3.3 不同体系非晶合金粉末的非晶化机制

在机械合金化中，由于球磨粉末与钢球和罐壁的不断碰撞，球磨粉末不断积聚能量，晶体中产生很大的晶格畸变，当粉末原有晶态自由能和球磨过程中积聚能量超过其非晶态自由能时就可能产生非晶相。基于 Inoue 的三条经验规律[8~10]，合金体系易形成非晶态的条件为：合金体系有三种元素以上组元、主要元素之间原子尺寸大小相差 12%以上和具有较大的负混合焓。基于此，可以总结出机械合金化过程中三种影响非晶化的因素，即：①尺寸错配；②负混合焓；③金属间化合物增多。

3.3.1 尺寸错配

在非晶形成过程中，主要元素的原子半径差会影响合金粉末非晶形成能力。大量研究表明，尺寸错配能促进原子拓扑密堆[11~14]，提高玻璃形成能力[15~20]。图 3.6(a)为不同球磨时间后 $Ti_{40.6}Zr_{9.4}Cu_{37.5}Ni_{9.4}Al_{3.1}$ 合金粉末的 XRD 图谱，图 3.6(b)为球磨 20h 后粉末的 DSC 曲线。由图 3.6(a)可知，球磨前的 XRD 图谱上展现出所添加的 Ti、Zr、Cu、Ni、Al 等元素的衍射峰。观察粉末球磨过程中衍射峰变化可知(图 3.6(a))，随着球磨时间增加，各元素衍射峰的强度急剧降低，且衍射峰的宽度逐渐增加，这主要归因于机械合金化过程中各合金元素晶粒尺寸不断减小。当球磨时间增加到 10h，一个宽的漫散射峰开始在 $2\theta=42°$附近出现，表明合金粉末中形成了非晶相。当球磨时间达到 20h 时，XRD 图谱中仅有一个宽大的漫散射峰，表明合金粉末几乎全部转变为非晶相。另外，根据图 3.6(b)所示的球磨终态粉末 DSC 曲线可知，合金粉末在 770K 附近有一个较大的放热峰，进一步验证了球磨 20h 之后所制备的 $Ti_{40.6}Zr_{9.4}Cu_{37.5}Ni_{9.4}Al_{3.1}$ 合金粉末为非晶态，其玻璃化转变温度 T_g 为 631K，晶化温度 T_x 为 729K，晶化峰值温度 T_p 为 769K，熔化温度 T_m 为 1160K，过冷液相区宽度 ΔT_x 为 98K。

图 3.7(a)为不同球磨时间后 $Ti_{66}Nb_{13}Cu_8Ni_{6.8}Al_{6.2}$ 合金粉末的 XRD 图谱，图 3.7(b)为球磨 50h 后 $Ti_{66}Nb_{13}Cu_8Ni_{6.8}Al_{6.2}$ 合金粉末的 DSC 曲线。由图 3.7(a)可见，未球磨混合粉末的 XRD 图谱上展示出明显的 Ti、Nb、Cu、Ni 和 Al 的衍射峰，合金粉末的颗粒尺寸主要在 50～70μm 之间。随着球磨时间增大，各个元素的 XRD 衍射峰值逐渐减弱，衍射峰的宽度不断增大。当球磨 30h 后，其 XRD 图谱中出现了一个最大峰值位于 $2\theta=39°$左右的漫散峰，表明非晶相开始形成。当球磨到 40h 后，合金粉末的衍射峰宽度不断增大，表明非晶相体积分数不断增多。当球磨时间增大到 50h 后，其他合金元素的衍射峰均消失，只有一个宽的漫散射峰，

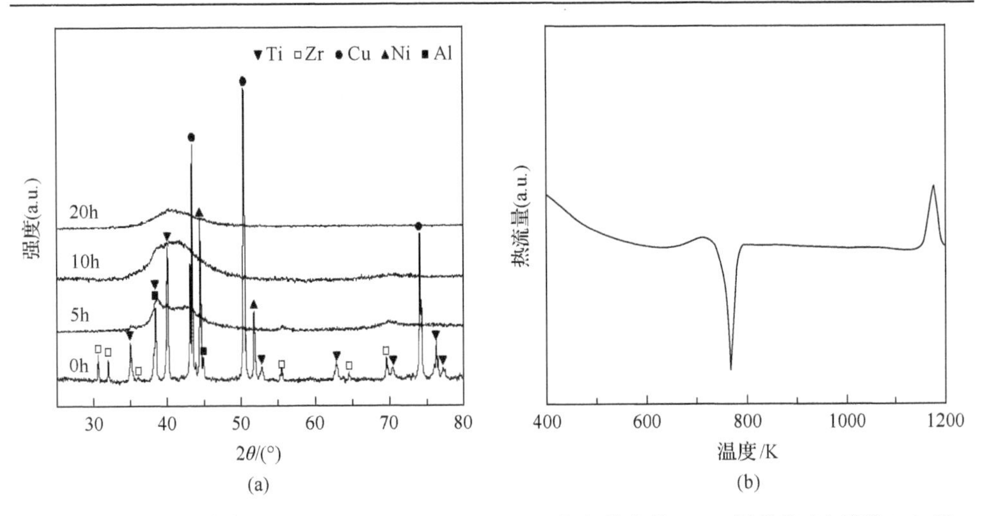

图 3.6　(a)不同球磨时间后 $Ti_{40.6}Zr_{9.4}Cu_{37.5}Ni_{9.4}Al_{3.1}$ 合金粉末的 XRD 图谱和(b)球磨 20h 后 $Ti_{40.6}Zr_{9.4}Cu_{37.5}Ni_{9.4}Al_{3.1}$ 非晶态合金粉末的 DSC 曲线

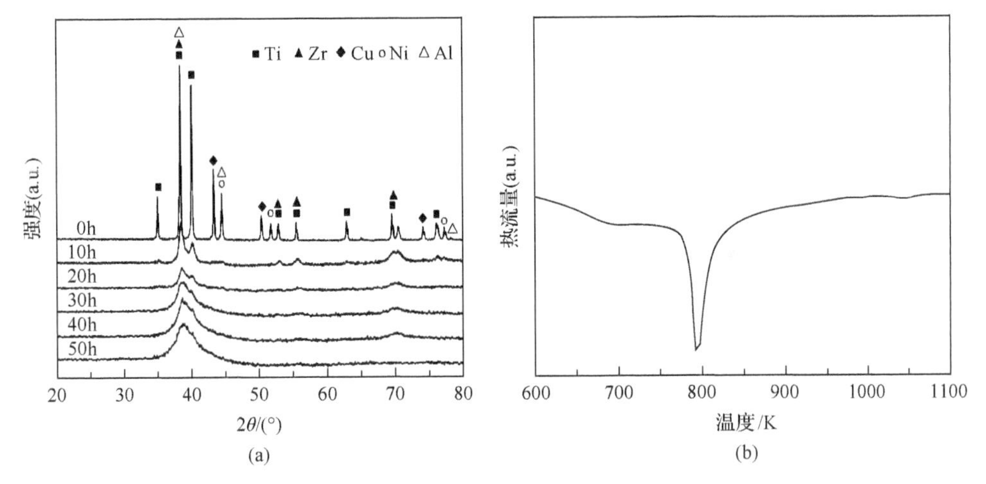

图 3.7　(a)不同球磨时间后 $Ti_{66}Nb_{13}Cu_8Ni_{6.8}Al_{6.2}$ 粉末的 XRD 图谱和(b)球磨 50h 后 $Ti_{66}Nb_{13}Cu_8Ni_{6.8}Al_{6.2}$ 非晶态合金粉末的 DSC 曲线

合金粉末中非晶相体积分数达到最大值。图 3.7(b)所示的 DSC 曲线也表明，当球磨 50h 后，合金粉末的放热峰面积达到最大值，表明合金粉末中非晶相含量达到最大值。球磨 50h 后所制备的非晶态 $Ti_{66}Nb_{13}Cu_8Ni_{6.8}Al_{6.2}$ 合金粉末的放热峰面积为 52J/g，非晶粉末的玻璃化转变温度 T_g 为 700K、晶化温度 T_x 为 780K、晶化峰值温度 T_p 为 793K，过冷液相区宽度 ΔT_x 为 80K。

$Ti_{40.6}Zr_{9.4}Cu_{37.5}Ni_{9.4}Al_{3.1}$ 和 $Ti_{66}Nb_{13}Cu_8Ni_{6.8}Al_{6.2}$ 同为五组元钛基合金，两种合金非晶形成能力的差异可以从原子之间尺寸及原子尺寸错配情况的角度来解释，TiCuNiAl 合金组元原子半径分别是 Ti 1.462Å、Cu 1.278Å、Ni 1.246Å 和 Al 1.432Å，

添加元素 Zr 和 Nb 的原子半径分别是 Zr 1.603Å 和 Nb 1.429Å，如表 3.2 所示。

表 3.2　两种钛基合金组元元素原子半径

参数	基本组元				添加组元	
	Ti	Cu	Ni	Al	Zr	Nb
原子半径/Å	1.462	1.278	1.246	1.432	1.603	1.429

其相应的原子之间半径差异比(K)可以用式(3.1)定义：

$$K = \left|\left(r_X - r_M\right) / r_X\right| \times 100\% \tag{3.1}$$

式中，r_X 为 X 元素原子半径；r_M 为 M 元素原子半径。

根据表 3.2 和式(3.1)可计算出两种钛基合金添加元素和基本元素的原子半径差异比，如表 3.3 所示。

表 3.3　两种钛基合金添加元素和基本元素的原子半径差异比(*K*)（单位：%）

添加元素	基本元素			
	Ti	Cu	Ni	Al
Zr	8.80	20.27	22.27	10.67
Nb	2.31	10.57	12.81	0.21

根据表 3.3，$Ti_{40.6}Zr_{9.4}Cu_{37.5}Ni_{9.4}Al_{3.1}$ 合金系统相应的 Zr-M(M=Ti、Cu、Ni 和 Al)原子对的原子半径差异比分别为 8.80%、20.27%、22.27%和 10.67%；而 $Ti_{66}Nb_{13}Cu_{8}Ni_{6.8}Al_{6.2}$ 合金系统中相应的 Nb-M(M=Ti、Cu、Ni 和 Al)原子对的原子半径差异比分别是 2.31%、10.57%、12.81%和 0.21%。显然，添加元素 Zr 与其他组元之间原子半径差异比远远大于添加元素 Nb 与其他组元之间原子半径差异比。再结合表 3.1 中两种不同组元钛基合金的热物性参数和球磨至终态所需要的时间(20h，50h)可知，$Ti_{40.6}Zr_{9.4}Cu_{37.5}Ni_{9.4}Al_{3.1}$ 合金中更大的原子半径尺寸差异产生更紧密的原子堆垛结构，阻碍原子重新排列。其多组元多元素间的高度密堆结构、局部原子重新排列的困难度有利于合金体系形成非晶相。

3.3.2　负混合焓

在 Inoue 所提出的三条经验规则中，主要元素的负混合焓也是一条重要的内容[9,10]。从热力学上考虑，两个不同元素(A 和 B)进行混合，自由能变化可以表示为式(3.2)[14,21]：

$$\Delta G_{mix}=\Omega X_A X_B+RT\left(X_A \ln X_A+X_B \ln X_B\right) \tag{3.2}$$

式中，R 为气体常数；X_A 为 A 元素的浓度；X_B 为 B 元素的浓度；Ω 为两个元素之间混合摩尔热的比例。

因此，对于一个给定的 X_A 和 X_B，负混合焓能够降低体系的能量。如果这种混合效应在液态或过冷液态中的影响比在晶态中要强，那么液态和固态的吉布斯自由能之差就会降低，即晶化的驱动力降低，因而能提高合金的非晶形成能力，使非晶化过程更加容易[21]。

图 3.8(a) 是球磨 80h 时后 $Ti_{70.0}Nb_{23.33}Zr_{5.0}Ta_{1.67}$ 合金粉末的 XRD 图谱，其衍射峰的宽度几乎没有变化，也没有形成明显的漫散射峰，表明合金粉末并未出现非晶化或非晶化程度极低。图 3.8(b) 是球磨 80h 后 $Ti_{70.0}Nb_{23.33}Zr_{5.0}Ta_{1.67}$ 合金粉末的 DSC 曲线，可以看出，合金粉末并没有放热峰产生，这表明 $Ti_{70.0}Nb_{23.33}Zr_{5.0}Ta_{1.67}$ 合金粉末中并无非晶相形成，与 XRD 分析的结果一致。

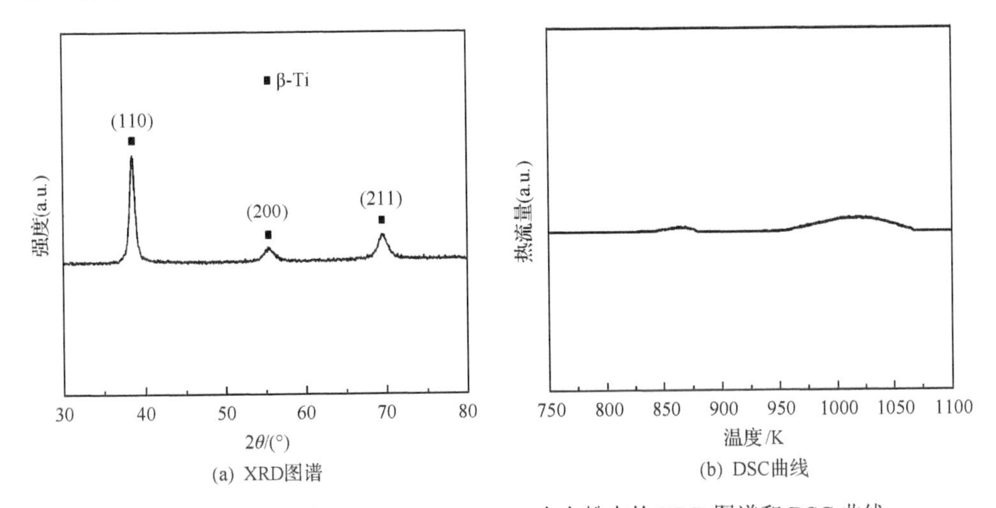

图 3.8　球磨 80h 后 $Ti_{70.0}Nb_{23.33}Zr_{5.0}Ta_{1.67}$ 合金粉末的 XRD 图谱和 DSC 曲线

图 3.9 为 Ti-Nb、Ti-Zr、Ti-Ta 和 Ti-Fe 的相图[22]。根据 Ti-Nb、Ti-Zr 和 Ti-Ta 二元相图(图 3.9(a)～(c))，Nb、Zr 和 Ta 原子能完全固溶于 Ti 原子，所以球磨开始时，在机械力作用下，这三种原子迅速固溶于 Ti 原子中，合金晶体结构由 α-Ti 转变为 β-Ti。随着球磨时间的增加，形成了稳定的 β-Ti 固溶体，因此，即使球磨时间延长到 100h 时还没有非晶相形成。

图 3.10 为四种不同成分的 $(TNZT)_{100-x}Fe_x$ (x=0，2，6，10) 合金粉末非晶含量达到最大值时的 XRD 图谱，表 3.4 为四种球磨终态合金粉末的晶粒尺寸、微观应变和非晶相体积分数。可见，随 Fe 含量的不断增加，相应达到球磨终态的时间也不断减小。四种合金达到球磨终态的时间分别是 100h、80h、65h 和 40h。通过观察其 XRD 图谱可知，随 Fe 含量的增加，β-Ti 峰的强度不断减弱，这归因于合金粉末中晶体相体积分数的下降(表 3.4)。可以推断出，$(TNZT)_{100-x}Fe_x$ 合金体系

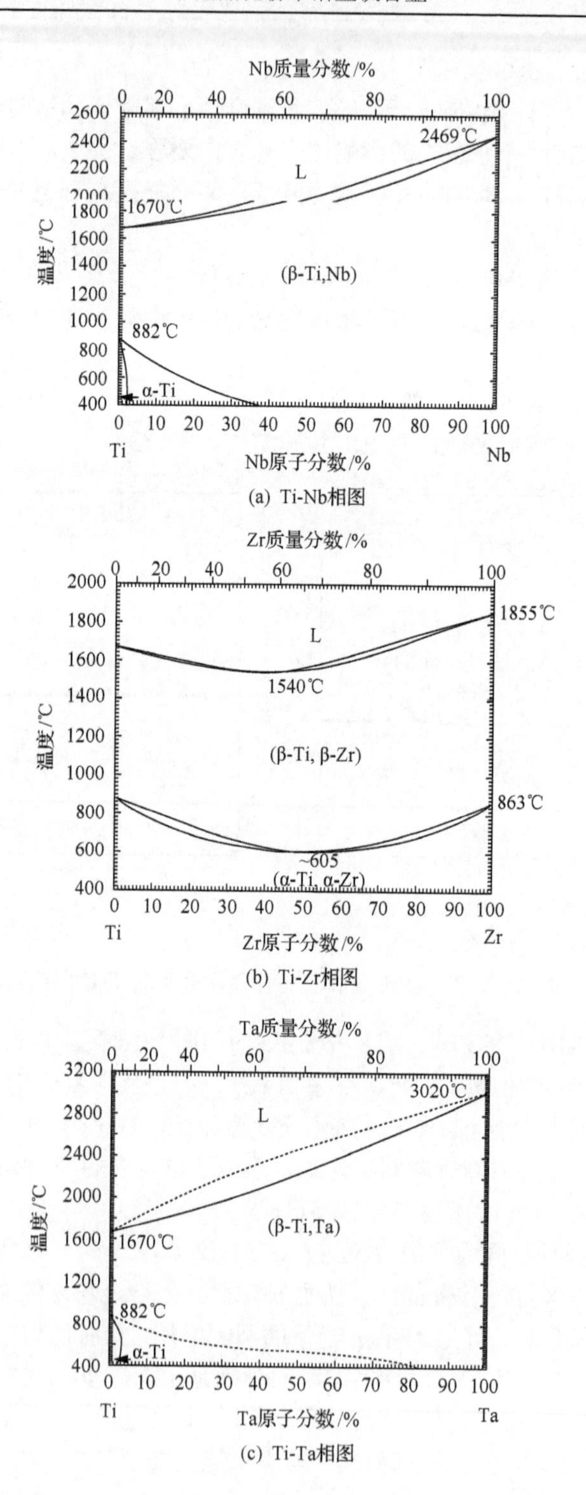

(a) Ti-Nb相图

(b) Ti-Zr相图

(c) Ti-Ta相图

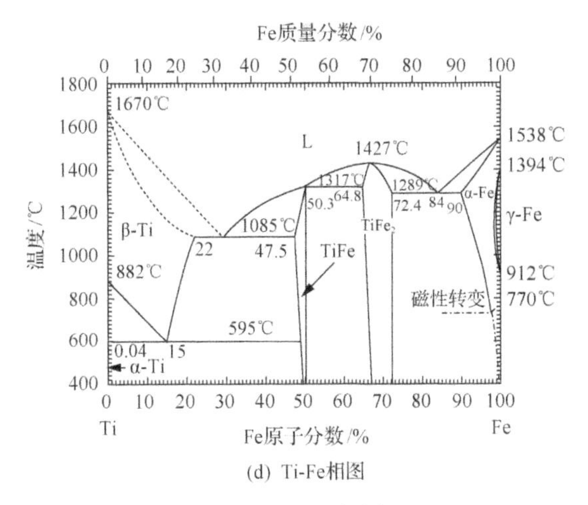

(d) Ti-Fe相图

图 3.9　二元相图

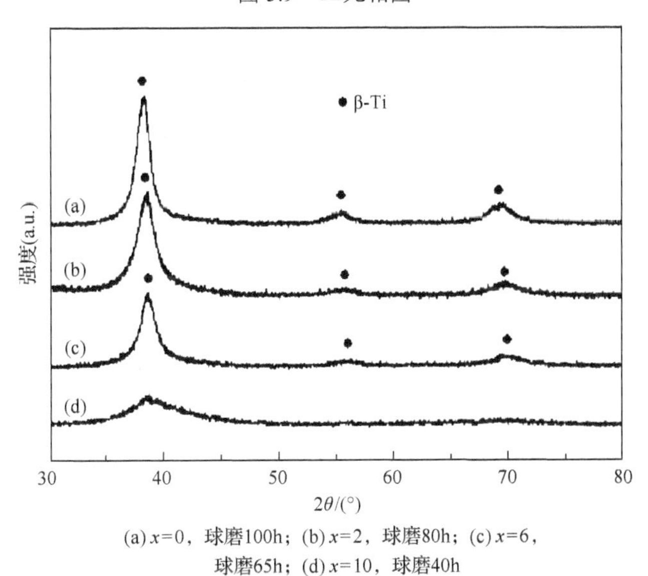

(a) x=0，球磨100h；(b) x=2，球磨80h；(c) x=6，球磨65h；(d) x=10，球磨40h

图 3.10　球磨终态$(TNZT)_{100-x}Fe_x$合金粉末的 XRD 图谱

表 3.4　四种球磨终态合金粉末的晶粒尺寸、微观应变和非晶相体积分数

合金	晶粒尺寸/nm	微观应变/%	非晶相体积分数/%
$(TNZT)_{100}$	9	1.23	0
$(TNZT)_{98}Fe_2$	7	1.56	30.45
$(TNZT)_{94}Fe_6$	6	1.87	56.89
$(TNZT)_{90}Fe_{10}$	—	—	100

的非晶形成能力随 Fe 元素含量的增加而增强：当 x=10 时，球磨终态合金粉末基本为纯非晶态；当 x=2 和 6 时，球磨终态合金粉末为 β-Ti 纳米晶和非晶相共存；当 x=0 时，球磨终态合金粉末为纯 β-Ti 纳米晶，无非晶相形成。

Fe 含量对 $(TNZT)_{100-x}Fe_x$ 合金体系非晶形成能力和热稳定性所产生的显著影响是多方面原因造成的。首先，可以从二元相图中化合物数量总和这一方面来加以解释。对 $(TNZT)_{100}$ 合金，根据 Ti-Nb、Ti-Zr 和 Ti-Ta 二元相图(图 3.9(a)～(c))，Nb、Zr 和 Ta 原子能完全固溶于 Ti 原子。所以球磨开始时，在机械力作用下，这三种原子迅速固溶于 Ti 原子中，α-Ti 转变为 β-Ti。随着球磨时间增加形成了稳定的 β-Ti 固溶体，即使球磨时间延长到 100h 还没有非晶相形成。从晶体自由能角度解释，这是因为球磨过程中位错和晶界的增加导致体系自由能增加，当形成稳定固溶体后，有关系式：

$$G_C + G_D < G_A \tag{3.3}$$

式中，G_C 为晶体相的自由能；G_D 为晶体缺陷产生的自由能；G_A 为非晶相形成所需自由能。由式(3.3)可知，$(TNZT)_{100}$ 合金球磨过程中晶体缺陷增加的自由能还不足以高于形成非晶相需要的自由能[23]，故非晶相难以形成。

根据 Ti-Fe 相图(图 3.9(d))，存在两个化合物，即 FeTi 和 $FeTi_2$。由球磨过程中粉末 XRD 图谱可知，当 Fe 元素加入 TNZT 合金体系后，随着球磨时间增加，FeTi 金属间化合物和 β-Ti 固溶体会同时出现。在这种情况下，体系自由能的增加不仅仅由位错和晶界的增加引起，还由 FeTi 金属间化合物导致的无序化引起[23~25]。所以，体系增加的自由能能够超越形成非晶相所需要的自由能。同时，在 $(TNZT)_{100-x}Fe_x$ 合金体系中，随着 Fe 含量的增加，FeTi 化合物的含量也相应增加。因此，由 FeTi 化合物引起的无序化程度也变大，从而导致其非晶形成能力的增强。

表 3.5 为合金体系中不同元素之间的原子半径差($\Delta R/R$)和混合焓(ΔH_{mix})。Ti 和 Nb、Zr、Ta 的混合焓 ΔH_{mix} 都为正，这样阻碍了 TNZT 合金体系中非晶相的形成。Fe 和 Ti、Nb、Zr、Ta 的混合焓都为负值，这为 $(TNZT)_{100-x}Fe_x$ 合金体系中非晶相的形成提供了大的热力学驱动力。

表 3.5　不同元素之间的原子半径差($\Delta R/R$)和混合焓(ΔH_{mix})

元素组合	$(\Delta R/R)$/%	ΔH_{mix}/(kJ/mol)
Ti-Nb	2.80	2
Ti-Zr	9.26	0
Ti-Ta	2.04	1
Ti-Fe	15.6	–17
Fe-Nb	13.3	–16
Fe-Zr	23.4	–25
Fe-Ta	13.3	–15

此外，在$(TNZT)_{100-x}Fe_x$合金体系中，非晶形成能力差异也可以由原子尺寸差和元素之间混合焓的关系来解释。可见，Ti 和 Nb、Zr、Ta 的原子半径差都小于 12%，但是 Fe 和 Ti、Nb、Zr、Ta 的原子半径差都远大于 12%。Fe 元素的加入引起的大原子半径差有效地产生了无规则密堆结构，从而有助于非晶相形成[26]。

3.3.3 金属间化合物增多

图 3.11 为球磨不同时间后$Ti_{49.8}Ni_{42.7}Cu_{7.5}$粉末的 XRD 图谱。从图中可以看出，原始粉末中出现了 Ti、Ni、Cu 元素的衍射峰(图 3.11 曲线(a))，球磨 10h 之后(图 3.11 曲线(b))，Cu 的衍射峰消失，意味着铜原子完全溶入 Ti 原子和 Ni 原子中。随着球磨过程的进行，Ti 和 Ni 的衍射峰强度逐渐减弱，同时不断宽化。这主要是因为球磨过程中高应力导致晶粒尺寸的减小和晶格畸变。球磨 20h 之后(图 3.11 曲线(c))，出现了漫散射峰，标志着非晶相的出现。当球磨时间超过 40h 时(图 3.11 曲线(d))，Ti 的衍射峰消失，并且出现了一个比较宽的，较弱的漫散射峰，非晶相含量逐渐增多。当进一步延长球磨时间至 60h 时(图 3.11 曲线(e))，没有出现相和组织的改变，非晶体积分数达到最大。

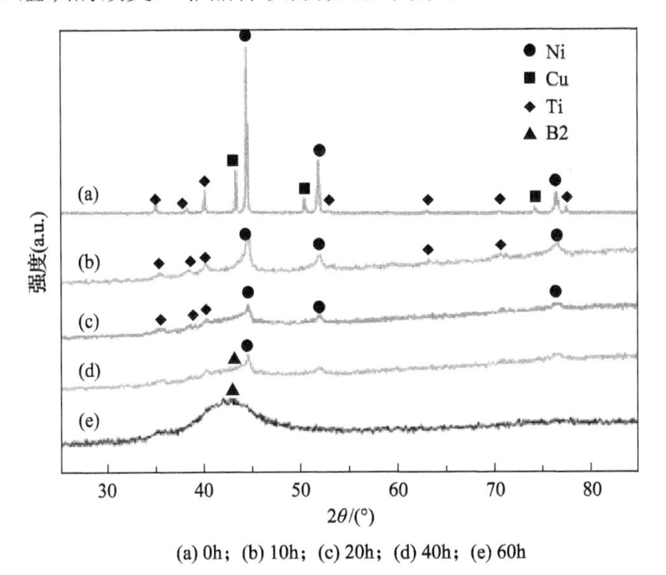

(a) 0h；(b) 10h；(c) 20h；(d) 40h；(e) 60h

图 3.11 球磨不同时间后$Ti_{49.8}Ni_{42.7}Cu_{7.5}$粉末的 XRD 图谱

图 3.12 曲线(a)～(d)为球磨不同时间后$Ti_{49.8}Ni_{50.2-x}Cu_x$(x=0，2.5，5，7.5)粉末的 XRD 图谱，图 3.12 曲线(e)～(h)为球磨不同时间后$Ti_{49.8}Ni_{50.2-x}Cu_x$(x=0，2.5，5，7.5)粉末的 DSC 曲线。结合 XRD 图谱和 DSC 曲线分析可以看出，四种合金粉末最终均得到了完全的非晶组织。结合图 3.12 和表 3.1 可知，随着 Cu 含量的

增加，其球磨终态非晶粉末的晶化焓 ΔH_x 增加，即意味着粉末非晶相体积分数在不断增加，并且过冷液相区 ΔT_x 随着 Cu 含量的增加而增大。这两点都表明随着 Cu 含量的增加，合金的非晶形成能力有所增强。

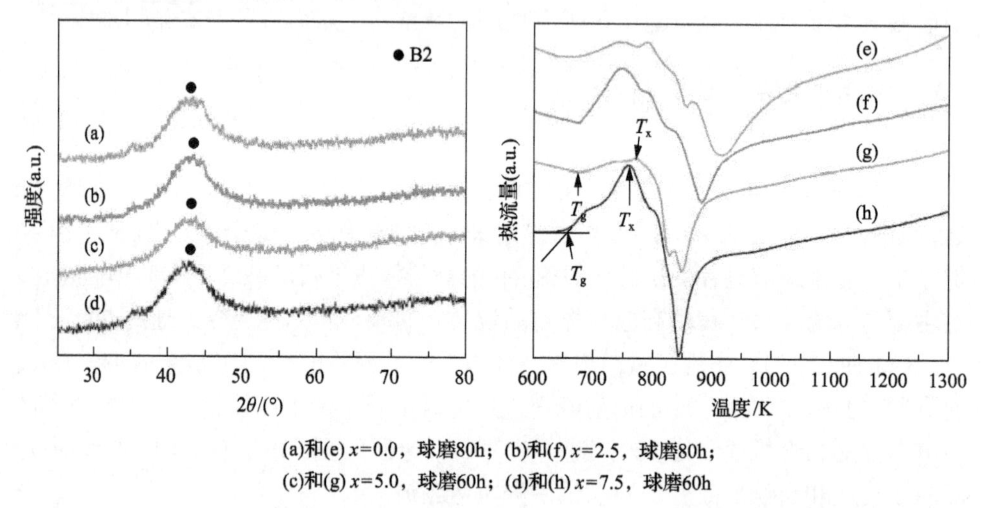

(a)和(e) x=0.0，球磨80h；(b)和(f) x=2.5，球磨80h；
(c)和(g) x=5.0，球磨60h；(d)和(h) x=7.5，球磨60h

图 3.12　球磨不同时间后 $Ti_{49.8}Ni_{50.2-x}Cu_x$ 粉末的 XRD 图谱和 DSC 曲线

观察 $Ti_{49.8}Ni_{50.2-x}Cu_x$ (x=0，2.5，5，7.5) 合金粉末球磨非晶化过程，可以发现，随着 Cu 含量的不断增加，Cu 原子替代 Ni 原子后，合金的非晶形成能力增强。合金体系非晶形成能力的差异可以从二元相图中金属间化合物数量的角度解释[27,28]。据目前对一个金属合金体系在球磨过程中非晶形成能力的预测[29]，一个合金体系中能形成的金属间化合物越多，则非晶形成能力越强[23]。根据式(3.3)可知，当粉末受到严重晶格畸变，并储存大量的晶格畸变能时，便容易形成非晶。因此，当不断球磨时，由于缺陷能量的积累，晶体缺陷产生的自由能 G_D 不断增大，很容易使能量大于形成非晶所需要的自由能 G_A，导致晶体结构失稳而变成无序的非晶。但是，如果形成了固溶体相，由于晶体结构很稳定，很难在合金系统中储存足够的能量使其转化为非晶。随着金属间化合物的增加，位错和晶界的增加导致体系自由能的增加，当其超过形成非晶相所需的自由能时，便形成了非晶。图 3.13 和图 3.14 分别为 Ti-Ni 和 Ti-Cu 相图[22]。在二元相图中，Ti-Ni 合金体系可形成 Ti_2Ni、TiNi、$TiNi_3$ 三种金属间化合物，但是在二元 Ti-Cu 金体系中可形成 TiCu、Ti_2Cu、Ti_3Cu_4、Ti_2Cu_3、$TiCu_2$ 和 $TiCu_4$ 六种金属间化合物。因此，Cu 原子替代部分 Ni 原子会使球磨过程中产生的金属间化合物增多，从而使合金体系的非晶形成能力增强[30]。

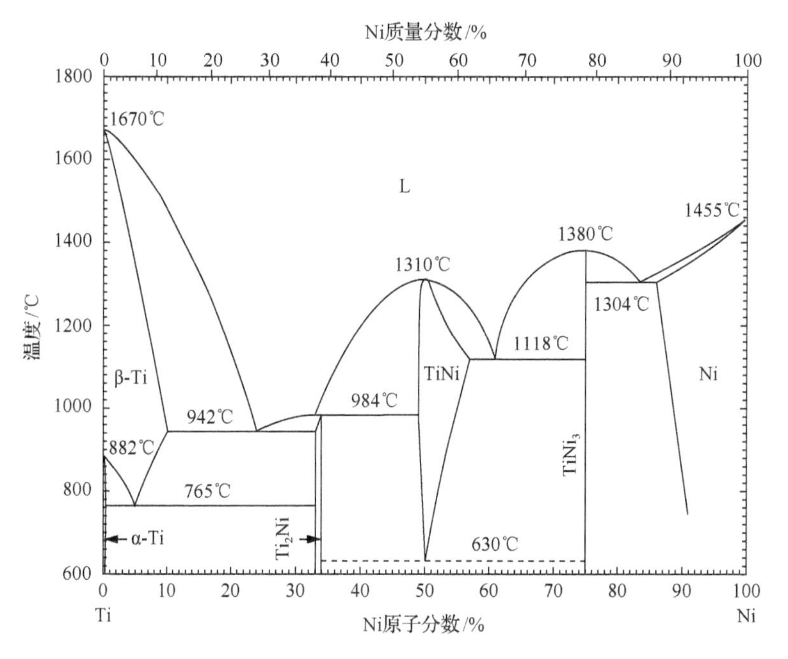

图 3.13　Ti-Ni 相图

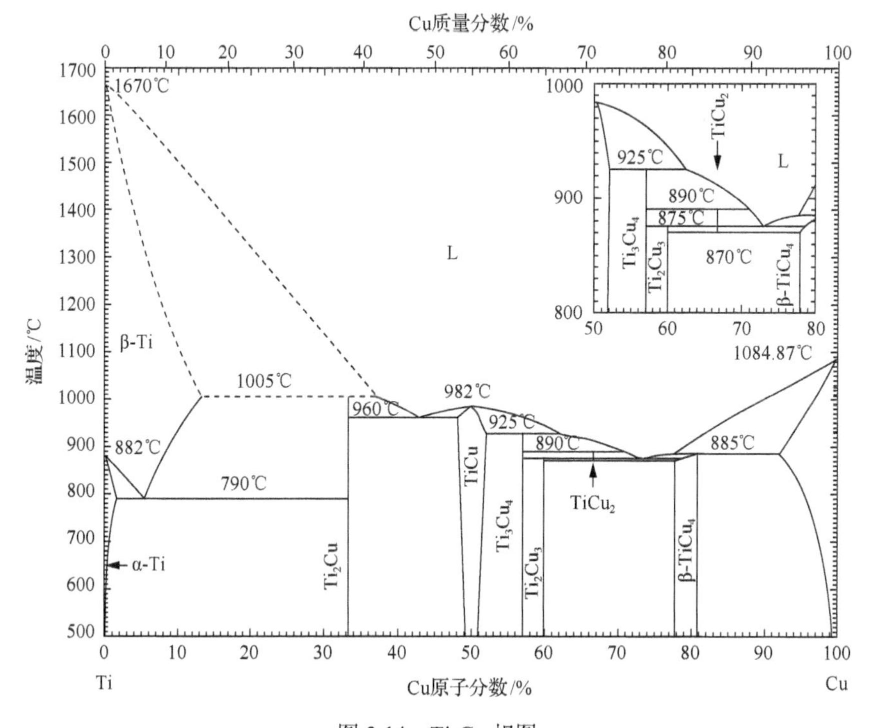

图 3.14　Ti-Cu 相图

参考文献

[1] Koch C C, Cavin O B, McKamey C G, et al. Preparation of “amorphous” $Ni_{60}Nb_{40}$, by mechanical alloying. Applied Physics Letters, 1983, 43(11): 1017-1019.

[2] Eckert J. Mechanical alloying of highly processable glassy alloys. Materials Science and Engineering A, 1997, s 226-228(96): 364-373.

[3] 杨超. 多场耦合-非晶晶化法制备块状钛基合金的研究. 广州: 华南理工大学, 2007.

[4] Li Y Y, Yang C, Chen W P, et al. Oxygen-induced amorphization of metallic titanium by ball milling. Journal of Materials Research, 2007, 22(7): 1927-1932.

[5] Li Y Y, Yang C, Chen W P, et al. Ultrafine-grained $Ti_{66}Nb_{13}Cu_8Ni_{6.8}Al_{6.2}$ composites fabricated by spark plasma sintering and crystallization of amorphous phase. Journal of Materials Research, 2009, 24(6): 2118-2122.

[6] EI-Eskandarany M S, Omoriand M, Inoue A. Solid-state synthesis of new glassy $Co_{65}Ti_{20}W_{15}$ alloy powders and subsequent densification into a fully dense bulk glass. Journal of Materials Research, 2005, 20(10): 2845-2853.

[7] EI-Eskandarany M S, Akoi K, Sumiyama K, et al. Cyclic crystalline-amorphous transformations of mechanically alloyed $Co_{75}Ti_{25}$. Applied Physics Letters, 1997, 70(13): 1679-1681.

[8] Takeuchi A, Inoue A. Classification of bulk metallic glasses by atomic size difference, heat of mixing and period of constituent elements and its application to characterization of the main Alloying Element. Materials Transactions, 2005, 46(12): 2817-2829.

[9] Li P, Li S, Tian Z, et al. Effect of Ni-Al atomic ratio on glass formation in La-Al-Cu-Ni bulk metallic glasses. Journal of Alloys and Compounds, 2009, 478(1): 193-196.

[10] Wang W H, Dong C, Shek C H. Bulk metallic glasses. Physics Today, 2013, 44(2): 45-89.

[11] Miracle D B. A structural model for metallic glasses. Nature Materials, 2004, 3(10): 697.

[12] Senkov O N, Miracle D B. Effect of the atomic size distribution on glass forming ability of amorphous metallic alloys. Materials Research Bulletin, 2001, 36(12): 2183-2198.

[13] Miracle D B, Senkov O N, Sanders W S, et al. Structure-forming principles for amorphous metals. Materials Science and Engineering A, 2004, 375-377(1): 150-156.

[14] 李培友. Ti-Cu-Ni-Zr 非晶合金的热力学特征及力学行为的研究. 哈尔滨: 哈尔滨工业大学, 2014.

[15] Okulov I V, Bönisch M, Kühn U, et al. Significant tensile ductility and toughness in an ultrafine-structured $Ti_{68.8}Nb_{13.6}Co_6Cu_{5.1}Al_{6.5}$, bi-modal alloy. Materials Science and Engineering A, 2014, 615: 457-463.

[16] Inoue A, Takeuchi A. Recent development and application products of bulk glassy alloys. Acta Materialia, 2011, 59(6): 2243-2267.

[17] Wang X, Jie W. Controlled melting process of off-eutectic alloy. Acta Materialia, 2004, 52(2): 415-422.

[18] 康利梅, 杨超, 李元元. 半固态烧结法制备高强韧新型双尺度结构钛合金. 金属学报, 2017, 53(4): 440-446.

[19] He G, Eckert J, Löser W, et al. Composition dependence of the microstructure and the mechanical properties of nano/ultrafine-structured Ti-Cu-Ni-Sn-Nb alloys. Acta Materialia, 2004, 52(10): 3035-3046.

[20] Kim K B, Das J, Baier F, et al. Microstructural investigation of a deformed $Ti_{66.1}Cu_8Ni_{4.8}Sn_{7.2}Nb_{13.9}$, nanostructure-dendrite composite. Journal of Alloys and Compounds, 2007, 434(1): 106-109.

[21] Xu D H. Development of novel binary and multi-component bulk metallic glasses. Berkeley: University of California Berkeley, 2005.

[22] Massalski T B. Binary alloy phase diagrams. American Society for Metals, 1986, 2.

[23] Sharma S, Vaidyanathan R, Suryanarayana C. Criterion for predicting the glass-forming ability of alloys. Applied Physics Letters, 2007, 90(11): 279.

[24] Cho Y S, Koch C C. Mechanical milling of ordered intermetallic compounds: The role of defects in amorphization. Journal of Alloys and Compounds, 1993, 194(2): 287-294.

[25] Koch C C, Whittenberger J D. Mechanical milling/alloying of intermetallics. Intermetallics, 1996, 4(5): 339-355.

[26] Zhao Y H. Thermodynamic model for solid-state amorphization of pure elements by mechanical-milling. Journal of Non-Crystalline Solids, 2006, 352(52-54): 5578-5585.

[27] Yu J, Zhao Z J, Li L X. Corrosion fatigue resistances of surgical implant stainless steels and titanium alloy. Corrosion Science, 1993, 35(1-4): 587-591.

[28] Zhou Y L, Niinomi M, Akahori T, et al. Corrosion resistance and biocompatibility of Ti-Ta alloys for biomedical applications. Materials Science & Engineering A, 2005, 398(1-2): 28-36.

[29] Nakagawa M, Matsuya S, Udoh K. Corrosion behavior of pure titanium and titanium alloys in fluoride-containing solutions. Dental Materials Journal, 2001, 20(4): 305-314.

[30] Thair L, Kamachi Mudali U, Asokamani R, et al. Influence of microstructural changes on corrosion behaviour of thermally aged Ti-6Al-7Nb alloy. Materials and Corrosion, 2015, 55(5): 358-366.

本章作者：刘　钊，杨　超

第4章　非晶/晶态合金粉末的烧结致密化机制

4.1　引　　言

放电等离子烧结具有烧结时间短、升温速率快、电流密度大等优势，被广泛应用于粉末冶金领域。粉末致密化行为与机制一直是粉末烧结的重要研究部分，直接关系到所制备块体的组织性能。国内外学者都分别研究了放电等离子烧结中的升温速率、压力、烧结温度、保温时间等工艺参数对致密化行为的影响[1]。Alaniz等[2]为了研究压力对放电等离子烧结的致密化速率所起的作用，分别对铝、硅及氧化锆进行了实验，发现压力越大，烧结过程中最大致密化速率越高，但达到最大致密化速率的温度不变。Xie 等[3]在研究非晶 $Ni_{52.5}Nb_{10}Zr_{15}Ti_{15}Pt_{7.5}$ 雾化粉末的致密化行为时发现，烧结温度越高，所制得样品相对密度越大；烧结温度为740K左右时，粉末开始迅速致密化；烧结温度为773K、压力为600MPa时，能制备出高强度的全致密非晶样品。另外，Ghahremani 等[4]在研究烧结温度对莫来石粉末致密化行为的影响时发现，温度越高，固结后材料性能越好。Sairam 等[5]发现，烧结使用的保温时间越长，B_4C 最终达到的致密度就越高。

众所周知，致密化行为与机制不仅受外在的烧结参数影响，更与内在的粉末物性有着密切的关联。不同的粉末物性对制备出的块体材料的组织性能影响显著。Diouf 等[6]对不同颗粒尺寸的 Cu 粉进行放电等离子烧结后发现，颗粒尺寸越小，制备出的块体材料相对密度越大，晶粒尺寸越小。相似地，Cheng 等[7]在对不同颗粒尺寸的 Mg 粉进行放电等离子烧结时发现，粉末颗粒尺寸越小，最后制得块体材料的相对密度越大，硬度越大。Dabhade 等[8]发现，与微米级的雾化纯 Ti 粉末相比，球磨制备的纳米级纯 Ti 粉烧结制备的块体材料中几乎没有团聚体间孔隙。综上可以发现，粉末的物性参数(如表面能 γ、平均颗粒尺寸 L、黏度 η 及晶体缺陷含量等)对粉末固结的致密化行为、机理乃至最终制得块体材料的组织性能有着重要的影响。各物性参数不仅会对粉末固结过程及其致密化机理产生各自的影响，它们还互相影响。此外，对于非晶合金而言，当其加热到玻璃化转变温度以上时，会进入过冷液相区，非晶合金的黏度会急剧降低[9~12]。迄今，玻璃化转变导致的非晶粉末的软化行为(或者黏性流动行为)对致密化行为的影响机制尚不明确。

有鉴于此，本章基于 Frenkel 模型，提出将综合影响因子 f 用于表征粉末物性对致密化行为的影响机制，通过研究不同形状及物性的钛/钛合金粉末的致密化行为，验证影响因子 f 的可行性。其次，利用机械合金化法和真空退火的方法制备出 $Ti_{40.6}Zr_{9.4}Cu_{37.5}Ni_{9.4}Al_{4.1}$ 非晶态和晶态粉末，研究不同升温速率下不同粉末的致密化机制差异，揭示黏性流动行为对致密化行为的影响规律。相关研究为近全致密的纳米/超细晶结构钛合金的制备提供了理论指导。

4.2　晶态合金粉末的烧结致密化机制

4.2.1　粉末物性分析

1. SEM 颗粒大小及形状分析

各种粉末的 SEM 形貌如图 4.1 所示，Ti-6Al-4V 合金及纯 Ti 的雾化粉末均呈球形。Ti-6Al-4V 合金粉末的颗粒尺寸大致分布在 15～45μm 范围内(图 4.1(a))，纯 Ti 粉末的颗粒尺寸大致分布在 15～53μm 范围内(图 4.1(c))。相较之下，经过

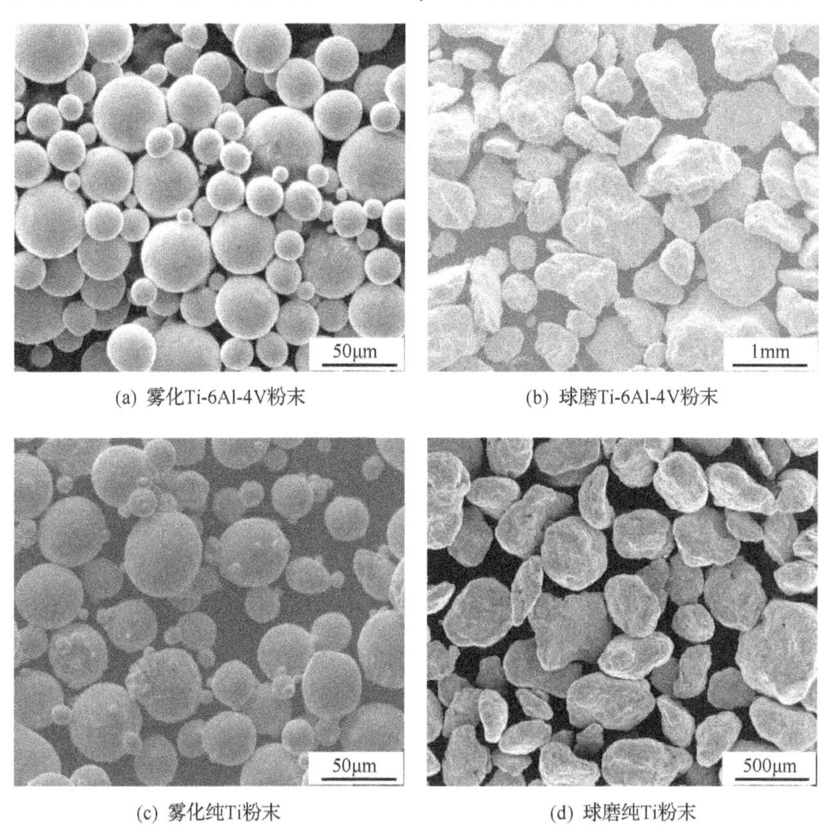

(a) 雾化Ti-6Al-4V粉末　(b) 球磨Ti-6Al-4V粉末

(c) 雾化纯Ti粉末　(d) 球磨纯Ti粉末

图 4.1　各种粉末的 SEM 形貌图

60h 变形、冷焊、破碎的高能球磨 Ti-6Al-4V 合金及纯 Ti 球磨粉末则呈不规则形状，平均颗粒尺寸 L 远大于雾化粉末。其中，Ti-6Al-4V 合金粉末（图 4.1（b））及纯 Ti 粉末（图 4.1（d））的颗粒尺寸范围分别为 200～1000μm 及 200～500μm。由于雾化粉末颗粒尺寸 L 均远小于对应的球磨粉末，因此，雾化粉末倾向于拥有比球磨粉末更高的表面能 γ。

2. DSC 热物性分析

图 4.2 为雾化及球磨 Ti-6Al-4V 合金及纯 Ti 粉末的 DSC 曲线。由图可见，各个粉末试样均在低温段出现了一个放热峰。不同的晶体缺陷对金属材料的自由能提高有着不同程度的贡献值，其中晶粒尺寸（1nm）及无序的最大能量贡献值分别为 10kJ/mol 及 12kJ/mol，远大于位错及空位的贡献值（每 $10^{16}/m^2$ 的位错或 1%的空位贡献 1kJ/mol 的自由能）。DSC 曲线中较低温度的放热峰是粉末中缺陷所存储的能量所造成的，其面积（放热焓）与缺陷含量相关[13,14]。经计算（计算方法如图 4.3 所示），如图 4.2 所示，雾化 Ti-6Al-4V 合金粉末的放热峰面积约为 653.4J/mol，小于球磨 Ti-6Al-4V 合金粉末的 1405.4J/mol；雾化纯 Ti 金属粉末的放热峰面积约为 171.2J/mol，小于球磨纯 Ti 金属粉末的 504.3J/mol。因此，雾化粉末中缺陷含量少于对应的球磨粉末。同时，雾化粉末相比对应的球磨粉末，有着更小的颗粒尺寸、更高的表面能及更小的放热焓。

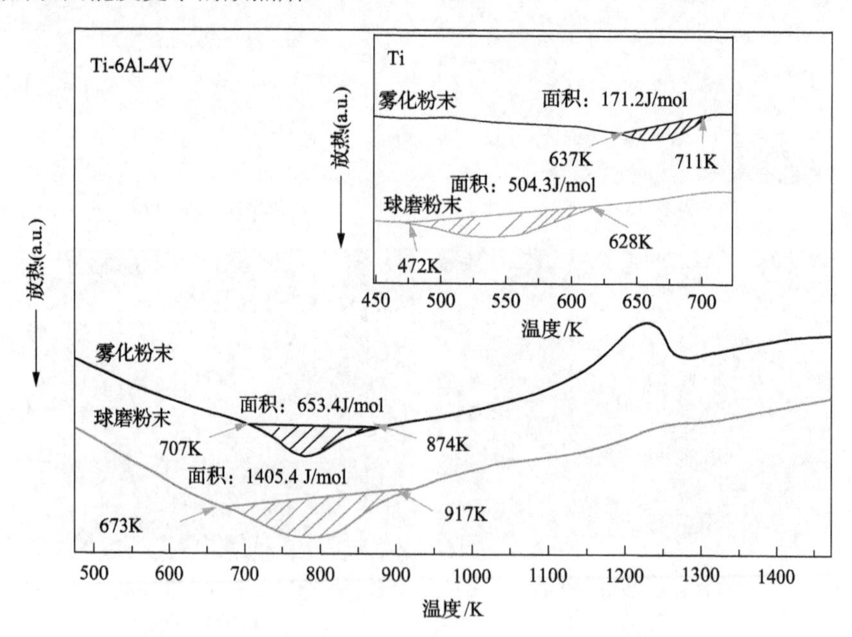

图 4.2　雾化及球磨 Ti-6Al-4V 合金及纯 Ti 粉末的 DSC 曲线

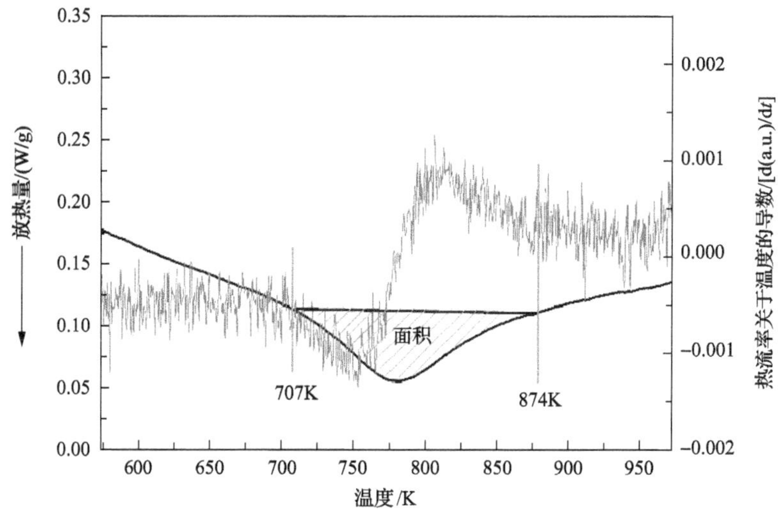

图 4.3　雾化 Ti-6Al-4V 合金粉末放热峰面积的求值示例图

4.2.2　球磨/雾化合金粉末致密化行为的对比分析

1. 相对致密度曲线分析

根据各粉末烧结体在放电等离子烧结过程中的高度变化(即计算机实时记录的温度-位移曲线)及最终块体材料的密度值，通过式(4.1)可计算出粉末在放电等离子烧结过程中的瞬时相对密度关于温度的变化，计算的曲线如图 4.4 所示。可以发现，雾化 Ti-6Al-4V 合金及纯 Ti 粉末的起始相对密度分别为 0.68±0.01 及

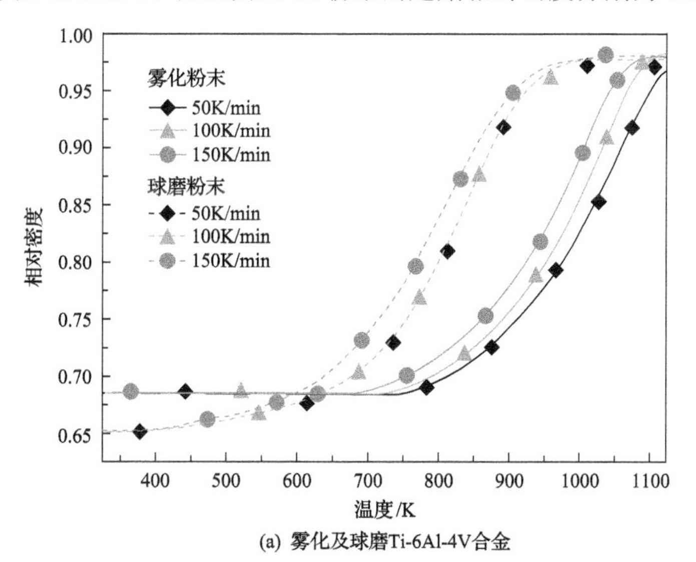

(a) 雾化及球磨Ti-6Al-4V合金

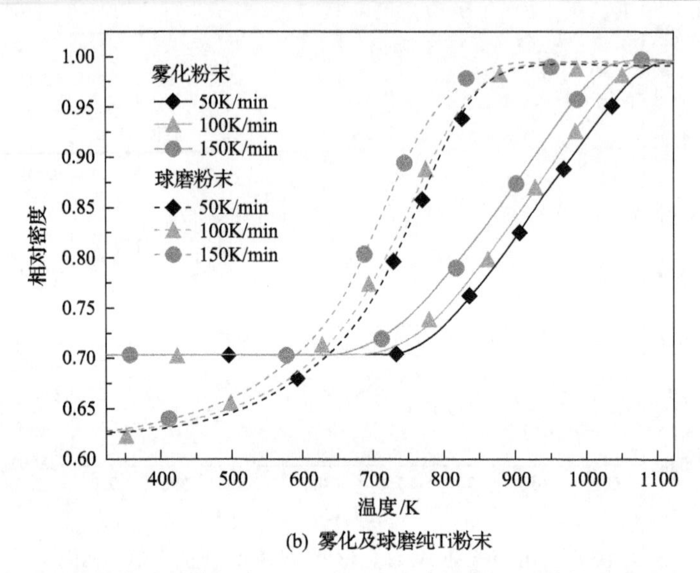

(b) 雾化及球磨纯Ti粉末

图 4.4　不同升温速率下雾化及球磨 Ti-6Al-4V 合金及纯 Ti 粉末的温度-相对密度曲线

0.70±0.01，分别高于对应的球磨粉末的起始相对密度 0.65±0.01（Ti-6Al-4V 合金）及 0.62±0.01（纯 Ti）。这主要是由于雾化粉末更小的平均颗粒尺寸 L 以及其球形的几何形状造成的更大堆垛密度。在各升温速率下，雾化和球磨 Ti-6Al-4V 合金及纯 Ti 粉末的温度-相对密度曲线都呈典型的“S”形，呈现出典型的晶体材料致密化行为。通过图 4.4 还可以观察到两个有趣的现象。第一，随着升温速率的上升，同种粉末的温度-相对密度曲线逐渐向左偏移，即向温度更低的方向偏移。这意味着在致密化的过程中，升温速率越高，其相对密度越高。第二，雾化 Ti-6Al-4V 合金及纯 Ti 粉末的相对密度在致密化前期大于对应的球磨粉末，而在后期小于球磨粉末。

2. 致密化速率曲线分析

图 4.5 为在不同升温速率下雾化及球磨 Ti-6Al-4V 合金(图 4.5(a))与纯 Ti(图 4.5(b))粉末的温度-致密化速率曲线。表 4.1 列出了各种粉末在不同升温速率下的峰值致密化速率及其对应的温度。不难发现，无论是何种粉末，随着升温速率的提高，其温度-致密化速率曲线都逐渐向左偏移，致密化速率随升温速率的增加而变大。对比雾化粉末和球磨粉末的温度-致密化速率曲线可以发现，球磨粉末在放电等离子烧结致密化过程中的致密化速率总是高于对应的雾化粉末，并且总是更早进入快速致密化阶段。

通过表 4.1 可发现，升温速率越高，致密化速率的峰值对应的温度越低，其峰值越大；同一条件下的球磨粉末致密化速率峰值出现温度更低，且其峰值显著高于雾化粉末的对应值。

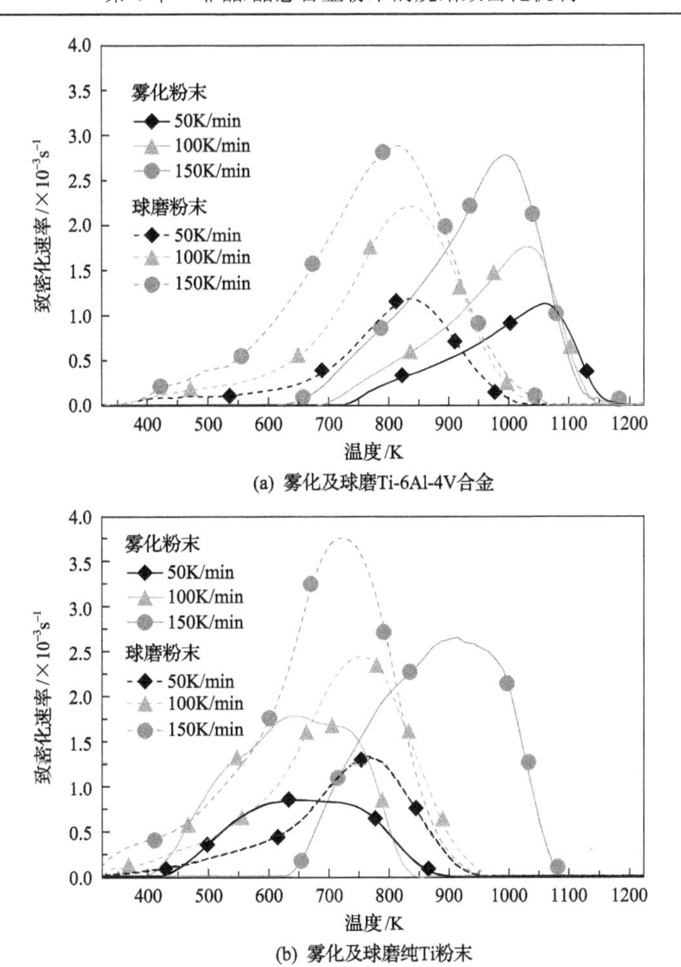

(a) 雾化及球磨Ti-6Al-4V合金

(b) 雾化及球磨纯Ti粉末

图 4.5　不同升温速率下雾化及球磨 Ti-6Al-4V 合金(a)及纯 Ti(b)粉末的温度-致密化速率曲线

表 4.1　雾化及球磨 Ti-6Al-4V 合金及纯 Ti 粉末的峰值致密化速率($\dot{\rho}_p$)及其对应的温度(T_p)

成分	制备方法	c/(K/min)	T_p/K	$\dot{\rho}_p$/s^{-1}
Ti-6Al-4V	雾化法	50	1065	0.00113
	雾化法	100	1031	0.00177
	雾化法	150	996	0.00279
	球磨法	50	840	0.00119
	球磨法	100	836	0.00222
	球磨法	150	812	0.00289
Ti	雾化法	50	929	0.00085
	雾化法	100	926	0.00179
	雾化法	150	914	0.00266
	球磨法	50	766	0.00133
	球磨法	100	758	0.00245
	球磨法	150	723	0.00378

4.2.3 综合影响因子与黏性流动激活能的定量化

合金粉末放电等离子烧结致密化行为中，粉末的质量和压坯的横截面积不变，试样的高度降低，导致密度增加。因此，试样在放电等离子烧结过程中的瞬时相对密度 ρ 可以通过粉末压坯的高度变化计算出

$$\rho = \frac{H_0}{H}\rho_0 \tag{4.1}$$

式中，H_0 为压坯高度；H 为烧结过程中试样的高度；ρ_0 为压坯相对密度(约为 0.54)。瞬时致密化速率可表示为

$$\dot{\rho} = \frac{\mathrm{d}\rho_i}{\mathrm{d}t_i} = \frac{\rho_i - \rho_{i-1}}{t_i - t_{i-1}} \tag{4.2}$$

式中，$\dot{\rho}$ 为瞬时致密化速率；t_i、t_{i-1} 为时间间隔；ρ_i、ρ_{i-1} 为 t_i、t_{i-1} 时对应的密度。

根据 Frenkel 模型[15]，粉体在等温条件下的致密化行为由其粉末物性决定，如式(4.3)所示

$$\frac{\Delta H}{H_0} = \frac{3\gamma}{4L\eta}t \tag{4.3}$$

式中，$\Delta H/H_0$ 为粉末的收缩率；γ 为表面能；t 为时间；L 为粉末的平均颗粒尺寸；η 为粉末材料的黏度。

在一定温度范围内，η 与温度相关，且符合 Arrhenius 方程[12]，如式(4.4)所示

$$\eta = \eta_0 \exp\left(\frac{Q_{\mathrm{vis}}}{RT}\right) \tag{4.4}$$

式中，η_0 为指前因子；Q_{vis} 为黏性流动激活能；R 为通用气体常数；T 为热力学温度。而 T 与时间 t 在本章中非等温条件下的关系可表示如式(4.5)：

$$\frac{\mathrm{d}T}{\mathrm{d}t} = c \tag{4.5}$$

式中，c 为升温速率。因此，通过对式(4.3)求导，并结合式(4.4)及式(4.5)，在非等温条件下的收缩率可表示如式(4.6)所示：

$$\frac{\mathrm{d}\left(\frac{\Delta H}{H_0}\right)}{\mathrm{d}T} = \frac{3\gamma}{4Lc\eta_0}\exp\left(\frac{-Q_{\mathrm{vis}}}{RT}\right) \tag{4.6}$$

再对式(4.6)的两边取对数，即可化为式(4.7)：

$$\ln\left(\frac{\mathrm{d}\left(\frac{\Delta H}{H_0}\right)}{\mathrm{d}T}\right)=\ln\left(\frac{3\gamma}{4Lc\eta_0}\right)-\frac{Q_{\mathrm{vis}}}{RT} \tag{4.7}$$

通常来说，对于给定的材料，其 γ、L 及 η_0 保持一定。因此，本章定义一个综合影响因子 f 来综合表示这些物性参数，如式(4.8)所示：

$$f=\frac{3\gamma}{4L\eta_0} \tag{4.8}$$

由此，在某一升温速率下，可通过式(4.7)拟合 $\ln(\mathrm{d}(\Delta H/H_0)/\mathrm{d}T)$ 关于 $1/T$ 的关系图线，分别计算其截距与斜率，从而求得综合影响因子 f 及黏性流动激活能 Q_{vis}。

通过式(4.3)～式(4.7)，可拟合出雾化及球磨 Ti-6Al-4V 合金(图 4.6)与纯 Ti(图 4.7)的 $\ln(\mathrm{d}(\Delta H/H_0)/\mathrm{d}T)$ 随 $1/T$ 的变化关系图线。不同升温速率下 Q_{vis} 及 f 值分别列于表 4.2 和表 4.3。结果表明，无论是 Ti-6Al-4V 合金还是纯 Ti 粉末，在同一升温速率下，雾化粉末的 Q_{vis} 明显高于相应的球磨粉末。这主要是由于雾化粉末更低的缺陷含量。此外，雾化粉末的 f 值也高于相应的球磨粉末，这主要归因于两方面：①与球磨粉末相比，雾化粉末 L 更小，γ 更大；②据文献报道[8]，球磨 Ti 粉末比雾化 Ti 粉末具有更高的 η_0。因此，根据式(4.8)，f 随 L 及 η_0 的减小而增大，随 γ 的增大而减小，导致雾化粉末的 f 值更大。随着升温速率的增大，黏度降低，Q_{vis} 值随之逐渐降低，与其他晶态粉末的结果[1]一致；相反，f 值则随之增大。

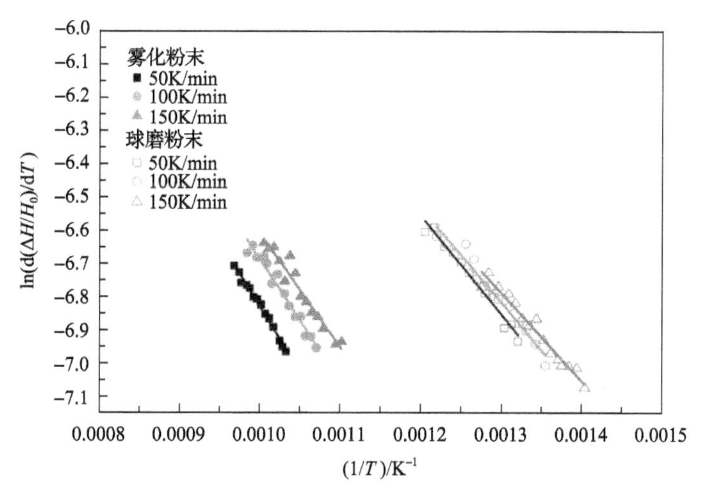

图 4.6　不同升温速率下雾化及球磨 Ti-6Al-4V 合金粉末的 $\ln(\mathrm{d}(\Delta H/H_0)/\mathrm{d}T)$ 随 $1/T$ 的变化关系

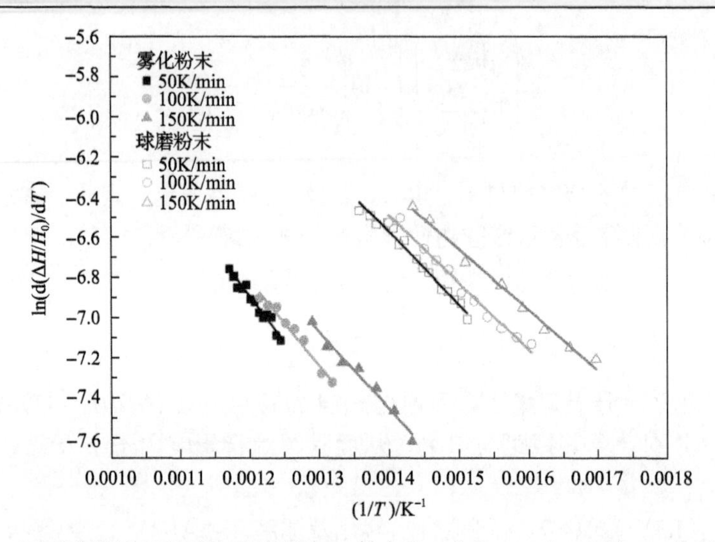

图 4.7　不同升温速率下雾化及球磨纯 Ti 粉末的 $\ln(d(\Delta H/H_0)/dT)$ 随 $1/T$ 的变化关系

表 4.2　不同升温速率下雾化及球磨 Ti-6Al-4V 合金粉末的综合影响因子 f 及黏性流动激活能 Q_{vis}

参数	粉末		升温速率		
			50K/min	100K/min	150K/min
Q_{vis}/(kJ/mol)	Ti-6Al-4V	雾化	32.4	30.5	28.4
		球磨	24.8	24.8	21.8
	Ti	雾化	37.6	35.1	32.1
		球磨	29.8	27.7	25.1
f/(10^{-2}J/(m^3·Pa·s))	Ti-6Al-4V	雾化	4.5	8.2	10.3
		球磨	4.3	7.5	8.5
	Ti	雾化	19.3	28.8	31.9
		球磨	17.5	26.9	29.7

表 4.3　不同升温速率下雾化及球磨纯 Ti 粉末的综合影响因子 f 及黏性流动激活能 Q_{vis}

参数	粉末	升温速率		
		50K/min	100K/min	150K/min
Q/(kJ/mol)	雾化	37.6	35.1	32.1
	球磨	29.8	27.7	25.1
f/(10^{-2}J/(m^3·Pa·s))	雾化	19.3	28.8	31.9
	球磨	17.5	26.9	29.7

4.2.4　综合影响因子与黏性流动激活能控制的致密化机制

计算的 f 及 Q_{vis} 值可以指导雾化及球磨 Ti-6Al-4V 合金粉末在某一致密化阶段

中的致密化行为。图 4.8 描述了不同升温速率下雾化及球磨 Ti-6Al-4V 合金粉末的致密化过程。根据典型的烧结致密化机制，致密化曲线可以被划分为三个阶段：表面能控制阶段(第Ⅰ阶段)、晶体缺陷控制阶段(第Ⅱ阶段)以及高温蠕变控制阶段(第Ⅲ阶段)。相比球磨粉末而言，具有更高 f 值的雾化 Ti-6Al-4V 合金粉末的表面能更大，导致在第Ⅰ阶段具有更高的相对密度(图 4.4 和图 4.6)。随着温度提高，致密化的动力开始由晶体缺陷提供。相比球磨粉末而言，拥有更高 Q_{vis} 值的雾化 Ti-6Al-4V 合金粉末的缺陷含量更低，导致在第二阶段具有更低的相对密度。

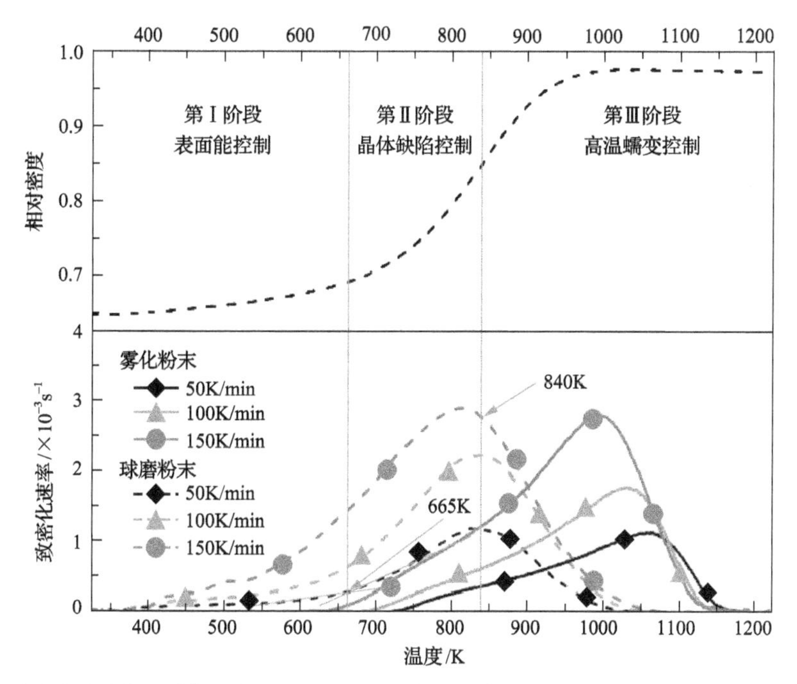

图 4.8　不同升温速率下雾化及球磨 Ti-6Al-4V 粉末的温度-致密化速率曲线(下半部分)，以及在 50K/min 的升温速率下固结球磨 Ti-6Al-4V 粉末为例，描述的致密化过程的三个阶段(上半部分)

为进一步验证 f 及 Q_{vis} 对各致密化阶段的主导性，图 4.9 的上半部分描述了纯 Ti 粉末的致密化过程。相比球磨纯 Ti 粉末而言，拥有更高 f 值的雾化纯 Ti 粉末在第Ⅰ阶段有着更高的相对密度(图 4.4，图 4.7)，更高 Q_{vis} 值的雾化纯 Ti 粉末对应于第Ⅱ阶段更高的相对密度(图 4.4)。

综上，基于 Frenkel 模型提出了综合影响因子 f 可有效用于雾化及球磨 Ti-6Al-4V 合金与纯 Ti 粉末不同升温速率下的放电等离子烧结致密化机理分析，综合影响因子 f 及黏性流动激活能 Q_{vis} 可用于评估各致密化过程中的致密化机制。

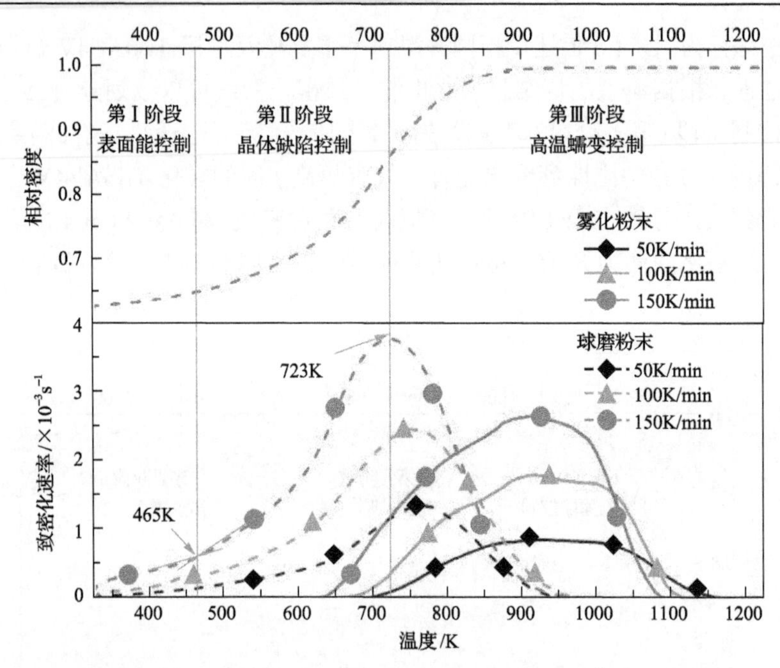

图 4.9 不同升温速率下雾化及球磨纯 Ti 粉末的温度-致密化速率曲线(下半部分)，以及以在150K/min 的升温速率下固结球磨纯 Ti 粉末为例，描述的致密化过程的三个阶段(上半部分)

4.3 非晶合金粉末的烧结致密化机制

4.3.1 粉末物性分析

1. 非晶粉末物相分析

图 4.10(a)展示出球磨 20h 后 $Ti_{40.6}Zr_{9.4}Cu_{37.5}Ni_{9.4}Al_{4.1}$ 合金粉末的透射电子显微镜(transmission electron microscope，TEM)形貌图，其选区电子衍射图为典型非晶相特征的晕环状。高分辨形貌图(图 4.10(b))显示原子的排布为迷宫状结构，进一步证实了粉末材料的纯非晶结构。

图 4.11 为球磨 20h 后 $Ti_{40.6}Zr_{9.4}Cu_{37.5}Ni_{9.4}Al_{4.1}$ 非晶合金粉末的 DSC 曲线。由图可知，合金粉末在 770K 附近有一个较大的放热峰，进一步验证了球磨 20h 所制备的合金粉末为非晶态，其玻璃化转变温度 T_g 为 631K，晶化温度 T_x 为 729K，晶化峰值温度 T_p 为 769K，熔化温度 T_m 为 1160K，过冷液相区宽度 ΔT_x 为 98K。机械合金化法制备的非晶合金粉末的 ΔT_x 大于 $Ti_{41.5}Zr_{2.5}Hf_5Cu_{37.5}Ni_{7.5}Si_1Sn_5$ 金属玻璃(64K)[16]、$Ti_{50}Cu_{25}Ni_{20}Co_5$ 金属玻璃(90K)[17]、$Ti_{40}Zr_{10}Cu_{34}Pd_{14}Sn_2$ 金属玻璃(50K)[18]、$Ti_{44.55}Zr_{9.9}Pd_{9.9}Cu_{30.69}Sn_{4.96}Ta_1$ 金属玻璃(64K)[17]和 $Ti_{42.75}Zr_{9.5}Pd_{9.5}Cu_{29.45}Sn_{4.8}Nb_5$ 金属玻璃(54K)[17]。

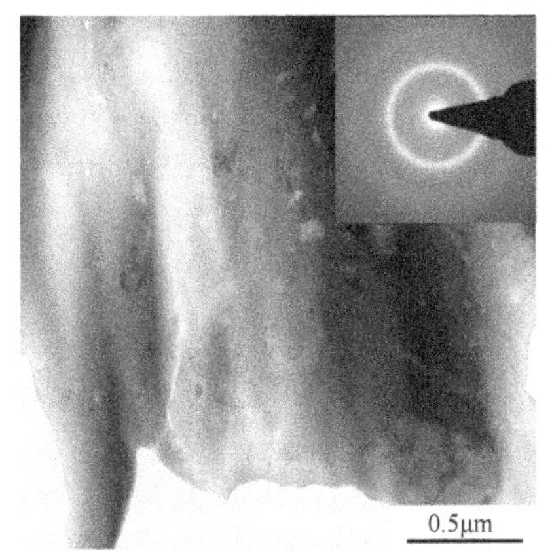

(a) TEM形貌和选区电子衍射图

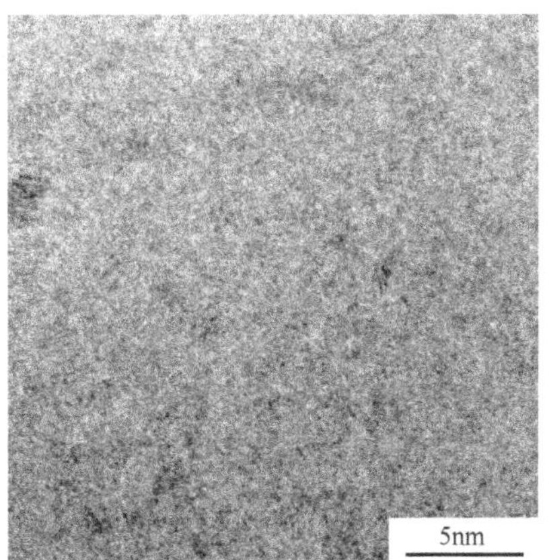

(b) 高分辨形貌图

图 4.10　球磨 20h 后 $Ti_{40.6}Zr_{9.4}Cu_{37.5}Ni_{9.4}Al_{4.1}$ 合金粉末的 TEM 形貌和选区电子衍射图以及高分辨形貌图

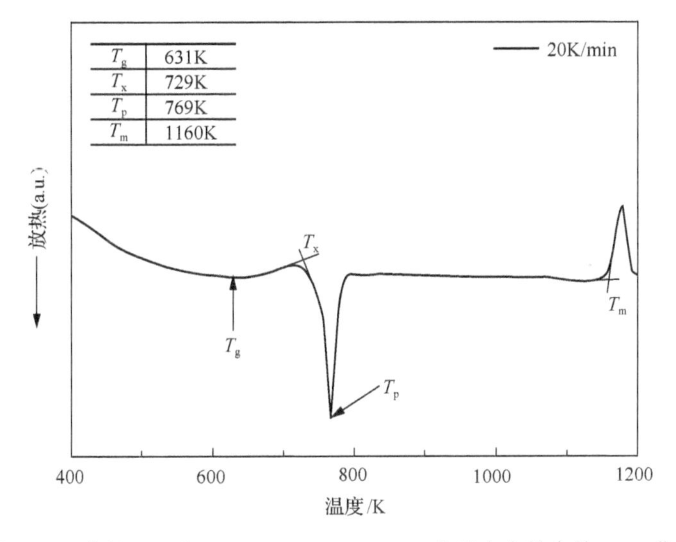

图 4.11　球磨 20h 后 $Ti_{40.6}Zr_{9.4}Cu_{37.5}Ni_{9.4}Al_{4.1}$ 非晶合金粉末的 DSC 曲线

2. 晶态粉末物性分析

图 4.12 为球磨 20h 后非晶态 $Ti_{40.6}Zr_{9.4}Cu_{37.5}Ni_{9.4}Al_{4.1}$ 合金粉末在晶化温度以上的 923K 真空封装退火 30min 后的 XRD 图谱。从图中可以看出，退火之后非晶态 $Ti_{40.6}Zr_{9.4}Cu_{37.5}Ni_{9.4}Al_{4.1}$ 合金粉末已经全部晶化，析出相主要由 CuTi、NiTi、$CuNiTi_2$、$NiTi_2$、Zr_2Ti 及少量未知相组成。复杂的晶化相组成主要归因于 $Ti_{40.6}Zr_{9.4}Cu_{37.5}Ni_{9.4}Al_{4.1}$ 合金基于原子堆垛原理的成分设计，其晶化后的组成相大多数情况下均为金属间化合物。

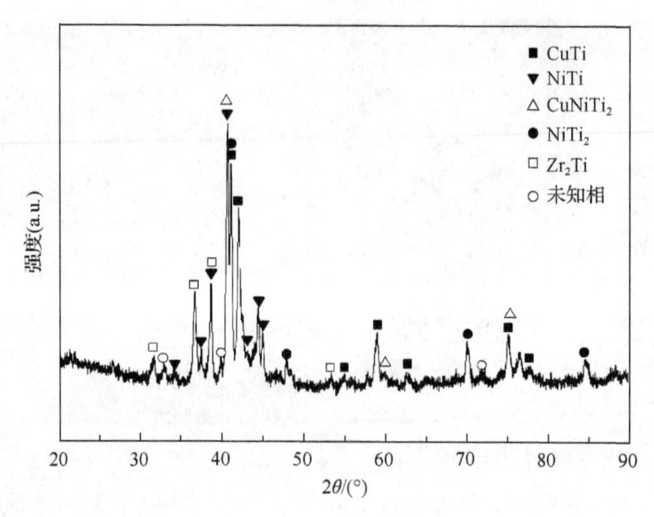

图 4.12　非晶态 $Ti_{40.6}Zr_{9.4}Cu_{37.5}Ni_{9.4}Al_{4.1}$ 合金粉末经 923K 真空退火 30min 后的 XRD 图谱

4.3.2　非晶/晶态合金粉末致密化行为的对比分析

1. 位移曲线分析

图 4.13 为非晶态和退火后晶态 $Ti_{40.6}Zr_{9.4}Cu_{37.5}Ni_{9.4}Al_{4.1}$ 合金粉末在放电等离子烧结过程中的烧结位移曲线。由图中的实线部分可见，非晶粉末原始压坯的位移收缩曲线分为两个阶段：在约 750K 以下存在一个位移快速收缩的过程和约 750K 以上一个相对缓慢的线性收缩过程。同时，随着升温速率由 20K/min 向 140K/min 增加时，位移收缩曲线向温度更低的方向偏移，且第一阶段偏移的量大于第二阶段。根据退火后晶态 $Ti_{40.6}Zr_{9.4}Cu_{37.5}Ni_{9.4}Al_{4.1}$ 合金粉末在放电等离子烧结固结过程中的位移曲线可知，随着升温速率升高，位移的收缩也向更低的温度偏移。另外，无论是晶态粉末还是非晶粉末，其终态位移量接近相等，均为 4.4mm。图 4.14 为该合金粉末烧结后获得的块状合金的相对致密度。由图可知，利用非晶粉末制备的块状合金相对致密度均大于 0.995，利用方程(4.1)与压坯压缩位移量 4.4mm，可推算出原始压坯的相对致密度约为 0.54。同时，从图 4.14 中可以看出，在相同的烧结工艺参数下，非晶粉末烧结后获得的块状合金的致密度要略微高于晶态粉末(图 4.15)。

2. 相对致密度曲线分析

图 4.15 为不同升温速率下非晶态和晶态 $Ti_{40.6}Zr_{9.4}Cu_{37.5}Ni_{9.4}Al_{4.1}$ 合金粉末相对密度随温度的变化曲线。从图中虚线部分可以看出，退火后晶态 $Ti_{40.6}Zr_{9.4}Cu_{37.5}Ni_{9.4}Al_{4.1}$ 合金粉末展示出典型的放电等离子烧结致密化过程曲线，

只有一个“S”形的致密化行为。在 20K/min 的升温速率下，晶态粉末致密化的起始温度约为 760K，随着升温速率提高，致密化的起始温度逐渐降低到 750K 和 740K 附近。这表明在放电等离子烧结晶态 $Ti_{40.6}Zr_{9.4}Cu_{37.5}Ni_{9.4}Al_{4.1}$ 合金粉末的致密化过程中，升温速率的提高可以降低晶态粉末的致密化起始温度。然而，非晶态 $Ti_{40.6}Zr_{9.4}Cu_{37.5}Ni_{9.4}Al_{4.1}$ 合金粉末致密化过程与晶态粉末有很大的区别，如图 4.15 实线部分所示，其致密化的第一阶段在 450～750K，相对致密度由 0.55 升高到 0.675，第二阶段在 750～1000K，相对致密度由 0.7 升高到约 0.99。在致密化

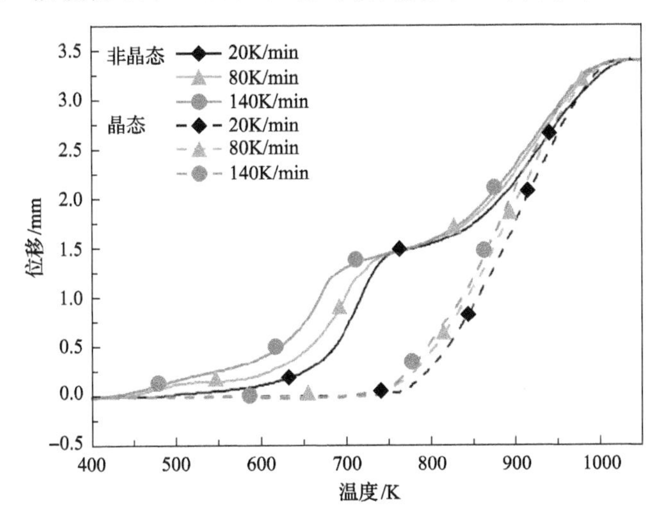

图 4.13　非晶态和退火后晶态 $Ti_{40.6}Zr_{9.4}Cu_{37.5}Ni_{9.4}Al_{4.1}$ 合金粉末在放电等离子烧结过程中的烧结位移曲线

实线为非晶合金粉末烧结过程中冲头位移收缩随温度的变化曲线，虚线为退火后晶态合金粉末的位移收缩曲线

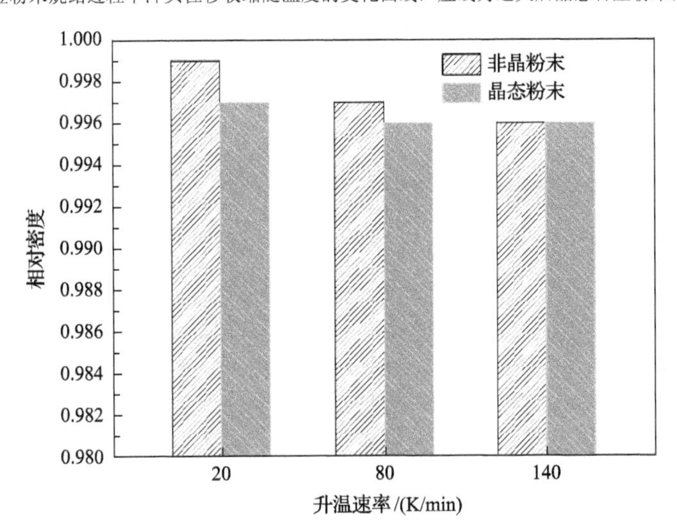

图 4.14　非晶态和晶态 $Ti_{40.6}Zr_{9.4}Cu_{37.5}Ni_{9.4}Al_{4.1}$ 合金粉末烧结后获得的块状合金的相对密度

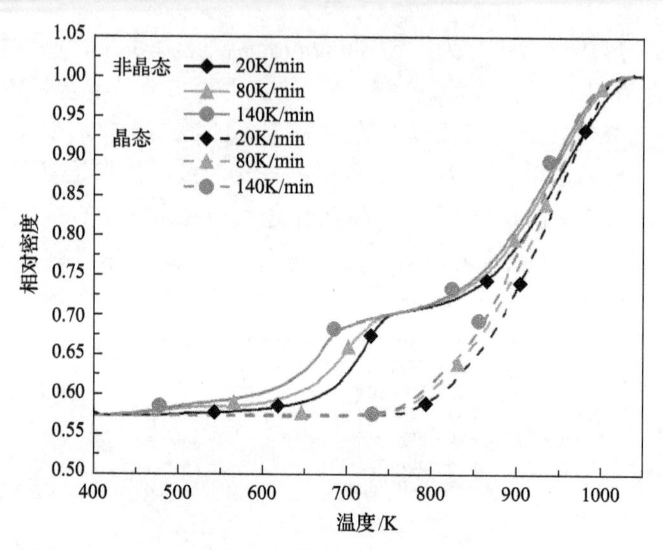

图 4.15　不同升温速率下非晶态和晶态 $Ti_{40.6}Zr_{9.4}Cu_{37.5}Ni_{9.4}Al_{4.1}$ 合金粉末相对密度随温度的变化曲线

过程的第一阶段，在升温速率由 20K/min 向 80K/min 再向 140K/min 升高的过程中，非晶粉末的致密化起始温度由 662K 向 632K 再向更低的 589K 转变，这表明提高升温速率可以显著降低非晶粉末的致密化起始温度。然而，对于非晶粉末晶化第二阶段，升温速率由 20K/min 升至 140K/min 时，其致密化的起始温度仅降低了 10K 左右。通过对比晶态粉末与非晶态粉末的致密化曲线可知，在相同的烧结工艺参数下，非晶合金粉末的致密化起始温度远低于晶态粉末。例如，以 140K/min 加热非晶合金粉末的过程中，其致密化的起始温度为 589K，而晶态粉末的起始温度为 740K，两者相差高达 151K。

图 4.16 为非晶态 $Ti_{40.6}Zr_{9.4}Cu_{37.5}Ni_{9.4}Al_{4.1}$ 合金粉末经不同温度烧结后，获得的块状合金的相对密度与升温速率的关系。从图中可以看出，在致密化的第一阶段，随着致密化温度提高，升温速率对致密度的影响逐渐增大，例如在 500K 时，20K/min 升温速率下相对致密度为 0.545，140K/min 升温速率下相对致密度为 0.554，升温速率提高使致密度提高 0.09。当在 600K 时，140K/min 的升温速率下致密度比 20K/min 下致密度高 0.021。在 650K 时，致密度提高量为 0.034，而当烧结温度进一步提高时，升温速率对致密度的影响程度进一步增大。在 700K 时，140K/min 的升温速率下致密度比 20K/min 下致密度高 0.103。虽然在致密化过程的第二阶段中，越高的升温速率可以促进致密化过程，但是在 850～950K，140K/min 的升温速率下致密度与 20K/min 下致密度的差值为一个定值，约为 0.024。当烧结温度进一步升高到接近熔点时，升温速率对合金粉末致密度的影响逐渐减少，最后趋近于 0。

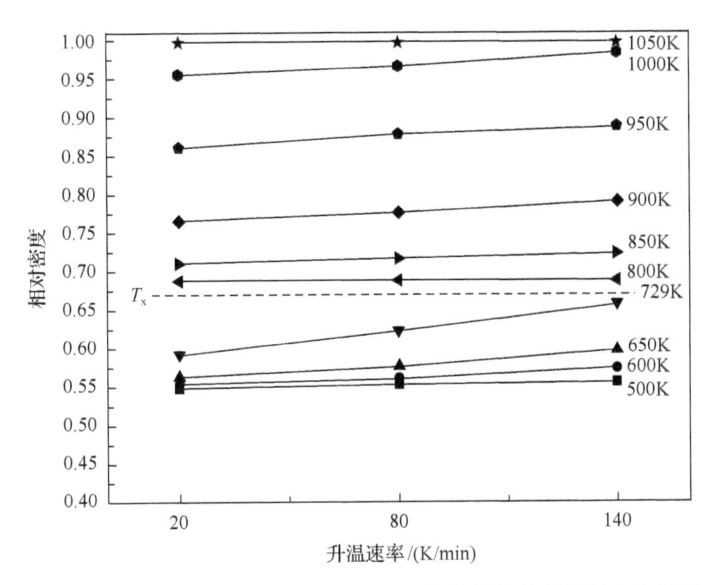

图 4.16　非晶态 $Ti_{40.6}Zr_{9.4}Cu_{37.5}Ni_{9.4}Al_{4.1}$ 合金粉末经不同温度烧结后获得的块状合金的相对密度与升温速率的关系

图 4.17 为晶态 $Ti_{40.6}Zr_{9.4}Cu_{37.5}Ni_{9.4}Al_{4.1}$ 合金粉末经不同温度烧结后获得的块状合金相对密度与升温速率关系。从图中可看出，在某一给定温度下，随着升温速率提高，合金粉末致密度越高，在特定的 800K、850K、900K 和 950K 温度下，140K/min 升温速率下合金的致密度比 20K/min 的致密度分别高约 0.021、0.021、

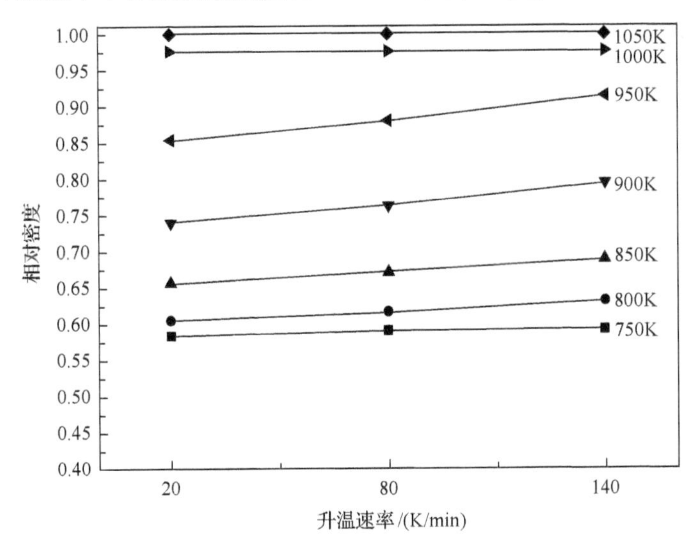

图 4.17　晶态 $Ti_{40.6}Zr_{9.4}Cu_{37.5}Ni_{9.4}Al_{4.1}$ 合金粉末经不同温度烧结后获得的块状合金的相对密度与升温速率的关系

0.024 和 0.029。这些值没有非常明显的变化，表明升温速率在特定的温度下对晶态粉末的致密化有促进作用，但不明显。这主要是低升温速率下更长的烧结时间与高升温速率下更高的致密化相互抵消造成的。

3. 致密化速率曲线分析

根据式(4.1)和式(4.2)，可获得不同温度下致密化速率随温度的变化关系曲线。图 4.18 描绘了不同升温速率下非晶态 $Ti_{40.6}Zr_{9.4}Cu_{37.5}Ni_{9.4}Al_{4.1}$ 合金粉末的瞬时致密化速率随温度的变化曲线。从图中可以看出，对于非晶合金粉末，在致密化的第一阶段，随着升温速率提高，致密化速率也不断提高，且随着升温速率的提高，致密化速率的最高值不断向温度更低的方向偏移。在 20K/min、80K/min、140K/min 的升温速率下，致密化速率的最大值所对应的温度分别为 720K、690K 和 660K。在致密化曲线的第二阶段，随着温度升高，致密化速率不断提高，在 925K 附近达到最大值，最高值所对应的温度并没有明显的变化。这表明升温速率的提高可以降低非晶粉末致密化第一阶段致密化速率最大值所需的温度，提高升温速率并不能明显改变致密化第二阶段的致密化过程。图 4.19 为不同升温速率下晶态 $Ti_{40.6}Zr_{9.4}Cu_{37.5}Ni_{9.4}Al_{4.1}$ 合金粉末的瞬时致密化速率随温度的变化。由图可见，致密化速率随着升温速率的增大不断增大，同样在 925K 附近达到最大值，但高的升温速率对最大致密化速率所对应的温度没有明显的影响。

4.3.3 烧结过程中非晶合金粉末黏性流动激活能的定量化

相比于晶态 $Ti_{40.6}Zr_{9.4}Cu_{37.5}Ni_{9.4}Al_{4.1}$ 合金粉末的放电等离子烧结典型致密化过程，非晶合金粉末的放电等离子烧结致密化过程分为两个阶段：450～750K 的快

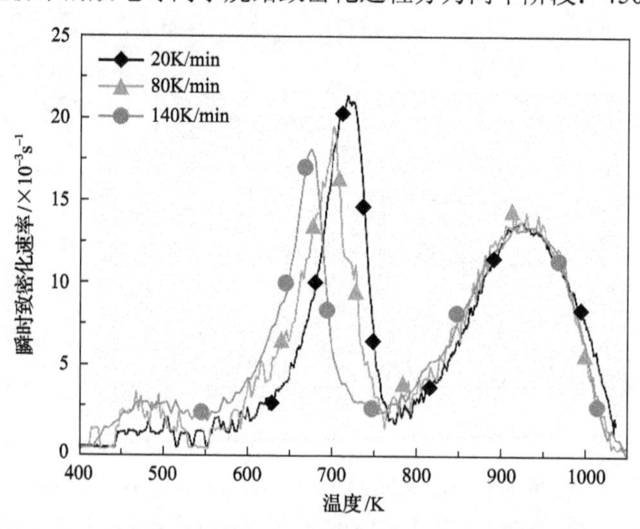

图 4.18 不同升温速率下非晶态 $Ti_{40.6}Zr_{9.4}Cu_{37.5}Ni_{9.4}Al_{4.1}$ 合金粉末的瞬时致密化速率随温度的变化

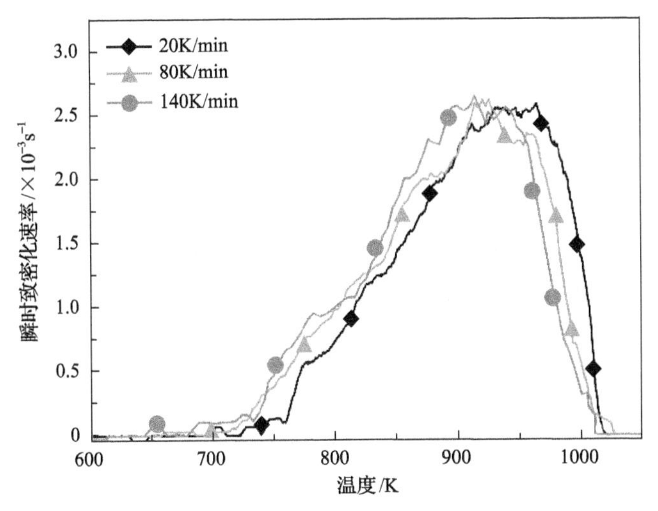

图4.19　不同升温速率下晶态 $Ti_{40.6}Zr_{9.4}Cu_{37.5}Ni_{9.4}Al_{4.1}$ 合金粉末的瞬时致密化速率随温度的变化

速致密化阶段与 750～1000K 相对缓慢的致密化阶段。这种特殊现象归因于非晶合金粉末的特殊性质。本实验中，球磨制备的 $Ti_{40.6}Zr_{9.4}Cu_{37.5}Ni_{9.4}Al_{4.1}$ 非晶合金粉末的过冷液相区宽度约为 98K，玻璃化转变温度约为 631K，晶化起始温度为 729K，与其快速密化起始温度 639K，以及第一阶段致密化终止温度 741K 吻合程度极高。大量研究表明，当升温温度高于玻璃化转变温度时，Zr 基[19~22]、Fe 基[23]、Pd 基[24]、Ti 基等[8,12]金属玻璃的黏度值急剧下降，材料屈服强度急剧降低而迅速软化。结合致密化温度区间可知，非晶合金粉末致密化的第一阶段过程主要是在其过冷液相区完成，造成其在较低温度下开始发生快速致密化行为。这主要归因于 $Ti_{40.6}Zr_{9.4}Cu_{37.5}Ni_{9.4}Al_{4.1}$ 非晶合金粉末在过冷液相区的黏性流变行为。当烧结温度升高时，非晶态与退火后晶态 $Ti_{40.6}Zr_{9.4}Cu_{37.5}Ni_{9.4}Al_{4.1}$ 合金粉末的致密化曲线接近重合。这主要是因为在高温阶段，非晶合金粉末已经全部转变为晶态，其物理性质与退火后晶态合金粉末相近，因此，两者致密化过程的第二阶段具有相似的致密化行为。

在观察到非晶态 $Ti_{40.6}Zr_{9.4}Cu_{37.5}Ni_{9.4}Al_{4.1}$ 合金粉末放电等离子烧结致密化过程具有两个收缩阶段的同时，我们还发现，在非晶粉末致密化的第一阶段，随着升温速率提高，致密化起始温度向温度更低的方向偏移，致密化速率随着温度的升高而不断升高。由前面论述可知，非晶合金在过冷液相区之间会发生黏性流变行为，在高于玻璃化转变的温度范围内，过冷液体属于牛顿流体的范畴。

通过作图拟合 $\ln(\mathrm{d}(\Delta H/H_0)/\mathrm{d}T)$ 与 $1/T$ 的直线图，获得不同升温速率下黏性流动激活能与升温速率的关系，如图 4.20 所示。从图中可以看出，升温速率越高黏性流动激活能越低，因此，致密化曲线向温度更低的方向偏移的原因是高升温速率促进激活能降低。Yamasaki 等[22]在研究金属玻璃黏度时发现，$Zr_{55}Cu_{30}Al_{10}Ni_5$

金属玻璃的黏度随升温速率提高而急剧下降，升温速率从 20K/min 提高到 400K/min 时，其黏度降低至万分之一。因此，本实验在相同的温度下，140K/min 的升温速率下烧结非晶态 $Ti_{40.6}Zr_{9.4}Cu_{37.5}Ni_{9.4}Al_{4.1}$ 合金粉末相比 20K/min 烧结时粉末的黏度更低，进而更高升温速率下，固结材料的相对致密度更高。

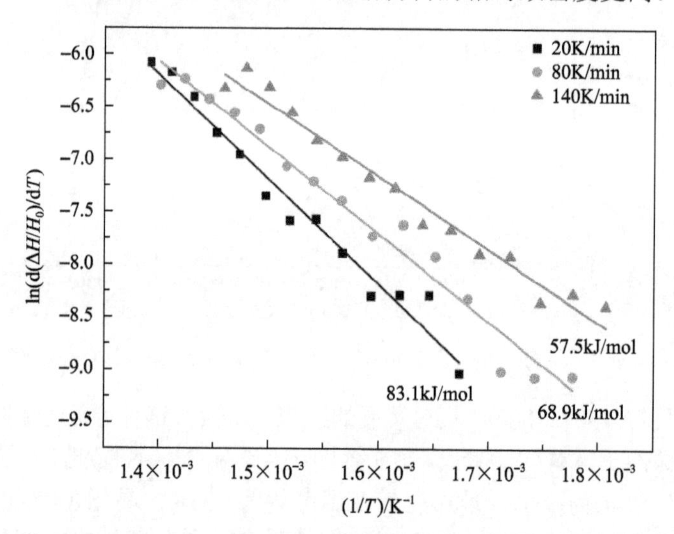

图 4.20　不同升温速率下第一收缩阶段非晶合金粉末的 $\ln(\mathrm{d}(\Delta H/H_0)/\mathrm{d}T)$ 随 $1/T$ 的变化关系

为了验证实验结果的正确性，通过热机械法测量铜模铸造制备的相同成分金属玻璃在过冷液相区的黏度，进而计算了金属玻璃的黏性流动激活能。如图 4.21(a) 所示，金属玻璃在玻璃化转变温度之前的黏度较高，当温度超过玻璃化转变温度进入过冷液相区时，黏度急剧下降，证实了 $Ti_{40.6}Zr_{9.4}Cu_{37.5}Ni_{9.4}Al_{4.1}$ 非晶合金黏性流动的存在。同时，结果表明，块状金属玻璃的黏性流动激活能为 45kJ/mol (图 4.21(b))，与计算的非晶粉末黏性流动激活能接近，进一步确定了本章计算的正确性[8]。

当非晶合金粉末晶化后再经放电等离子烧结，晶态 $Ti_{40.6}Zr_{9.4}Cu_{37.5}Ni_{9.4}Al_{4.1}$ 合金粉末并不存在两个致密化阶段，这与典型的晶态合金粉末的致密化过程相似。虽然晶态粉末的黏度并没有随着升温速率的提高而降低的规律，但是随着升温速率提高，晶态粉末与非晶合金粉末在致密化第二阶段，其致密化曲线均向着温度更低方向有微量偏移。这可能与放电等离子烧结加热工艺有关。在放电等离子烧结过程中，研究结果表明石墨模具内外存在一个温差，即放电等离子烧结过程中实际温度高于所测得的温度，且随着升温速率提高，这个差值增大。以致密度为 0.8 所需的温度分析，在 20K/min 的升温速率下，达到相对密度为 0.8 所需的温度为 900K；在 80K/min 的升温速率下，达到相对密度为 0.8 所需的温度为 914K；在 140K/min 的升温速率下，达到相对密度为 0.8 所需的温度为 925K。因此，

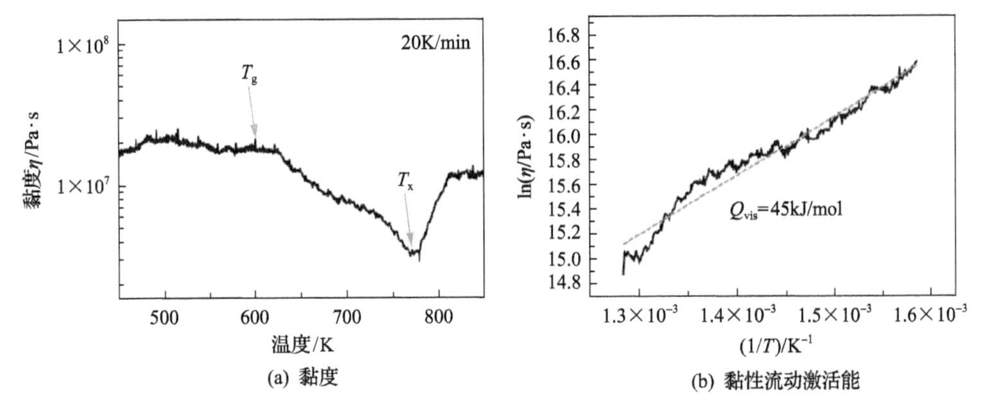

图4.21　基于热机械法测量的$Ti_{40.6}Zr_{9.4}Cu_{37.5}Ni_{9.4}Al_{4.1}$金属玻璃在过冷液相区附近的黏度及黏性流动激活能

可以大致推断，每升高60K/min会产生10～15K的实际与测量温差[25]，这与文献测量报道的结果吻合。因此，晶体材料的升温速率越高致密化速率越快主要是由石墨模具中的实际温度与测量温度的差值引起的。升温速率越高，差值越大。

4.4　晶态/非晶合金粉末的烧结致密化机制与致密化行为的关联

4.4.1　晶态合金粉末的烧结致密化机制与致密化行为的关联

图4.22为球形晶态合金粉末的烧结致密化机制与致密化行为的关联，对应的左下半部分为相对密度随烧结温度的变化趋势，左上半部分为致密化速率随烧结温度的变化趋势，右半部分为不同烧结温度下对应的组织结构。如图4.22(a)所示，致密化过程可分为三个阶段。在第Ⅰ阶段，粉末颗粒大都以点接触的形式相连(图4.22(b))。这表明颗粒重排机制主导该致密化阶段，也可以看出该机制对致密化只有很小的贡献。随着温度的升高，致密化过程进入第Ⅱ阶段，烧结颈开始在粉末颗粒接触区域形成，并通过黏性流动机制逐渐长大，直至导致孤立的孔隙形成(图4.22(c)和(d))，此时致密化速率快速上升，表明黏性流动机制主导。随着温度进一步升高至高温段，致密化过程进入最后一阶段(第Ⅲ阶段)，孤立的孔隙开始球化并逐渐往晶内迁移(图4.22(e))，致密化速率逐渐趋于零。此阶段的致密化行为主要通过经典的高温蠕变机制描述(图4.22(f))。不规则形状的晶态合金粉末烧结行为与球形粉末相似(图4.23)。这种关联性可以抽象为刚球模型收缩(图4.24)。粉末颗粒在烧结初期以点接触形式堆垛成简单立方结构；随着温度的升高，粉末颗粒间发生黏性流动，烧结颈尺寸变大，导致粉体的收缩直至连通孔

的消失；最后，界面能的降低趋势进一步球化孔隙直至完成烧结。

4.4.2　非晶合金粉末的烧结致密化机制与致密化行为的关联

图 4.25 为球形非晶合金粉末的烧结致密化机制与致密化行为的关联。根据不同烧结温度所制备的块状合金的组织结构，致密化过程划分为相互重叠的三个阶段。首先，在第Ⅰ阶段，粉末间存在大量的点接触和少量的烧结颈，这是由等离子对金属粉末的放电作用导致的[26]，如图 4.26 所示。与晶态粉末相似，这一致密化阶段的机制主要为颗粒重排；随着烧结过程的推进，SEM 图显示大量烧结颈形成

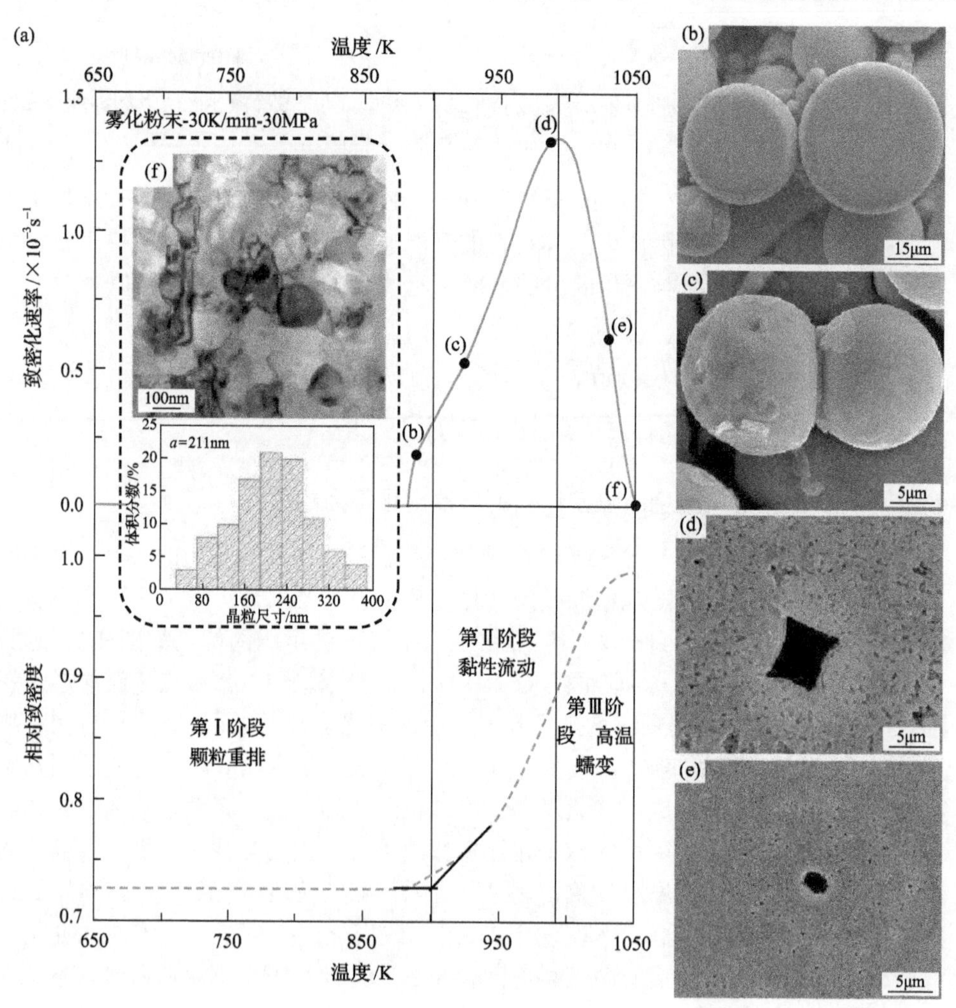

图 4.22　(a) 雾化晶态 $Ti_{40.6}Zr_{9.4}Cu_{37.5}Ni_{9.4}Sn_{4.1}$ 合金粉末在放电等离子烧结过程中的烧结位移和致密化速率曲线；(b)～(e) 不同烧结温度的组织结构；(f) 最终烧结块体的晶粒统计

虚线为晶态合金粉末烧结过程中冲头位移收缩随温度的变化曲线，实线为相应的致密化速率曲线

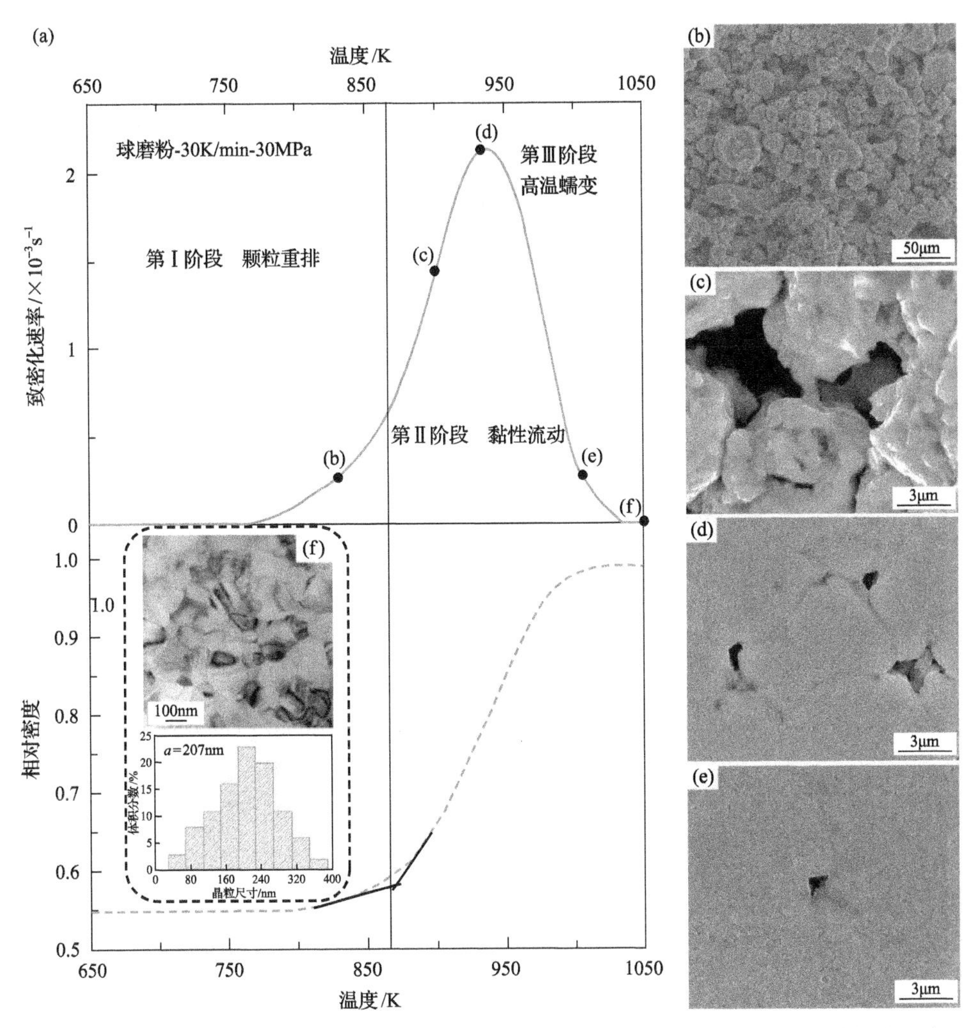

图 4.23　(a) 球磨晶态 $Ti_{40.6}Zr_{9.4}Cu_{37.5}Ni_{9.4}Sn_{4.1}$ 合金粉末在放电等离子烧结过程中的烧结位移和致密化速率曲线；(b)～(e) 不同烧结温度的组织结构；(f) 最终烧结块体的晶粒统计

虚线为晶态合金粉末烧结过程中冲头位移收缩随温度的变化曲线，实线为相应的致密化速率曲线

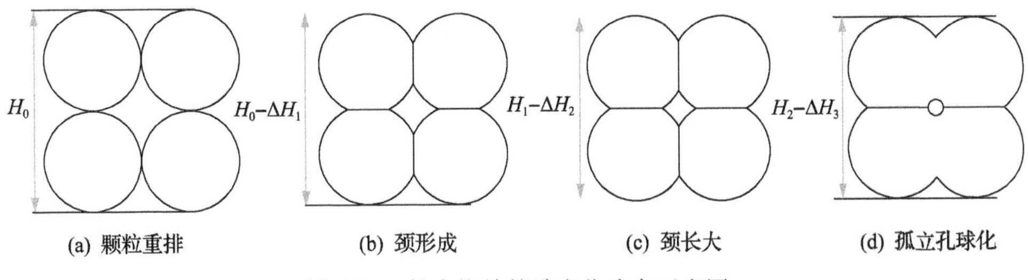

图 4.24　粉末烧结的致密化演变示意图

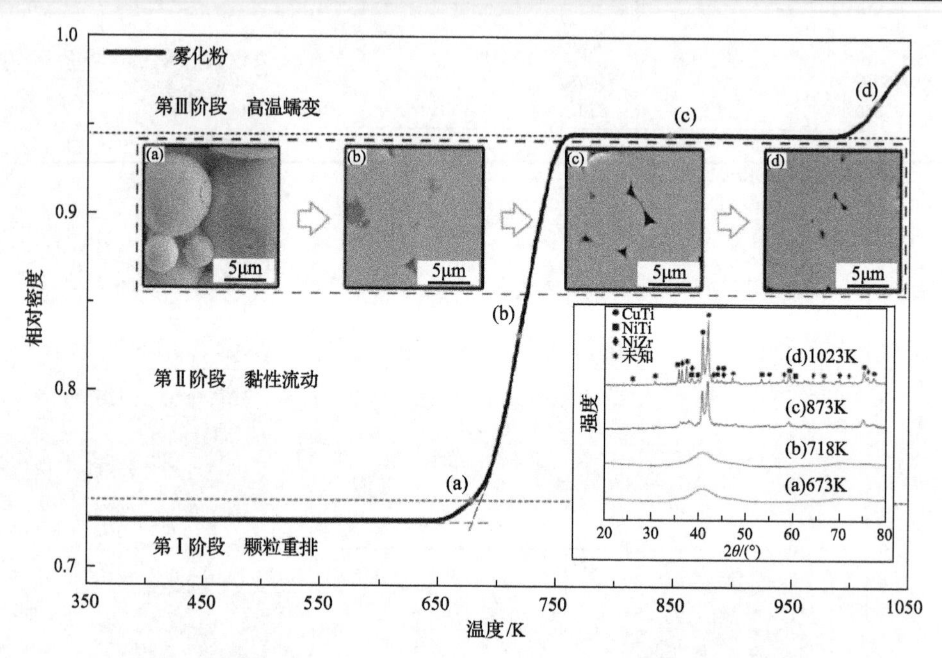

图 4.25　雾化非晶态 $Ti_{40.6}Zr_{9.4}Cu_{37.5}Ni_{9.4}Sn_{4.1}$ 合金粉末在放电等离子烧结过程中的烧结位移曲线、致密化阶段及 XRD 图谱
插图(a)～(d)为致密化演变

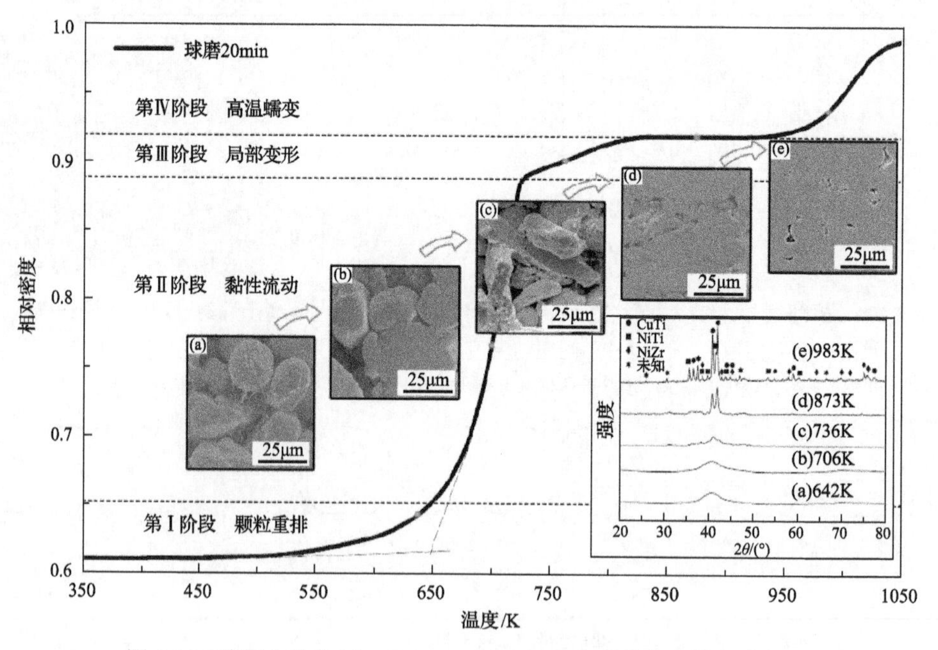

图 4.26　球磨非晶态 $Ti_{40.6}Zr_{9.4}Cu_{37.5}Ni_{9.4}Sn_{4.1}$ 合金粉末在放电等离子烧结过程中的烧结位移曲线、致密化阶段及 XRD 图谱
插图(a)～(e)为致密化演变

并变大，XRD 图谱表明当前粉末颗粒仍保持非晶结构。这表明黏性流动机制主导非晶粉末的致密化第 II 阶段。随后，致密化曲线出现平台，烧结体开始非晶晶化；烧结温度的进一步提高导致晶粒不断长大，进而软化烧结体，通过高温蠕变闭合残存的孤立孔隙达到全致密。相似的关联性也发生于不规则形状非晶态合金粉末烧结行为中(图 4.26)。值得注意的是，对于不规则形状非晶态合金粉末烧结行为，在黏性流动段与平台之间出现了一个轻微的致密化阶段，这归因于不规则形状引起的局部变形。

参 考 文 献

[1] Liu L H, Yang C, Yao Y G, et al. Densification mechanism of Ti-based metallic glass powders during spark plasma sintering process. Intermetallics, 2015, 66: 1-7.

[2] Alaniz J E, Dupuy A D, Kodera Y, et al. Effects of applied pressure on the densification rates in current-activated pressure-assisted densification (CAPAD) of nanocrystalline materials. Scripta Materialia, 2014, 92: 7-10.

[3] Xie G Q, Louzguine-Luzgin D V, Li S, et al. Densification of gas atomized Ni-based metallic glassy powders by spark plasma sintering. Materials Transactions, 2009, 50(6): 1273-1278.

[4] Ghahremani D, Ebadzadeh T, Maghsodipour A. Spark plasma sintering of mullite: Relation between microstructure, properties and spark plasma sintering parameters. Ceramics International, 2015, 41(5): 6409-6416.

[5] Sairam K, Sonber J K, Murthy T, et al. Influence of spark plasma sintering parameters on densification and mechanical properties of boron carbide. International Journal of Refractory Metals and Hard Materials, 2014, 42: 185-192.

[6] Diouf S, Molinari A. Densification mechanisms in spark plasma sintering: Effect of particle size and pressure. Powder Technology, 2012, 221: 220-227.

[7] Cheng Y, Cui Z, Cheng L, et al. Effect of particle size on densification of pure magnesium during spark plasma sintering. Advanced Powder Technology, 2017, 28(4): 1129-1135.

[8] Dabhade V V, Mohan T R R, Ramakrishnan P. Viscous flow during sintering of attrition milled nanocrystalline titanium powders Materials Research Bulletin, 2007, 42(7): 1262-1268.

[9] Paul T, Harimkar S P. Viscous flow activation energy adaptation by isochronal spark plasma sintering. Scripta Materialia, 2017, 126: 37-40.

[10] Ye B, Matsen M R, Duand D C. Finite-element modeling of titanium powder densification. Metallurgical and Materials Transactions A, 2012, 43(1): 381-390.

[11] Li Y Y, Yang C, Qu S G, et al. Nucleation and growth mechanism of crystalline phase for fabrication of ultrafine-grained $Ti_{66}Nb_{13}Cu_8Ni_{68}Al_{62}$ composites by spark plasma sintering and crystallization of amorphous phase. Materials Science and Engineering A, 2010, 528(1): 486-494.

[12] Chen Q, Tang C Y, Chan K C, et al. Viscous flow during spark plasma sintering of Ti-based metallic glassy powders. Journal of Alloys and Compounds, 2013, 557: 98-101.

[13] Zhao Y H, Sheng H W, Lu K. Microstructure evolution and thermal properties in nanocrystalline Fe during mechanical attrition. Acta Materialia, 2001, 49(2): 365-375.

[14] Yang C, Ding Z, Lin J, et al. Serrated flow behavior of titanium-based composites with different in situ TiC contents. Advanced Engineering Materials, 2015, 17(9): 1383-1390.

[15] Frenkel J. Viscous flow of crystalline bodies under the action of surface tension. Journal of Physics USSR, 1945, 9: 385-391.

[16] Huang Y J, Shen J, Sun J F,et al. A new Ti-Zr-Hf-Cu-Ni-Si-Sn bulk amorphous alloy with high glass-forming ability. Journal of Alloys and Compounds, 2007, 427(1-2): 171-175.

[17] Oak J, Louzguine-Luzgin D V, Inoue A. Investigation of glass-forming ability, deformation and corrosion behavior of Ni-free Ti-based BMG alloys designed for application as dental implants. Materials Science and Engineering C, 2009, 29(1): 322-327.

[18] Zhu S L, Wang X M, Inoue A. Glass-forming ability and mechanical properties of Ti-based bulk glassy alloys with large diameters of up to 1cm. Intermetallics, 2008, 16(8): 1031-1035.

[19] Chan K C, Liu L, Wang J F. Superplastic deformation of $Zr_{55}Cu_{30}Al_{10}Ni_5$ bulk metallic glass in the supercooled liquid region. Journal of Non-Crystalline Solids, 2007, 353(32-40): 3758-3764.

[20] Scudino S, Bartusch B, Eckert J. Viscosity of the supercooled liquid in multi-component Zr-based metallic glasses. Journal of Physics: Conference Series, 2009, 144: 12097.

[21] Bakke E, Busch R, Johnson W L. The viscosity of the $Zr_{46.75}Ti_{8.25}Cu_{7.5}Ni_{10}Be_{27.5}$ bulk metallic glass forming alloy in the supercooled liquid. Applied Physics Letters, 1995, 67(22): 3260.

[22] Yamasaki T, Maeda S, Yokoyama Y, et al. Viscosity measurements of $Zr_{55}Cu_{30}Al_{10}Ni_5$ supercooled liquid alloys by using penetration viscometer under high-speed heating conditions. Intermetallics, 2006, 14(8-9): 1102-1106.

[23] 李会强, 刘龙飞, 罗柏文. Fe基、Zr基大块非晶合金粘度的热力学计算.材料导报, 2011(16): 140-144.

[24] Fan G J, Fecht H J, Lavernia E J. Viscous flow of the $Pd_{43}Ni_{10}Cu_{27}P_{20}$ bulk metallic glass-forming liquid. Applied Physics Letters, 2004, 84(4): 487.

[25] Wang D J, Huang Y J, Shen J, et al. Temperature influence on sintering with concurrent crystallization behavior in Ti-based metallic glassy powders. Materials Science and Engineering A, 2010, 527(10-11): 2662-2668.

[26] Zhang Z H, Liu Z F, Lu J F, et al. The sintering mechanism in spark plasma sintering: Proof of the occurrence of spark discharge. Scripta Materialia, 2014, 81(11): 56-59.

本章作者：马宏伟，李元元

第5章　非晶/晶态合金粉末的致密化原子扩散系数

5.1 引　　言

粉末烧结是致密化的重要途径。通常情况下，影响粉末致密化的因素包括粉末物性相关的内部因素和烧结参数相关的外部因素。内部因素包括表面能、平均颗粒尺寸、黏度、扩散相关的平均晶粒尺寸等各种物性参数，外部因素则包括烧结温度、升温速率、烧结压力等烧结参数。这些影响因素对粉体烧结颈的形成过程尤为重要[1]。本质上讲，致密化机制可用前述物性参数决定的特定物理量来分析和表述。对于放电等离子烧结来说，Zhang 等研究表明粉体之间的放电和溅射等独特机制，决定了其具有独特的粉末收缩和致密化机理[2,3]。Trzaska 等研究表明致密化速率随着压力的增大而增大[4~7]。Li 等发现致密化机制与应力指数关联[8,9]。Yang 等引入综合影响因子来评定雾化和球磨不同粉末属性对致密化机制的影响[10]。毫无疑问，在致密化阶段，尤其是烧结颈的形成和长大过程，微观上的物质传输引发了宏观的粉末收缩。然而，作为可代表传质能力和控制粉体致密化机理的直接物理量，粉末烧结过程中的原子扩散系数迄今尚未被定量化地分析和推导。

在影响致密化行为的外部因素中，升温速率通常被认为加快致密化进程，压力总是促进粉末致密化。例如，Garay 等研究压力对放电等离子烧结不同粉末材料(铝粉、硅粉及氧化钇粉)致密化速率的影响时发现，随着压力的增大，粉末致密化速率提高，他们还定性地解释了压力作为额外的驱动力提高粉末烧结过程中的扩散流[5,11]。然而，外部因素具体如何影响扩散行为仍不明晰。因此，有必要定量明确升温速率和压力对粉末烧结过程的原子扩散系数的影响。

根据经典的粉末冶金理论，粉末物性(内部因素)的变化必然引起致密化行为的改变，如第 4 章中证实了粉末非晶态可以加快致密化进程。一般来说，粉末粒径越小，致密化越快。就粒径本身这一粉末参数，鲜有报道其对致密化行为的影响。与此同时，粉末形状的改变必然改变接触行为，相比于点接触和线接触，面接触总是加快烧结颈的形成。因此，有必要定量衡量粉末粒径和形状对粉末烧结过程中原子扩散系数的影响。

有鉴于此，本章节基于 Stokes-Einstein 方程[12]、Arrhenius 方程[13]、扩散蠕变理论[14]、Frenkel 模型[15]，建立了计算粉末烧结过程中原子扩散系数的理论框架，并量化了原子扩散系数与粉体致密化机理的内在关联性。研究发现球磨粉末具有较雾化粉末更高的原子扩散系数，但略低于放射性示踪法的实测值。对于对应的晶态合金粉末来说，粉体平均颗粒尺寸越大，原子扩散系数越大，瞬时致密化速率越高，粉体致密化速率越快，而量化的原子扩散系数显著高于放射性示踪法的实测值。研究结果证实了放电等离子烧结可加速原子扩散。此外，计算结果还表明，升温速率、压力、粉末粒径和粉末形状影响粉末间原子扩散系数，进而影响致密化行为。因此，原子扩散系数可用作表征传质能力和控制粉体致密化机理的一个重要参量。

5.2 非晶合金粉末的致密化原子扩散系数

5.2.1 粉末物性分析

1. XRD 物相分析

如图 5.1 所示，两种粉末均出现一个宽的漫散射峰，表明合金粉末中几乎全部由非晶相组成。图 5.2 展示两种粉末的高分辨 TEM 形貌图，两种粉末的原子排布整体上均为迷宫状，这表明合金粉末整体为非晶结构。但是，图 5.2(b)含有局部存在有序排列的区域，这表明雾化粉末是由少量纳米结构(尺度约 4nm)和非晶结构组成。进一步的选区电子衍射图为典型的非晶相特征的晕环状，证实了材料的非晶结构。

2. SEM 颗粒大小及形状分析

各种粉末的 SEM 形貌如图 5.3 所示。从图中可以看出，雾化 $Ti_{40.6}Zr_{9.4}Cu_{37.5}Ni_{9.4}Sn_{3.1}$ 合金粉末均呈球形，平均颗粒尺寸 L 较小，颗粒尺寸大致

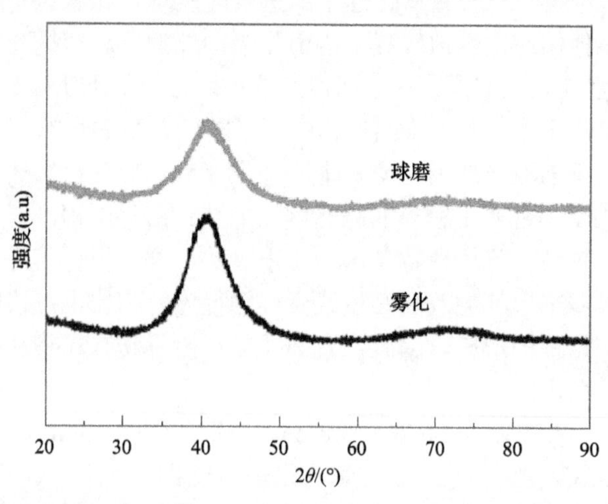

图 5.1　球磨及雾化 $Ti_{40.6}Zr_{9.4}Cu_{37.5}Ni_{9.4}Sn_{3.1}$ 非晶粉末的 XRD 图谱

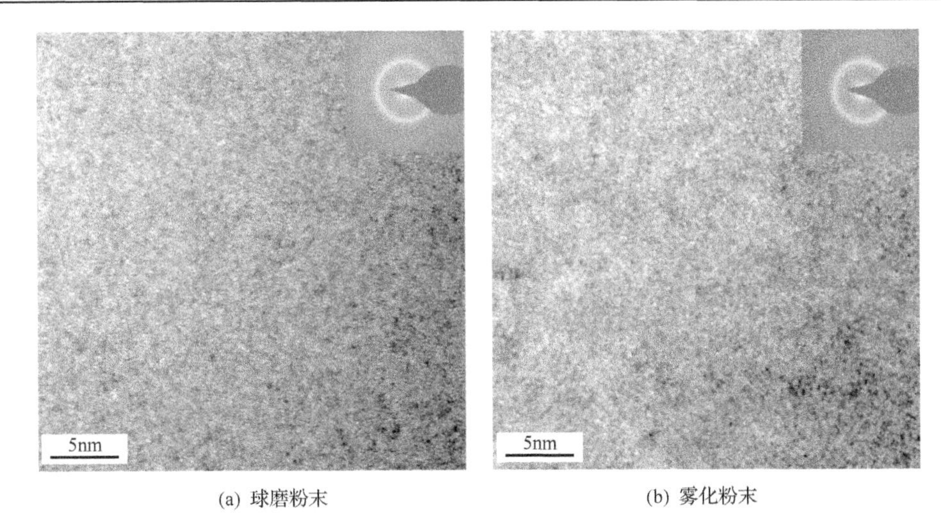

(a) 球磨粉末　　(b) 雾化粉末

图 5.2　球磨及雾化 $Ti_{40.6}Zr_{9.4}Cu_{37.5}Ni_{9.4}Sn_{3.1}$ 非晶粉末的 TEM 图和选区电子衍射图

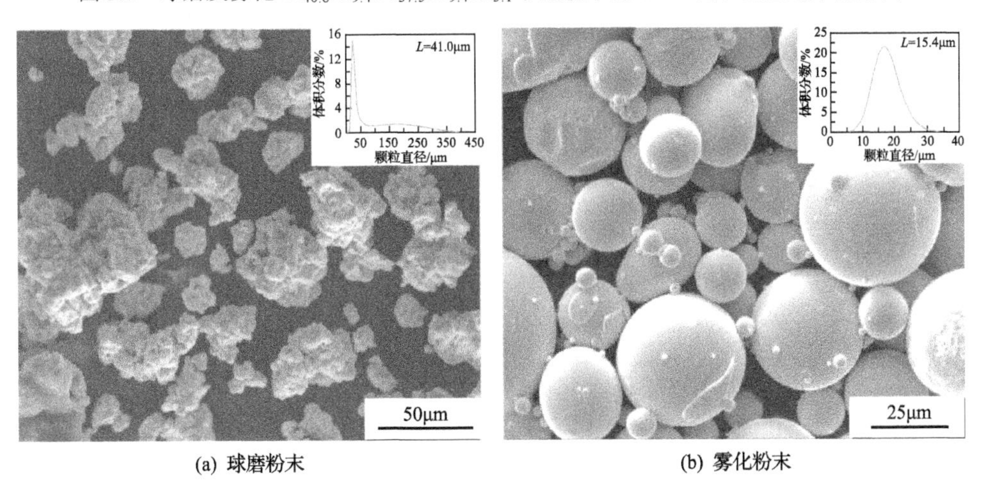

(a) 球磨粉末　　(b) 雾化粉末

图 5.3　球磨及雾化 $Ti_{40.6}Zr_{9.4}Cu_{37.5}Ni_{9.4}Sn_{3.1}$ 非晶粉末的 SEM 图

分布在 5～35μm 范围内(图 5.3(b))。相较之下，经过 30h 变形、冷焊、破碎的高能球磨 $Ti_{40.6}Zr_{9.4}Cu_{37.5}Ni_{9.4}Sn_{3.1}$ 非晶粉末则呈不规则形状，平均颗粒尺寸 L 远大于对应的雾化粉末，其颗粒尺寸范围大约为 9～350μm(图 5.3(a))。由于雾化粉末颗粒尺寸远小于球磨粉末，理论上雾化粉末拥有比球磨粉末更高的表面能。

3. DSC 热物性分析

图 5.4 为两种 $Ti_{40.6}Zr_{9.4}Cu_{37.5}Ni_{9.4}Sn_{3.1}$ 非晶粉末的 DSC 曲线。由图可见，两种粉末均在低温段出现了三个放热峰。雾化合金粉的玻璃化转变温度为 693K，晶化温度为 738K，过冷液相区宽度为 45K，晶化放热焓为 59.96J/g。球磨合金粉呈现

出更低的玻璃化转变温度 683K，更宽的过冷液相区 54K，更大的晶化放热焓 70.84J/g。这是因为高能球磨制备的不规则粉末完全由非晶结构组成，而雾化粉末中含有少量纳米结构(尺度约 4nm)。根据上述测试与计算结果可知，雾化粉末相比对应的球磨粉末，具有更小的颗粒尺寸、更小的放热焓，这将对同一成分的粉末致密化行为产生影响。

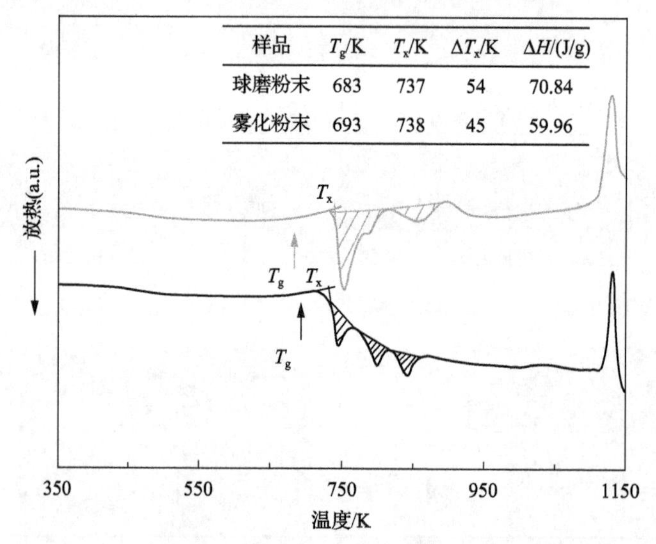

图 5.4　雾化及球磨 $Ti_{40.6}Zr_{9.4}Cu_{37.5}Ni_{9.4}Sn_{3.1}$ 非晶粉末的 DSC 曲线

5.2.2　升温速率对非晶合金粉末致密化行为的影响

1. 相对致密度曲线分析

图 5.5 为雾化及球磨 $Ti_{40.6}Zr_{9.4}Cu_{37.5}Ni_{9.4}Sn_{3.1}$ 非晶粉末在不同升温速率下放电等离子烧结过程中的温度-相对密度曲线。可以发现，雾化粉末的起始相对密度约为 0.72±0.01，高于球磨粉末的起始相对密度 0.55±0.01。这主要是由雾化粉末更小的平均颗粒尺寸以及其球形的几何形状造成的。这两种粉末的温度-相对密度曲线都呈典型的双“S”形，而且都随升温速率的增大而提高。此外，从图 5.5 还可以看出，温度-相对密度曲线可以划分为两个阶段。对于球磨粉末而言，对应的温度区间段为 350～720K 与 720～1050K；对于雾化粉末而言，致密化的温度区间段分别为 600～750K 与 750～1050K。

2. 致密化速率曲线分析

为了进一步获得致密化相关信息，将图 5.5 根据式(4.2)作进一步处理，可以

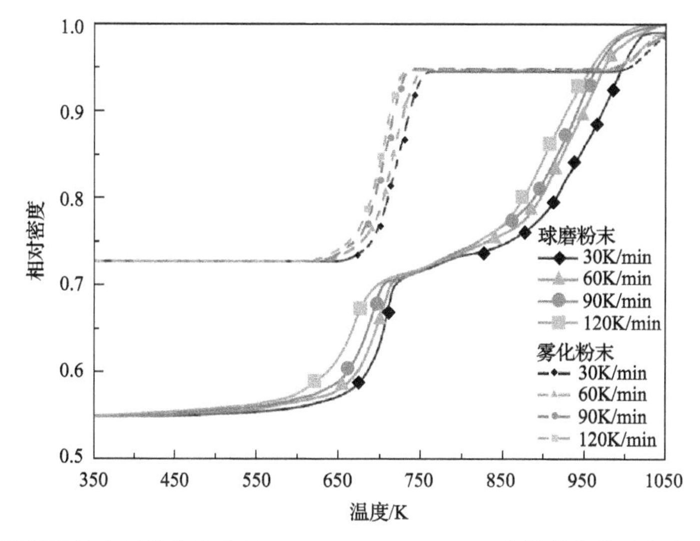

图 5.5　不同升温速率下雾化及球磨 $Ti_{40.6}Zr_{9.4}Cu_{37.5}Ni_{9.4}Sn_{3.1}$ 非晶粉末的温度-相对密度曲线

获得不同升温速率下致密化速率随温度变化的曲线。从图 5.6 发现，致密化速率随升温速率的提高而增大；其次，最大致密化速率所对应的温度随升温速率的提高而降低，最大致密化速率所对应的温度都位于各自粉末的过冷液相区。而且，从图 5.6 的 XRD 插图可以看出，这些温度点对应的块状合金仍然保持非晶结构。此外，在第一个致密化阶段，当升温速率一定时，球磨粉末的致密化速率总是高于雾化粉末。

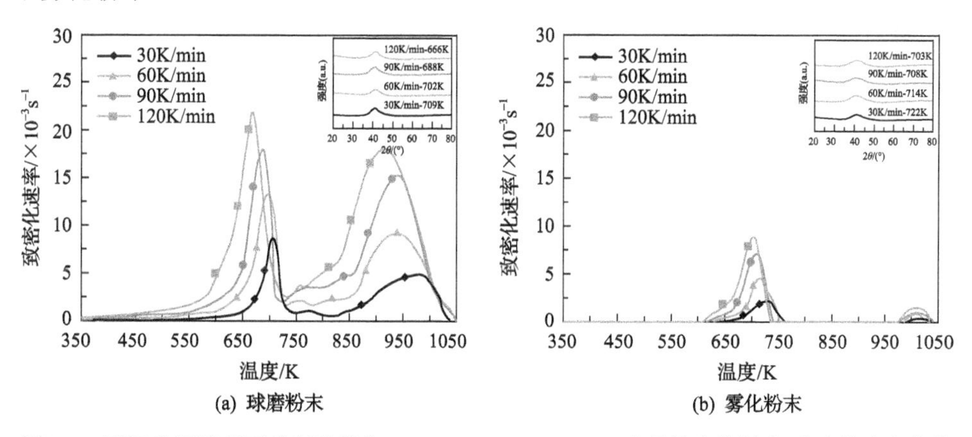

图 5.6　不同升温速率下球磨及雾化 $Ti_{40.6}Zr_{9.4}Cu_{37.5}Ni_{9.4}Sn_{3.1}$ 非晶粉末的温度-致密化速率曲线
插图为各温度点的 XRD 图谱

5.2.3　非晶合金粉末升温速率相关原子扩散系数控制的致密化机制

基于第 4 章的结论，非晶合金在过冷液相区会发生黏性流变行为，因此本章采用 Frenkel 模型[15]描述 $Ti_{40.6}Zr_{9.4}Cu_{37.5}Ni_{9.4}Sn_{3.1}$ 非晶粉末第一阶段的收缩行为。通常来说，黏性流动发生在粉末收缩的早期阶段，尤其对于在过冷液相区烧结玻璃粉末更是如此。本章将通过 Stokes-Einstein 方程建立扩散系数 D 与黏度的关系[12]，如式(5.1)所示：

$$\eta = \frac{kT}{3\pi D\delta} \tag{5.1}$$

式中，D 为原子扩散系数；δ 为原子直径，本章采用 Ni 原子直径 3.61Å；T 为热力学温度；k 为玻尔兹曼常量。

同时，扩散系数 D 与温度相关，且符合 Arrhenius 方程[16]，如式(5.2)所示：

$$D = D_0 \exp\left(-\frac{Q}{RT}\right) \tag{5.2}$$

式中，D_0 为扩散常数；Q 为原子扩散激活能；R 为通用气体常数。

结合式(4.6)、式(5.1)和(5.2)，在非等温条件下的收缩率又可以表示如式(5.3)所示：

$$\ln\left(T\frac{\mathrm{d}\left(\frac{\Delta H}{H_0}\right)}{\mathrm{d}T}\right) = \ln\left(\frac{9\pi\gamma\delta D_0}{4Lkc}\right) - \frac{Q}{RT} \tag{5.3}$$

由此，在某一升温速率下的扩散常数 D_0 及原子扩散激活能 Q 可通过式(5.3)拟合 $\ln(T\mathrm{d}(\Delta H/H_0)/\mathrm{d}T)$ 关于 $1/T$ 的关系图线，分别计算其截距与斜率求得，如图 5.7 所示。

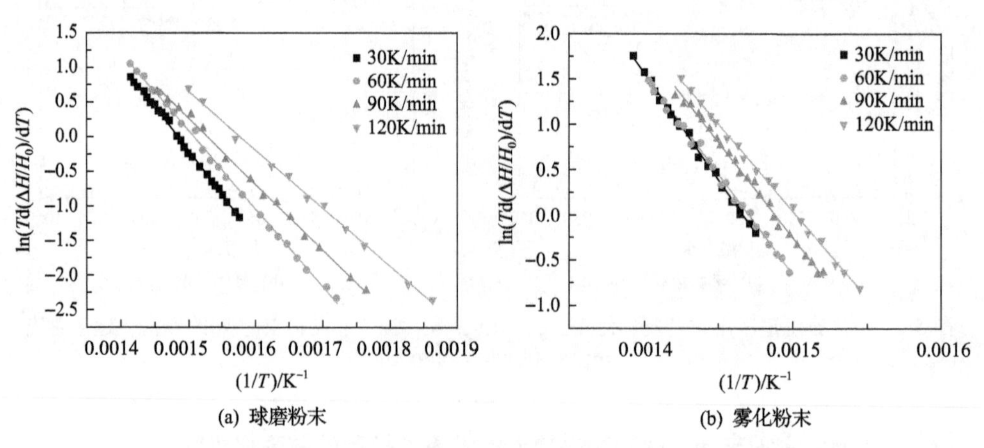

(a) 球磨粉末　　(b) 雾化粉末

图 5.7　不同升温速率下球磨及雾化 $Ti_{40.6}Zr_{9.4}Cu_{37.5}Ni_{9.4}Sn_{3.1}$ 非晶粉末的 $\ln(T\mathrm{d}(\Delta H/H_0)/\mathrm{d}T)$ 随 $1/T$ 的变化关系

如表 5.1 所示，计算结果表明，无论对于哪种粉末，升温速率越高，其原子扩散激活能和扩散常数越小。这是因为随着升温速率提高，黏度值不断降低[17]。相应地，不同升温速率下原子扩散激活能和扩散常数如表 5.1 所示。有趣的是，对于同样的升温速率，球磨粉末的原子扩散激活能和扩散常数总是低于雾化粉末。这主要是由于在高能球磨过程中引入更高浓度的缺陷含量会提升物质传输的驱动力，而且，球磨粉末更大的颗粒尺寸和更小的表面能导致其扩散常数总是小于雾化粉末。

表 5.1　雾化及球磨 $Ti_{40.6}Zr_{9.4}Cu_{37.5}Ni_{9.4}Sn_{3.1}$ 非晶粉末的致密化原子扩散激活能 Q 以及扩散常数 D_0

参数	粉末	升温速率			
		30K/min	60K/min	90K/min	120K/min
Q/(kJ/mol)	球磨	105.6	93.9	79.0	69.9
	雾化	195.3	181.2	174.9	159.2
D_0/(10^{-13}m^2/s)	球磨	172.76	55.87	6.66	2.54
	雾化	3.81×10^8	6.85×10^7	4.90×10^7	5.23×10^6

上述各粉末的致密化行为与其原子扩散激活能 Q 以及扩散常数 D_0 有所关联。通过作图拟合，即可获得不同升温速率下原子扩散激活能、扩散常数和扩散系数。在 120K/min 时，球磨粉末的致密化原子扩散系数可以表示为 $D_{\text{Milled}}=2.54\times10^{-13}\exp(-69.9\text{kJ/mol}/RT)\,\text{m}^2/\text{s}$，相应地，雾化粉末的致密化原子扩散系数可以表示为 $D_{\text{Atomized}}= 5.23\times10^{-7}\exp(-159.2\text{kJ/mol}/RT)\,\text{m}^2/\text{s}$。如图 5.8 所示，在过冷液相所对应的温度区间，原子扩散系数随着升温速率的提高而增大。同时，在特定的升温

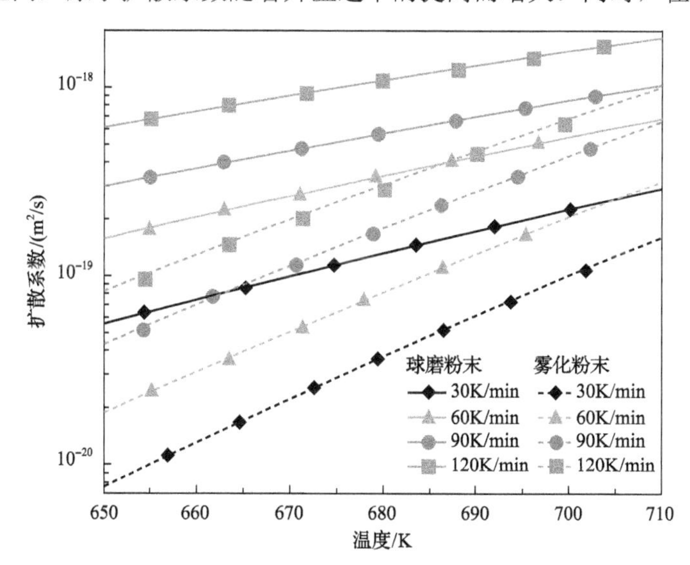

图 5.8　不同升温速率下球磨(虚线)及雾化(实线) $Ti_{40.6}Zr_{9.4}Cu_{37.5}Ni_{9.4}Sn_{3.1}$ 非晶粉末的温度-原子扩散系数关系

速率下，球磨粉末的致密化原子扩散系数总是高于雾化粉末。这主要归因于球磨粉末烧结所需要的扩散激活能更小。分析表明，原子扩散系数和粉末致密化行为存在关联。如图 5.9 所示，在过冷液相温度区间，很直观地观察到原子扩散系数越大，瞬时致密化速率越大，相对密度越大。这说明推导的原子扩散系数可以作为一个表征致密化机制的物理量[18]。同时，图 5.10 描绘了 30K/min 的升温速率下球磨粉末和雾化粉末之间原子扩散系数与瞬时致密化速率的差异性。可以发现，球磨粉末的原子扩散系数大约是雾化粉末的 1.5 倍，球磨粉末的瞬时致密化速率总是高于雾化粉末。这也再次佐证了原子扩散系数可以表征粉末烧结的致密化机制，原子扩散系数控制着粉末致密化机理[18]。

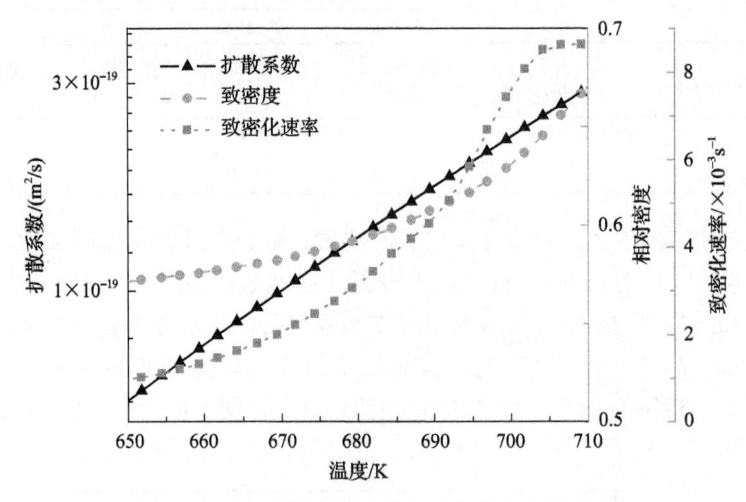

图 5.9　原子扩散系数和粉末致密化行为的关联

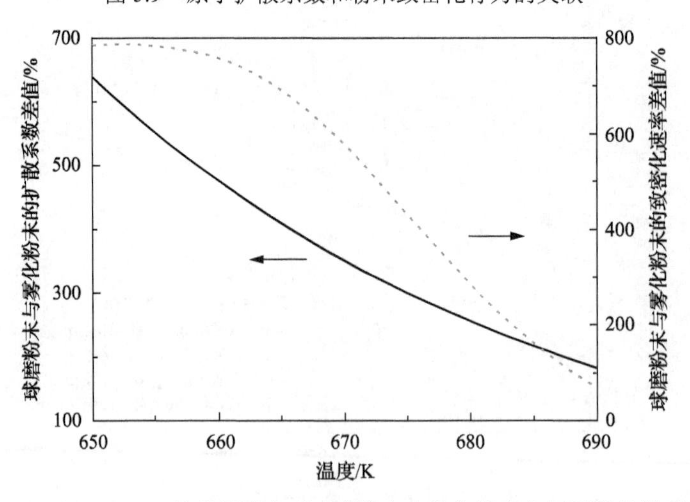

图 5.10　在 30K/min 的升温速率下球磨粉末和雾化粉末之间原子扩散系数与瞬时致密化速率的差异性

5.2.4　压力对非晶合金粉末致密化行为的影响

1. 相对致密度曲线分析

图 5.11(a)和(b)为雾化及球磨 $Ti_{40.6}Zr_{9.4}Cu_{37.5}Ni_{9.4}Sn_{3.1}$ 非晶粉末在不同压力放电等离子烧结过程中的温度-相对密度曲线。这些曲线都可以划分为两个阶段。对于球磨粉末而言，第一个致密化阶段为 350～720K，第二个致密化阶段为 720～1050K；对于雾化粉末而言，第一个致密化阶段为 600～750K，第二个致密化阶段为 750～1050K。在相同的压力下，更小的平均颗粒尺寸及其球形的几何形状，决定了雾化粉末试样的密度总是大于球磨粉末的初始相对密度。此外，两种粉末的相对致密化速率总是随着压力的增大而增大。

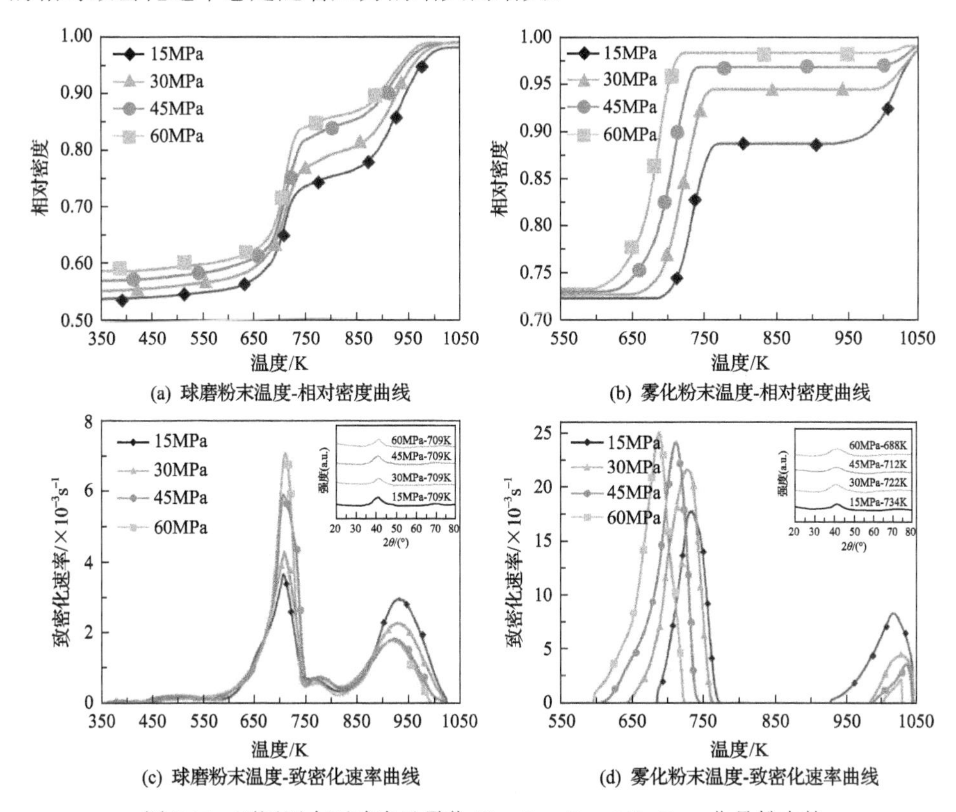

(a) 球磨粉末温度-相对密度曲线　(b) 雾化粉末温度-相对密度曲线

(c) 球磨粉末温度-致密化速率曲线　(d) 雾化粉末温度-致密化速率曲线

图 5.11　不同压力下球磨及雾化 $Ti_{40.6}Zr_{9.4}Cu_{37.5}Ni_{9.4}Sn_{3.1}$ 非晶粉末的温度-相对密度曲线和温度-致密化速率曲线

插图为各温度点的 XRD 图谱

2. 致密化速率曲线分析

将温度-相对密度曲线根据式(4.2)作进一步处理，可以获得不同压力下致密化速率关于温度的曲线。图 5.11(c)和(d)即为在不同烧结压力下雾化及球磨的 $Ti_{40.6}Zr_{9.4}Cu_{37.5}Ni_{9.4}Sn_{3.1}$ 非晶粉末的温度-致密化速率曲线。从图 5.11(c)和(d)可以得到，首先，在第一个致密化阶段，球磨粉末的致密化速率总是高于雾化粉末的致密化速率；其次，最大致密化速率所对应的温度随着升温速率的提高而降低，XRD 图谱显示，这些温度点对应的烧结块体仍然保持非晶结构；最后，最重要的是，在第一个致密化阶段，随着压力的提高，致密化速率变大。

5.2.5 非晶合金粉末压力相关原子扩散系数控制的致密化机制

对于压力烧结而言，包括放电等离子烧结，施加的压力 P 会提高粉末致密化的驱动力[1,19,20]。在本章中，我们把这种压力相关的驱动力定义为 BP。相应地，在外载荷下粉末的致密化行为可以用下列等式评估：

$$\frac{\Delta H}{H_0}=\left(\frac{\gamma}{L}+BP\right)\frac{3t}{4\eta} \tag{5.4}$$

式中，P 是施加的压力；B 是无量纲压力常数，与粉末形状及大小有关。物理上讲，等式右侧的第一项代表粉末致密化的内在驱动力，而第二项代表着压力相关的外在驱动力。

因此，通过对式(5.4)关于 T 求导，并结合式(5.1)和(5.2)。在非等温条件下的粉末收缩可表示如下：

$$\ln\left(T\frac{\mathrm{d}\left(\dfrac{\Delta H}{H_0}\right)}{\mathrm{d}T}\right)=\ln\left(\frac{\left(\dfrac{\gamma}{L}+BP\right)9\pi aD_0}{4ck}\right)-\frac{Q}{RT} \tag{5.5}$$

通常对于给定的粉末材料，其 L 及 D_0 保持一定。因此本章定义一个综合影响因子 g 来表示这些物性参数，如下表示：

$$g=\frac{9\pi aD_0}{4k}\left(\frac{\gamma}{L}+BP\right) \tag{5.6}$$

在某一特定压力下的综合影响因子 g 及扩散激活能 Q 可通过拟合 $\ln(T\mathrm{d}(\Delta H/H_0)/\mathrm{d}T)$ 关于 $1/T$ 的关系，分别计算其截距与斜率，从而求得。

根据块状非晶的扩散理论[21]，压力对原子扩散和扩散激活能影响甚小，这是因为空位不是块状非晶扩散的载体[22]。然而，对于粉末烧结而言，空位在烧结过程中的物质传输扮演着重要的角色，尤其在粉末致密的早期阶段[1]。外载荷通过改变粉末接触区域的热场、力场以及电场的分布来影响缺陷浓度，可以被认为通过加速粉末间的扩散促进粉末致密化[11]。一般来讲，压力对于凝聚态物质的扩散激活能影响微乎其微，除非在极其高的压力下[23]。因此，在 15～60MPa 这个范围内，本章假定载荷 P 作为外在的扩散驱动力通过影响扩散常数来加速粉末致密化进程，如式(5.7)所示：

$$D^P = D_0^P \exp\left(-\frac{Q}{RT}\right) \tag{5.7}$$

式中，D^P 为压力 P 导致的额外扩散流；D_0^P 为相应的额外扩散常数。毫无疑问，扩散常数与粉末的物性参数息息相关，如 γ、L 及 η。因此，本章认为由压力 P 导致的额外扩散常数与内在驱动力 γ/L 引起的扩散常数是相关的，正如式(5.8)所示：

$$\frac{\frac{\gamma}{L}}{D_0} \cong \frac{BP}{D_0^P} \tag{5.8}$$

结合式(5.7)和(5.8)，综合影响因子 g 又可以表示为如下：

$$g=\frac{9\pi a D_0}{4k}\left(\frac{\gamma}{L}+BP\right)=\frac{9\gamma\pi a}{4Lk}(D_0+D_0^P)=\frac{9\gamma\pi a}{4Lk}D_0^{\mathrm{T}} \tag{5.9}$$

式中，D_0^{T} ($\mathrm{m^2/s}$)为总扩散常数，它是由在外载荷驱动力 BP 和内驱动力 γ/L 共同引起的。最后，总扩散系数可以表达为

$$D^{\mathrm{T}} = D_0^{\mathrm{T}} \exp\left(-\frac{Q}{RT}\right) \tag{5.10}$$

从上述的推导可以发现，这里计算的 D^{T} 是与致密化进程、烧结参数(压力和升温速率等)以及粉末物性参数密切相关。其虽不等同于材料固有的扩散系数，但是可以用来指导和理解放电等离子烧结复杂的致密化行为和机制。

通过作图拟合球磨及雾化 $Ti_{40.6}Zr_{9.4}Cu_{37.5}Ni_{9.4}Sn_{3.1}$ 非晶粉末 $\ln(T\mathrm{d}(\Delta H/H_0)/\mathrm{d}T)$ 关于 $1/T$ 的关系曲线，计算其斜率和截距，获得不同压力下原子扩散激活能和扩散常数，同时根据式(5.10)可获得不同压力下的原子扩散系数 D^{T}，如图 5.12(a)和(b)所示。从图中可以看出，无论对于哪种粉末，拟合曲线的斜率基本不变，这表明粉末烧结的原子扩散激活能都不随压力而变化。从表 5.2 明显看出，相比于雾化粉末而言，球磨粉末的扩散激活能更小，这主要是因为球磨粉末所含的缺陷浓度大于雾化粉末。此外，压力越高，截距越大，这种趋势与式(5.9)吻合。根据式(5.9)，表 5.2 描述不同压力下球磨及雾化 $Ti_{40.6}Zr_{9.4}Cu_{37.5}Ni_{9.4}Sn_{3.1}$ 非晶粉末的扩散常数。在特定的压力下，相对雾化粉末而言，球磨粉末更小的 g 和 D_0^{T} 是其物性参数引起的，例如更大的 L，更小的 η。最终，不同压力下的原子扩散系数可以通过式(5.10)计算。研究发现，在 15MPa 下，球磨粉末的扩散系数可以表达为 $D_{\mathrm{milled}}^{\mathrm{T}}=1.38\times10^{-11}\exp(-106.3\mathrm{kJ/mol}/RT)\ \mathrm{m^2/s}$，雾化粉末的扩散系数可以表达为

$D_{\text{atomized}}^{\text{T}}=8.78\times10^{-6}\exp(-192.4\text{kJ/mol}/RT)\ \text{m}^2/\text{s}$。

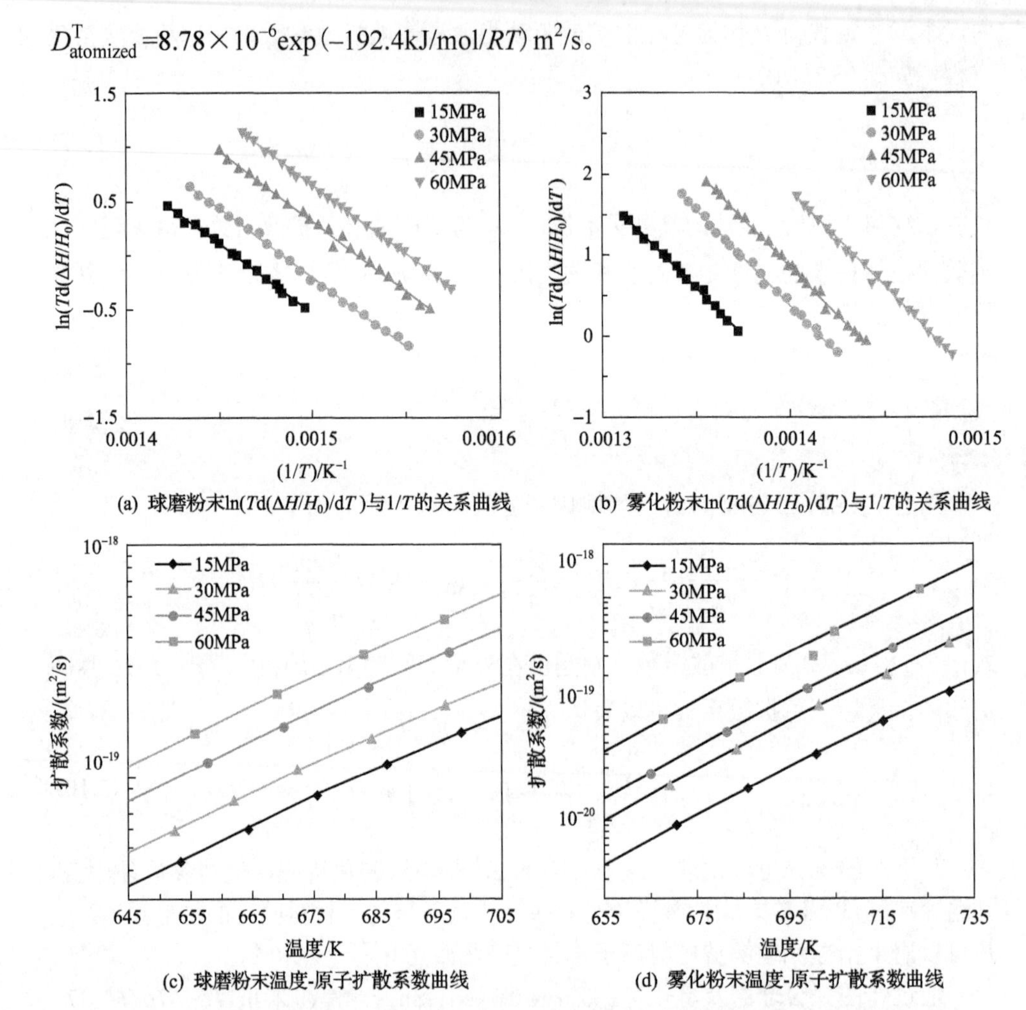

(a) 球磨粉末$\ln(Td(\Delta H/H_0)/dT)$与$1/T$的关系曲线 (b) 雾化粉末$\ln(Td(\Delta H/H_0)/dT)$与$1/T$的关系曲线

(c) 球磨粉末温度-原子扩散系数曲线 (d) 雾化粉末温度-原子扩散系数曲线

图 5.12 不同压力下球磨及雾化 $Ti_{40.6}Zr_{9.4}Cu_{37.5}Ni_{9.4}Sn_{3.1}$ 非晶粉末的 $\ln(Td(\Delta H/H_0)/dT)$ 随 $1/T$ 的变化关系和温度-原子扩散系数曲线

表 5.2 不同压力下球磨及雾化 $Ti_{40.6}Zr_{9.4}Cu_{37.5}Ni_{9.4}Sn_{3.1}$ 非晶粉末的扩散激活能 Q、g 及扩散常数 D_0^{T}

粉末	参数	压力			
		15MPa	30MPa	45MPa	60MPa
球磨	Q/(kJ/mol)	106.3	105.6	107.4	106.6
雾化		192.4	195.3	196.7	194.2
球磨	g/(10^8K/s)	0.62	0.77	1.78	2.17
雾化		1.05×10^6	4.57×10^6	9.27×10^6	1.54×10^7
球磨	D_0^{T}/(10^{-11}m²/s)	1.38	1.71	3.96	4.82
雾化		8.78×10^5	3.81×10^6	7.72×10^6	1.29×10^7

如图 5.12(c)和(d)所示，不同压力下两种粉末的扩散系数均随温度的提高而增大，且随着压力的提高而增大。在特定的压力下，球磨粉末的扩散系数总是大于雾化粉末，这主要是因为球磨粉末的原子扩散激活能和扩散常数总是低于雾化粉末。球磨粉末在高能球磨过程中引入更高浓度的缺陷含量提升物质传输的驱动力。而且，球磨粉末更大的颗粒尺寸和更小的表面能导致其扩散常数总是小于雾化粉末。

此外，本章发现了球磨粉末在不同压力下过冷液相区扩散系数与致密化速率的关联。如图 5.13(a)所示，随着压力的增大，过冷液相区的原子扩散系数逐渐增大，证实了外载荷作为粉末致密化的外在驱动力的观点。图 5.13(b)直观地描述了

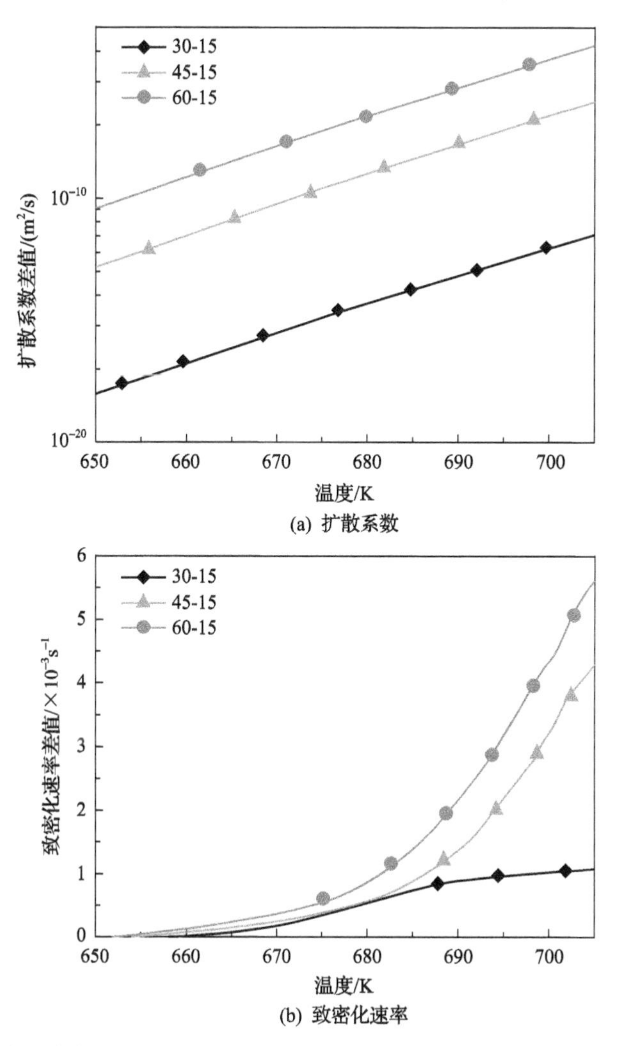

(a) 扩散系数

(b) 致密化速率

图 5.13　不同压力下球磨 $Ti_{40.6}Zr_{9.4}Cu_{37.5}Ni_{9.4}Sn_{3.1}$ 非晶粉末原子扩散系数与致密化速率的关联

球磨非晶粉末烧结过程中致密化速率随压力的增大而提高。雾化粉末也呈现同样的趋势。通过上述讨论，可以明确压力提高了粉末间的原子扩散系数，进而加快致密化进程，促进粉末致密化。

5.2.6　粉末形状对非晶合金粉末致密化行为的影响

1. 粉末物性分析

为了从粉末物性参数中分离出粉末形状，对雾化 $Ti_{40.6}Zr_{9.4}Cu_{37.5}Ni_{9.4}Sn_{3.1}$ 合金非晶粉末进行 20min 短时间的球磨处理。如图 5.14(a)和(b)所示，原始非晶粉末呈现球形，而经历 20min 球磨之后，粉末发生局部塑形变形，颗粒断裂和冷焊。颗粒平均尺寸从 15.4μm 变化到 17.9μm，可以忽略平均颗粒尺寸的变化。同时，图 5.14(c)和(d)表明两种粉末均出现一个宽的漫散射峰，而且 20min 球磨处理几乎未改变玻璃化转变温度 T_g、晶化温度 T_x、过冷液相区宽度 ΔT_x 和晶化放热焓 ΔH。这为研究粉末形状对致密化的影响提供了良好的材料基础。

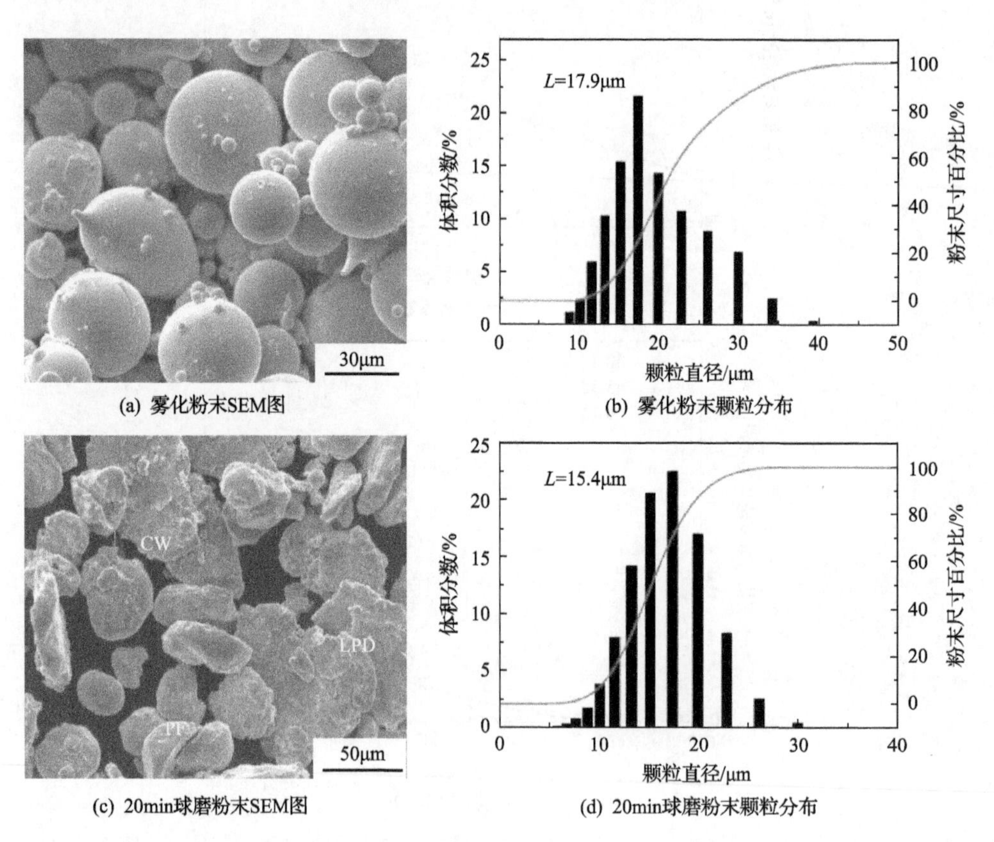

(a) 雾化粉末SEM图　　(b) 雾化粉末颗粒分布

(c) 20min球磨粉末SEM图　　(d) 20min球磨粉末颗粒分布

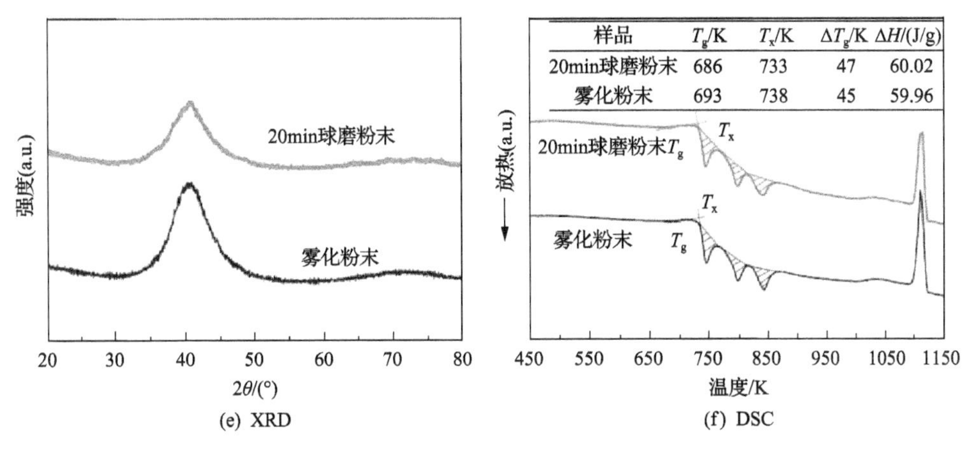

图 5.14　雾化及 20min 球磨 $Ti_{40.6}Zr_{9.4}Cu_{37.5}Ni_{9.4}Sn_{3.1}$ 非晶粉末的 SEM 图、粒径分布、XRD 图谱及 DSC 曲线

2. 相对致密度曲线分析

图 5.15 为雾化及 20min 球磨 $Ti_{40.6}Zr_{9.4}Cu_{37.5}Ni_{9.4}Sn_{3.1}$ 非晶粉末在不同升温速率放电等离子烧结过程中的温度-相对密度曲线。同时，正如上一节提及的，在特定的压力下，雾化粉末球形的几何形状导致其起始相对密度总是大于球磨粉末。如图 5.15 中插图所示，在第一个致密化阶段，20min 球磨粉末的瞬时相对密度将超越雾化粉末。

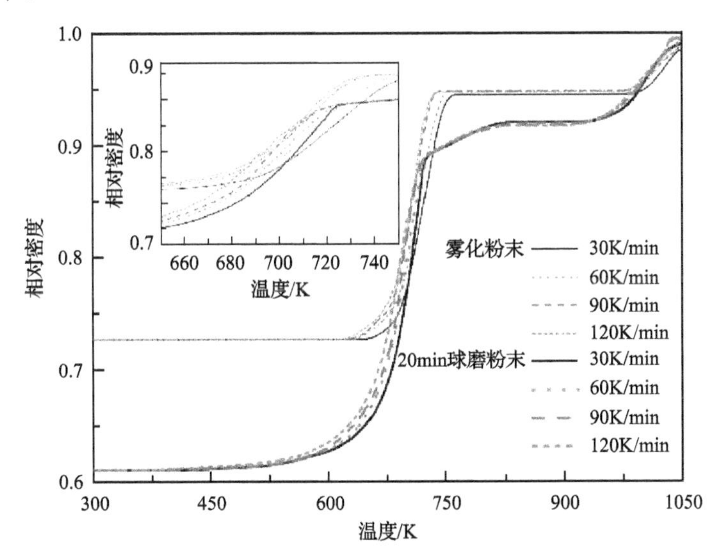

图 5.15　不同升温速率下 20min 球磨(粗线)及雾化(细线)$Ti_{40.6}Zr_{9.4}Cu_{37.5}Ni_{9.4}Sn_{3.1}$ 非晶粉末的温度-致密化速率曲线

插图为黏性流动段的温度-相对密度曲线

3. 致密化速率曲线分析

图5.16为在不同升温速率下雾化及20min球磨$Ti_{40.6}Zr_{9.4}Cu_{37.5}Ni_{9.4}Sn_{3.1}$非晶粉末的温度-致密化速率曲线。从图5.16可以看出：首先，在第一个致密化阶段，两种粉末的致密化速率均随升温速率的提高而增大；其次，最大致密化速率所对应的温度随着升温速率的提高而降低，这些温度都位于各自粉末的过冷液相区；最后，最重要的是，对于每个升温速率，20min 球磨粉末的致密化速率总是高于雾化粉末的致密化速率。

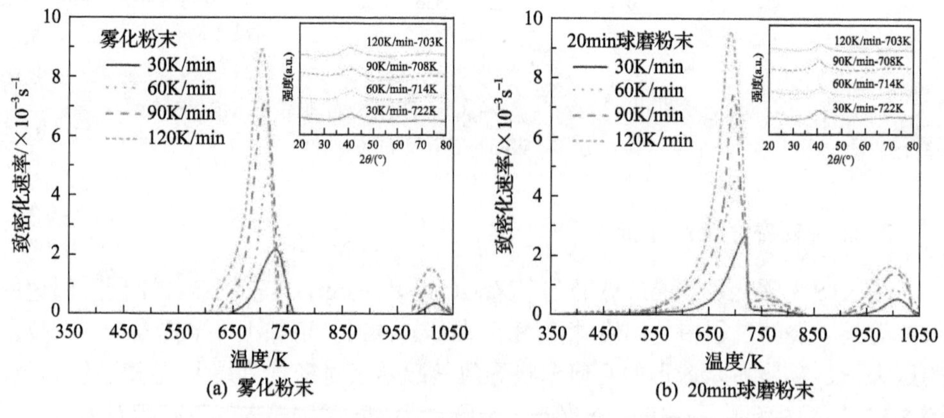

图5.16　不同升温速率下雾化及20min球磨$Ti_{40.6}Zr_{9.4}Cu_{37.5}Ni_{9.4}Sn_{3.1}$非晶粉末的温度-相对密度曲线

插图为各温度点的XRD图谱

5.2.7　粉末形状相关原子扩散系数控制的致密化机制

通过拟合20min球磨及雾化$Ti_{40.6}Zr_{9.4}Cu_{37.5}Ni_{9.4}Sn_{3.1}$非晶粉末$\ln(Td(\Delta H/H_0)/dT)$关于$1/T$的关系曲线，计算其斜率和截距，可获得不同升温速度下原子扩散激活能和扩散常数。根据式(5.10)即可获得不同升温速度下的Ti原子扩散系数D^{T}，如图5.17所示。从表5.3明显看出，相比于雾化粉末而言，20min球磨粉末的扩散激活能更小，这是因为球磨剧烈改变颗粒形状，使得粉末的接触行为发生改变，由雾化粉末的点接触到20min球磨粉末的线接触和面接触，极大地增加接触面积，如图5.18所示。同时雾化粉末的球形使得其具有更大的比表面积，导致其具有更大的γ，由式(5.9)可知，20min 球磨粉末具有更小的扩散常数。不同升温速度下Ti原子扩散系数可以通过式(5.10)计算。研究发现，在30K/min下，20min球磨粉末的扩散系数可以表达为$D^{T}_{milled}=2.69\times10^{-11}\exp(-108.6kJ/mol/RT)\,m^2/s$，雾化粉末的扩散系数可以表达为$D^{T}_{atomized}=4.76\times10^{-5}\exp(-195.3kJ/mol/RT)\,m^2/s$。在过冷液相所对应的温度区间，原子扩散系数随着升温速率的提高而增大(图5.19)。同时，在特定的升温速率下，20min 球磨粉末的原子扩散系数总是高于雾化粉末。这主要归因于烧结球磨粉末所需要的扩散激活能更小。

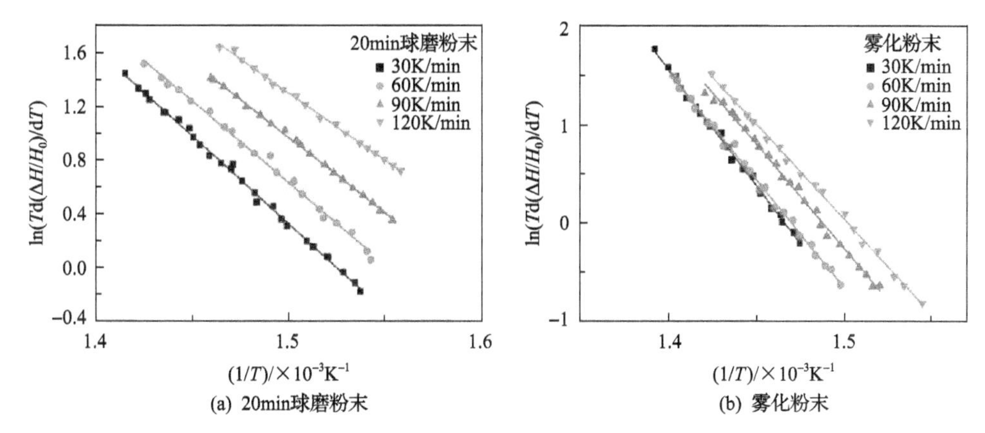

图 5.17　不同升温速率下 20min 球磨(a)及雾化(b)$Ti_{40.6}Zr_{9.4}Cu_{37.5}Ni_{9.4}Sn_{3.1}$ 非晶粉末的 $\ln(Td(\Delta H/H_0)/dT)$ 随 $1/T$ 的变化关系

表 5.3　不同升温速率下 20min 球磨及雾化 $Ti_{40.6}Zr_{9.4}Cu_{37.5}Ni_{9.4}Sn_{3.1}$ 非晶粉末的扩散激活能 Q 及扩散常数 D_0^T

参数	粉末状态	升温速率			
		30K/min	60K/min	90K/min	120K/min
Q/(kJ/mol)	20min 球磨	108.6	101.0	93.2	83.7
	雾化	195.3	181.2	174.9	159.2
D_0^T /($10^{-12}m^2/s$)	20min 球磨	26.89	18.51	9.63	3.17
	雾化	4.76×10^7	8.56×10^6	6.12×10^6	6.53×10^5

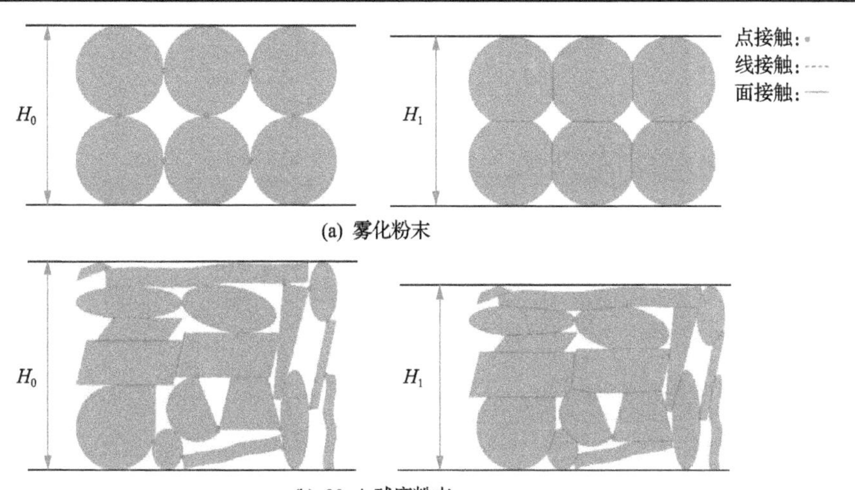

图 5.18　雾化及 20min 球磨 $Ti_{40.6}Zr_{9.4}Cu_{37.5}Ni_{9.4}Sn_{3.1}$ 非晶粉末的接触行为演变

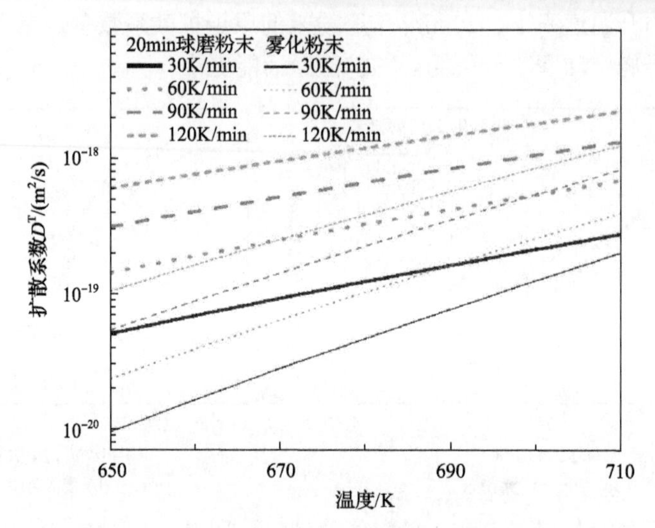

图 5.19 不同升温速率下 20min 球磨(粗线)及雾化(细线)$Ti_{40.6}Zr_{9.4}Cu_{37.5}Ni_{9.4}Sn_{3.1}$ 非晶粉末的温度-原子扩散系数 D^T 的关系

如图 5.20 所示，在过冷液相温度区间，很直观地观察到原子扩散系数越大，瞬时致密化速率越大，相对致密度越大，进一步验证了推导的原子扩散系数可以作为一个表征致密化机制的物理量[18]。图 5.21 描绘了在 120K/min 的升温速率下 20min 球磨粉末和雾化粉末之间原子扩散系数与瞬时致密化速率的差异性。球磨粉末的原子扩散系数至少是雾化粉末的 2 倍，导致球磨粉末的瞬时致密化速率总是高于雾化粉末。这种规律在其他升温速率下亦保持一致[24]。

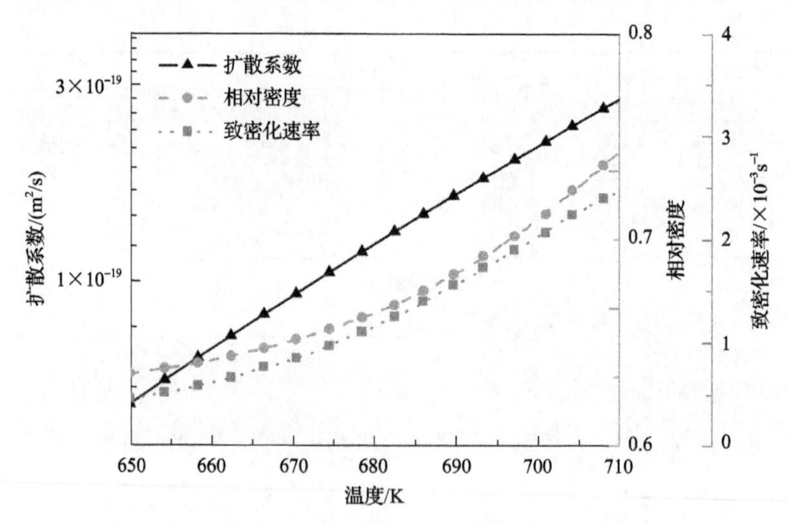

图 5.20 原子扩散系数和粉末致密化行为的关联

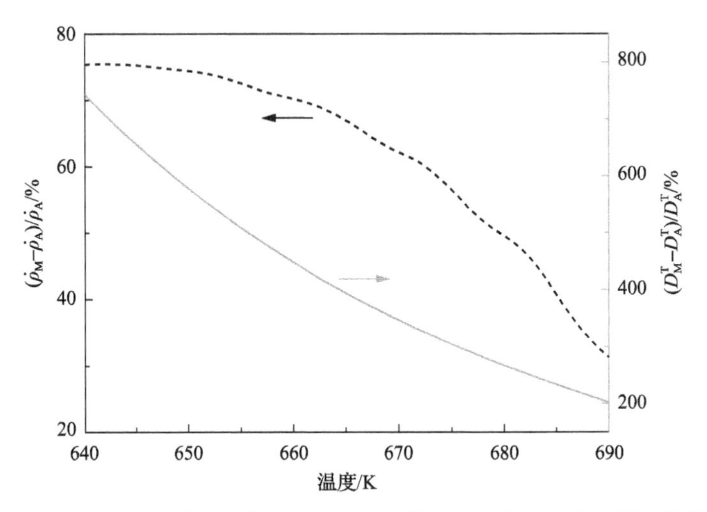

图 5.21　在 120K/min 的升温速率下 20min 球磨粉末和雾化粉末之间原子扩散系数与瞬时致密化速率的差异性

5.3　晶态合金粉末的致密化原子扩散系数

5.3.1　粉末物性分析

本节的晶态粉末由上节的两种非晶粉末在石英管真空热处理所得(热处理温度 1000K，保温时间 40min)。退火雾化粉末仍然呈球形，球磨粉末呈现不规则形状。真空热处理没有改变粉末的粒径，只是改变粉末的能量状态，由原来的亚稳高能量状态(非晶态)转变为稳定低能量状态(晶态)。图 5.22 的 XRD 图谱显示真

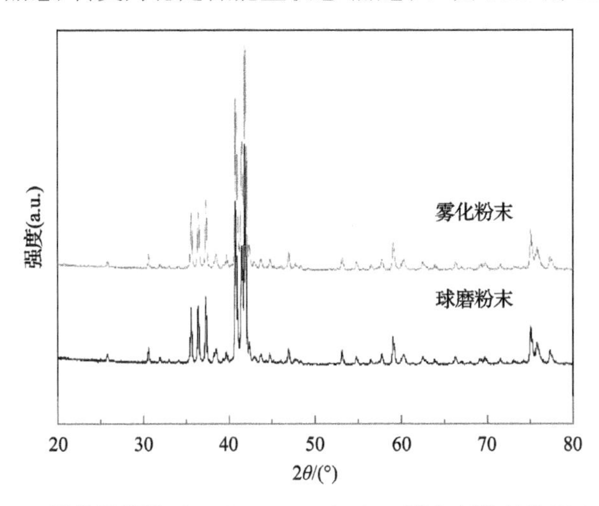

图 5.22　雾化及球磨 $Ti_{40.6}Zr_{9.4}Cu_{37.5}Ni_{9.4}Sn_{3.1}$ 退火态粉末的 XRD 图谱

空热处理后粉末均由多种金属间化合物构成，这说明非晶粉末完全晶化，DSC 曲线也可以进一步证实该结论(图 5.23)。通过透射电镜图片统计晶粒大小，如图 5.24 所示，直观地发现两种晶态粉末的晶粒大小分布趋于一致，球磨粉末的平均晶粒大小为 191nm，而雾化粉末的平均晶粒大小为 194nm。因此，通过上述测试与计算可知，雾化粉末相比对应的球磨粉末有着更小的颗粒尺寸、更高的表面能。此外，最终烧结块体的晶粒也没有发生明显的长大(图 5.24)，表明粉末的晶粒在整个烧结过程无明显长大。

5.3.2　升温速率对晶态合金粉末致密化行为的影响

1. 相对致密度曲线分析

图 5.25(a)为雾化及球磨 $Ti_{40.6}Zr_{9.4}Cu_{37.5}Ni_{9.4}Sn_{3.1}$ 晶态粉末在不同升温速率下放电等离子烧结过程中的温度-相对密度曲线。通过观察图 5.25(a)可以发现，雾化

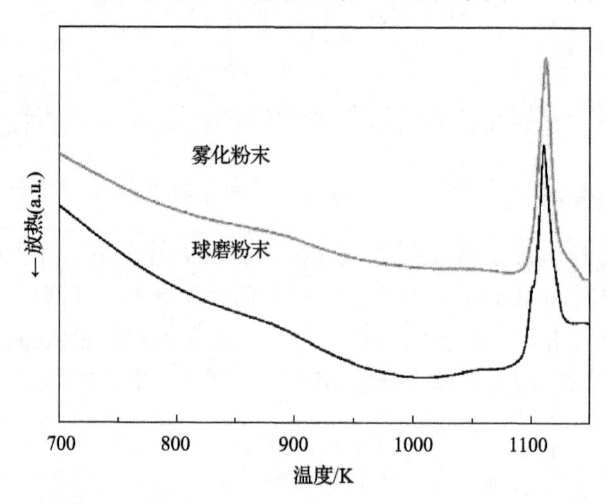

图 5.23　雾化及球磨 $Ti_{40.6}Zr_{9.4}Cu_{37.5}Ni_{9.4}Sn_{3.1}$ 退火态粉末的 DSC 曲线

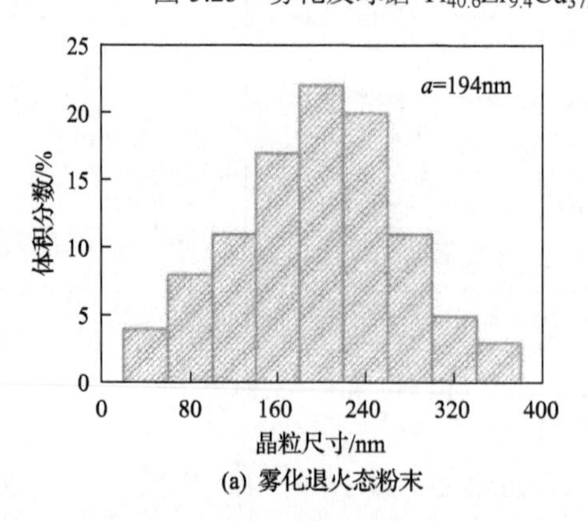

(a) 雾化退火态粉末

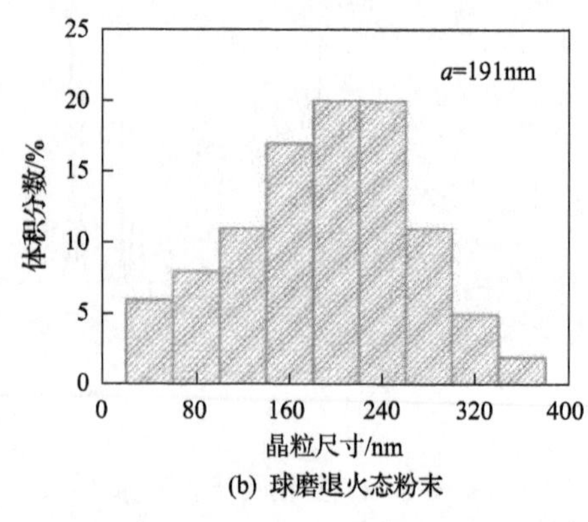

(b) 球磨退火态粉末

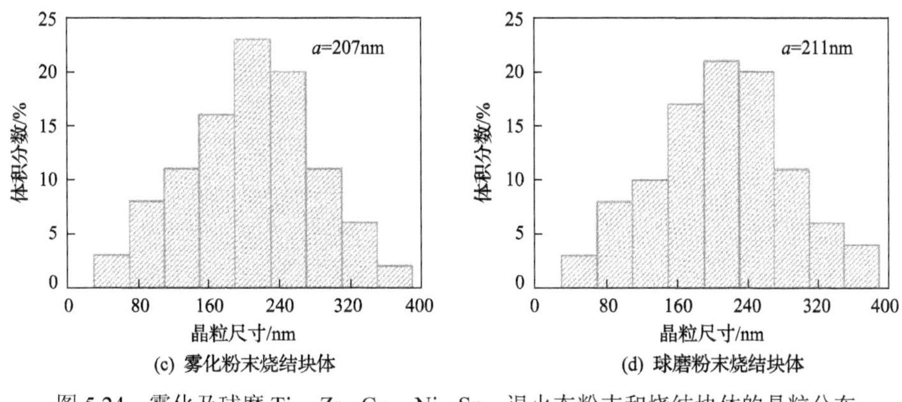

图 5.24　雾化及球磨 $Ti_{40.6}Zr_{9.4}Cu_{37.5}Ni_{9.4}Sn_{3.1}$ 退火态粉末和烧结块体的晶粒分布

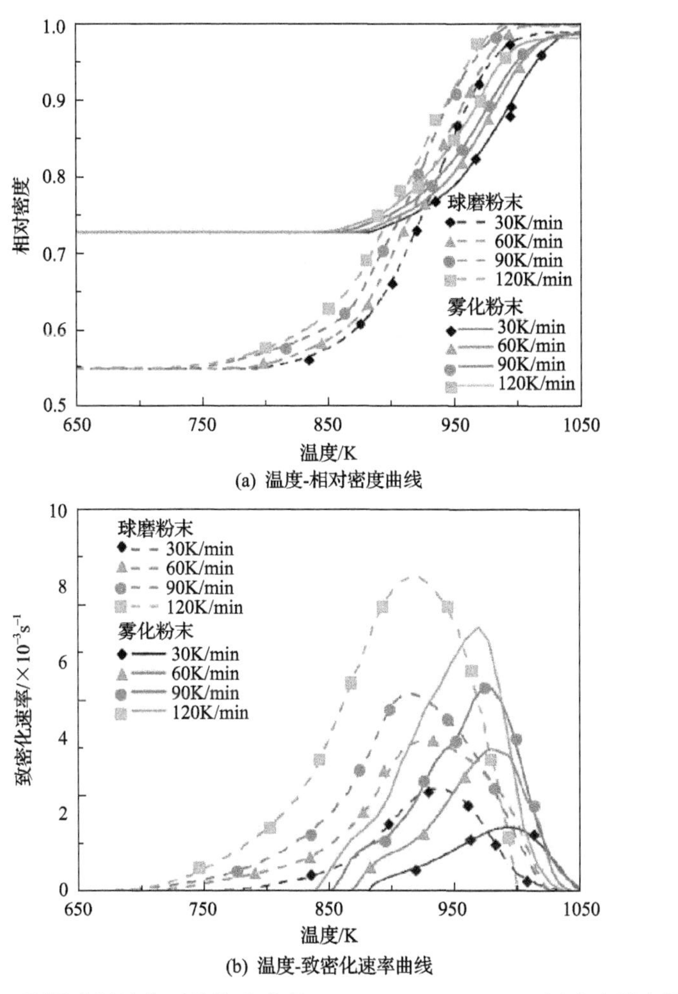

图 5.25　不同升温速率下雾化及球磨 $Ti_{40.6}Zr_{9.4}Cu_{37.5}Ni_{9.4}Sn_{3.1}$ 退火态粉末的温度-相对密度曲线和温度-致密化速率曲线

粉末的起始相对密度约为 0.72±0.01，高于球磨粉末的起始相对密度 0.55±0.01。这主要是由雾化粉末更小的平均颗粒尺寸 L 及其球形的几何形状造成的。直观地看到这两种粉末的温度-相对密度曲线都呈典型的“S”形，而且都随着升温速率的增大而提高。从图 5.25(a)可以看出，在致密化的第一阶段，雾化晶态粉末的致密化曲线始终位于球磨晶态粉末的上面；而在致密化的第二阶段，球磨晶态粉末的致密化曲线却位于雾化晶态粉末的上面。

2. 致密化速率曲线分析

图 5.25(b)为不同升温速率下晶态粉末的温度-致密化速率曲线。从图 5.25(b)可以发现，无论是何种晶态粉末，随着升温速率的提高，其温度-致密化速率曲线都逐渐向左偏移，致密化速率随升温速率的增加而变大。对比雾化晶态粉末和球磨晶态粉末的温度-致密化速率曲线可以发现，球磨粉末的致密化速率总是高于对应的雾化粉末，并且总是更早进入快速致密化阶段，升温速率越高，致密化速率峰值的出现温度越低，其峰值越大。同一升温速率的球磨粉末致密化速率峰值出现温度更低，且其致密化速率峰值显著高于雾化法制备的粉末。例如，在 30K/min、60K/min、90K/min 和 120K/min，球磨粉末对应的温度依次是 937K、928K、918K 和 916K，而雾化粉末依次是 995K、978K、973K 和 969K。

5.3.3 晶态合金粉末升温速率相关原子扩散系数控制的致密化机制

鉴于晶态粉末的物性，Stokes-Einstein 方程并不适用。本小节将采用扩散方程建立晶态扩散系数 D 与黏度的关系[14]，如式(5.11)所示：

$$\eta = \frac{kTa^3}{D\delta^3} \tag{5.11}$$

式中，D 为粉末烧结中的原子扩散系数；δ 为原子直径，此处采用 Ti 原子直径 2.89Å；T 为热力学温度；k 为玻尔兹曼常量。

因此，结合式(4.6)、式(5.2)和式(5.11)，在非等温条件下的粉末收缩可表示如下：

$$\ln\left(\frac{T\mathrm{d}\left(\frac{\Delta L}{L_0}\right)}{\mathrm{d}T}\right) = \ln\left(\frac{3\gamma\delta^3 D_0}{4Lkca^3}\right) - \frac{Q}{RT} \tag{5.12}$$

通常来说，对于给定的材料，其 γ、L 及 η_0 保持一定。本节因此定义一个综合影响因子 w 来表示这些物性参数，如式(5.13)所示：

$$w=\frac{3\gamma\delta^3 D_0}{4kLa^3} \tag{5.13}$$

由此，在某一升温速率下的综合影响因子 w 及原子扩散激活能 Q 可通过式(5.13)拟合 $\ln(T\mathrm{d}(\Delta H/H_0)/\mathrm{d}T)$ 关于 $1/T$ 的关系图线，计算其截距与斜率，从而求得。

通过作图拟合，即可获得不同升温速率下原子扩散激活能和扩散常数，然后，根据式(5.2)即可获得不同升温速率下的原子扩散系数，如图 5.26 所示。从图中可以看出，无论对于哪种晶态粉末，升温速率越高，其原子扩散激活能越小。这是因为随着升温速率提高，黏度值不断降低[17]。相应地，不同升温速率下的原子扩散激活能和扩散常数可以在图 5.26 插图得到。有趣的是，对于同样的升温速率，球磨粉末的原子扩散激活能和扩散常数总是低于雾化粉末。

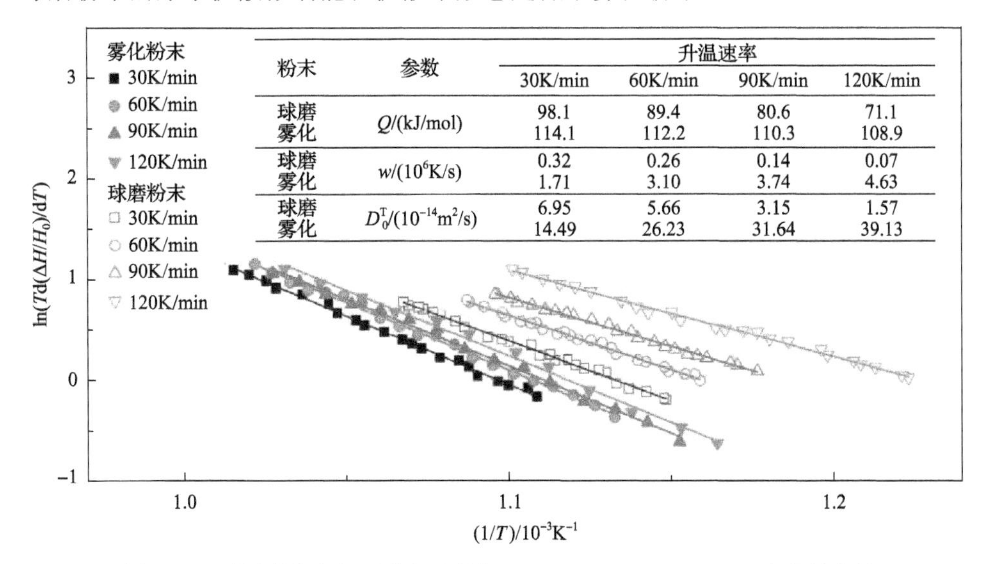

粉末	参数	升温速率			
		30K/min	60K/min	90K/min	120K/min
球磨	Q/(kJ/mol)	98.1	89.4	80.6	71.1
雾化		114.1	112.2	110.3	108.9
球磨	$w/(10^6\mathrm{K/s})$	0.32	0.26	0.14	0.07
雾化		1.71	3.10	3.74	4.63
球磨	$D_0^{\mathrm{T}}/(10^{-14}\mathrm{m^2/s})$	6.95	5.66	3.15	1.57
雾化		14.49	26.23	31.64	39.13

图 5.26　不同升温速率下球磨及雾化 $Ti_{40.6}Zr_{9.4}Cu_{37.5}Ni_{9.4}Sn_{3.1}$ 退火态粉末的 $\ln(T\mathrm{d}(\Delta H/H_0)/\mathrm{d}T)$ 随 $1/T$ 的变化关系

插表为计算的球磨及雾化 $Ti_{40.6}Zr_{9.4}Cu_{37.5}Ni_{9.4}Sn_{3.1}$ 退火态粉末的综合影响因子 w、原子扩散激活能 Q 及扩散常数 D_0

基于图 5.26 插图的原子扩散激活能和扩散常数，根据式(5.2)，可以计算得到各个升温速率的原子扩散系数。研究发现，在 120K/min 时，球磨粉末的原子扩散系数可以表示为 $D_{\mathrm{Milled}}=1.57\times10^{-14}\exp(-71.1\mathrm{kJ/mol}/RT)\ \mathrm{m^2/s}$；相应地，雾化粉末的原子扩散系数可以表示为 $D_{\mathrm{Atomized}}=3.91\times10^{-13}\exp(-108.9\mathrm{kJ/mol}/RT)\ \mathrm{m^2/s}$。此外，在致密化的第二阶段，原子扩散系数随着升温速率的提高而增大(图 5.27)。同时，在特定的升温速率下，球磨粉末的原子扩散系数总是高于雾化粉末的原子扩散系数。这主要归因于烧结球磨粉末所需要的扩散激活能更小。

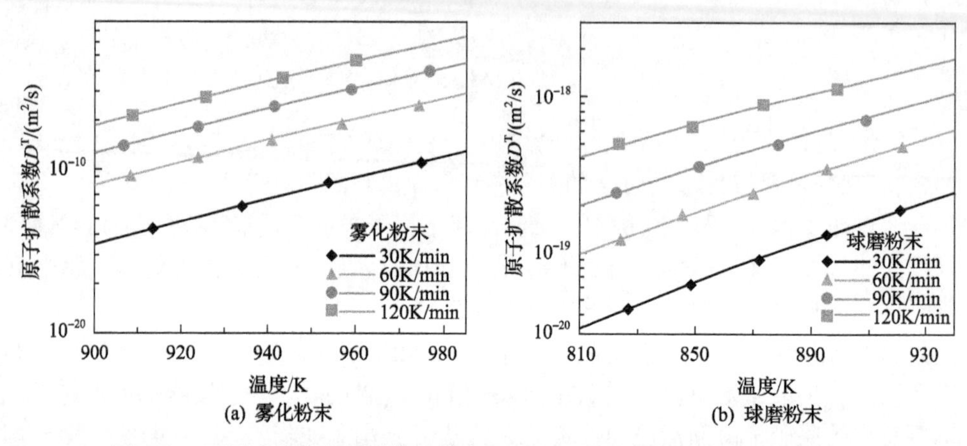

图 5.27　不同升温速率下雾化及球磨 $Ti_{40.6}Zr_{9.4}Cu_{37.5}Ni_{9.4}Sn_{3.1}$ 退火态粉末的温度-原子扩散系数的关系

重要的是，通过以上理论推导的原子扩散系数和晶态粉末致密化行为的关联可进一步解释致密化机制。如图 5.28 所示，升温速率越大，原子扩散系数越大，瞬时致密化速率越大，因此相对致密度越大。同时，图 5.29 描绘了在 30K/min 的升温速率下球磨晶态粉末的原子扩散系数与瞬时致密化速率总是高于雾化晶态粉末。

在特定的升温速率下，球磨粉末的原子扩散系数总是高于雾化粉末，这归因于烧结球磨粉末所需要的扩散激活能更小。本质上讲，这是由烧结晶态粉末的表面过热造成的[25,26]。根据经典粉末烧结表面过热度计算式[25]：

$$\Delta T = \frac{16 I^3 \rho_r \Delta t}{\pi^4 c_v \rho_m \Phi^4}\left[\frac{r^2}{r^2-(r-X)^2}\right]^2 \tag{5.14}$$

式中，r 为颗粒的半径；X 为颗粒内部到颗粒表面的距离；ΔT 为 X 处的过热度；I 为电流强度；ρ_r 为材料电阻率；Δt 为脉冲时间；c_v 为材料的比热容；ρ_m 为材料密度；Φ 为模具内径。

如图 5.30 所示，不难看出温度过热主要集中在粉末表面，而且随着位置离粉末表面的距离增大，过热度减小。同时，颗粒直径越大，表面的过热度越大。当温度为 940K 时，球磨粉末在距离颗粒表面 0.1μm 处的过热度为 47K，而雾化粉末的过热度为 13K。正因如此，球磨粉末更大的表面过热会产生更大程度的局部热软化以及颗粒接触区域的熔化，削弱原子间的结合力，降低原子扩散激活能，最终增大粉末间的原子扩散流。相对于球形雾化粉末，球磨粉末的不规则形状增大颗粒的比表面积，提高烧结动力。

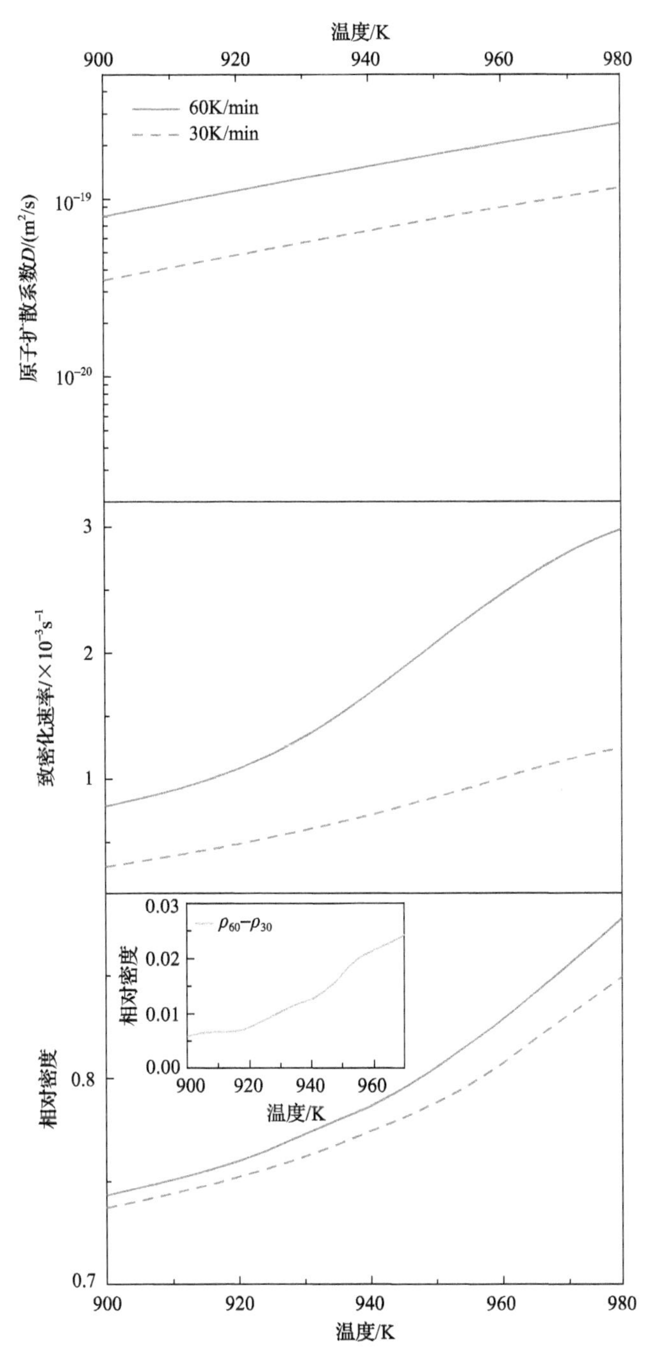

图 5.28　雾化 $Ti_{40.6}Zr_{9.4}Cu_{37.5}Ni_{9.4}Sn_{3.1}$ 退火态粉末在 30K/min 和 60K/min 的原子扩散系数、致密化速率及其与相对密度的关联

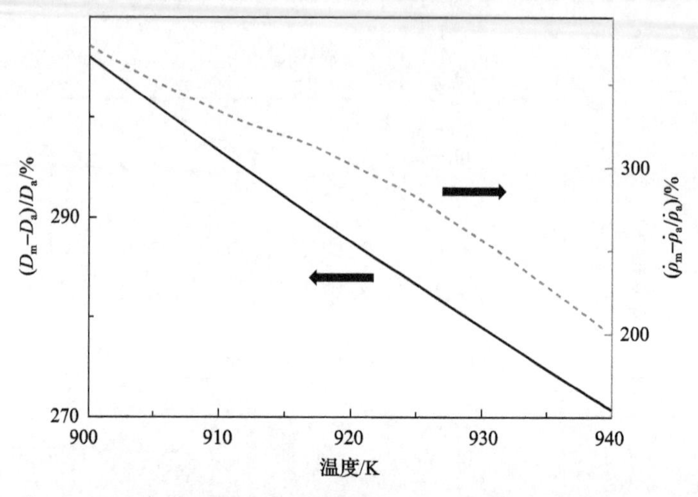

图 5.29　在 30K/min 的升温速率下球磨和雾化 $Ti_{40.6}Zr_{9.4}Cu_{37.5}Ni_{9.4}Sn_{3.1}$ 退火态粉末的原子扩散系数差值和致密化速率差值与温度的变化关系

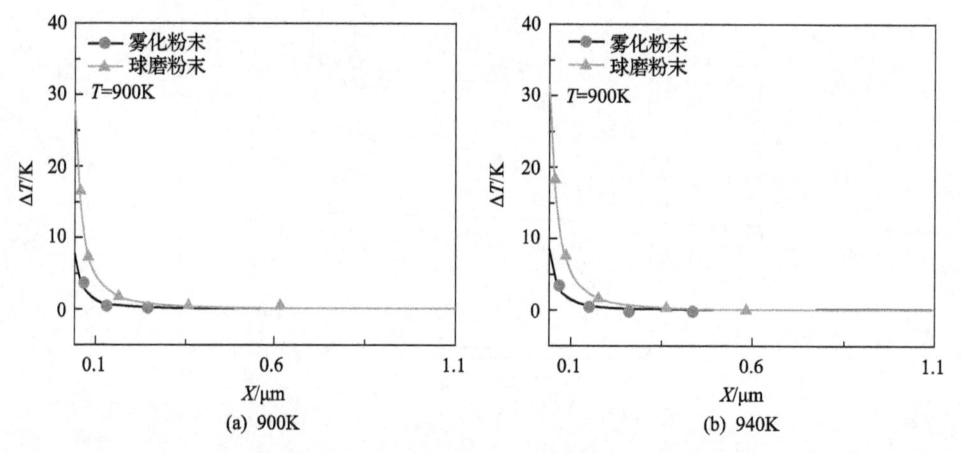

图 5.30　球磨和雾化 $Ti_{40.6}Zr_{9.4}Cu_{37.5}Ni_{9.4}Sn_{3.1}$ 退火态粉末在不同温度点的表面过热度

为了验证上述公式的有效性，图 5.31 下半部分以在 30K/min 的升温速率下雾化晶态合金粉末的致密化过程为例，描述了致密化过程的三个阶段。根据之前计算的 w 及 D 值，可以评估雾化及球磨晶态合金粉末在某一升温速率下，某一致密化阶段的致密化行为。根据致密化机制的不同，晶态合金粉末的致密化行为可以被划分为三个阶段：表面能控制阶段(第 I 阶段)、表面过热控制阶段(第 II 阶段)以及高温蠕变控制阶段(第III阶段)。第 I 阶段为 901K 以下的致密化阶段，其致密化主要取决于粉末的表面能[10]。于是，相比球磨粉末而言拥有更高 w 值的雾化 $Ti_{40.6}Zr_{9.4}Cu_{37.5}Ni_{9.4}Sn_{3.1}$ 晶态粉末在此阶段有着更高的相对密度(图 5.25(a))。第 II 阶段为 901～995K 范围内的致密化阶段，其致密化主要取决于粉末的表面过热。由于雾化晶态合金粉末表面过热更小(图 5.30)，粉末间的原子扩散驱动力小，于是有着更高的黏性流动激活能 Q(图 5.26)，导致其相对密度在此阶段低于球磨晶态合金粉末(图 5.25(a))。其中，第Ⅱ阶段与第Ⅲ阶段之间的临界温度 995K 为该曲线达到最大致密化速率时的温度。最后，在第Ⅲ阶段(高于 995K)，致密化取决于由晶粒的快速长大及粉末后续软化引起的高温蠕变[10]。

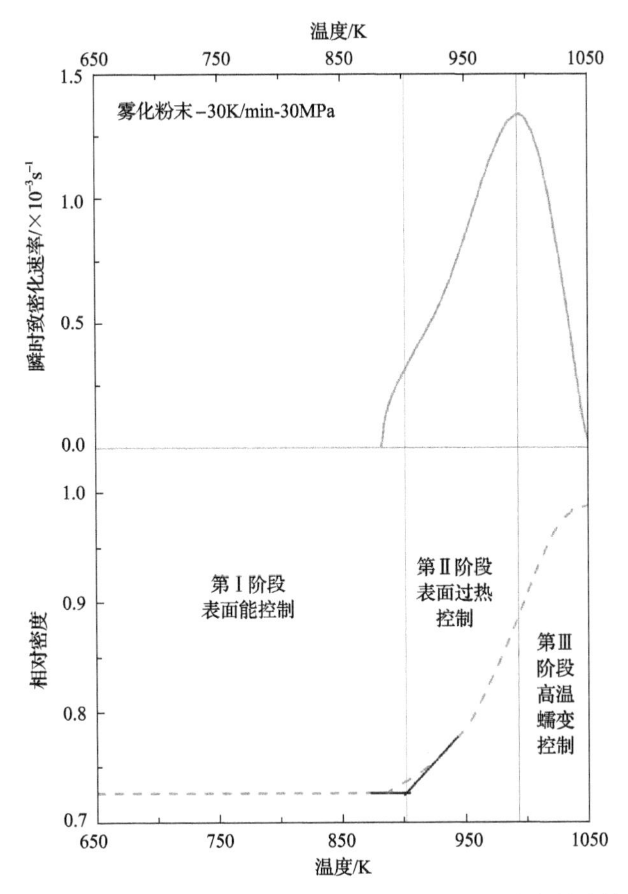

图 5.31　在 30K/min 的升温速率下雾化 $Ti_{40.6}Zr_{9.4}Cu_{37.5}Ni_{9.4}Sn_{3.1}$ 退火态粉末的温度-致密化速率曲线(上半部分)，以及以在 30K/min 的升温速率下雾化 $Ti_{40.6}Zr_{9.4}Cu_{37.5}Ni_{9.4}Sn_{3.1}$ 退火态粉末为例，描述的致密化过程的三个阶段(下半部分)

图 5.32 的下半部分以在 30K/min 的升温速率下固结的球磨粉末为例，描述其致密化过程的三个阶段：表面能控制阶段(第Ⅰ阶段)、表面过热控制阶段(第Ⅱ阶段)以及高温蠕变控制阶段(第Ⅲ阶段)。第Ⅰ阶段为 870K 以下的致密化阶段，其致密化主要取决于粉末的表面能。第Ⅱ阶段为 870～937K 范围内的致密化阶段。其中，第Ⅱ阶段与第Ⅲ阶段之间的临界温度 937K 为该曲线达到最大致密化速率时的温度。最后，在第Ⅲ阶段，即高于 937K 的阶段，致密化取决于由晶粒的快速长大及粉末后续软化引起的高温蠕变。

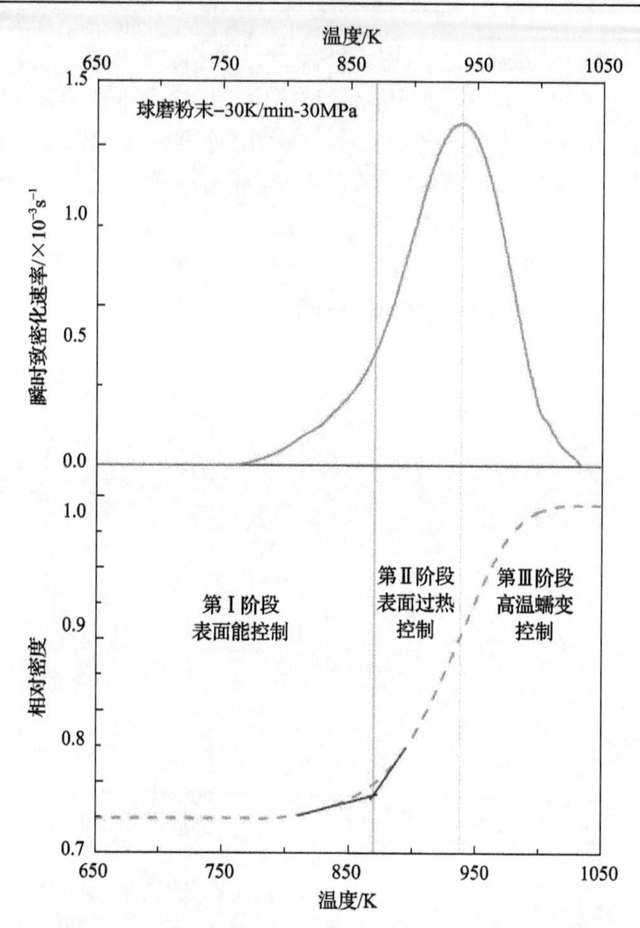

图 5.32　在 30K/min 的升温速率下球磨 $Ti_{40.6}Zr_{9.4}Cu_{37.5}Ni_{9.4}Sn_{3.1}$ 退火态粉末的温度-致密化速率曲线(上半部分)，以及以在 30K/min 的升温速率下球磨 $Ti_{40.6}Zr_{9.4}Cu_{37.5}Ni_{9.4}Sn_{3.1}$ 退火态粉末为例，描述的致密化过程的三个阶段(下半部分)

至此，上述所提出的综合影响因子 w 及原子扩散系数 D 可有效用于雾化及球磨 $Ti_{40.6}Zr_{9.4}Cu_{37.5}Ni_{9.4}Sn_{3.1}$ 晶态粉末在不同升温速率下的致密化机理分析。相对于球磨粉末，雾化粉末更高的 w 和 D 值决定了第Ⅰ阶段更高和第Ⅱ阶段更低的相对密度。

5.3.4　压力对晶态合金粉末致密化行为的影响

1. 相对致密度曲线分析

图 5.33(a)为雾化及球磨的 $Ti_{40.6}Zr_{9.4}Cu_{37.5}Ni_{9.4}Sn_{3.1}$ 晶态粉末在不同压力放电等离子烧结过程中的温度-相对密度曲线。在特定的压力下，雾化粉末起始相对密度总是大于球磨粉末。在相同的温度下，两种粉末的相对致密化速率总是随着压

力的增大而增大。

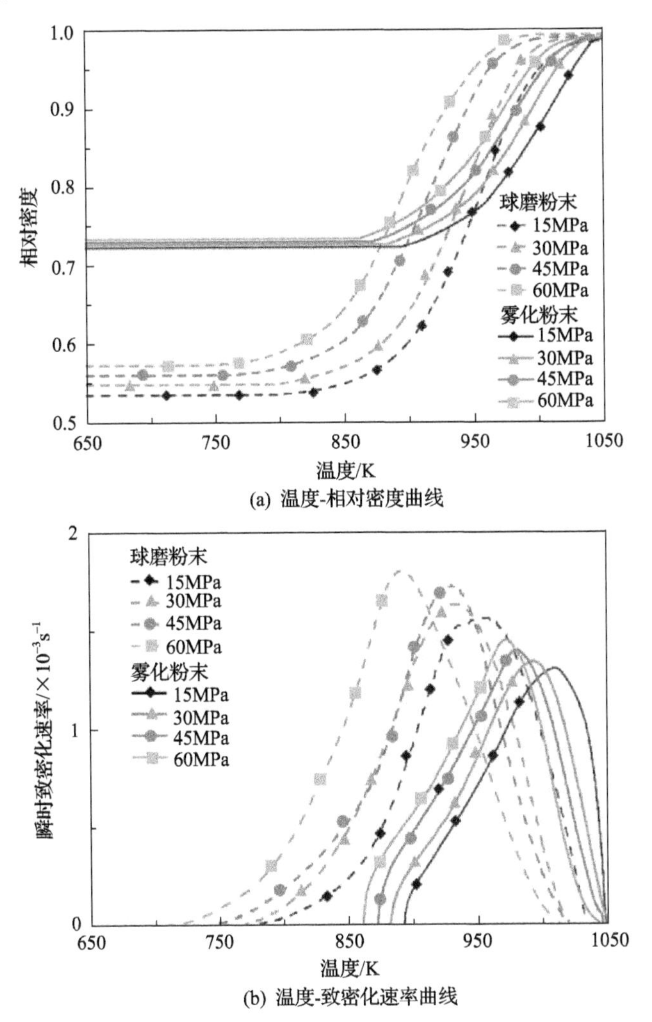

图5.33　不同压力下雾化及球磨 $Ti_{40.6}Zr_{9.4}Cu_{37.5}Ni_{9.4}Sn_{3.1}$ 退火态粉末的温度-相对密度曲线和温度-致密化速率曲线

2. 致密化速率曲线分析

图5.33(b)为在不同压力下两种晶态合金粉末的温度-致密化速率曲线。首先，在特定的压力下，球磨粉末的致密化速率总是高于雾化粉末；然后，在15～60MPa范围内，致密化速率峰值温度依次降低。球磨粉末的致密化速率峰值温度依次是959K、937K、933K和895K，而雾化粉末依次是1010K、995K、980K和972K。随着压力的提高，两种晶态粉末的致密化速率均增大。

5.3.5　晶态合金粉末压力相关原子扩散系数控制的致密化机制

通过对式(5.4)关于 T 求导，并结合式(5.1)和式(5.11)，在非等温条件下的粉末收缩可表示如下：

$$\frac{\mathrm{d}\left(\dfrac{\Delta H}{H_0}\right)}{\mathrm{d}T}=\left(\frac{\gamma}{L}+BP\right)\frac{3\delta^3 D_0\exp\left(-\dfrac{Q}{RT}\right)}{4kca^3T} \tag{5.15}$$

两边取对数，可得

$$\ln\left(T\frac{\mathrm{d}\left(\dfrac{\Delta H}{H_0}\right)}{\mathrm{d}T}\right)=\ln\left(\frac{\left(\dfrac{\gamma}{L}+BP\right)3\delta^3 D_0}{4kca^3}\right)-\frac{Q}{RT} \tag{5.16}$$

结合式(5.7)和式(5.8)，综合影响因子 w 可以表示如下：

$$w=\frac{3\delta^3 D_0}{4ka^3}\left(\frac{\gamma}{L}+BP\right)=\frac{3\gamma\delta^3}{4Lka^3}\left(D_0+D_0^{\mathrm{P}}\right)=\frac{3\gamma\delta^3}{4Lka^3}D_0^{\mathrm{T}} \tag{5.17}$$

图 5.34 拟合在不同压力条件下雾化及球磨 $Ti_{40.6}Zr_{9.4}Cu_{37.5}Ni_{9.4}Sn_{3.1}$ 晶态粉末 $\ln(T\mathrm{d}(\Delta H/H_0)/\mathrm{d}T)$ 关于 $1/T$ 的关系。很明显，扩散激活能基本不受压力影响，吻

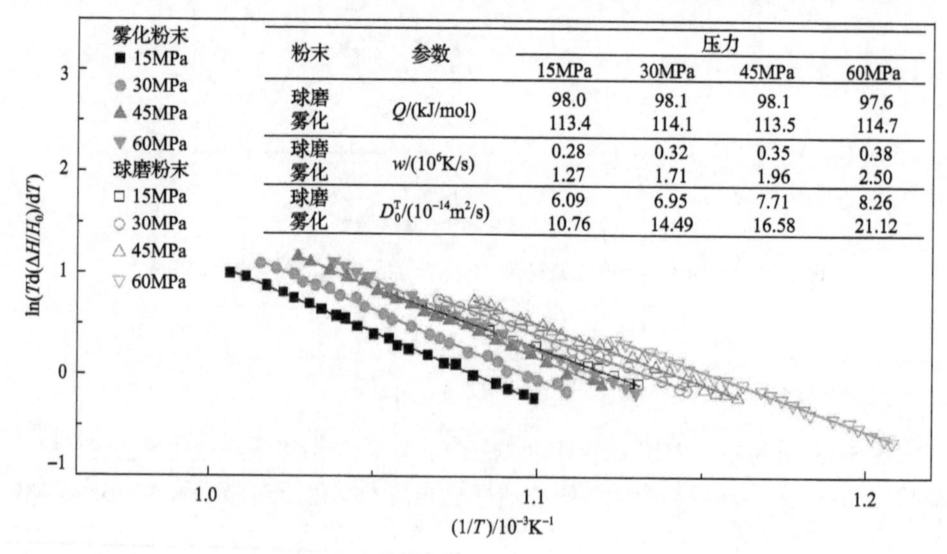

粉末	参数	压力 15MPa	30MPa	45MPa	60MPa
球磨	Q/(kJ/mol)	98.0	98.1	98.1	97.6
雾化		113.4	114.1	113.5	114.7
球磨	$w/(10^6\mathrm{K/s})$	0.28	0.32	0.35	0.38
雾化		1.27	1.71	1.96	2.50
球磨	$D_0^{\mathrm{T}}/(10^{-14}\mathrm{m^2/s})$	6.09	6.95	7.71	8.26
雾化		10.76	14.49	16.58	21.12

图 5.34　不同压力下球磨及雾化 $Ti_{40.6}Zr_{9.4}Cu_{37.5}Ni_{9.4}Sn_{3.1}$ 退火态粉末的 $\ln(T\mathrm{d}(\Delta H/H_0)/\mathrm{d}T)$ 随 $1/T$ 的变化关系

插图为计算的球磨及雾化 $Ti_{40.6}Zr_{9.4}Cu_{37.5}Ni_{9.4}Sn_{3.1}$ 退火态粉末的综合影响因子 w、原子扩散激活能 Q 及扩散常数 D_0^{T}

合上述的假设。有趣的是，压力越大，两种晶态粉末的综合影响因子 w 均越大，符合式(5.17)所体现的趋势。根据式(5.17)，不同压力下的扩散常数可以通过综合影响因子 w 计算得到。基于式(5.10)，就可以计算两种晶态粉末的原子扩散系数。例如，在 60MPa 下，球磨粉末的扩散系数可以表达为 $D_{\text{milled}}^{\text{T}}=8.26\times10^{-14}\exp(-97.6\text{kJ/mol}/RT)\ \text{m}^2/\text{s}$，雾化粉末的扩散系数可以表达为 $D_{\text{atomized}}^{\text{T}}=2.11\times10^{-13}\exp(-114.7\text{kJ/mol}/RT)\ \text{m}^2/\text{s}$。图 5.35 描述了不同压力下雾化及球磨 $Ti_{40.6}Zr_{9.4}Cu_{37.5}Ni_{9.4}Sn_{3.1}$ 晶态粉末的原子扩散系数与温度的关系。直观地讲，在烧结颈形成的致密化阶段(910～990K)，原子扩散系数随着温度的上升而提高。重要的是，压力越大，原子扩散系数越大，瞬时致密化速率越大，相对致密度越大(图 5.36)。

5.3.6　粉末粒径对晶态合金粉末致密化行为的影响

1. 粉末物性分析

一般来说，粉末的晶粒尺寸随粒径的变化而变化。为了独立出粉末粒径这一粉末物性参数，对雾化 $Ti_{40.6}Zr_{9.4}Cu_{37.5}Ni_{9.4}Sn_{3.1}$ 非晶合金粉末进行真空热处理，具体工艺如 5.3.1 节所述。如图 5.37(a)和(b)所示，两种球形粉末的颗粒尺寸分布分别在 25～300μm 和 50～500μm，本节中定义小颗粒粉末为细粉，大颗粒粉末为粗粉。相应地，细粉的平均颗粒尺寸为 94.7μm(图 5.38(a))，而粗粉的平均颗粒尺寸为 179.1μm(图 5.38(b))。其次，对 398 个晶粒进行统计(图 5.37(c)和(d))，细粉的平均晶粒尺寸为 201nm(图 5.38(c))，而粗粉的平均晶粒尺寸为 208nm(图 5.38(d))。考虑到统计的误差，可以认为两种粉末的平均晶粒尺寸相同。经真空热处理之后，两种粉末均转变为稳定的晶体相且相组成均一致(图 5.22)，这为研究粉末粒径对致密化的影响提供了良好的材料基础。

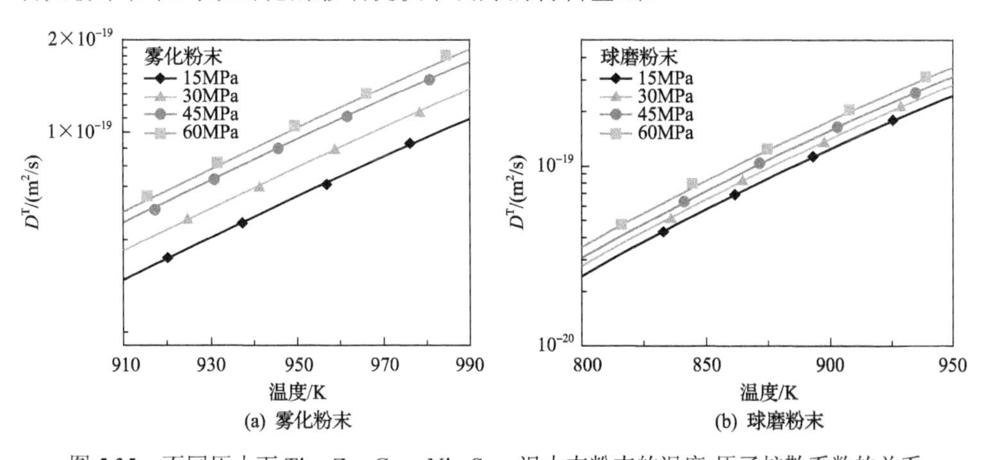

图 5.35　不同压力下 $Ti_{40.6}Zr_{9.4}Cu_{37.5}Ni_{9.4}Sn_{3.1}$ 退火态粉末的温度-原子扩散系数的关系

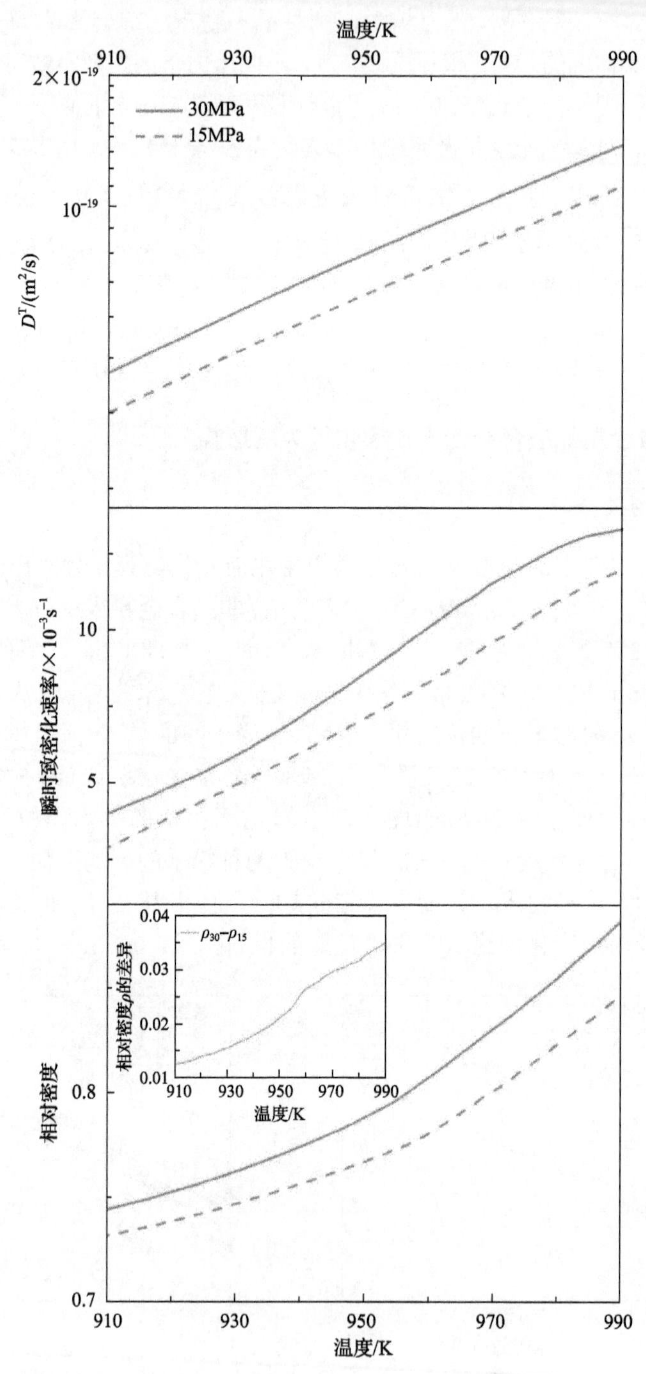

图 5.36　雾化 $Ti_{40.6}Zr_{9.4}Cu_{37.5}Ni_{9.4}Sn_{3.1}$ 退火态粉末在 15MPa 和 30MPa 的原子扩散系数、瞬时致密化速率及相对密度的关联

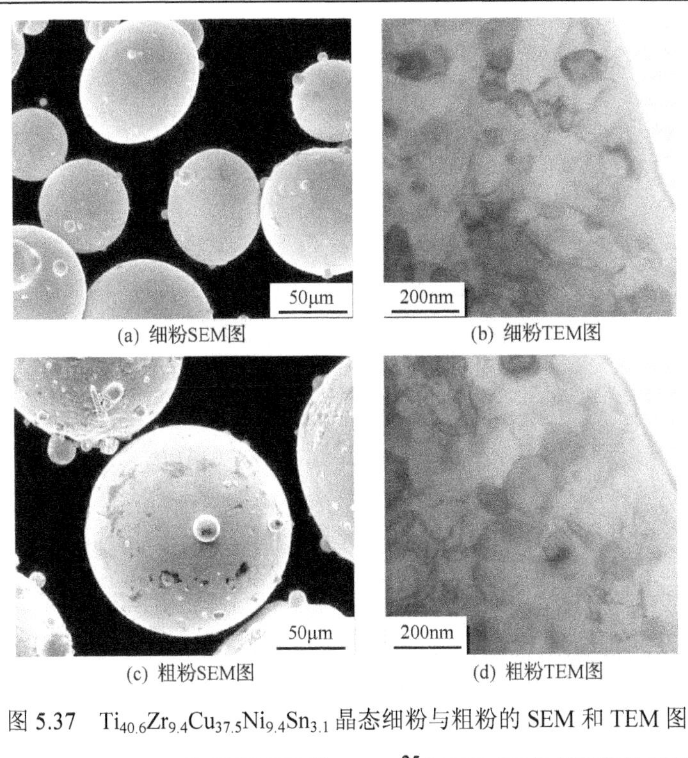

图 5.37　$Ti_{40.6}Zr_{9.4}Cu_{37.5}Ni_{9.4}Sn_{3.1}$ 晶态细粉与粗粉的 SEM 和 TEM 图

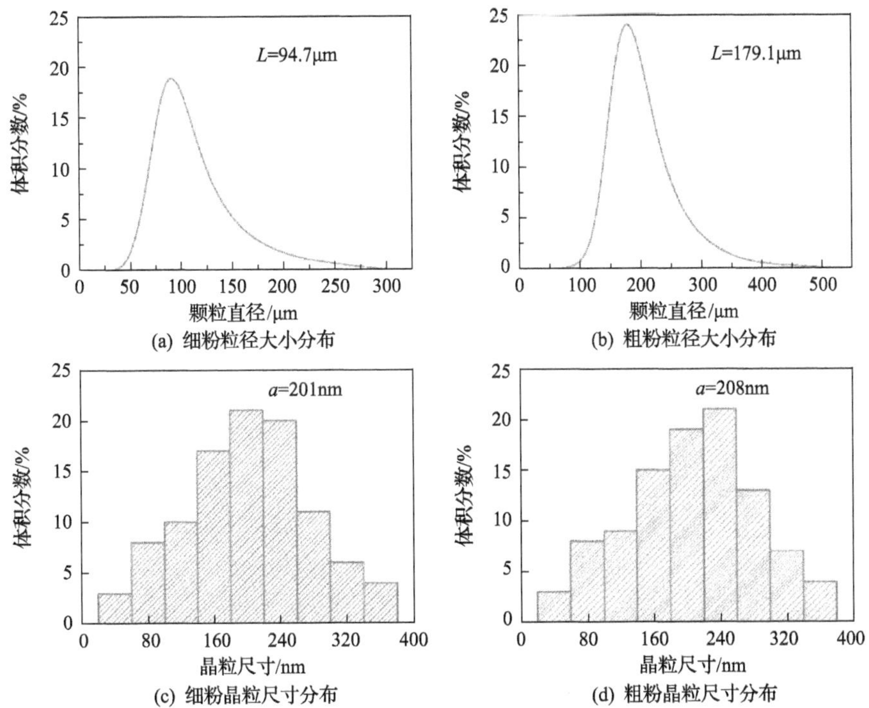

图 5.38　$Ti_{40.6}Zr_{9.4}Cu_{37.5}Ni_{9.4}Sn_{3.1}$ 晶态细粉与粗粉的粒径大小分布和晶粒尺寸分布

2. 相对致密度曲线分析

图 5.39(a) 和 (b) 为两种粒径的 $Ti_{40.6}Zr_{9.4}Cu_{37.5}Ni_{9.4}Sn_{3.1}$ 晶态粉末在不同压力放电等离子烧结过程中的温度-相对密度曲线。很明显，所有致密化曲线均呈“S”形。同时，由于细粉尺寸小，初始致密度高于粗粉。同时，在特定的温度下，致密度随着压力的增大而增大。

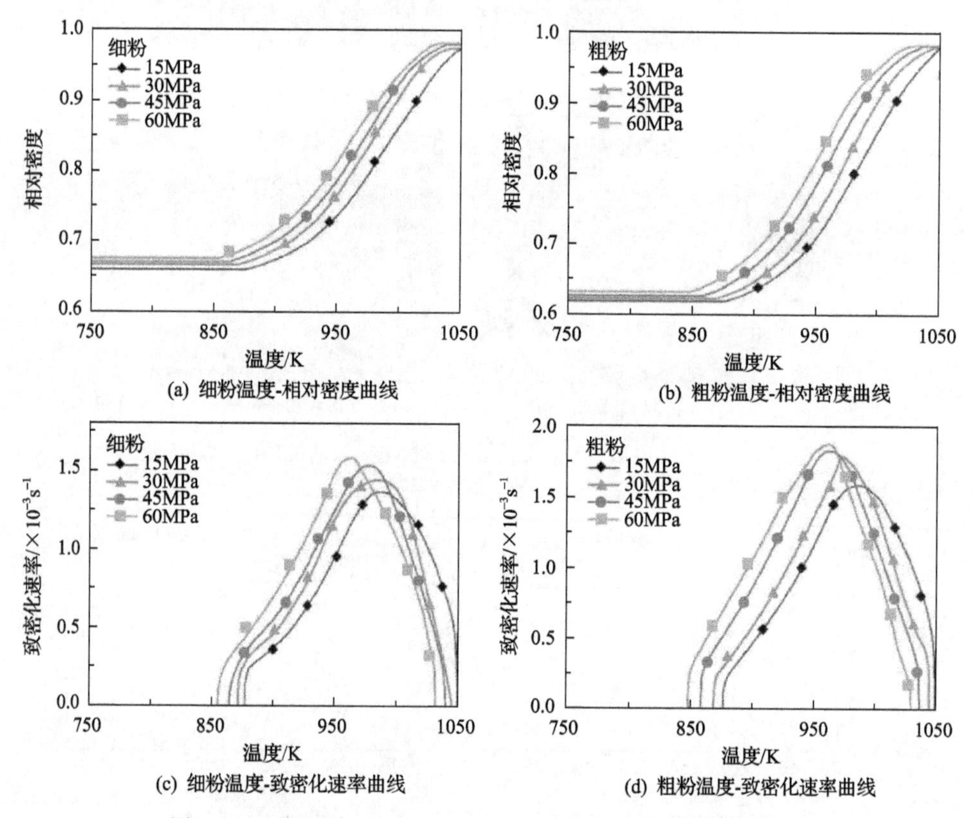

图 5.39 不同压力下 $Ti_{40.6}Zr_{9.4}Cu_{37.5}Ni_{9.4}Sn_{3.1}$ 晶态细粉与粗粉的温度-相对密度曲线和温度-致密化速率曲线

3. 致密化速率曲线分析

将温度-相对密度根据式(4.2)作进一步处理，可以获得不同压力下致密化速率关于温度变化的曲线。图 5.39(c) 和 (d) 为不同压力下两种粒径的 $Ti_{40.6}Zr_{9.4}Cu_{37.5}Ni_{9.4}Sn_{3.1}$ 晶态粉末的温度-致密化速率曲线。由图可见，在起始致密化阶段，两种粉末的致密化速率均随压力的提高而增大；对于特定的压力，粗粉的致密化速率总是高于细粉。

5.3.7　粉末粒径相关原子扩散系数控制的致密化机制

通过作图拟合两种粒径的 $Ti_{40.6}Zr_{9.4}Cu_{37.5}Ni_{9.4}Sn_{3.1}$ 晶态粉末 $\ln(Td(\Delta H/H_0)/dT)$ 关于 $1/T$ 的关系，计算其斜率和截距，即可获得不同压力下原子扩散激活能和扩散常数；然后，根据式(5.10)即可获得不同升温速率下的钛原子扩散系数 D^T，如图 5.40(a)和(b)所示。从表 5.4 明显看出，两种粉末的扩散激活能基本不受压力影响。有趣的是，随压力增大，两种晶态粉末的综合影响因子 w 均增大，符合式(5.17)所体现的趋势。根据式(5.17)，不同压力下的扩散常数可以通过综合影响因子 w 计算得到。

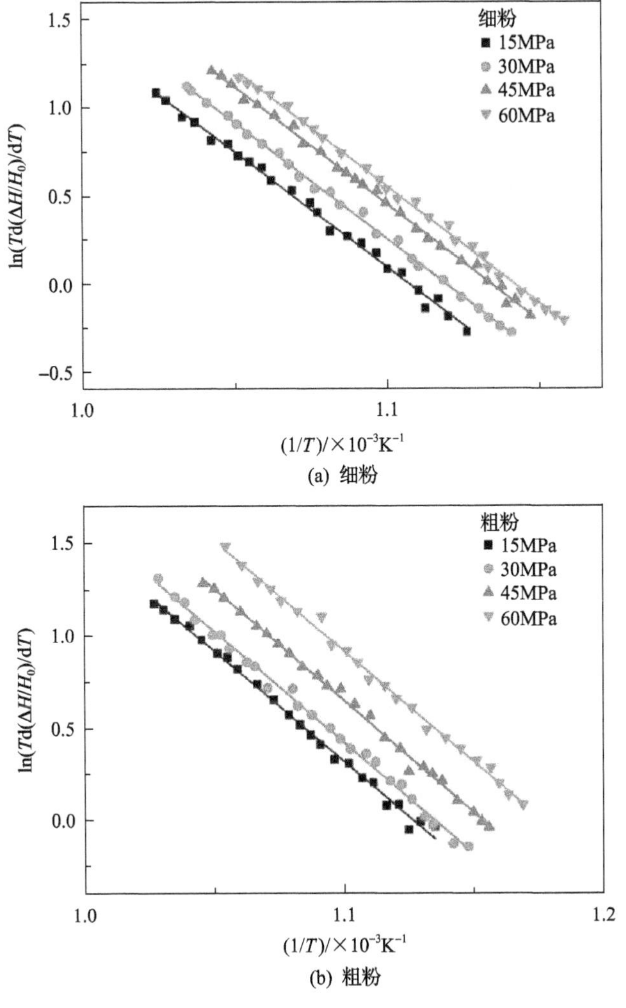

图 5.40　不同压力下 $Ti_{40.6}Zr_{9.4}Cu_{37.5}Ni_{9.4}Sn_{3.1}$ 晶态细粉及粗粉的 $\ln(Td(\Delta H/H_0)/dT)$ 随 $1/T$ 的变化关系

表 5.4　不同压力下 $Ti_{40.6}Zr_{9.4}Cu_{37.5}Ni_{9.4}Sn_{3.1}$ 晶态细粉及粗粉的扩散激活能 Q、综合影响因子 w 和扩散常数 D_0^T

参数	粉末	压力			
		15MPa	30MPa	45MPa	60MPa
Q/(kJ/mol)	细粉	109.4	110.2	110.8	110.6
	粗粉	99.6	100.3	100.9	99.6
w/(10^6K/s)	细粉	1.07	1.39	1.85	1.98
	粗粉	0.36	0.44	0.60	0.66
D_0^T /(10^{-12}m^2/s)	细粉	6.22	8.07	10.80	11.57
	粗粉	4.46	5.44	7.40	8.09

最终，不同压力下的 Ti 原子扩散系数可以通过式(5.10)计算。研究发现，在 15MPa 下，细粉的扩散系数可以表达为 $D_F^T=6.22\times10^{-13}\exp(-109.4\text{kJ/mol}/RT)\,\text{m}^2/\text{s}$；粗粉的扩散系数可以表达为 $D_C^T=4.46\times10^{-13}\exp(-99.6\text{kJ/mol}/RT)\,\text{m}^2/\text{s}$。如图 5.41 所示，在初始致密化阶段，原子扩散系数随着温度提高而增大。其次，两种粉末的原子扩散系数均随压力的增大而增大。同时，在特定的压力下，粗粉的原子扩散系数总是高于细粉的原子扩散系数，这主要归因于烧结粗粉所需要的扩散激活能更小。这也可用颗粒表面过热来解释，由式(5.14)可得两种颗粒的表面过热度，如图 5.42 所示，粗粉的表面过热更大，导致烧结颈附近原子更易扩散，加速烧结颈形成。

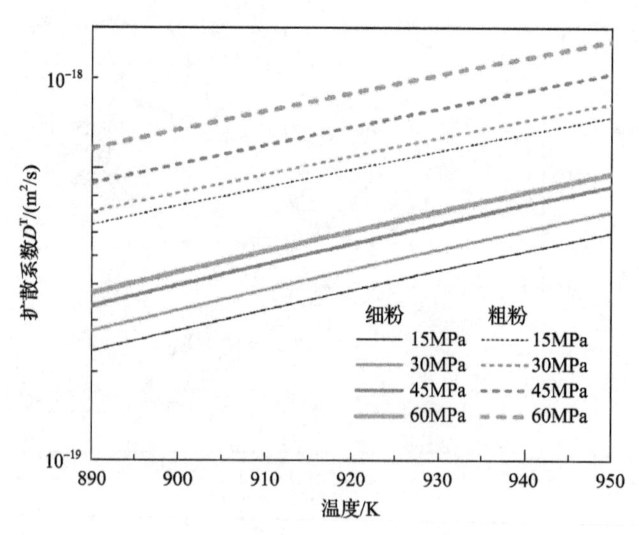

图 5.41　不同压力下 $Ti_{40.6}Zr_{9.4}Cu_{37.5}Ni_{9.4}Sn_{3.1}$ 晶态细粉(实线)及粗粉(虚线)的温度-原子扩散系数关系

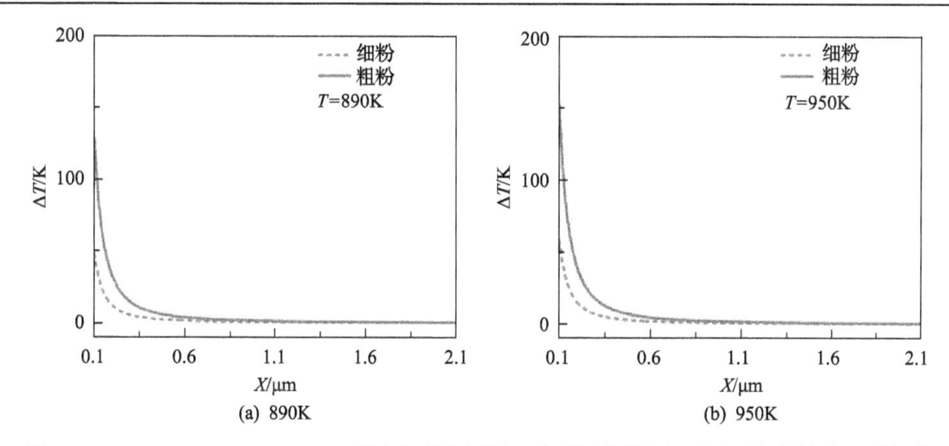

图 5.42　$Ti_{40.6}Zr_{9.4}Cu_{37.5}Ni_{9.4}Sn_{3.1}$ 晶态细粉(虚线)及粗粉(实线)在不同温度点的表面过热度

图 5.43 为在 890～950K 温度区间，15MPa 的烧结压力下两种晶态粉末之间原子扩散系数与瞬时致密化速率的差异性。粗粉的原子扩散系数远高于细粉，导致粗粉的瞬时致密化速率总是高于细粉。这种规律在其他压力下也保持一致，再次佐证了原子扩散系数可以表征粉末烧结的致密化机制[27]。

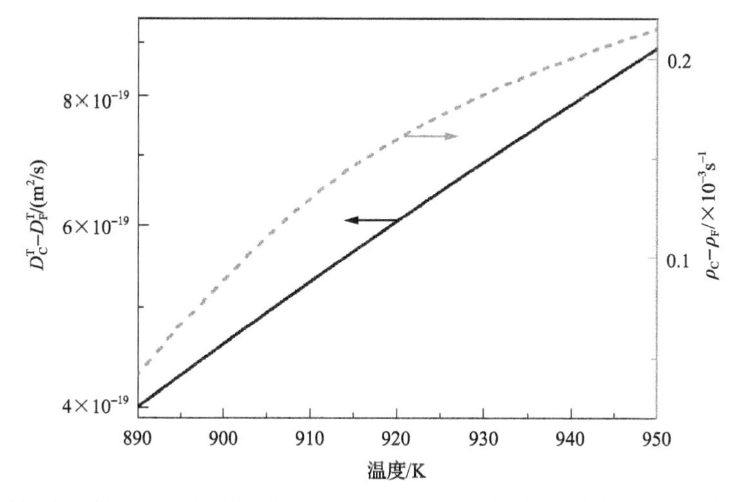

图 5.43　在 15MPa 的烧结压力下 $Ti_{40.6}Zr_{9.4}Cu_{37.5}Ni_{9.4}Sn_{3.1}$ 晶态细粉及粗粉的原子扩散系数与瞬时致密化速率的差异性

5.4　非晶/晶态合金粉末致密化原子扩散系数的对比分析

将计算的原子扩散系数与文献报道值相比较，可明确非晶态与晶态粉末的原子扩散机制差异，进而证实上述理论框架。然而，本章理论推导计算的 Ni 原子扩散系数略低于示踪法测量的 ZrTiCuNiBe 大块非晶中 Ni 原子扩散系数(图 5.44)[28]。

这主要归结为两个方面原因：其一是 $Zr_{46.75}Ti_{8.25}Cu_{7.5}Ni_{10}Be_{27.5}$ 大块非晶的黏度远小于 $Ti_{40.6}Zr_{9.4}Cu_{37.5}Ni_{9.4}Sn_{3.1}$ 非晶粉末[29]；其二是金属玻璃在其过冷液相区的原子扩散机制不是单原子跃迁而是协同扩散[28,30]，本章的扩散机制基于 Stokes-Einstein 方程的布朗运动[31]。

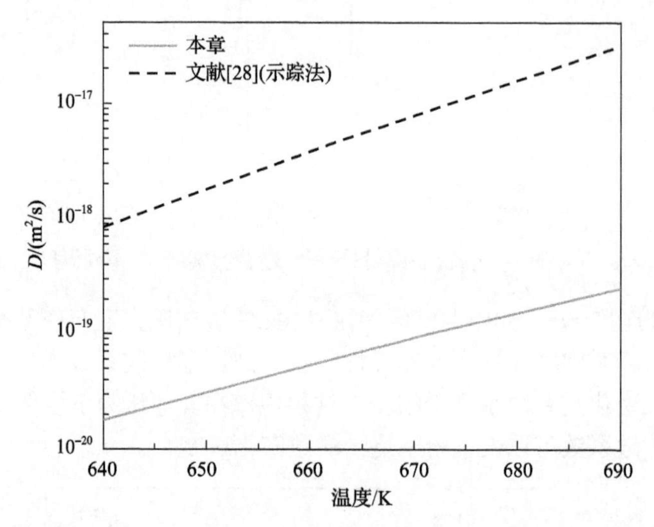

图 5.44　球磨 $Ti_{40.6}Zr_{9.4}Cu_{37.5}Ni_{9.4}Sn_{3.1}$ 非晶粉末在 60MPa 压力下的 Ni 原子扩散系数与示踪法测量的 $Zr_{46.75}Ti_{8.25}Cu_{7.5}Ni_{10}Be_{27.5}$ 大块非晶的 Ni 原子扩散系数的对比

同时，对于晶态合金粉末而言，原子扩散机制为单原子跃迁，所以烧结晶态粉末的原子扩散系数更能体现结果的正确度。如图 5.45 所示，基于本章理论推导

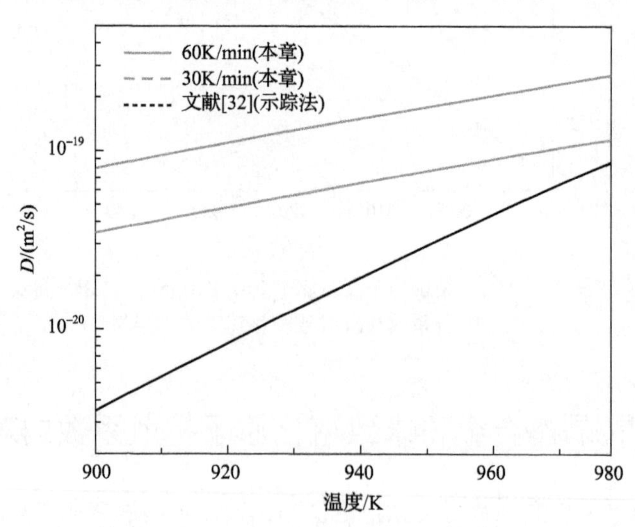

图 5.45　雾化 $Ti_{40.6}Zr_{9.4}Cu_{37.5}Ni_{9.4}Sn_{3.1}$ 晶态粉末 Ti 原子扩散系数与示踪法测量的 Ti 原子扩散系数的对比

计算的晶态粉末的 Ti 原子扩散系数大于示踪法测量的 Ti 原子扩散系数[32]。这归因于放电等离子烧结中的电流效应。前期研究表明[33]，放电等离子烧结中的脉冲电流会加速原子扩散。

总之，本章所建立的计算烧结非晶态/晶态粉末原子扩散系数的理论框架，可定量化评估非晶粉末固结过程中的致密化机制和原子扩散机制，为粉末冶金制备高性能钛合金提供理论支撑。

参考文献

[1] Kang S J L. Sintering: Densification, Grain Growth and Microstructure. Oxford: Elsevier Butterworth-Heinemann, 2005.

[2] Munir Z A, Anselmi-Tamburini U, Ohyanagi M. The effect of electric field and pressure on the synthesis and consolidation of materials: A review of the spark plasma sintering method. Journal of Materials Science, 2006, 41(3): 763-777.

[3] Zhang Z H, Liu Z F, Lu J F, et al. The sintering mechanism in spark plasma sintering: Proof of the occurrence of spark discharge. Scripta Materialia, 2014, 81(11): 56-59.

[4] Trzaska Z, Couret A, Monchoux J P. Spark plasma sintering mechanisms at the necks between TiAl powder particles. Acta Materialia, 2016, 118: 100-108.

[5] Alaniz J E, Dupuy A D, Kodera Y, et al. Effects of applied pressure on the densification rates in current-activated pressure-assisted densification(CAPAD) of nanocrystalline materials. Scripta Materialia, 2014, 92: 7-10.

[6] Chen Q, Tang C Y, Chan K C, et al. Viscous flow during spark plasma sintering of Ti-based metallic glassy powders. Journal of Alloys and Compounds, 2013, 557: 98-101.

[7] Liu L H, Yang C, Yao Y G, et al. Densification mechanism of Ti-based metallic glass powders during spark plasma sintering process. Intermetallics, 2015, 66: 1-7.

[8] Li R T, Dong Z L, Khor K A. Spark plasma sintering of Al-Cr-Fe quasicrystals: Electric field effects and densification mechanism. Scripta Materialia, 2016, 114: 88-92.

[9] Trzaska Z, Bonnefont G, Fantozzi G, et al. Comparison of densification kinetics of a TiAl powder by spark plasma sintering and hot pressing. Acta Materialia, 2017, 135: 1-3.

[10] Yang C, Zhu M D, Luo X, et al. Influence of powder properties on densification mechanism during spark plasma sintering. Scripta Materialia, 2017, 139: 96-99.

[11] Garay J E. Current-activated, pressure-assisted densification of materials. Annual Review of Materials Research, 2010, 40(1): 445-468.

[12] Geyer U, Johnson W L, Schneider S, et al. Small atom diffusion and breakdown of the Stokes-Einstein relation in the supercooled liquid state of the $Zr_{46.7}Ti_{8.3}Cu_{7.5}Ni_{10}Be_{27.5}$ alloy. Applied Physics Letters, 1996, 69(17): 2492-2494.

[13] Paul T, Harimkar S P. Viscous flow activation energy adaptation by isochronal spark plasma sintering. Scripta Materialia, 2017, 126: 37-40.

[14] 黄培云. 粉末冶金原理. 2 版. 北京: 冶金工业出版社, 1997.

[15] Frenkel J. Viscous flow of crystalline bodies under the action of surface tension. Journal of Physics USSR, 1945, 9: 385-391.

[16] Knorr K, Macht M P, Freitag K, et al. Self-diffusion in the amorphous and supercooled liquid state of the bulk metallic glass $Zr_{46.75}Ti_{8.25}Cu_{7.5}Ni_{10}Be_{27.5}$. Journal of Non-Crystalline Solids, 1999, 250-252(99): 669-673.

[17] Khonik V A, Kobelev N P. Relationship between the shear viscosity and heating rate in metallic glasses below the glass transition. Physical Review B, 2008, 77(13): 761-768.

[18] Li X X, Yang C, Chen T, et al. Determination of atomic diffusion coefficient via isochronal spark plasma sintering. Scripta Materialia, 2018, 151: 47-52.

[19] Brinker C J, Jeffrey C, Scherer G W, Sol-Gel Science: The Physics and Chemistry of Sol-Gel Processing. New York: Academic Press, 1990, chapter 11.

[20] GermanR M. Sintering Theory and Practice. New York: Wiley, 1996.

[21] Heitjans P, Kärger J. Diffusion in Condensed Matter: Methods, Materials, Models. Berlin: Springer Science & Business Media, 2006.

[22] Klugkist P, Rätzke K, Rehders S, et al. Activation volume of ^{57}Co diffusion in amorphous $Co_{81}Zr_{19}$. Physics Review Letter, 1998, 80(80): 3288-3291.

[23] 胡赓祥, 蔡珣, 戎咏华. 材料科学基础. 上海: 上海交通大学出版社, 2000.

[24] Li X X, Yang C, Chen T, et al. Influence of powder shape on atomic diffusivity and resultantdensification mechanisms during spark plasma sintering. Journal of Alloys and Compounds, 2019, 802: 600-608.

[25] Song X, Liu X, Zhang J. Neck formation and self-adjusting mechanism of neck growth of conducting powders in spark plasma sintering. Journal of the American Ceramic Society, 2006, 89(2): 494-500.

[26] Diouf S, Molinari A. Densification mechanisms in spark plasma sintering: Effect of particle size and pressure. Powder Technology, 2012, 221(5): 220-227.

[27] Li X X, Yang C, Lu H Z, et al. Correlation between atomic diffusivity and densification mechanismduring spark plasma sintering of titanium alloy powders. Journal of Alloys and Compounds, 2019, 787: 112-122.

[28] Knorr K, Macht M P, Freitag K, et al. Self-diffusion in the amorphous and supercooled liquid state of the bulk metallic glass $Zr_{46.75}Ti_{8.25}Cu_{7.5}Ni_{10}Be_{27.5}$. Journal of Non-Crystalline Solids, 1999, 250-252: 669-673.

[29] Wang W H, Dong C, Shek C H. Bulk metallic glasses.Materials Science and Engineering R, 2004, 44(2-3): 45-89.

[30] Tang X P, Geyer U, Busch R, et al. Diffusion mechanisms in metallic supercooled liquids and glasses. Nature, 1999, 402(6758): 160-162.

[31] Einstein A. Investigations on the Theory of Brownian Movement. New York: Dover Publications, 1956.

[32] Köppers M, Herzig C, Friesel M, et al. Intrinsic self-diffusion and substitutional Al diffusion in α-Ti. Acta Materialia, 1997, 45(10): 4181-4191.

[33] Yang C, Mo D G, Lu H Z, et al. Reaction diffusion rate coefficient derivation by isothermal heat treatment in spark plasma sintering system. Scripta Materialia, 2017, 134: 91-94.

本章作者：李鑫鑫，杨　超

第 6 章　固态烧结非晶合金粉末制备超细晶钛合金

6.1　引　　言

非晶合金与纳米晶合金材料通常具有高强度、高硬度与优异的耐腐蚀性[1]，但较低的塑性极大地限制了其作为结构材料的广泛应用。如何改善非晶合金与纳米晶合金的低塑性，以拓展其应用领域，一直是研究者不懈追求的目标。通过在非晶合金或者纳米晶合金基体中引入第二相，以形成复合结构，是提高塑性的主要途径[2~4]。增强相(第二相)的添加主要有内生和外加两种途径[5~11]，其中内生增强相与基体的界面能差通常较低，二者结合稳定，对塑性的提高作用明显。在非晶或纳米晶基体中引入内生延性第二相的基本原理如图 6.1 所示，其核心是精心设计合金成分和精确控制合金熔体的凝固条件[10,11]，使熔体在冷却的过程中先析出延性相，然后残留的熔体急冷获得纳米结构或者非晶结构的基体。该类复合结构材料在保持非晶或纳米晶基体高强度的同时，还可以通过延性第二相阻碍剪切带的扩展，达到韧化的目的。例如，Kühn 等[12]制备出了 89%(体积分数)内生延性 β-Ti 增强的具有纳米结构基体的 $Ti_{66}Nb_{13}Cu_8Ni_{6.8}Al_{6.2}$ 复合材料，其压缩屈服强度、断裂强度和断裂应变分别为 1195MPa、2043MPa 和 30.5%。但是，延性第二相复合非晶

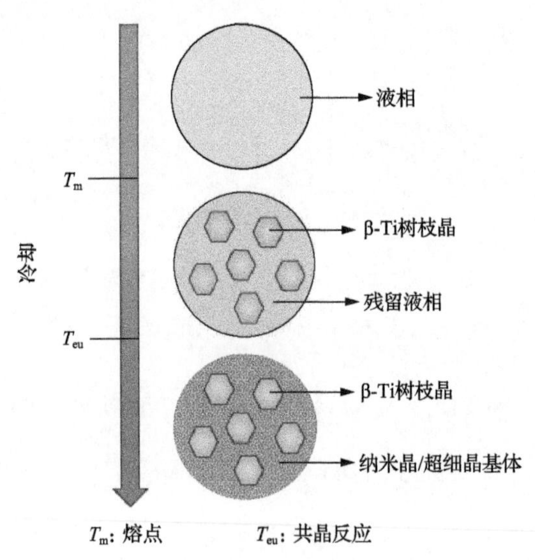

图 6.1　铜模铸造法制备块状非晶/纳米晶复合材料示意图

或者纳米晶基体结构较大程度上依赖于合金熔体的成分和冷却速率，且现有的方法很难实现大临界尺寸材料的制备。

作为一种替代的材料成形方法，粉末冶金固结成形技术经常被用来制备具有复杂形状、近净成形的合金零件。与普通的多晶材料不同的是，非晶合金在受热发生晶化之前存在一个较宽的过冷液相区ΔT_x($\Delta T_x=T_x-T_g$，其中，T_g表示玻璃化转变温度，T_x表示晶化温度)。在过冷液相区间内，非晶合金通常具有超塑性(或者黏性流动)[13,14]，且这种黏度随着升温速率的提高而急剧减小。放电等离子烧结具有升温速率快等特性。同时，Lu[15]研究表明，通过控制烧结温度和升温速率等工艺参数，可以实现等轴结构的纳米晶/超细晶结构材料的制备。因此，基于放电等离子烧结升温速率快的优势，利用非晶粉末在过冷液相区内的超塑性和易成形性，理论上可成形高致密度的等轴结构的高强韧钛合金，其原理如图 6.2 所示，为其在航天及生物医疗领域的应用提供了可能。

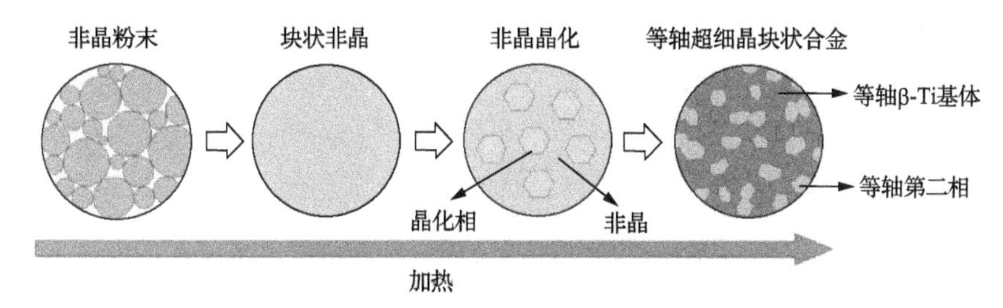

图 6.2　放电等离子烧结-非晶晶化法制备超细晶钛合金示意图

本章首先介绍高强度钛合金及低模量钛合金的成分设计相关理论，然后阐述放电等离子烧结参数对制备复合材料组织性能的影响，最后介绍具有代表性成分的组织-性能关系。

6.2　成分设计原则

放电等离子烧结-非晶晶化法是一种制备高强超细晶钛合金的新型方法，可用于制备高强结构钛合金和低模量医用钛合金。相比于直接烧结晶态粉末制备块状合金，以非晶粉末为原料可制备致密度更高的块状合金，其力学性能更为优异。本节主要介绍基于非晶晶化法的高强钛合金和低模量钛合金的成分设计准则。

6.2.1　高强结构钛合金成分-结构设计

放电等离子烧结-非晶晶化法制备高强钛合金的前提在于开发出合适的非晶粉末成分。综合铜模铸造法制备的纳米晶/树枝晶复合结构的合金成分体系，结合塑性变形过程中的应力场分布，在大量实验的基础上，本章节提出了放电等离子烧结-非晶晶化法的非晶粉末成分设计经验准则。

(1) 基本要求：合金成分具有非晶形成能力。对于放电等离子烧结-非晶晶化法而言，因为非晶粉末在宽过冷液相区内具有超塑性和易成形性，所以在烧结压力下更容易近全致密。另外，在相同的烧结温度下，因为非晶粉末需要经过晶化过程，所以相比于同成分晶态粉末，其晶粒长大时间更短。同时，非晶合金具有更密堆的原子结构特性，且晶化析出的晶化相介电常数大于非晶相，因此放电等离子烧结的强电场可提高晶体相的形核率，有益于实现细晶化；非晶粉末在烧结过程中由于其热力学和动力学的均匀性，固结后的块状合金更利于实现等轴晶化。

(2) 结构要求：晶化后出现连续分布的延性 β-Ti 包围其他第二析出相。相比于直接烧结晶态粉末，以非晶粉末为原料可实现近全致密纳米晶/超细晶钛合金的制备，然而并非所有的非晶成分晶化后都具有优异的力学性能。例如，具有较强非晶形成能力的铸造法可制备出块状非晶的合金成分 $Ti_{40.6}Zr_{9.4}Cu_{37.5}Ni_{9.4}Al_{3.1}$，烧结和晶化的块状合金强度仅为 800MPa，造成其力学性能差的原因主要是晶化相为硬而脆的金属间化合物[16]。通常而言，β-Ti 基体可以保证材料具有良好的延展性能。在 β-Ti 基体上析出的等轴状第二相可以有效阻碍位错的运动及剪切带的扩展，实现加工硬化，提高材料的力学性能。

(3) 晶粒尺度：纳米晶/超细晶。由 Hall-Petch 公式可知，材料的强度随着晶粒尺寸的减小而增大。从理论上而言，材料具有纳米晶/超细晶的晶粒尺度是达到高强度的必要条件之一。为了实现晶粒尺寸的细化，通常通过多组元合金化的策略，提高合金中的熵值。因此，非晶晶化的合金成分多为多组元。

基于上述合金成分设计准则，开展放电等离子烧结-非晶晶化法所用非晶粉末的成分设计。首先选用在机械合金化条件下能形成非晶相的多组元合金体系，然后通过添加难熔组元使其具有与合金中的主要组元形成固溶体的倾向，之后再通过微调原子比例或通过原子替换等方法设计不同原子比的具体合金成分。

目前通过铜模铸造法制备的 TiNbCuNiAl 块状合金的微观组织主要包括非晶、准晶、bcc 固溶体和除 bcc 固溶体外的晶体四种。将四种不同组织与成分建立联系后表示在伪三元相图中，如图 6.3 所示[17]。在 bcc 固溶体区(Ti 原子分数：55%～75%，Nb+Al 原子分数：10%～25%，Cu+Ni 原子分数：5%～25%)中，通过铜模铸造法可制备 bcc 延性微米树枝晶+纳米基体的微观结构，并具有较好的力学性能，其中图 6.3 中 C3 点所示成分 $Ti_{66}Nb_{13}Cu_8Ni_{6.8}Al_{6.2}$ 块状合金的屈服强度、断裂强度和断裂应变分别为 1195MPa、2043MPa 和 30.5%，高于目前已经报道的绝大部分钛合金性能。因此，非晶晶化高强韧钛合金的成分设计以 $Ti_{66}Nb_{13}Cu_8Ni_{6.8}Al_{6.2}$ 合金成分为基础，构建基于非晶晶化的高强韧钛合金的成分构成模型。根据伪三元相图并结合合金元素在体系中的作用，将所需的成分简化为 Ti-X-(M-N)-(Al)，其中 X 元素用于控制 β-Ti 相的形成，通常为 Nb、Ta、V 等；M、N 为性质相近的且无限固溶的金属元素，用于增大合金成分的熵；Al用于强化。研究表明，符合上述条件的(M-N)元素对可以是(Cu-Ni)或(Fe-Co)等元素对[18]。

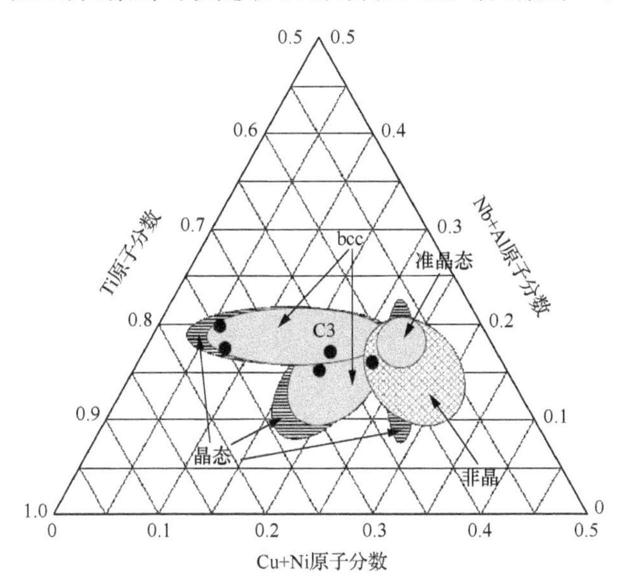

图6.3　TiNbCuNiAl伪三元相图[17]

6.2.2　低模量医用钛合金成分设计

生物医用金属材料由于具有较高的强韧性和优良的加工性，在外科移植手术中得到了广泛的应用，常被用作人工膝关节、股关节、股骨柄、胫骨、髋骨、螺钉或齿根等人体植入件[19]。钛合金由于其生物相容性优异，已成为一种相对理想的医用植入材料，也是国内外的研究热点。在研制高性能医用钛合金过程中，有必要预先进行合金的成分设计及相关力学性能的预测和分析。合成的材料在性能上除了要具有上述的高强韧性外，还需满足低模量等要求。为解决上述问题，研究者提出了一些理论方法用于指导高性能医用β钛合金的成分设计，如d-电子合金设计理论[20,21]、Mo当量法[22]、电子浓度 e/a[23,24]、[团簇](连接原子)$_x$结构模型[25,26]等。

1. d-电子合金设计理论

d-电子合金设计理论是由日本学者Morinaga等[27]以DV-Xα Cluster分子轨道法为基础提出的。利用该理论可以进行合金的设计和评价，其精确度略逊于从头计算法，但因采用了交换势的定域密度泛函，计算量仅为从头计算法的1%。通过计算不同合金体系β钛合金的电子结构，理论上确定了两个电子参数，一个是结合次数 B_0（合金元素M与N的共价键结合能，代表合金中各原子间结合能力）；

另一个是 d-电子轨道能级 M_d（合金元素 M 的 d 轨道能，与元素的原子半径和负电性有关）。d-电子合金设计理论通过计算 Ti 和各添加元素之间的电子参数 B_0 和 M_d 值，预测抗拉强度和弹性模量等力学指标。钛合金中常见添加元素的 B_0 和 M_d 值如表 6.1 所示[28]。

在实际合金设计中，由于组元较多，一般采用合金的平均值 $\overline{B_0}$ 和 $\overline{M_d}$ 进行计算，Abdel-Hady 等[20]计算了不同钛合金的 $\overline{B_0}$ 和 $\overline{M_d}$ 值，在研究 $\overline{B_0}$ 和 $\overline{M_d}$ 值与钛合金性能的关系时发现，强度高且塑性好的 β 钛合金一般具有更高的 $\overline{B_0}$ 值和更小的 $\overline{M_d}$ 值，而随着 $\overline{B_0}$ 和 $\overline{M_d}$ 值的增加，β 钛合金的弹性模量逐渐减小[20]。因此为了使医用 β 钛合金具有较低的弹性模量，则应选择 B_0 和 M_d 值较大的合金元素，比如 Nb、Ta、Zr、Mo 等(表 6.1)。如此，合金才能获得较高的 $\overline{B_0}$ 和 $\overline{M_d}$ 值，进而得到较低的弹性模量。

表 6.1　钛合金中常见添加元素的 B_0 值和 M_d 值[28]

元素	B_0 (α-Ti)	B_0 (β-Ti)	M_d/eV	元素	B_0 (α-Ti)	B_0 (β-Ti)	M_d/eV
Ti	3.513	2.790	2.447	Zr	3.696	3.086	2.934
V	3.482	2.805	1.872	Ta	3.720	3.144	2.531
Cr	3.485	2.779	1.478	Si	3.254	2.561	2.200
Mn	3.462	2.723	1.194	Sn	2.782	2.283	2.100
Fe	3.428	2.651	0.906	Mo	3.759	3.063	1.961
Co	3.368	2.529	0.807	Cu	3.049	2.144	0.567
Ni	3.280	2.412	0.724	Al	3.297	2.426	2.200

2. Mo 当量理论

Mo 是稳定 β-Ti 的重要元素。Mo 当量就是以 Mo 为标准，根据其他添加元素对 β-Ti 的稳定作用，通过与 Mo 比较，将合金中的其他元素转换为相应 Mo 当量值。合金的 Mo 当量就是合金中所有元素 Mo 当量(以[ ]表示)值的加和(见式 6.1)，反映了 β 型合金的稳定程度。Mo 当量在 β 钛合金的成分设计中具有指导性作用。

$$[\mathrm{Mo}]_{\mathrm{eq}}=[\mathrm{Mo}]+\frac{[\mathrm{V}]}{1.5}+\frac{[\mathrm{W}]}{2}+\frac{[\mathrm{Nb}]}{3.6}+\frac{[\mathrm{Ta}]}{4.5}+\frac{[\mathrm{Fe}]}{0.35}+\frac{[\mathrm{Cr}]}{0.63}+\frac{[\mathrm{Mn}]}{0.65}+\frac{[\mathrm{Ni}]}{0.8}-[\mathrm{Al}] \quad (6.1)$$

根据 Mo 当量的经验计算公式[22]，当合金的 Mo 当量值在 8～24 时，所设计的合金一般属于亚稳 β 钛合金；当 Mo 当量低于 2.8 时，合金倾向于形成 α+β 钛合金；当 Mo 当量高于 30 时，则形成稳定的 β 钛合金。一般认为，当 Mo 当量在 13～25 时，可得到几乎全部的亚稳 β 相。目前，比较优良的生物医用钛合金的 Mo 当量一般控制在 2.8～17.7。

3. 电子浓度 e/a 理论

在固溶体中，电子浓度 e/a 是影响合金化的重要因素之一。研究发现[23]，电子浓度与 bcc 晶体结构的稳定性和弹性模量相关，β 钛合金的 e/a 值越小，其弹性模量值越低；当合金的 e/a 值接近 4.24 时，其弹性模量可达到最小值。因此，电子浓度也被广泛用来指导低弹性模量合金的设计。目前，有两类具有较高强度、较低弹性模量的钛合金：一类是由日本开发 e/a=4.24 的 Ti-36Nb-2Ta-3Zr-0.3O（质量分数，%）合金[29]，另一类是 Ti-24Nb-4Zr-8Sn（质量分数，%）合金[30]，它具有较低的弹性剪切模量和 bcc 结构，具有非线性弹性变形，可回复弹性应变高达 3.3%。合金电子浓度 e/a 的计算公式如下：

$$e/a = \sum N_{\mathrm{i}} f_{\mathrm{i}} \tag{6.2}$$

式中，N_{i} 为元素 i 的价电子数；f_{i} 为元素 i 的原子分数。

4. [团簇]（连接原子）$_x$ 结构模型理论

对国内外开发的一些典型的低弹性模量钛合金的成分特征进行研究发现，它们都满足[团簇]（连接原子）$_x$ 结构模型，该结构模型由团簇和连接原子两部分组成[31]。其中，团簇为第一近邻配位多面体，通常为具有高配位数的密堆结构，团簇之间由连接原子连接。

研究表明[32]，具有 bcc 结构的 β 固溶体合金中，溶质原子与溶剂原子之间有强化学交互作用，它们之间产生的最大原子偏移位置是在溶质原子的第一近邻和第二近邻位置处，即共有 14 个溶剂原子和中心溶质原子有强交互作用。所以，在 bcc 结构中，团簇为配位数 14（CN14）的多面体，由中心溶质原子和周围与其产生强交互作用的 14 个溶剂原子组成[25]，满足团簇式[CN14]（连接原子）$_x$，如图 6.4 所示。

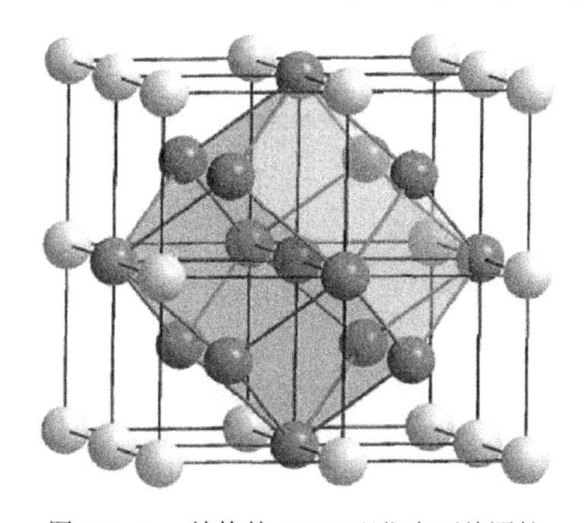

图 6.4　bcc 结构的 CN14 配位多面体团簇

基本元素确定：具有 bcc 结构的 β 钛合金由于弹性模量低，成为生物医用材料的研究热点，因此，实现近或者全 β 型结构是成分设计的主要目标。综合考虑合金元素的细胞毒性等因素，可选用的合金元素有 Nb、Ta、Si、Mo、In 等。其中，Nb、Ta、Mo 是 β 同晶型元素，可与 Ti 无限固溶，能降低 β 相转变温度，且对纯钛有良好的强化效果，能改善合金的热加工性。Si 和 In 是 β 共析型元素，在 β 钛合金中即使含有非常少量共析型元素，也会形成金属间化合物。一般情况下金属间化合物对合金具有显著的强化作用，但会引起塑性下降，因此，必须合理控制其添加量。Zr 和 Sn 虽是中性元素，也常常被考虑在添加之列，它们在强化合金的同时对塑性影响较小。此外，Nb、Ta 可提高合金的耐蚀性。

采用放电等离子烧结-非晶晶化法制备块状合金，要求设计的合金成分具有较高的非晶形成能力。根据 Inoue 三原则[33]，与 Ti 能形成负混合焓，同时与 Ti 原子尺寸差大于 12%的常用元素是 Si、Fe 等。Fe 生物相容性不如 Si，但也是 β 共析型元素，易与 Ti 形成金属间化合物。根据 d-电子合金设计理论，随着 $\overline{B_0}$ 和 $\overline{M_d}$ 值的增加，合金的弹性模量减小[20]。为使合金具有较高的 $\overline{B_0}$ 和 $\overline{M_d}$ 值，可选择具有较高 B_0 和 M_d 值的合金元素，如 Nb、Ta、Zr、Mo 等(表 6.1)。综上，本书医用钛合金成分的设计优先选择 Nb、Zr、Ta、Si、Fe 作为合金添加元素，设计的合金体系确定为 TiNbZrTa、TiNbZrTaSi 和 TiNbZrTaFe。具体成分见小节 6.4.2。

6.3 烧结参数对超细晶钛合金组织性能的影响

烧结是将粉末或粉末坯块加热到某一温度，使颗粒固结成具有一定的强度及特性的材料或制品的工艺过程。一套完整合适的烧结方案是升温速率、烧结温度、保温时间、降温速率以及烧结气氛等多种工艺参数的配合。对于放电等离子烧结-非晶晶化法而言，烧结工艺参数影响非晶晶化过程中的原子扩散速率、形核长大动力学等，从而造成微观组织上的差异，最终表现出不同的力学性能或物理特性。本节以 $Ti_{66}Nb_{13}Cu_8Ni_{6.8}Al_{6.2}$、$Ti_{66}Nb_{13}Fe_8Co_{6.8}Al_{6.2}$ 等合金成分为研究对象，系统研究升温速率、烧结温度、保温时间等烧结参数对块状合金微观组织和力学性能的影响。

6.3.1 升温速率

升温速率指烧结起始温度至终止温度的温度差值与升温时间的比值。放电等离子烧结是具有高升温速率的快速烧结技术[34]，其利用通断的脉冲电流来实现粉末的固结。与传统的热压、热等静压和无压烧结相比，放电等离子烧结具有更为明显的优势：固结粉末时获得的温度场更均匀、升温速率快(可以提供高达几百摄氏度每分钟的升温速率)、所需烧结温度低、烧结时间短、生产效率高，可以有效抑制晶粒长大，获得近全致密的块状合金。本小节在烧结压力为 50MPa，烧结温度为 1023K，不保温的条件下，考查升温速率对 $Ti_{66}Nb_{13}Cu_8Ni_{6.8}Al_{6.2}$ 块状合金组织性能的影响。本小节的烧结实验均采用 Dr.Sinter SPS-825 放电等离子烧结系统完成。

图 6.5 为不同的升温速率下制备的 $Ti_{66}Nb_{13}Cu_8Ni_{6.8}Al_{6.2}$ 块状合金的 SEM 微观形貌，图中箭头所示区域对应的相为这一区域的主要晶化相(下同)。图 6.5(a)为升温速率为 50K/min 试样(用 S-50-1023-0 表示：50 为升温速率，K/min；1023 为烧结温度，K；0 为保温时间，min，以下同)的微观形貌。结果显示其为纳米晶延性相 β-Ti 环绕纳米晶脆性相 MTi_2(M=Cu，Ni)，延性相和脆性相均为连续分布。当升温速率提高到 116K/min 时，微观结构特征(图 6.5(b))分为两种，一种为脆性 MTi_2 相包裹尺寸小于 3μm 的长条状或不规则等轴延性 β-Ti 相 B，另一种为尺寸小于 6μm 的基体延性 β-Ti 相 A 包围脆性相 MTi_2。图 6.5(f)为 S-116-1023-0 块状合金的背散射形貌，进一步验证了其两种微观结构特征。其他试样的微观结构均由连续的延性 β-Ti 相包围孤立的脆性 MTi_2 相构成，但是具有不同的尺度和形状(图 6.5(c)～(e))。

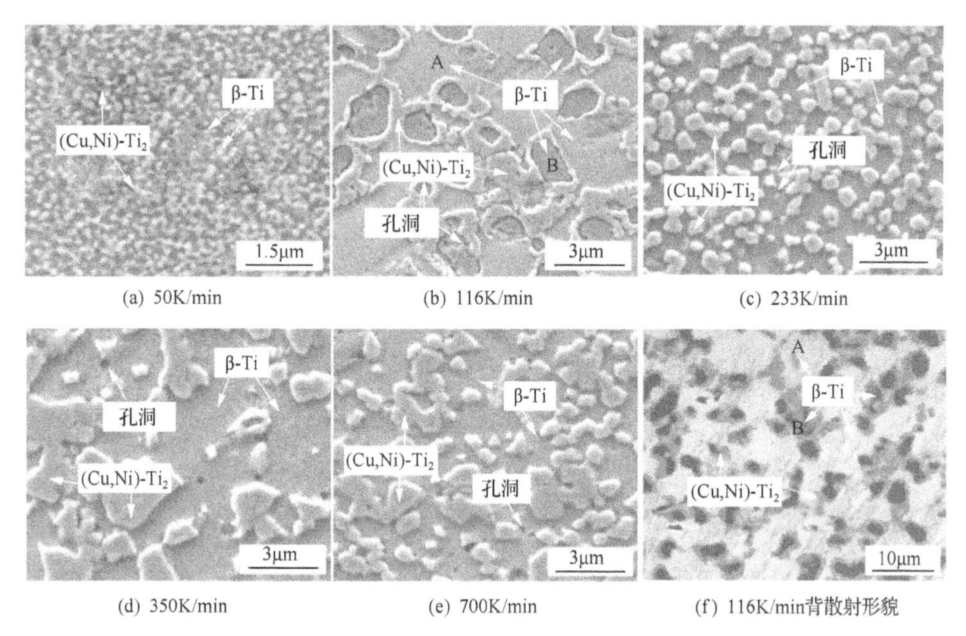

(a) 50K/min　(b) 116K/min　(c) 233K/min
(d) 350K/min　(e) 700K/min　(f) 116K/min背散射形貌

图 6.5　在不同的升温速率下制备的 $Ti_{66}Nb_{13}Cu_8Ni_{6.8}Al_{6.2}$ 块状合金 SEM 微观形貌

SEM 能谱分析数据如表 6.2 所示。由表可见，Al 倾向于在富 Nb 区富集，Ti 在延性相和脆性相区的成分差别不大。而且，低升温速率试样的 β-Ti 相区具有更高的 Nb 含量。随升温速率的增大引起块状合金中 β-Ti 相区 Nb 含量的降低，可能是在低升温速率下，Nb 原子向 Ti 晶格扩散的时间较长所造成。另外，试样中都存在微小的孔洞，其尺寸大致随升温速率的增大而增大。

表 6.2　图 6-5 中部分相 SEM 能谱分析

试样	相	原子分数/%					
		Ti	Nb	Cu	Ni	Al	O
S-116-1023-0	β-Ti(A)	60.9	20.1	5.2	1.7	9.8	2.2
	β-Ti(B)	92.3	4.4	—	—	2.0	1.3
	MTi_2	62.5	1.8	13.4	15.3	3.9	3.2
S-233-1023-0	β-Ti	62.1	17.7	6.5	2.6	8.5	2.6
	MTi_2	61.5	15.1	7.4	2.7	8.9	2.4
S-350-1023-0	β-Ti	63.1	15.1	7.4	2.7	8.9	2.4
	MTi_2	65.2	1.6	11.6	14.9	4.0	2.8

图 6.6 为 233K/min 下烧结试样的 TEM 微观形貌。$Ti_{66}Nb_{13}Cu_8Ni_{6.8}Al_{6.2}$ 非晶粉末经放电等离子烧结后，虽然微观结构由尺寸约为几微米的延性 β-Ti 相和脆性 MTi_2 相区构成，但是相区内的晶粒尺寸都介于 300～800nm，其中 MTi_2 晶粒尺寸介于 80～180nm，属于超细晶范畴。从图 6.6 可以看出 β-Ti 和 MTi_2 相均为等轴状。利用 TEM 附带的能谱对 223K/min 烧结速率下制备的块状合金和 350K/min 下烧结的块状合金进行成分分析发现，223K/min 块状合金和 350K/min 块状合金中 β-Ti 晶粒的 Ti、Nb 含量比分别为 2.68:1 和 3.10:1，这与表 6.2 的成分分析结果一致，再次证实了升温速率的提高会降低 β-Ti 相中的 Nb 含量。

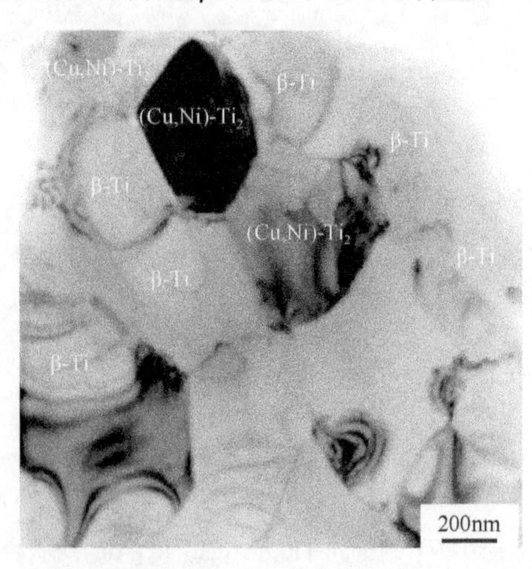

图 6.6　以 233K/min 升温到 1023K 制备的 $Ti_{66}Nb_{13}Cu_8Ni_{6.8}Al_{6.2}$ 块状合金 TEM 微观形貌

对不同升温速率下制备的 $Ti_{66}Nb_{13}Cu_8Ni_{6.8}Al_{6.2}$ 块状合金进行室温压缩力学性能测试，结果如图 6.7 所示。可以看出，试样在 50K/min 的升温速率烧结时，合金中不连续分布 β-Ti 的晶粒尺寸小于 180nm(图 6.5(a))，屈服强度较高，达到 2077MPa。但由于脆性 MTi_2 相呈连续分布，无法有效地抑制剪切带的扩展和新剪切带的增殖，所以块状合金几乎没有塑性变形能力。其他的块状合金均有较高的屈服强度、断裂强度和不错的塑性变形能力。值得一提的是，116K/min 升温速率下制备的试样中被 MTi_2 相包围的不连续分布 β-Ti (B) 在压缩变形过程发生移动并从基体中脱离，试样屈服强度和断裂强度较低。随着升温速率的增大，试样的屈服强度降低，塑性增大。350K/min 升温速率制备的块状合金的断裂应变高达 25.9%，与铸造法制备的纳米结构 $Ti_{66}Nb_{13}Cu_8Ni_{6.8}Al_{6.2}$ 块状复合材料的塑性相当[35]；其最大断裂强度为 2212.2MPa，接近超细晶钛合金和钛基大块金属玻璃的强度[36]。

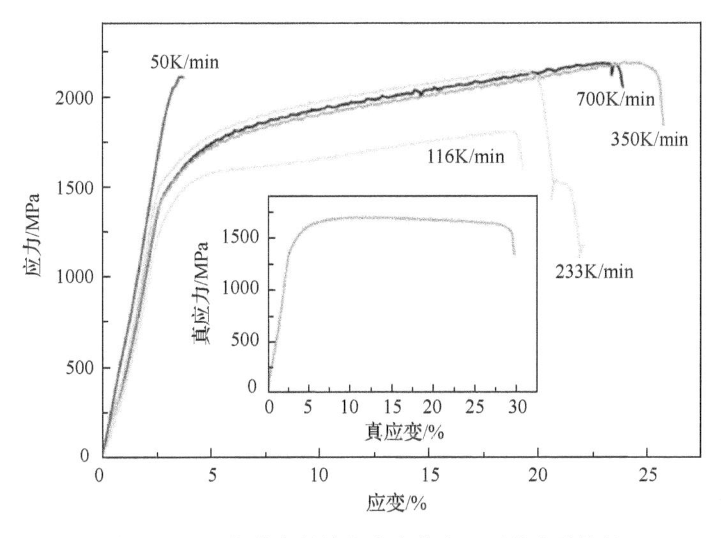

图 6.7　不同烧结参数块状合金的室温压缩力学性能

表 6.3 综合了相同成分铸造块状合金和放电等离子烧结-非晶晶化法制备的块状合金的室温压缩力学性能、β-Ti 体积分数、晶格常数和密度。综合考查微观形貌与室温压缩力学性能发现，等轴超细晶块状合金的塑性变形能力主要取决于 β-Ti 相区的分布、形貌和尺度，这些参数与升温速率密切相关。

表 6.3　相同成分铸造样和烧结样的室温压缩力学性能和全谱拟合结果

试样	屈服强度/MPa	断裂强度/MPa	断裂应变/%	β-Ti 体积分数/%	晶格常数/Å	密度/(g/cm^3)
Ti (A)*	1170	2031	24.6	—	—	—
Ti (B)*	1195	2043	30.5	89	3.228	—
S-50-1023-0	2077.3	2136.0	3.8	65.2	3.256	5.36
S-116-1023-0	1368.1	1830.3	19.3	66.7	3.252	5.32
S-233-1023-0	1557.4	2162.2	22.2	67.5	3.253	5.38
S-350-1023-0	1475.1	2212.2	25.9	69.2	3.252	5.43
S-700-1023-0	1501.7	2210.0	24.0	59.4	3.251	5.45

*所示为铸造法制备的 $Ti_{66}Nb_{13}Cu_8Ni_{6.8}Al_{6.2}$ 块体复合材料相关数据[35]。

为了对比分析不同升温速率对块状合金断裂模式的影响，利用 SEM 获取超细晶 $Ti_{66}Nb_{13}Cu_8Ni_{6.8}Al_{6.2}$ 块状合金断裂后的微观形貌，结果如图 6.8 所示。观察图 6.8 发现，50K/min 升温速率制备试样的断口主要呈现脆性断裂的特征，无明显的韧窝，而其他试样断裂模式为塑性相蜂窝状的韧性断裂和脆性相从塑性基体中剥离的沿晶脆性断裂的混合模式。116K/min 升温速率制备块状合金的 β-Ti 颗粒（图 6.5(b)中的 β-Ti(B)）从基体中脱离并摩擦滑移产生的划痕清晰可见。另外，断裂形貌还显示了所有试样的晶粒尺寸大约都介于 300～800nm。350K/min 制备的块状合金具有最佳的强韧性，观察断口发现大量波纹状的剪切带，这表明其优异的力学性能主要源于剪切带的扩展得到了抑制，从而剪切带不断分叉以波纹状路径扩展[37,38]。同时，由于极大的应变能释放，断口中还出现了局部熔化现象[34]，如图 6.8(f)所示。

(a) 50K/min (b) 116K/min (c) 233K/min
(d) 350K/min (e) 700K/min (f) 350K/min另一种形貌

图 6.8 不同烧结参数块状合金室温压缩断裂后的断口形貌

系统观察分析在不同升温速率下制备的 $Ti_{66}Nb_{13}Cu_8Ni_{6.8}Al_{6.2}$ 块状合金的微观组织、力学性能和断口形貌可以发现，试样均由 β-Ti 相和脆性的 MTi_2 相组成，但高的升温速率会影响 Nb 原子在烧结过程中向 Ti 晶格中的扩散时间，从而造成 β-Ti 相成分、晶格常数的差异。同时，升温速率对块状合金力学性能的影响主要表现为不同烧结参数下 β-Ti 相的分布、形貌和尺度上的差异。

6.3.2 烧结温度

烧结过程包括粉末颗粒间机械结合转变为冶金结合、烧结颈的形核长大及孔隙的球化封闭等阶段。在一定的温度范围内，原子扩散能力随烧结温度的提高而增强，所以从烧结角度而言，提高烧结温度可提高烧结体的致密度和强度，但是过高的烧结温度会使晶粒过分长大，从而影响烧结制品的力学性能。本节以 $Ti_{66}Nb_{13}Fe_{8}Co_{6.8}Al_{6.2}$ 合金成分为例，考查烧结温度对放电等离子烧结-非晶晶化制备的块状合金组织和性能的影响。

在升温速率为 100K/min、保温时间为 0min 的条件下制备块状合金，考查不同烧结温度(1173K、1223K、1273K)条件下制备的块状合金的微观形貌和力学性能，块状合金的微观形貌如图 6.9 所示。可以发现，在不同的烧结温度下制备的块状合金均由连续分布的 β-Ti 相和被包围的等轴 $CoTi_2$ 相组成。进一步分析可以发现，随着烧结温度的升高，$CoTi_2$ 相区尺寸约由 750nm 增加到 2000nm 左右(1273K)。

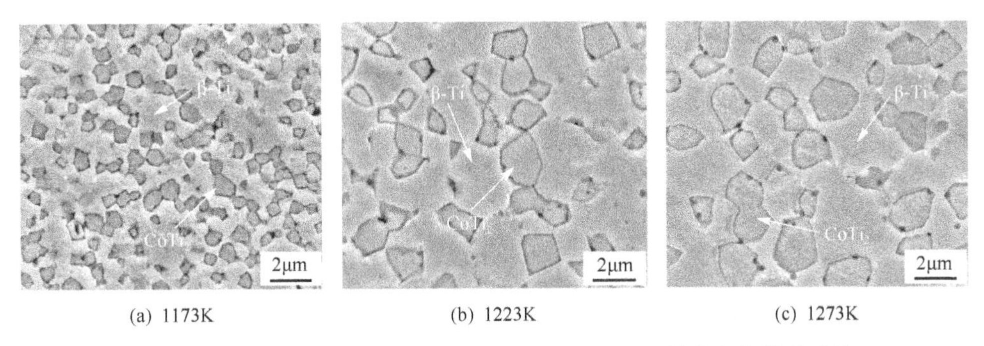

(a) 1173K　(b) 1223K　(c) 1273K

图 6.9　不同烧结温度下制备的 $Ti_{66}Nb_{13}Fe_{8}Co_{6.8}Al_{6.2}$ 块状合金微观形貌

对三种块状合金进行室温压缩力学性能测试，结果如图 6.10 所示，相应的结果统计见表 6.4。分析数据发现，所有的块状合金均表现出极高的断裂强度与断裂应变。其中，1273K 烧结的块状合金屈服强度、断裂强度和断裂应变分别为 1475MPa、2585MPa 和 34.2%。随着烧结温度提高，屈服强度略微降低而断裂应变不断提高。这是由于晶粒尺寸随着烧结温度的提高而变大。由 Hall-Petch 细晶强化理论可知，屈服强度随着晶粒尺寸的减小而增大。图 6.10 插图为 1273K 下烧结的块状合金的真应力-应变曲线，可以看出试样在屈服之后表现出优异的应变硬化能力，通过式(6.3)计算块状合金的应变硬化指数 n：

$$S = K\varepsilon^{n} \tag{6.3}$$

式中，S 为真应力，MPa；K 为硬化系数；ε 为真应变；n 为应变硬化指数。计算表明，等轴超细晶钛合金的应变硬化指数为 0.21，远远高于商用 Ti-6Al-4V 合金的应变硬化指数(0.03～0.06)[39]。

综上，烧结温度对微观形貌的影响体现在随着烧结温度的提高，各相区与晶粒尺寸均有不同程度的增大，从而使得屈服强度降低而断裂应变增大；但力学性能主要与 β-Ti 与 $CoTi_2$ 相的形貌、分布和尺度有关。

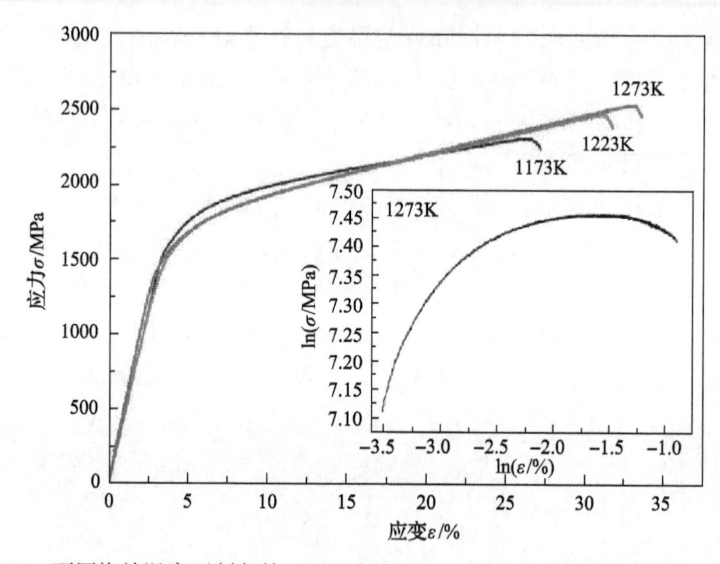

图 6.10　不同烧结温度下制备的 $Ti_{66}Nb_{13}Fe_8Co_{6.8}Al_{6.2}$ 块状合金室温压缩力学性能

表 6.4　不同块状合金室温压缩力学性能与 β-Ti 晶格常数

试样	屈服强度/MPa	断裂强度/MPa	断裂应变/%	β-Ti 晶格常数/Å
S-100-1173-0	1591	2349	26.9	3.2497
S-100-1223-0	1527	2516	32.1	3.2503
S-100-1273-0	1475	2585	34.2	3.2511

6.3.3　保温时间

一般来说，对于每种合金存在一个最为理想的烧结参数窗口。在合适的温度范围内，延长保温时间等同于增加原子扩散的时间，所以适当延长保温时间可提高烧结体综合力学性能。本节以 $Ti_{58}V_9Cu_{12.6}Ni_{10.7}Al_{9.7}$ 块状合金为例，考查保温时间对放电等离子烧结-非晶晶化法制备块状合金组织性能的影响。

在烧结压力为50MPa，升温速率和烧结温度分别为218K/min和1223K的条件下，考查不同的烧结保温时间(0min、5min、10min、15min、20min)对 $Ti_{58}V_9Cu_{12.6}Ni_{10.7}Al_{9.7}$ 块状合金组织性能的影响，微观组织如图 6.11 所示。显然，块状合金的主要晶化相为 β-Ti 和 MTi_2(M=Cu，Ni)相，且块状合金微观结构呈现两种形态，第一种是脆性(Cu, Ni)-Ti_2 相颗粒状弥散分布在延性 β-Ti 相的基体中，第二种是连续的环状或成片区域的脆性(Cu, Ni)-Ti_2 相包围延性 β-Ti 相(图 6.11)。随着保温时间的增加，试样中的两相相区尺寸均有增大的趋势，尤其是 β-Ti 相有明显的增大。说明保温时间对相区的长大和分布有一定的影响。

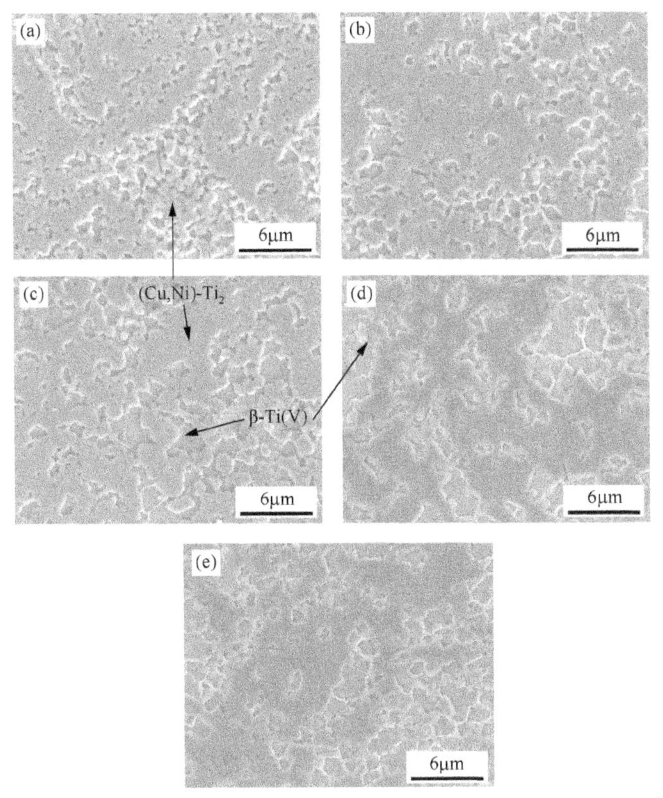

图 6.11　不同保温时间制备的 $Ti_{58}V_9Cu_{12.6}Ni_{10.7}Al_{9.7}$ 块状合金微观形貌

(a)～(e)对应的保温时间依次为 0min、5min、10min、15min、20min

图 6.12 为块状合金的室温压缩应力-应变曲线，所有块状试样均为脆性断裂。这与图 6.11 中的微观形貌有着密切的联系，由于脆性(Cu, Ni)-Ti_2 相呈现连续分

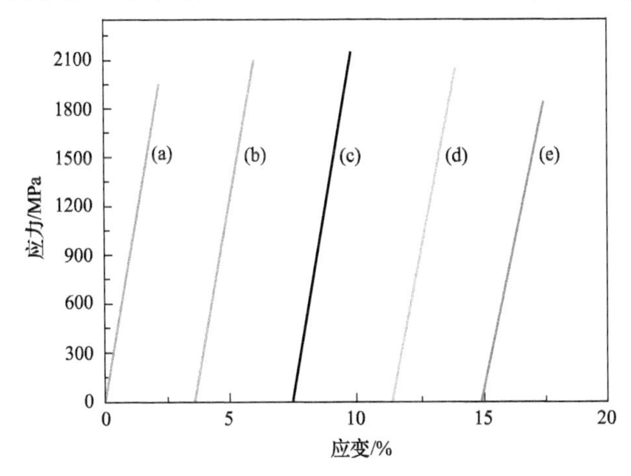

图 6.12　不同保温时间制备的 $Ti_{58}V_9Cu_{12.6}Ni_{10.7}Al_{9.7}$ 块状合金室温压缩应力-应变曲线

(a)～(e)对应的保温时间依次为 0min、5min、10min、15min、20min

布，无法阻止剪切带的滑移，致使材料发生脆性断裂。随着保温时间的增加，试样的断裂强度依次为1958MPa、2091MPa、2147MPa、2055MPa和1492MPa。可见试样的断裂强度随保温时间的增加呈现先增大后减小的趋势，当保温时间为10min时，试样的断裂强度最大，达到2147MPa。

综合上述讨论可以发现，保温时间对块状合金力学性能的影响主要有两方面：一方面为随着保温时间的增加，β-Ti相与脆性MTi_2相分布状态发生改变，致使原子结合更为紧密，提高烧结合金的力学性能；另一方面是随着保温时间的增加，两相的晶粒尺寸均有不同程度的增大。因此，力学性能呈现出先增大后减小的趋势。

6.4 不同体系超细晶钛合金组织性能的对比分析

基于晶化非晶粉末的方法，可以实现高强韧钛合金的制备。升温速率、烧结温度、保温时间等对钛合金组织性能的影响显著，但是，合金成分是影响材料组织性能的最根本因素。放电等离子烧结-非晶晶化作为一种全新的高性能钛合金制备方法，成分-结构-性能的本质关系尚不明确。揭示出成分体系影响材料综合性能的机制，是指导设计具有优异力学性能钛合金的关键。

6.4.1 高强结构钛合金体系

前期的实验总结显示，高强韧的钛合金成分通常需满足Ti-X-(M-N)-(Al)成分，其中X元素用于控制β-Ti相的形成；M、N为性质相近且无限固溶的金属元素，Al用于控制析出的第二相，其中(M-N)元素对可以是(Cu-Ni)或(Fe-Co)等。基于上述原则，设计了一系列的高强韧钛合金成分(表6.5)。本章节以$Ti_{66}Nb_{13}Cu_8Ni_{6.8}Al_{6.2}$、$Ti_{66}V_{13}Cu_8Ni_{6.8}Al_{6.2}$和$Ti_{66}Nb_{13}Fe_8Co_{6.8}Al_{6.2}$三种成分为对象，以铜模铸造法制备的$Ti_{66}Nb_{13}Cu_8Ni_{6.8}Al_{6.2}$合金成分作为对比，系统介绍由工艺方法、成分造成的组织性能差异。

图6.13(a)为铜模铸造法制备的$Ti_{66}Nb_{13}Cu_8Ni_{6.8}Al_{6.2}$块状合金SEM微观形貌[35]；图6.13(b)～(d)为放电等离子烧结-非晶晶化法制备的上述三种合金成分的微观形貌。可以发现，铜模铸造法制备的块状合金微观形貌为延性β-Ti树枝晶分布在纳米晶基体上，其中树枝晶的长度约为18μm，宽度约为2μm。放电等离子烧结-非晶晶化法制备的块状合金微观形貌基本相似，由连续分布的延性β-Ti包围等轴第二相组成，其中$Ti_{66}Nb_{13}Cu_8Ni_{6.8}Al_{6.2}$合金由β-Ti(Nb)和(Cu, Ni)-$Ti_2$相组成，(Cu, Ni)-$Ti_2$相约2μm；$Ti_{66}V_{13}Cu_8Ni_{6.8}Al_{6.2}$合金由β-Ti(V)和(Cu, Ni)-$Ti_2$相组成，(Cu, Ni)-$Ti_2$相约2～4μm；$Ti_{66}Nb_{13}Fe_8Co_{6.8}Al_{6.2}$合金由β-Ti和$CoTi_2$相组成，其中$CoTi_2$相约2～10μm。

表 6.5　高强度钛合金成分设计与块状合金的压缩力学性能

成分	屈服强度/MPa	断裂强度/MPa	断裂塑性/%	引用文献
$Ti_{66}Nb_{13}Cu_8Ni_{6.8}Al_{6.2}$	1446	2415	31.8	[40]
$Ti_{66}Nb_{18}Cu_{6.4}Ni_{6.1}Al_{3.5}$	1931	2327	7.1	[41]
$Ti_{71.6}Nb_{15.8}Cu_{4.8}Ni_4Al_{3.8}$	1305	2294	40.5	*
$Ti_{66}V_{13}Cu_8Ni_{6.8}Al_{6.2}$	1677	2213	8.5	[42]
$Ti_{58}V_9Cu_{12.6}Ni_{10.7}Al_{9.7}$	—	2160	2.3	[42]
$Ti_{64}Nb_{12}Cu_{11.2}Ni_{9.6}Sn_{3.2}$	2230	2230	3.4	*
$(Ti_{66}Nb_{13}Cu_8Ni_{6.8}Al_{6.2})B_{0.79}C_{0.65}$	1320	1842	17.1	[43]
$Ti_{70}Nb_{30}$	1250	2625	50.4	*
$Ti_{65}Nb_{22.5}Co_{6.25}Fe_{6.25}$	1350	2450	38.8	*
$Ti_{66}Nb_{13}Fe_8Co_{6.8}Al_{6.2}$	1475	2585	34.2	[44]
$Ti_{66}Nb_{13}Fe_{10}Co_{4.8}Al_{6.2}$	1609	2362	29.2	*
$Ti_{66}Nb_{13}Fe_{12}Co_{2.8}Al_{6.2}$	1892	2300	19.5	*

*数据来源于前期工作。

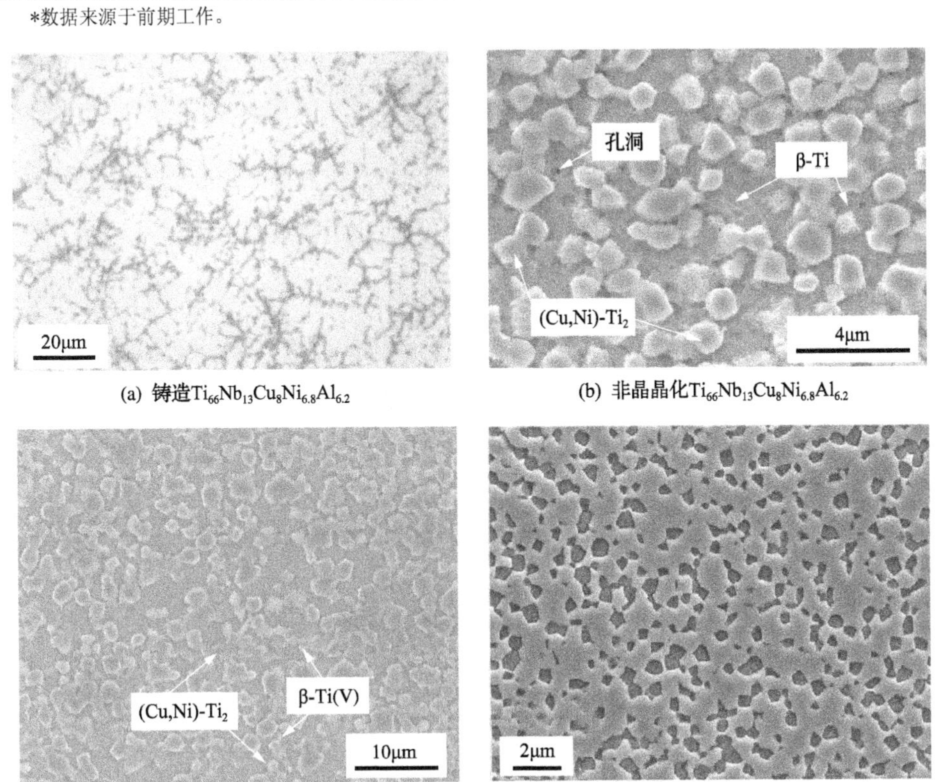

(a) 铸造$Ti_{66}Nb_{13}Cu_8Ni_{6.8}Al_{6.2}$　(b) 非晶晶化$Ti_{66}Nb_{13}Cu_8Ni_{6.8}Al_{6.2}$

(c) 非晶晶化$Ti_{66}V_{13}Cu_8Ni_{6.8}Al_{6.2}$　(d) 非晶晶化$Ti_{66}Nb_{13}Fe_8Co_{6.8}Al_{6.2}$

图 6.13　四种合金的 SEM 微观形貌

图 6.14 为上述四种合金的 TEM 微观形貌图。观察 6.14(a)铜模铸造块状合金可以看出，合金由四种不同的相组成，其中①为 β-Ti 树枝晶，②③④分别为富 Ti 立方相、富(Cu, Ni)相和富 Ti 相。各相均大于 100nm，属于超细晶范畴。从图 6.14(b)～(d)可以看出块状合金中两相均为等轴状，均属于超细晶范畴。由此可知，放电等离子烧结-非晶晶化法制备的块状合金微观形貌为双相等轴超细晶，不同于铜模铸造法制备块状合金，是一种全新的组织。

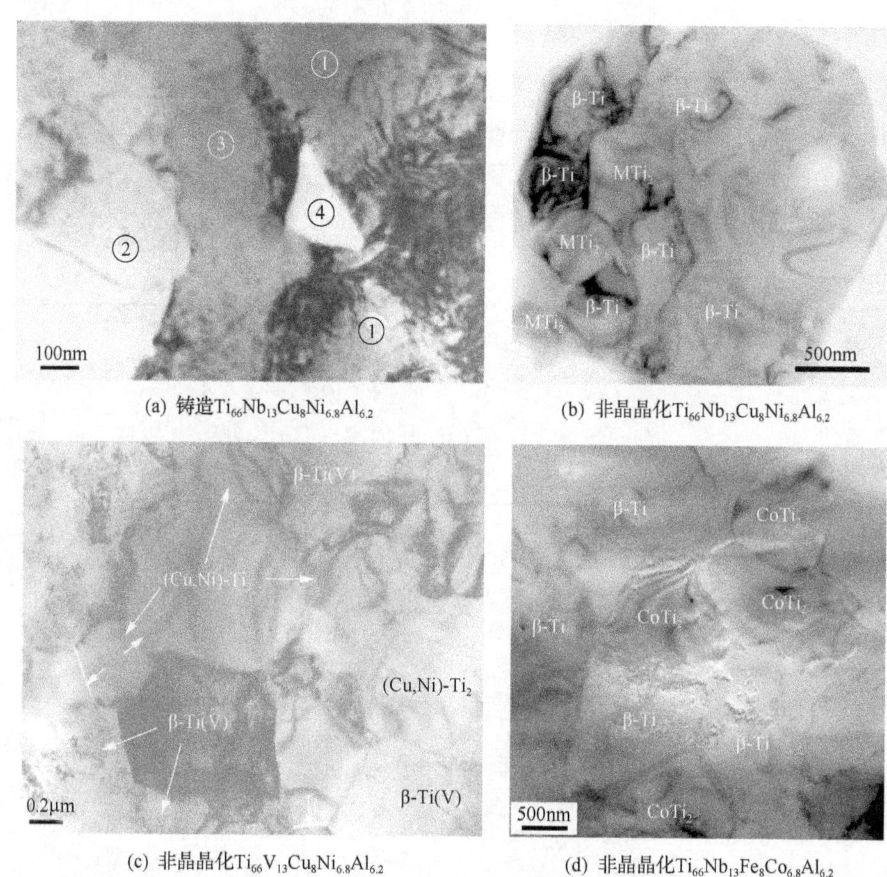

(a) 铸造$Ti_{66}Nb_{13}Cu_8Ni_{6.8}Al_{6.2}$　　(b) 非晶晶化$Ti_{66}Nb_{13}Cu_8Ni_{6.8}Al_{6.2}$

(c) 非晶晶化$Ti_{66}V_{13}Cu_8Ni_{6.8}Al_{6.2}$　　(d) 非晶晶化$Ti_{66}Nb_{13}Fe_8Co_{6.8}Al_{6.2}$

图 6.14　四种块状合金的 TEM 微观形貌

图 6.15 为四种合金的力学性能曲线。对比发现，放电等离子烧结-非晶晶化法制备的块状合金综合力学性能更为优异。其中，最高断裂强度达 2585MPa，最佳断裂塑性为 34.2%，达到了已报道的钛基块状合金的最高水平，如表 6.6 和图 6.16 所示。

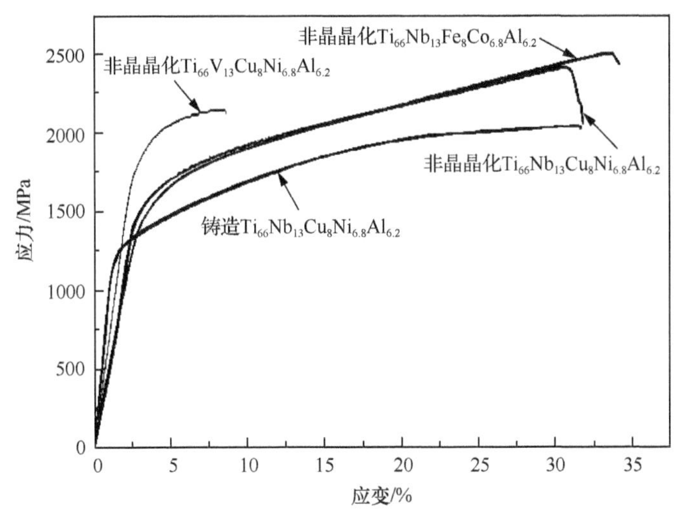

图 6.15　不同制备方法合成的块状合金力学性能图

表 6.6　不同成分不同制备方法块状钛合金性能对比

制备方法	合金成分	屈服强度/MPa	断裂强度/MPa	断裂塑性/%	引用文献
铜模铸造法	$Ti_{66.1}Nb_{13.9}Cu_8Ni_{4.8}Sn_{7.2}$	1024	2000	30	[45]
	$Ti_{64}Ta_{12.0}Cu_{11.2}Ni_{9.6}Sn_{3.2}$	1073	2214	17.9	[46]
	$Ti_{60}Nb_{10}Cu_{14}Ni_{12}Sn_4$	1312	2401	14.5	[47]
	$Ti_{60}Ta_{10}Cu_{14}Ni_{12}Sn_4$	1568	2322	6	[47]
	$Ti_{66}Nb_{13}Cu_8Ni_{6.8}Al_{6.2}$	1195	2043	30.5	[35]
	$(Ti_{65.5}Fe_{34.5})_{93}Nb_7$	2182	2574	12.5	[48]
	$Ti_{67.27}Fe_{27.73}Sn_6$	1253	2020	14	[49]
	$(Ti_{0.72}Fe_{0.28})_{96}Ta_4$	2215	2531	5.8	[36]
	$Ti_{70}Fe_{15}Co_{15}$	1750	2350	16.5	[50]
	$Te_{67}Fe_{14}Co_{14}Sn_5$	1460	1830	24	[51]
	$Te_{67}Fe_{14}Co_{14}V_5$	1825	2040	8	[51]
	$Ti_{70}Fe_{17}Co_{14}Cu_6$	1870	2100	5.558	[51]
放电等离子烧结-非晶晶化法	$Ti_{66}Nb_{13}Cu_8Ni_{6.8}Al_{6.2}$	1446	2415	31.8	[40]
	$Ti_{66}V_{13}Cu_8Ni_{6.8}Al_{6.2}$	1528	2118	8.6	[42]
	$Ti_{66}Nb_{13}Fe_8Co_{6.8}Al_{6.2}$	1475	2585	34.2	[44]
	$Ti_{66}Nb_{13}Fe_{12}Co_{2.8}Al_{6.2}$	1892	2300	19.5	—
	$Ti_{71.6}Nb_{15.8}Cu_{4.8}Ni_4Al_{3.8}$	1305	2294	40.5	—

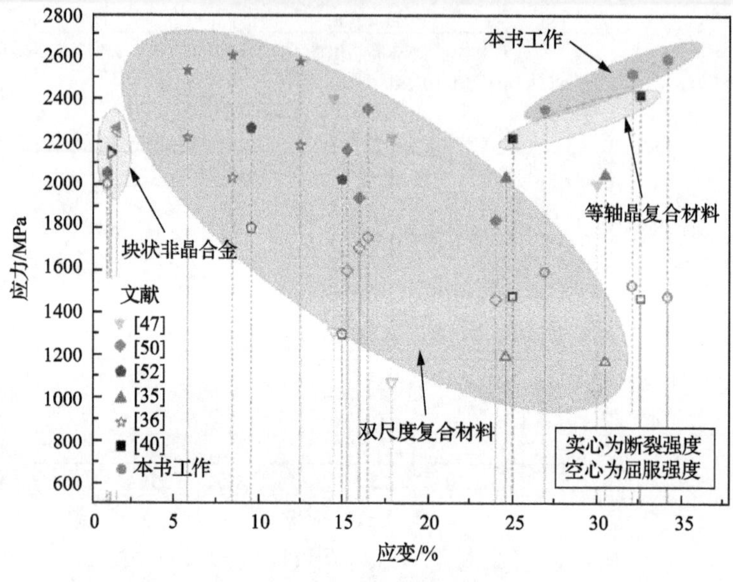

图 6.16 力学性能对比

6.4.2 低模量医用钛合金体系

在 6.2 节成分设计中，基于 d-电子合金设计理论[20,21]、Mo 当量法[22]、电子浓度 *e*/*a*[23,24]等方法确定了低模量 β-Ti 合金的添加元素为 Nb、Zr、Ta 和 Fe，最终设计的医用钛合金成分与通过放电等离子烧结-非晶晶化法制备的块状合金的室温压缩力学性能如表 6.7 所示。本小节首先介绍 Si 和 Fe 含量对钛合金微观形貌和力学性能的影响，然后介绍 Si 和 Fe 对块状合金组织性能的作用机理。

表 6.7 低模量钛合金成分设计及其块状合金的压缩力学性能

合金成分	弹性模量/GPa	屈服强度/MPa	断裂强度/MPa	断裂应变/%	引用文献
Ti-35Nb-7Zr-5Ta	72		1530	—	[52]
$Ti_{70.0}Nb_{23.33}Zr_{5.0}Ta_{1.67}$	35	1143	2793	66	[53]
$Ti_{68.0}Nb_{23.33}Zr_{5.0}Ta_{1.67}Si_{2.0}$	37	1296	3263	65	[53]
$Ti_{65.0}Nb_{23.33}Zr_{5.0}Ta_{1.67}Si_{5.0}$	40	1347	3267	58	[53]
$Ti_{65.0}Nb_{23.33}Zr_{5.0}Ta_{1.67}Si_{5.0}$*	31.7	829.7	2088.8	53.1	—
$Ti_{72.19}Nb_{16.69}Zr_{5.58}Fe_{5.54}$	68	2252	2520	11.3	[54]
$Ti_{71.08}Nb_{16.69}Zr_{5.58}Ta_{1.11}Fe_{5.54}$	72	2418	2549	6.4	[54]
$Ti_{65.0}Nb_{23.33}Zr_{5.0}Ta_{1.67}Fe_{5.0}$	65	2247	2872	23.4	[54]
$Ti_{65.51}Nb_{22.28}Zr_{4.61}Ta_{1.60}Fe_{6}$	51	2260	2585	7.74	[55]
$Ti_{65.0}Nb_{23.33}Zr_{5.0}Ta_{1.67}Si_{5.0}$**	38.8	628	832	10.6	—

*块状合金所用粉末为雾化粉末。

**块状合金力学性能为室温拉伸力学性能。

1. 含Si体系

1)成分对组织性能的影响

在升温速率250K/min，烧结温度1233K且保温时间为5min的条件下，固结机械合金化粉末得到$Ti_{70.0}Nb_{23.33}Zr_{5.0}Ta_{1.67}$、$Ti_{68.0}Nb_{23.33}Zr_{5.0}Ta_{1.67}Si_{2.0}$和$Ti_{65.0}Nb_{23.33}Zr_{5.0}Ta_{1.67}Si_{5.0}$块状合金，考查Si元素的添加对合金组织性能的影响，如图6.17所示。图6.17(d)为块状合金的XRD图谱。分析数据发现，当Si含量为0时，$Ti_{70.0}Nb_{23.33}Zr_{5.0}Ta_{1.67}$块状合金由纯β-Ti相组成(图6.17(a))；而$Ti_{68.0}Nb_{23.33}Zr_{5.0}Ta_{1.67}Si_{2.0}$和$Ti_{65.0}Nb_{23.33}Zr_{5.0}Ta_{1.67}Si_{5.0}$块状合金是由连续的β-Ti和S2($(Ti,Zr)_2Si$)两相组成(图6.17(b)和(c))。此外，随着Si原子分数从2%增加到5%，S2相对应的衍射峰强度出现了增加，表明块状合金中S2相的含量增加，但是块状合金的相区尺寸明显减小。这表明Si含量的增加有利于细化块状合金的晶粒。

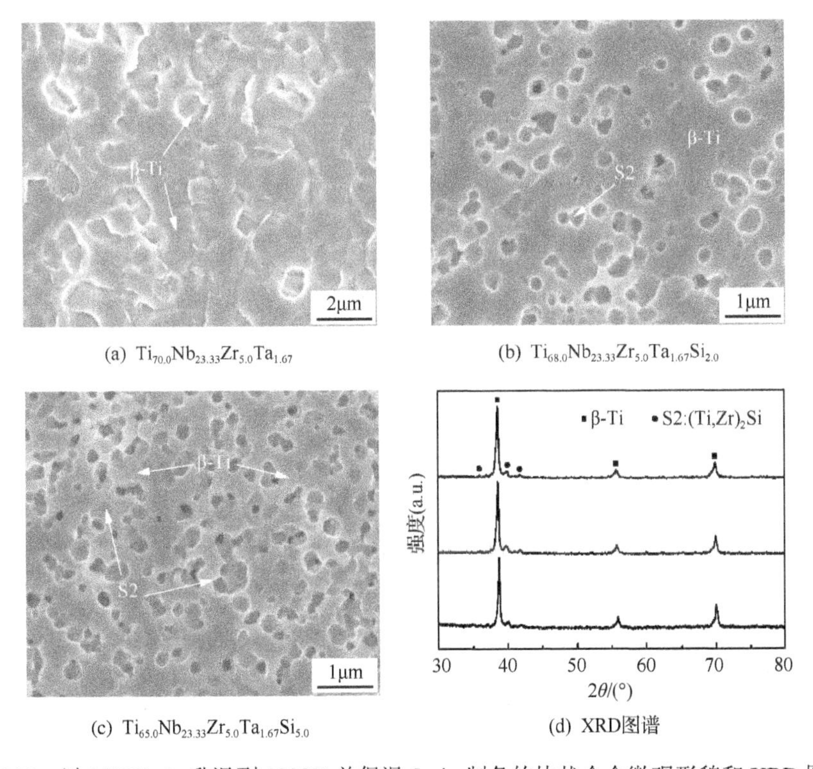

(a) $Ti_{70.0}Nb_{23.33}Zr_{5.0}Ta_{1.67}$　(b) $Ti_{68.0}Nb_{23.33}Zr_{5.0}Ta_{1.67}Si_{2.0}$

(c) $Ti_{65.0}Nb_{23.33}Zr_{5.0}Ta_{1.67}Si_{5.0}$　(d) XRD图谱

图6.17　以250K/min升温到1233K并保温5min制备的块状合金微观形貌和XRD图谱

对上述三种块状合金进行室温压缩力学性能测试，结果如图6.18所示。从$Ti_{68.0}Nb_{23.33}Zr_{5.0}Ta_{1.67}Si_{2.0}$合金不同应变阶段的宏观断口形貌(图6.18插图)可以看出，当应变量为10%时，试样由最初的圆柱状变为鼓形；当应变量为30%时，试样的鼓形更加明显；当应变量为 65%时，试样被压成了薄饼状。这表明含 Si 块状合金具有超高的塑性变形能力。相应的真应力-真应变曲线显示，含 Si 的试样没有明显的断裂特征。

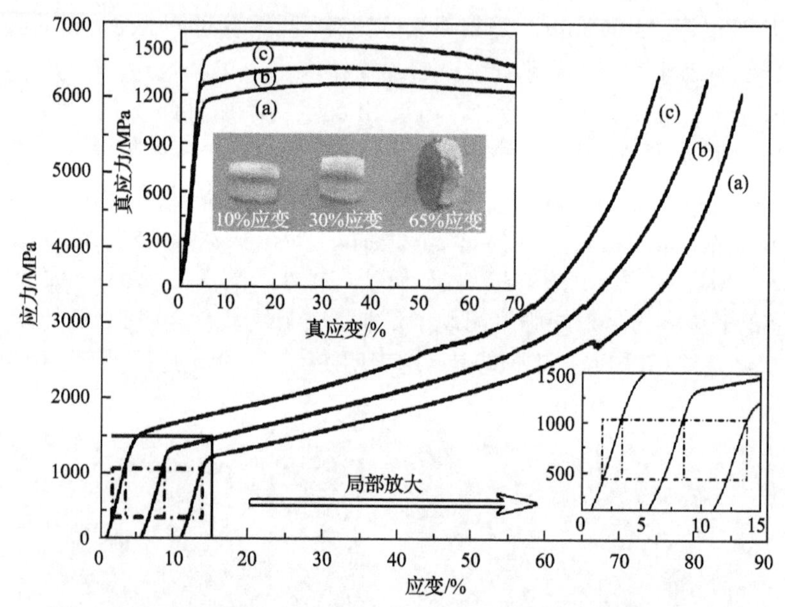

曲线：(a) $Ti_{70.0}Nb_{23.33}Zr_{5.0}Ta_{1.67}$；(b) $Ti_{68.0}Nb_{23.33}Zr_{5.0}Ta_{1.67}Si_{2.0}$；(c) $Ti_{65.0}Nb_{23.33}Zr_{5.0}Ta_{1.67}Si_{5.0}$

图 6.18 不同成分块状合金室温压缩力学性能

图 6.19 为三种成分块状合金室温压缩后的断口形貌。从图中可以看出，$Ti_{70.0}Nb_{23.33}Zr_{5.0}Ta_{1.67}$ 和 $Ti_{68.0}Nb_{23.33}Zr_{5.0}Ta_{1.67}Si_{2.0}$ 块状合金的断口形貌都是拉拔状的韧窝结构(图 6.19(a)和(b))，$Ti_{65.0}Nb_{23.33}Zr_{5.0}Ta_{1.67}Si_{5.0}$ 块状合金的断口形貌是蜂窝状的韧窝结构(图 6.19(c))，展示了良好的塑性断裂的典型特征。这进一步说明了含 Si 块状合金具有较高的塑性变形能力。

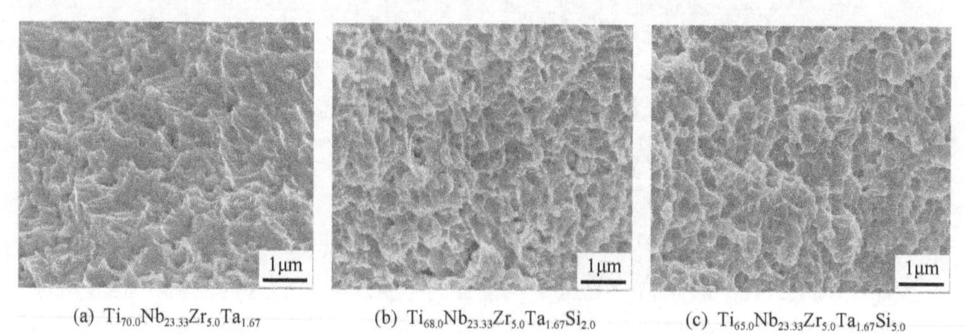

(a) $Ti_{70.0}Nb_{23.33}Zr_{5.0}Ta_{1.67}$　(b) $Ti_{68.0}Nb_{23.33}Zr_{5.0}Ta_{1.67}Si_{2.0}$　(c) $Ti_{65.0}Nb_{23.33}Zr_{5.0}Ta_{1.67}Si_{5.0}$

图 6.19 不同成分块状合金断口形貌

表 6.8 综合了上述块状合金的室温压缩性能以及其他生物医用钛合金的主要

力学性能。结果显示，三种块状合金的相对密度分别为 99.1%、99.3%、99.6%，这表明在 250K/min 升温到 1233K 并保温 5min 的烧结条件下，可实现试样的近全致密固结。此外，表 6.8 显示，随着 Si 的原子分数增加到 5%，块状合金的弹性模量、屈服强度和断裂强度都有所增加，而断裂应变有所减小。这说明微量添加的 Si 元素会降低材料的塑性。两种含 Si 块状合金的断裂应变高达 58%～66%，屈服强度和断裂强度分别达 1143～1347MPa 和 2793～3267MPa。这说明利用放电等离子烧结-非晶晶化法制备的含 Si 块状合金具有超高塑性、较高强度，综合力学性能优异。

表 6.8　不同成分医用钛合金的性能对比

合金成分	制备方法	相组成	弹性模量/GPa	屈服强度/MPa	断裂强度/MPa	断裂应变/%	致密度/%
$Ti_{70.0}Nb_{23.33}Zr_{5.0}Ta_{1.67}$	SPS	β-Ti	35	1143	2793	66	99.1
$Ti_{68.0}Nb_{23.33}Zr_{5.0}Ta_{1.67}Si_{2.0}$	SPS	β-Ti+S2	37	1296	3263	65	99.3
$Ti_{65.0}Nb_{23.33}Zr_{5.0}Ta_{1.67}Si_{5.0}$	SPS	β-Ti+S2	40	1347	3267	58	99.6
$Ti_{75}Zr_{10}Si_{15}$[56]	铸造	α-Ti+S1	150	1231	1871	4	—
$Ti_{60}Zr_{10}Nb_{15}Si_{15}$[56]	铸造	β-Ti+S1	120	1185	1684	4	—
$Ti_{74.4}Nb_{25.6}$[56]	铸造	β-Ti	62	544	1070	28	—
$Ti_{69.12}Fe_{26.88}Ta_4$[36]	铸造	β-Ti+FeTi	175	2215	2531	6	—
$Ti_{65.5}Nb_{22.3}Zr_{4.6}Ta_{1.6}Fe_6$[55]	SPS	β-Ti+FeTi	75	2425	2650	7	—
$Ti_{45}Zr_{10}Cu_{31}Pd_{10}Sn_4$[57]	SPS	玻璃相	114	—	2060	2	—

医用 Ti-35Nb-4Sn 块状合金的弹性模量为 42GPa，是迄今为止文献报道的最低值[58]。但是，本书制备含 Si 块状合金的弹性模量低至 37～40GPa，低于 Ti-35Nb-4Sn 合金的弹性模量。同时，与其他生物医用钛合金的弹性模量进行比较发现，含 Si 块状合金的弹性模量低于铸造法制备的 $Ti_{74.4}Nb_{25.6}$[56]、$Ti_{75}Zr_{10}Si_{15}$[56]、$Ti_{60}Zr_{10}Nb_{15}Si_{15}$[56]和 $Ti_{69.12}Fe_{26.88}Ta_4$[36]块状合金，以及放电等离子烧结法制备的超细晶 $Ti_{65.5}Nb_{22.3}Zr_{4.6}Ta_{1.6}Fe_6$[55]和 $Ti_{45}Zr_{10}Cu_{31}Pd_{10}Sn_4$[57]非晶合金。综上，利用上述方法制备的含 Si 块状钛合金，综合力学性能优异，同时具有与人骨更为接近的弹性模量，是一种很有前途的生物医用植入材料。

为了进一步明晰块状合金变形过程中的机理，对三种不同成分块状合金进行 25%压缩变形后观察块状合金的 TEM 微观形貌以及相应的选区电子衍射图，结果如图 6.20 所示。分析数据发现，在压缩过程中，基体 β-Ti 相区首先屈服，并随着应力的增加，产生大量位错。位错大量产生于 β-Ti 基体中(图 6.20(a)～(c))，主要归因于 β-Ti 较高的塑性变形能力[56]。随着应力的继续增加，裂纹优先在较脆的 S2 增强相中产生(图 6.20(c))。所制备的生物医用材料基于较高强度和塑性的主要原因是 S2 相阻碍位错的扩展，促进其增殖，增大合金的加工硬化能力。

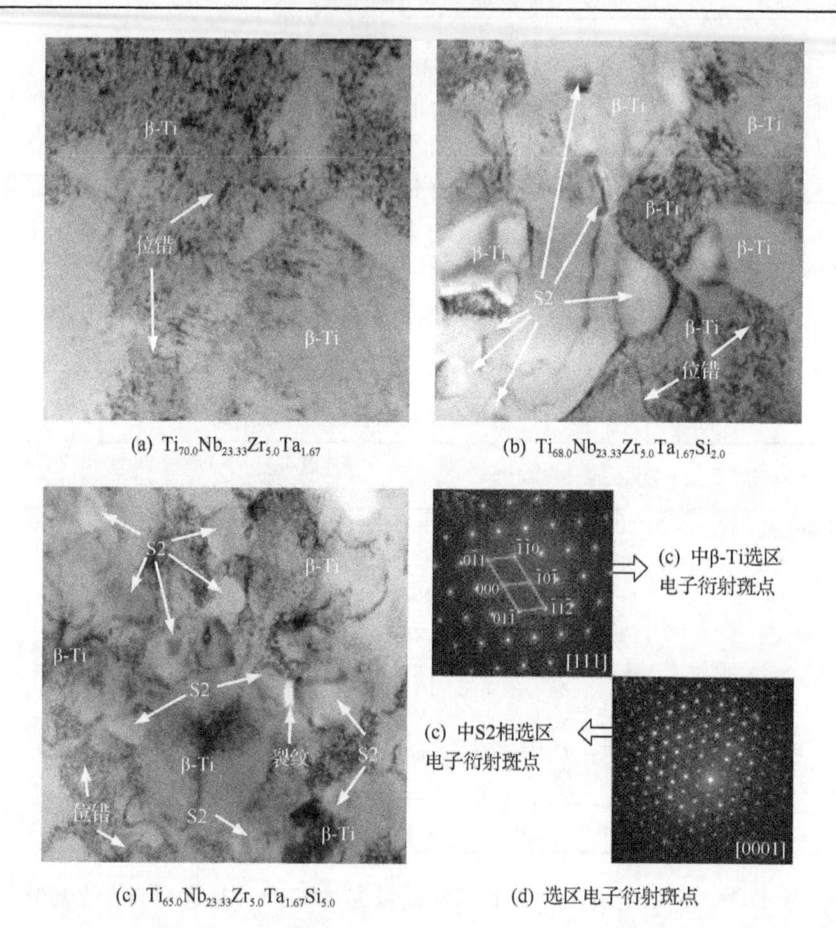

(a) $Ti_{70.0}Nb_{23.33}Zr_{5.0}Ta_{1.67}$　　(b) $Ti_{68.0}Nb_{23.33}Zr_{5.0}Ta_{1.67}Si_{2.0}$

(c) $Ti_{65.0}Nb_{23.33}Zr_{5.0}Ta_{1.67}Si_{5.0}$　　(d) 选区电子衍射斑点

图 6.20　不同成分块状合金经过 25%压缩变形后的 TEM 明场相及对应的选区电子衍射斑点

2) 粉末物性对组织性能的影响

选用综合性能优异的含 Si 元素的 $Ti_{65}Nb_{23.33}Zr_5Ta_{1.67}Si_5$ 合金成分为对象，考查粉末物性对β型医用钛合金组织性能的影响。所用的原料为雾化 $Ti_{65}Nb_{23.33}Zr_5Ta_{1.67}Si_5$ 粉末，根据粉末颗粒尺寸的不同将粉末分为雾化粗粉(150～180μm，用 C 表示)和雾化细粉(53～75μm，用 F 表示)。选用放电等离子烧结设备，在 50MPa 下以 100K/min 升温加热至 1443K 并保温 5min 的条件下，考查原始粉末的尺寸对块状合金组织的影响，结果如图 6.21 所示。两种粉末的块状合金相组成均为β-Ti 基体上分布 S2 相。与雾化细粉烧结块状合金不同的是(图 6.21(e)和(f))，使用雾化粗粉烧结制备的块体样品中不仅包含了白色的 S2 相密集区域以及灰色的 S2 相稀疏区域，还包含了大片深灰色的无 S2 相析出区(图 6.21(a)和(b))，其中单个白色或深灰色区域的大小约在雾化粗粉的颗粒尺寸范围内。再通过对比相同工艺参数下雾化粗粉与雾化细粉制备的块体样品在低倍数下的 SEM 微观形貌图可见，以雾化细粉为原料在 1443K 下烧结制得的块体样品组织已趋于均匀无明显分区，而以雾化粗粉为原料制备的块体则仍然有明显分区(图 6.21(a)和(e))。

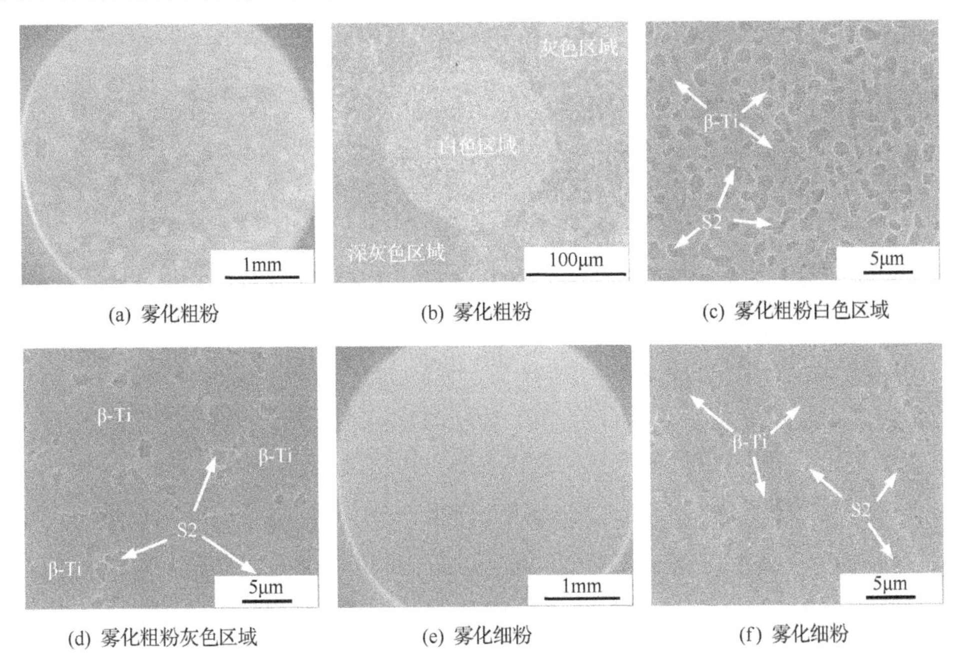

(a) 雾化粗粉　(b) 雾化粗粉　(c) 雾化粗粉白色区域

(d) 雾化粗粉灰色区域　(e) 雾化细粉　(f) 雾化细粉

图 6.21　两种雾化粉末烧结制备块状合金 SEM 形貌

此外，与雾化细粉不同，使用雾化粗粉烧结制备的块状合金的灰色区域内，S2 相相互联结呈近网状分布，而不是均匀分布，如图 6.21(d)所示。对比图 6.21(d)和(f)可以发现，由雾化细粉在相同工艺参数下烧结得到的样品 β-Ti 相的尺寸总是小于雾化粗粉烧结得到的样品，这是由于烧结体的晶粒尺寸会随初始粉末的晶粒尺寸减小而减小，而实验中所使用的雾化细粉的颗粒尺寸较雾化粗粉小。晶粒尺寸减小意味着晶界面积的增加，有利于 S2 相的形核。此外，晶界面积的增大有利于原子扩散，从而使 S2 相的析出分布更加均匀。同时，根据第 4 章中关于两种颗粒尺寸雾化粉末的黏性流动激活能 Q 的计算可知，雾化细粉的 Q 小于雾化粗粉。前期研究表明[28]，黏性流动激活能 Q 的降低有利于提高形核率，同时减缓晶粒长大速率。因此在以雾化粉末为原料的烧结过程中，雾化细粉 S2 相的形核率较大而长大速率较缓，于是雾化细粉块状合金的 S2 相更细小且分布均匀。

图 6.22 展示了两种颗粒尺寸雾化 $Ti_{65}Nb_{23.33}Zr_5Ta_{1.67}Si_5$ 合金粉末在同一工艺参数(50MPa 的压力下以 100K/min 的升温速率加热至 1343K 并保温 5min)下，经放电等离子烧结制备的块状合金 TEM 明场像。观察图 6.22(a)发现，使用雾化细粉烧结，β-Ti 相的晶粒尺寸为 1500～3550nm，S2 相晶粒尺寸为 300～750nm。使用雾化粗粉烧结时(图 6.22(b))，S2 相晶粒尺寸为 500～1300nm，由于 β-Ti 晶粒太

粗大，在该放大倍数下未能完整观察到任意一颗晶粒，但可以确定其远大于雾化细粉烧结块状合金的 β-Ti 晶粒尺寸。

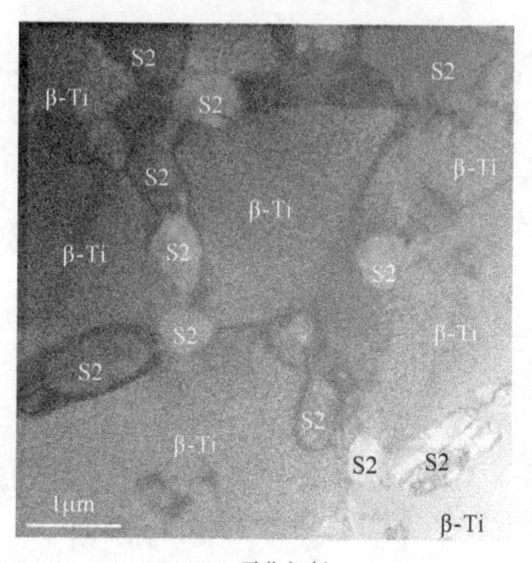

(a) 雾化细粉　　(b) 雾化粗粉

图 6.22　两种雾化 $Ti_{65}Nb_{23.33}Zr_5Ta_{1.67}Si_5$ 合金粉末烧结制备的块状合金 TEM 形貌

在压力为 50MPa，升温速率为 100K/min 的条件下烧结雾化粗粉和雾化细粉，对不同烧结温度制备的 $Ti_{65}Nb_{23.33}Zr_5Ta_{1.67}Si_5$ 块状合金进行室温拉伸试验，拉伸结果如图 6.23 所示。对比可得，使用颗粒尺寸更小的雾化细粉制备的 $Ti_{65}Nb_{23.33}Zr_5Ta_{1.67}Si_5$ 块状合金材料的综合力学性能更优。在烧结温度为 1343K 和 1443K 时，使用雾化细粉所制备块体的伸长率均达到了 5%以上，最高达到 10.6%，塑性较好。

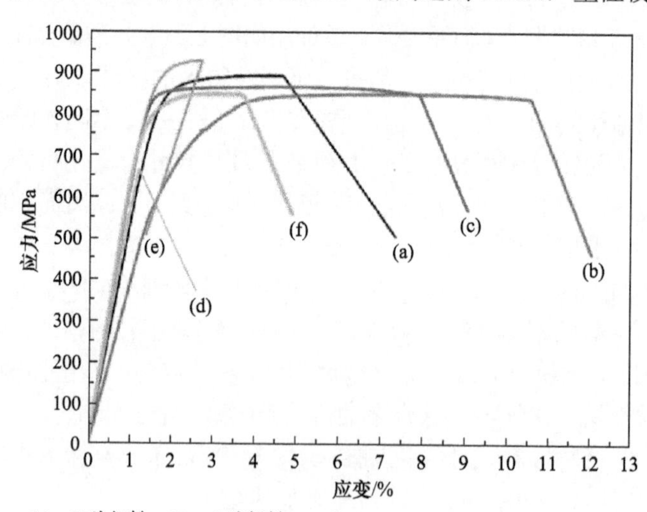

(a)～(c)为细粉；(d)～(f)为粗粉；(a)和(d)1243K；(b)和(e)1343K；(c)和(f)1443K

图 6.23　在不同温度下烧结雾化细粉和雾化粗粉制备的块状合金室温拉伸曲线

表 6.9 综合了一些医用钛合金的拉伸力学性能，通过对比可见，使用雾化粉

末制备的块状合金的拉伸弹性模量最小值为 61.6GPa，是目前医用合金拉伸弹性模量的较低值。值得一提的是，通过烧结雾化粉末制得的 $Ti_{65}Nb_{23.33}Zr_5Ta_{1.67}Si_5$ 块状合金在具有较低弹性模量的同时还兼具较高的强度及塑性。当与 Ti-30Nb-10Ta-5Zr 及(Ti-35Nb)-4Sn 合金弹性模量相近时，$Ti_{65}Nb_{23.33}Zr_5Ta_{1.67}Si_5$ 块状合金的强度与塑性显然更优。综上所述，使用雾化粉末经放电等离子烧结制备的 $Ti_{65}Nb_{23.33}Zr_5Ta_{1.67}Si_5$ 块状合金具有较低的拉伸弹性模量及较好的拉伸力学性能，具有很大的医学应用潜力。

表 6.9　医用钛合金室温拉伸力学性能对比

成分	弹性模量/GPa	屈服强度/MPa	抗拉强度/MPa	伸长率/%
F-100-1243-5	52.8	821.3	887.9	4.7
F-50-1343-5	38.8	628.0	832.2	10.6
F-50-1443-5	61.7	829.7	843.4	7.9
C-50-1243-5	57.6	—	663.5	1.2
C-50-1343-5	61.6	858.0	925.5	2.7
C-50-1443-5	64.8	768.9	838.6	3.7
CP Ti[58]	102～104	170～485	240～550	15～24
Ti-6Al-4V[58]	110～114	825～869	895～930	6～10
Ti-15Mo-2.8Nb-3Al[51]	82	771	812	—
Ti-15Mo-5Zr-3Al[58]	80	838	852	25
Ti-30Nb-10Ta-5Zr[59]	66.9	804	—	—
Ti-29Nb-13Ta-4.6Zr[58]	80	864	911	13.2
Ti-13Nb-13Zr[58]	79～84	836～908	973～1037	10-16
Ti-24Nb-4Zr-7.9Sn[60]	48～72	—	850～1150	—
(Ti-35Nb)-4Sn[61]	52	—	—	—

注：F(C)-*x*-*y*-*z* 中，F(C)表示雾化细粉(粗粉)；*x* 为升温速率，K/min；*y* 为烧结温度，K；*z* 为保温时间，*t*/min。

2. 含 Fe 体系

1) Fe 含量对组织性能的影响

基于上述的成分设计方法，确定合金体系为$(Ti_{0.697}Nb_{0.237}Zr_{0.049}Ta_{0.017})_{100-x}Fe_x$，在下文中以$(TNZT)_{100-x}Fe_x$表示。在 50MPa 烧结压力下以 174K/min 升温到 1243K、保温 5min 条件下，考查不同的 Fe 含量对合金体系微观组织和力学性能的影响。图 6.24 为升温速率 174K/min 升温到 1243K、保温 5min 条件下，烧结$(TNZT)_{94}Fe_6$合金粉末得到块状合金的 SEM 和 TEM 微观形貌。从图中可以看出，块状合金微观组织为 β-Ti 相包围 FeTi 相组成。对块状合金的晶粒进行 TEM 能谱分析，发现该合金由两相组成。其中 FeTi 相的晶粒尺寸为 200～300nm，β-Ti 相的晶粒尺寸为 200～400nm，均在超细晶尺寸范畴。

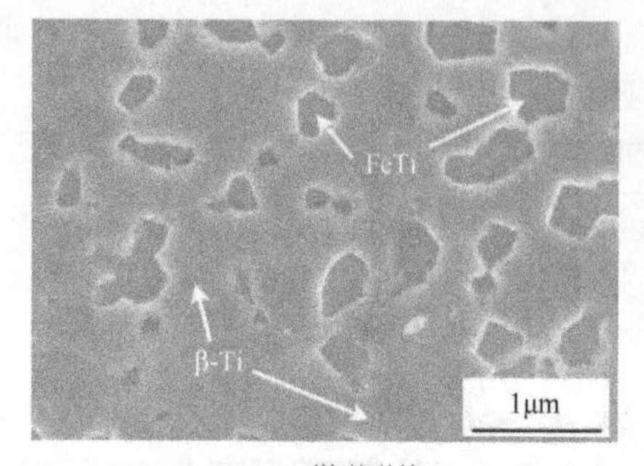

(a) SEM微观形貌

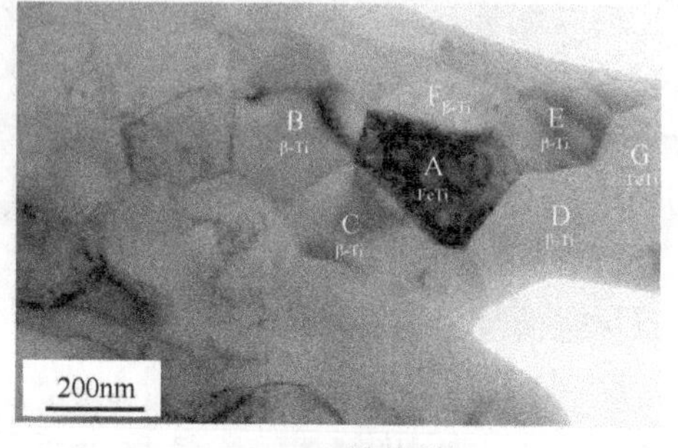

(b) TEM微观形貌

图 6.24　$(TNZT)_{94}Fe_6$ 块状合金 SEM 和 TEM 微观形貌

图 6.25 为烧结 $(TNZT)_{100-x}Fe_x$ 合金粉末得到块体材料的室温压缩应力-应变曲线。很明显，只有当 x=6 时，固结的块体材料才具有显著的塑性，其压缩断裂强度为 2540MPa，断裂应变为 8.09%。其他三种合金(x=0，2，10)都为脆性断裂，其断裂强度分别为 1695MPa、2657MPa 和 1916MPa，无明显的塑性。在烧结过程中，改变烧结参数，仍然只有当 x=6 时，块体材料才具有高强韧的特性。这表明，通过非晶粉末固结的 $(TNZT)_{100-x}Fe_x$ 合金性能与 Fe 含量密切相关。

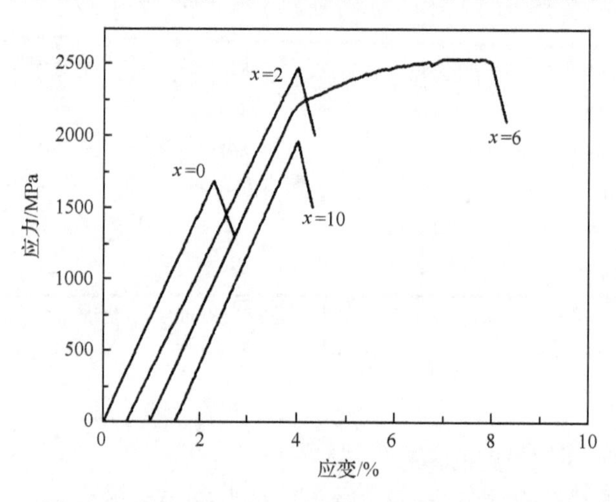

图 6.25　$(TNZT)_{100-x}Fe_x$ 块状合金室温压缩力学性能

图 6.26 为升温速率 174K/min 升温到 1243K、保温 5min 条件下，烧结 $(TNZT)_{94}Fe_6$ 块状合金的压缩断口形貌图。除了 x=6 时断口呈现塑性断裂的蜂窝状韧窝外，其余断口都为典型的脆性断裂形式，可以清晰观察到解理台阶(图 6.26)。压缩断口形貌和力学性能的结果相一致。

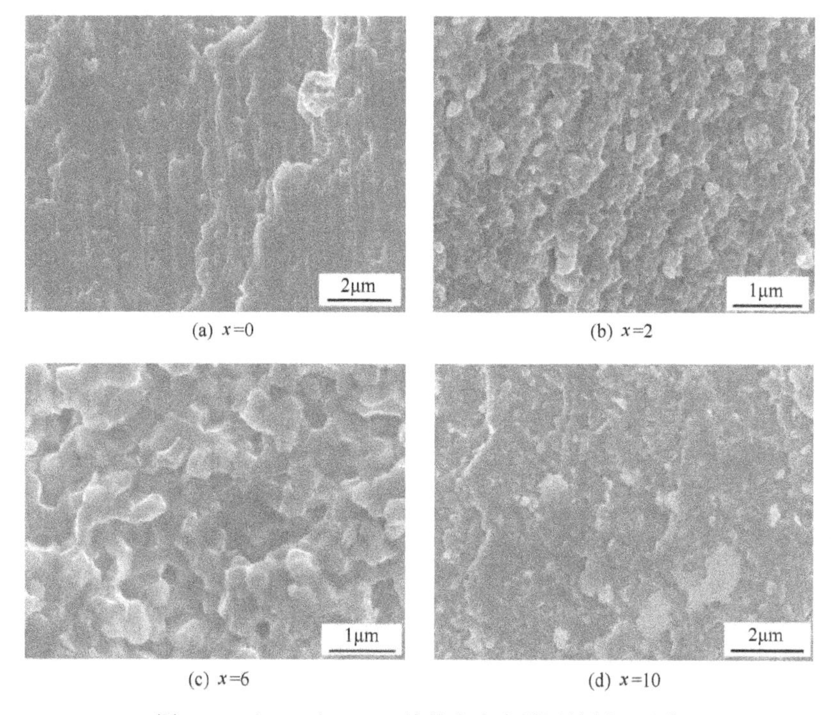

(a) x=0　(b) x=2

(c) x=6　(d) x=10

图 6.26　$(\mathrm{TNZT})_{100-x}\mathrm{Fe}_x$ 块状合金室温压缩断口形貌

2) Si、Fe 添加对超细晶钛合金力学性能影响差异的原因分析

在上述研究中，通过放电等离子烧结法成功制备出综合性能优异的 $\mathrm{Ti_{65.0}Nb_{23.33}Zr_{5.0}Ta_{1.67}Si_{5.0}}$(以下简写为 TNZTS)医用 β 钛合金，为考查 Si 与 Fe 元素的添加对超细晶块状钛合金力学性能的影响，以 Fe 代替 Si 制备出了 $\mathrm{Ti_{65.0}Nb_{23.33}Zr_{5.0}Ta_{1.67}Fe_{5.0}}$(以下简写为 TNZTF)块状合金。

图 6.27 为 TNZTF 块状合金的微观形貌与室温压缩断口形貌图。可以看出，烧结晶化后 TNZTF 块状合金是连续等轴晶状 β-Ti 基体相包围等轴晶状 $\mathrm{FeTi_2}$ 增强

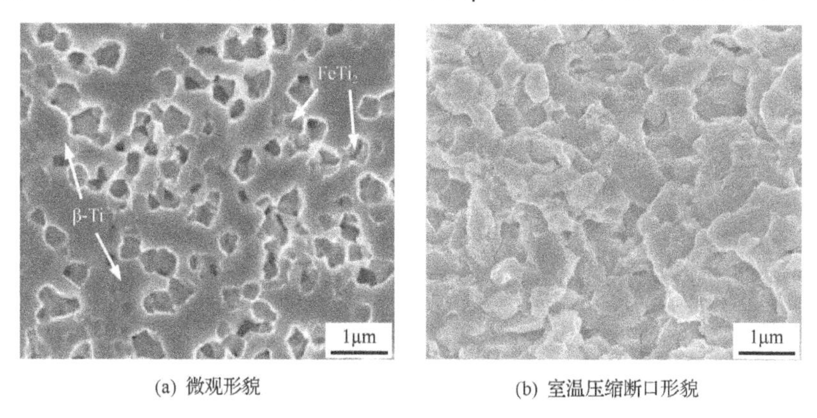

(a) 微观形貌　(b) 室温压缩断口形貌

图 6.27　TNZTF 的 SEM 微观形貌和室温压缩断口形貌

相的微观组织。其室温弹性模量、断裂强度和断裂应变分别为 65GPa、2872MPa 和 23.4%。分析断口形貌发现，β-Ti 相上有拉拔状韧窝结构产生，属于塑性断裂特征；而 $FeTi_2$ 断面比较光滑，裂纹主要在 $FeTi_2$ 内部产生，属于穿晶断裂的光滑断面，是脆性断裂特征。

图 6.28 是 TNZTF 块状合金的 TEM 明场像以及相应的选区电子衍射斑点。从 TEM 检测结果来看，该合金含有三个相，分别是 β-Ti 相、$FeTi_2$ 相和 α-Ti 相，但是由于 α-Ti 含量太少，在 SEM 微观形貌图中未能发现(图 6.27(a))，其微观组织是 β-Ti 基体相包围等轴晶 $FeTi_2$ 相和 α-Ti 相的三相结构。其中，$FeTi_2$ 相和 α-Ti 相的相区尺寸约为 200～400nm，β-Ti 的相区尺寸约为 500～900nm，与 TEM 微观形貌结果较吻合。$FeTi_2$ 相区平均成分为 $Ti_{56.22}Nb_{4.38}Zr_{7.43}Ta_{0.49}Fe_{31.48}$，α-Ti 相区平均成分为 $Ti_{92.18}Nb_{4.07}Zr_{3.60}Ta_{0.12}Fe_{0.03}$。

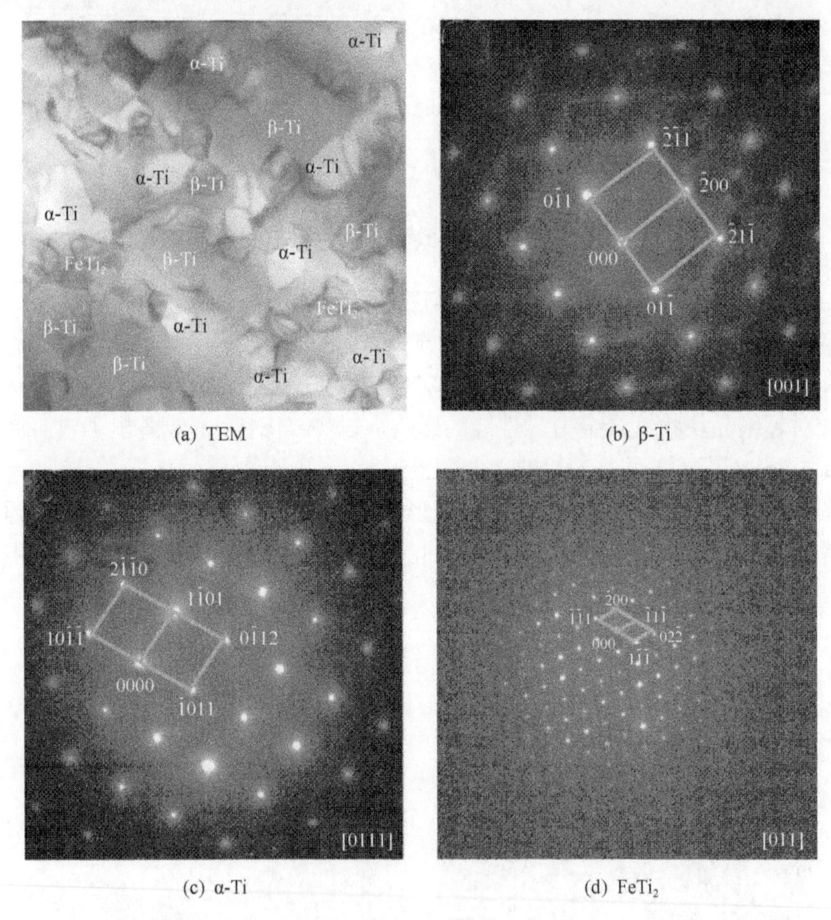

(a) TEM (b) β-Ti

(c) α-Ti (d) $FeTi_2$

图 6.28 TNZTF 块状合金的 TEM 形貌以及对应相的选区电子衍射斑点

为了进一步明晰块状合金变形过程的机理，对 TNZTF 块状合金进行 12%

压缩变形后观察块状合金的 TEM 微观形貌以及相应的选区电子衍射图，结果如图 6.29 所示。观察图 6.29(a)可以看出，与前述压缩变形后块状合金的 SEM 断裂特征分析相一致，裂纹主要在 $FeTi_2$ 内部、$FeTi_2$ 晶界及 $FeTi_2$ 与 β-Ti 的交界处产生。同时，β-Ti 基体中有大量位错产生(图 6.29(b))，在 $FeTi_2$ 相与 β-Ti 相的交界处有大量位错堆积(图 6.29(c))。通过对比 β-Ti 相与 $FeTi_2$ 相中位错的数量可知，β-Ti 的塑性变形能力较 $FeTi_2$ 强。综上可以判断，在压缩形变过程中，$FeTi_2$ 作为增强相，具有阻碍位错运动的作用。

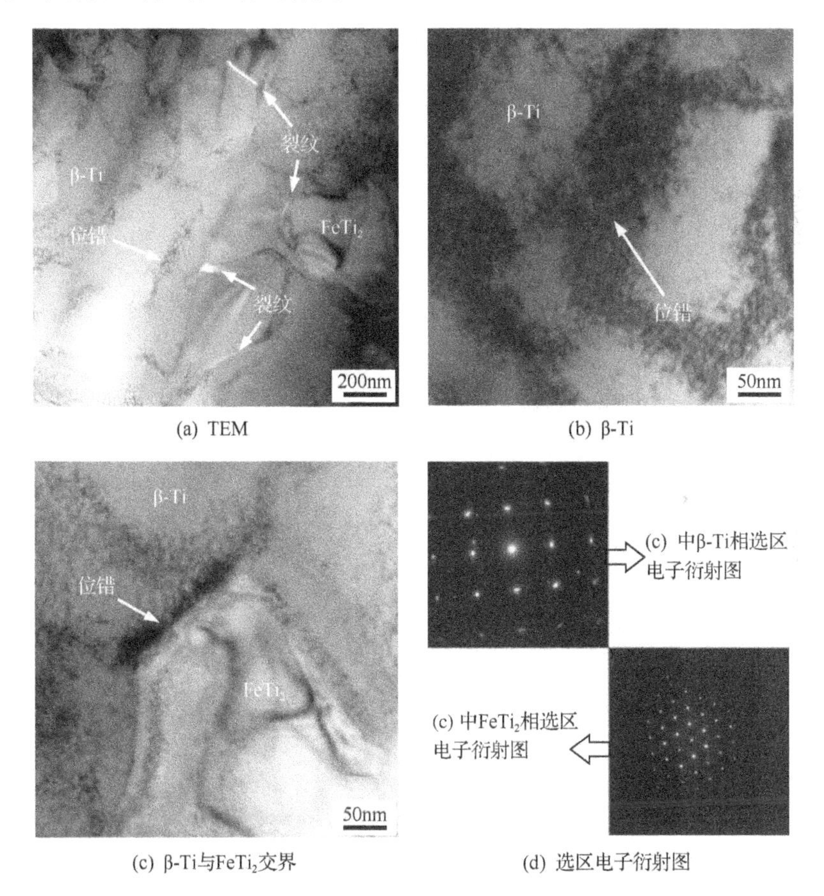

图 6.29 TNZTF 块状合金经过 12%压缩变形后的 TEM 明场相及对应的选区电子衍射斑点

此外，选区电子衍射斑点进一步确定了 β-Ti 相与 $FeTi_2$ 相分别为 bcc 晶体结构和 fcc 晶体结构。值得一提的是，β-Ti 衍射斑点沿着某一方向出现了拉长和偏移，这说明在 β-Ti 基体上存在大量的晶格畸变和位错变形。通过比较图 6.20 与图 6.29 中块状合金压缩变形后的 TEM 微观形貌，可以发现，含 Si 块状合金在压缩变形 25%后，裂纹的数量以及产生区域(图 6.20(c))明显比压缩变形 12%后含 Fe 块状合金(图 6.29(a))少，研究结果进一步说明含 Si 块状合金的塑性变形能力远远高于含 Fe 块状合金。

TNZTS 与 TNZTF 合金的力学性能对比如表 6.10 所示，造成力学性能差异的原因主要是成分和组织结构。首先，根据 d-电子合金设计理论，如图 6.30 所示，沿着亚稳 β 相边界，钛合金的弹性模量随着两个电子轨道参数 $\overline{B_0}$ 和 $\overline{M_d}$ 的增加而减小。本研究制备的 TNZTS 合金的两个电子轨道参数 $\overline{B_0}$ 和 $\overline{M_d}$ 值分别为 2.88 和 2.46，在 $\overline{B_0}$-$\overline{M_d}$ 图上处于亚稳 β 相边界位置，且其值较高，与低模量的 Ti-29Nb-13Ta-4.6Zr（$\overline{B_0}$ 和 $\overline{M_d}$ 值分别为 2.88 和 2.46）和 Ti-35Nb-5Ta-7Zr（$\overline{B_0}$ 和 $\overline{M_d}$ 值分别为 2.88 和 2.47）合金的 $\overline{B_0}$ 和 $\overline{M_d}$ 值非常接近，因此在 $\overline{B_0}$-$\overline{M_d}$ 图上的位置也很接近。而 TNZTF 合金的两个电子轨道参数 $\overline{B_0}$ 和 $\overline{M_d}$ 值分别为 2.87 和 2.39，与低模量的 Ti-29Nb-13Ta-4.6Zr 和 Ti-35Nb-5Ta-7Zr 合金的 $\overline{B_0}$ 和 $\overline{M_d}$ 值相比偏低。根据电子浓度理论[23]，对于 β 钛合金，当合金的平均电子浓度 *e*/*a* 接近 4.24 时其弹性模量达到最小值。因此，TNZTS 合金具有更低的模量。

表 6.10　两种成分块状合金室温压缩性能

成分	弹性模量/GPa	屈服强度/MPa	断裂强度/MPa	断裂应变/%
$Ti_{65.0}Nb_{23.33}Zr_{5.0}Ta_{1.67}Si_{5.0}$	40	1347	3267	58
$Ti_{65.0}Nb_{23.33}Zr_{5.0}Ta_{1.67}Fe_{5.0}$	65	2247	2872	23.4

其次，弹性模量、断裂应变和断裂强度的差异主要归因于合金微观组织的不同。TEM 微观形貌分析证实，两种合金的相组成不同，TNZTS 由 β-Ti 和 S2 两相组成，而 TNZTF 则由 β-Ti、$FeTi_2$ 和 α-Ti 三相组成。压缩变形后 TEM 分析发现，在压应力作用下，裂纹主要在 S2 相内部产生(图 6.20(c))，而在 $FeTi_2$ 相内部，$FeTi_2$ 相的晶界上，以及 $FeTi_2$ 相与 β-Ti 的交界处均有裂纹产生(图 6.29(a))。此外，α-Ti 为 hcp 结构，其塑性变形能力远比 bcc 结构的 β-Ti 低。合金中 α-Ti 会增加弹性模量，而 β-Ti 可以降低弹性模量。另外，根据前期研究结果，烧结和晶化非晶粉末后，晶化相组成越复杂，晶化后的块状合金塑性越差，而具有 β-Ti 基体包围等轴晶第二相的两相复合结构的钛合金往往展示出较高的塑性和断裂强度。此外，TNZTS 块状合金中的 O 含量(质量分数)为 0.64%，而 TNZTF 块状合金中的 O 含量高达 1.33%。O 含量较低也是 TNZTS 块状合金塑性较好的原因之一。综上几点，与 TNZTF 块状合金相比，TNZTS 块状合金的弹性模量较低，断裂应变和断裂强度较高。

最后，屈服强度差异主要归因于晶粒尺寸不同。TEM 分析发现，TNZTF 块状合金中，$FeTi_2$ 相和 α-Ti 相的相区尺寸约为 200～400nm，β-Ti 的相区尺寸约为 500～900nm。TNZTS 块状合金中，S2 的晶粒尺寸约为 200～400nm，β-Ti 的晶粒尺寸

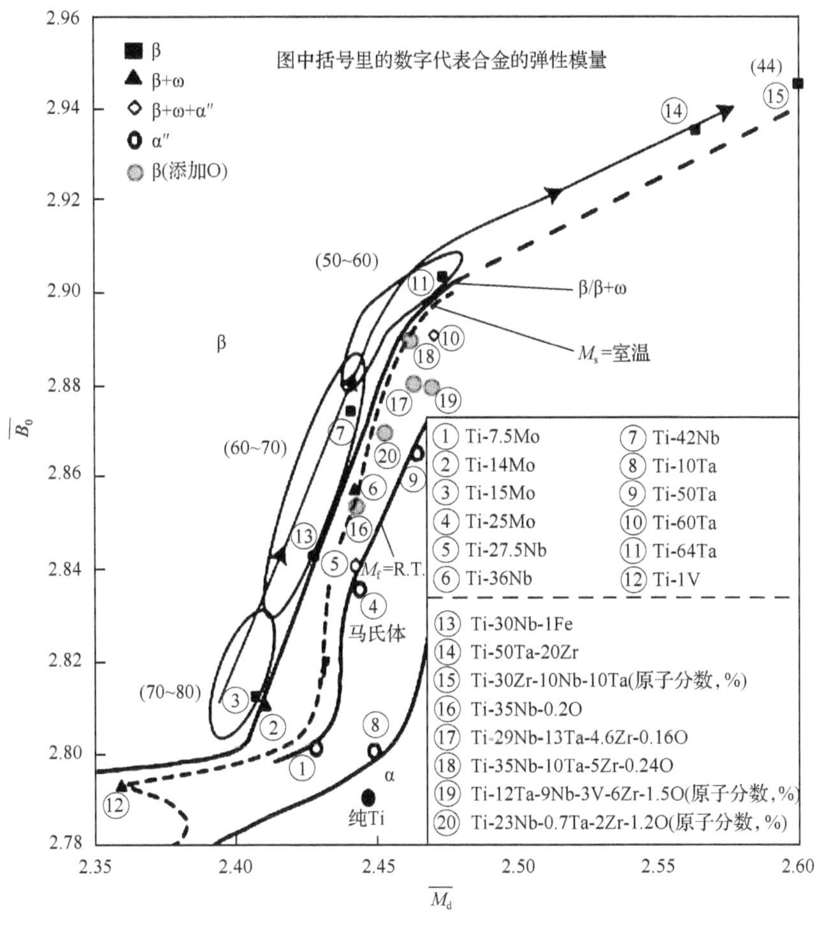

图 6.30　扩展的 $\overline{B_0}$-$\overline{M_d}$ 图[20]

约为 500～1000nm。相比之下，TNZTF 块状合金的晶粒尺寸较小。晶粒尺寸越小，屈服强度越大。

6.5　超细晶结构的形成机制

基于合金成分设计并利用放电等离子烧结-非晶晶化法成功制备以 β-Ti 晶化相为基体，(Cu, Ni)-Ti_2 或 $CoTi_2$ 相为第二相的钛基块状非晶合金复合材料，具有优异的力学性能。其详细制备过程如下：首先利用机械合金化制备多组元钛基非晶合金粉末，然后采用放电等离子烧结在粉末的过冷液相区内固结非晶粉末，再运用非晶晶化法使固结的近全致密块状非晶材料在随后的烧结或热处理过程中晶化析出延性相，通过调整烧结工艺参数，控制延性相的形貌、尺度和分布，合成高强度、高塑性的钛基块状非晶合金复合材料。因此，本合成过程包括机械合金化、放电等离子烧结和非晶晶化三个阶段，其中非晶晶化阶段是控制结构性能的关键。本小节首先讨论制备含晶化相的钛基块状非晶合金复合材料的理论基础，之后从形核长大动力学出发分析升温速率对晶体形核长大的影响机制。

1. 制备钛基块状非晶合金复合材料的理论基础

机械合金化是制备非晶粉末的常用方法之一，关于机械合金化的相关理论在第 3 章已有详细的描述，此处不再重复叙述。放电等离子烧结能实现相对低的烧结温度、短的保温时间和快的冷却速率。特别地，其突出优点之一是能提供高达几百开每分的升温速率，同时实现粉末烧结和烧结块体材料的原位热处理。因此，放电等离子烧结对粉末颗粒独特的烧结机理，可用于合成纳米晶、超细晶或细晶块状合金。

与普通的多晶材料和传统的低维非晶材料不同的是，块状非晶合金在受热升温发生晶化之前存在一个宽过冷液相区。在宽过冷液相区内，块状非晶合金黏度降低，具有黏滞流变行为和易成形性，表现出与氧化物玻璃极为类似的性质。研究表明，当温度从室温升至晶化温度时块状非晶合金的黏度至少降低 1/10000。图 6.31 为$(Ti_{66}Nb_{13}Cu_8Ni_{6.8}Al_{6.2})_1B_{0.79}C_{0.65}$ 粉末在过冷液相区以 30K/min 升温至 743K(合金过冷液相区为 673～775K)保温 10min 制备的块状非晶合金 SEM 微观形貌。可以看出，在远低于传统粉末冶金烧结温度下，烧结后的块状合金达到近全致密，证实了块状非晶在过冷液相区的易成形性。

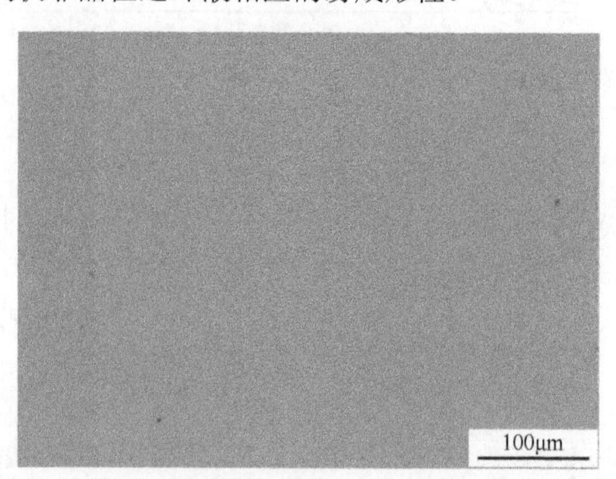

图 6.31　过冷液相区固结的块状非晶 SEM 微观形貌[62]

研究表明，随着升温速率的增大，多组元非晶合金粉末在相同的温度下黏度逐渐降低。当升温速率从 20K/min 增大到 400K/min 时，块状非晶合金的黏度大约降低至室温黏度的 1/10000。另外，高达几百开每分的升温速率会提高非晶粉末的过冷液相区宽度[63]。当升温速率从 20K/min 增大到 400K/min 时，块状非晶的过冷液相区宽度可增加 30K。这进一步为利用放电等离子烧结固结非晶合金粉末合成近全致密的块状非晶合金复合材料提供了有利条件。因此，在过冷液相区内利用放电等离子烧结固结非晶合金粉末，能获得保持非晶结构的近全致密的块状非晶合金。图 6.32 为图 6.31 制备的块状非晶合金的 TEM 微观形貌，可以看出块状非晶合金由尺寸约为 5nm 的晶化相和非晶基体组成，说明在过冷液相区升高温度或延长保温时间，烧结的块状非晶合金将发生晶化。

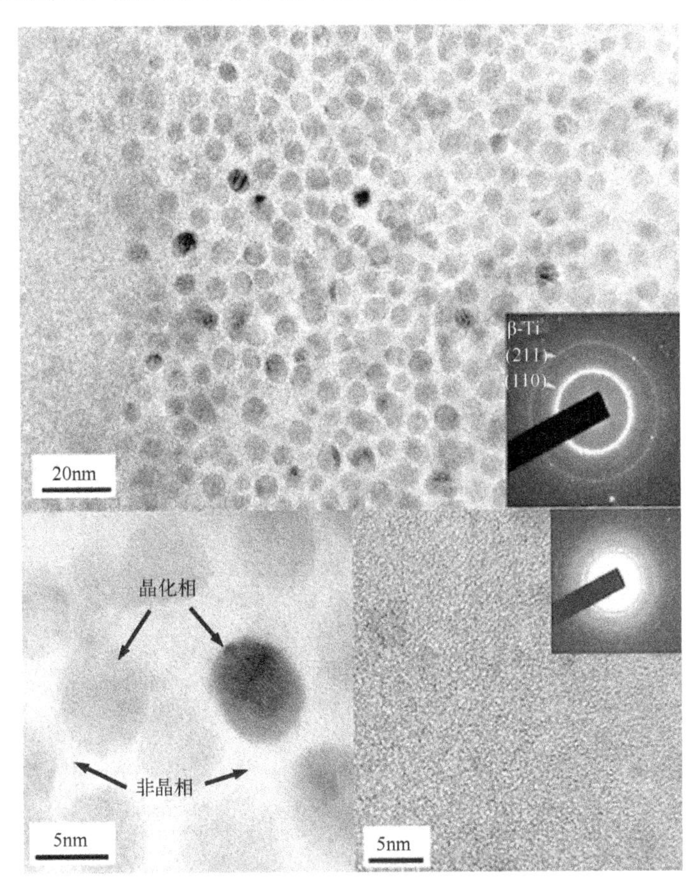

6.32　过冷液相区固结的块状非晶 TEM 微观形貌[62]

对放电等离子烧结条件下的非晶晶化来说，晶粒的形核和长大可以被看作是脉冲电流退火条件下晶体相的形成过程。根据经典形核长大理论，非晶晶化过程中晶体相的形成可认为是一个高形核率和低晶粒长大速率的联合过程。对于均匀形核过程，非晶晶化时的稳态形核率为[15]

$$I = I_0\left(-\frac{Q}{RT}\right)\exp\left(-\frac{L\Delta G_{\mathrm{c}}}{RT}\right) \tag{6.4}$$

式中，I_0为速率常数；L为洛施密特数；Q为形核激活能(大约等于扩散激活能)；ΔG_c为形成临界晶核所需的自由能。

很明显，形核率I在较大程度上取决于温度。理论计算表明，在某个临界温度，形核率存在一个最大值。同时，形核率还可被形核激活能影响。在本书中，增大升温速率将使非晶合金粉末在某一温度下黏度降低，这将导致扩散激活能(数值大约等于形核激活能Q)减小，从而导致形核率增大。对于晶核长大过程，长大速率u可表示为[15]

$$u = r_a v_0 \exp\left(-\frac{Q_g}{RT}\right) \tag{6.5}$$

式中，r_a为原子直径；v_0为原子跃迁频率；Q_g为晶核长大激活能。

由式(6.5)可知，晶粒长大速率u随温度升高而增大。从形核率和晶粒长大速率与温度的关系可以看出，在非晶晶化过程中存在一个温度范围，形核率大而晶核长大速率小，在此温区内烧结有利于得到纳米晶。随后，调控烧结参数继续保温或升温可获得超细晶。

综上所述，在采用放电等离子烧结-非晶晶化法固结多组元非晶合金粉末合成块状非晶合金复合材料的过程中，多组元非晶合金粉末在其宽的过冷液相区内黏度很小，且随着升温速率的增大黏度进一步降低，过冷液相区宽度增大。于是，在压力作用下，过冷液相区内就能合成保持非晶结构的近全致密的块状合金。而非晶晶化法的独特优势是，通过调控升温速率、烧结温度、保温时间等工艺参数，可以改变非晶合金粉末的过冷液相区宽度和黏度等物性参数，从而调控烧结块状非晶合金的形核率和晶粒长大速率，在保证高致密度的同时，获得纳米晶、超细晶和细晶等可控的理想结构[64]。因此，放电等离子烧结-非晶晶化法是一种极具前途的制备高致密度、优异力学性能的含晶化相的钛基块状非晶合金复合材料的方法。

2. 升温速率对晶体相形核长大的影响机制

如上所述，随着升温速率的增大，非晶合金粉末在过冷液相区内某一温度下的黏度降低。图 6.33 为不同升温速率下加热到 1173K 制备 $Ti_{66}Nb_{13}Cu_8Ni_{6.8}Al_{6.2}$块状合金的致密化曲线。可以发现，在某一特定的温度，$Ti_{66}Nb_{13}Cu_8Ni_{6.8}Al_{6.2}$非晶合金粉末的致密化速率随升温速率的增大而增大。降低的黏度将使扩散激活能(等同于形核激活能Q)减小。根据描述非晶晶化时形核率的表达式(式(6.4))，烧结块状非晶时晶化的形核率I随形核激活能Q的减小而增大。因此，形核率随升温速率的增大而增大。

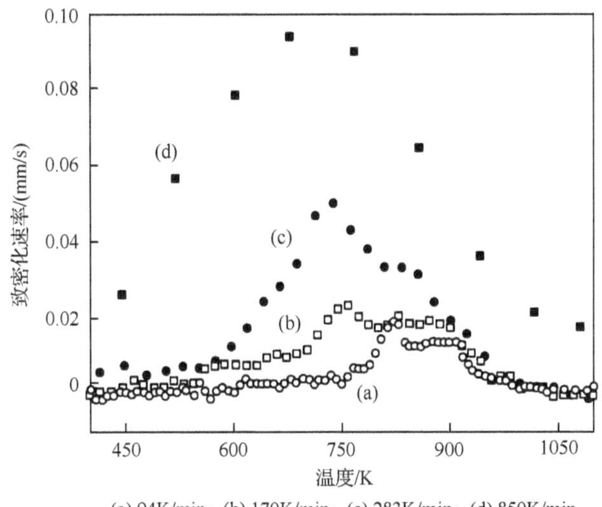

(a) 94K/min；(b) 170K/min；(c) 283K/min；(d) 850K/min

图 6.33 不同升温速率下加热到 1173K 制备 $Ti_{66}Nb_{13}Cu_8Ni_{6.8}Al_{6.2}$ 块状合金的致密化曲线

另外，根据描述晶粒长大速率的表达式(式(6.5))，晶粒长大速率 u 随温度的升高单调增大。而升温速率的增大能通过提高非晶合金的晶化温度从而增大过冷液相区宽度[50]。这意味着在低升温速率下会发生晶化的某一特定温度 T(略高于晶化温度)，高升温速率下块状合金可能仍保持非晶结构。相当于在该特定温度 T 时，高升温速率下的块状合金组织仍为非晶结构，而低升温速率下的块状合金已经发生晶粒长大。因此高升温速率导致的更短烧结时间和非晶结构的保持使得其具有更低的晶粒长大速率 u 。

综上所述，在放电等离子烧结-非晶晶化过程中，烧结块状非晶合金中晶体相的形成可通过高升温速率下的高形核率和低长大速率来实现。在相同的烧结时间内，升温速率越高，合成的钛基块状合金晶粒尺寸越小[40]。

图 6.34 为在相同时间内升温到不同的烧结温度合成的超细晶 $Ti_{66}Nb_{13}Cu_8Ni_{6.8}Al_{6.2}$ 块状合金的断口微观形貌。观察图 6.34 发现，与 1min 升温到 1173K 合成的块状合金相比(图 6.34(a))，1min 升温到 1023K 制备的块状合金具有更大的晶粒尺寸(图 6.34(b))，相关结果从实验上证实了在相同烧结时间内更高的升温速率下制备的块状合金具有更小的晶粒尺寸。2min 升温到 1173K(图 6.34(c))和 1023K(图 6.34(d))制备的块状合金也出现了相似的实验结果。综上，在采用放电等离子烧结-非晶晶化法固结多组元非晶合金粉末的过程中，更高的升温速率(更大的脉冲电流)可以促进晶体相的形核，抑制晶体相的长大，有利于合成更小晶粒尺寸的块状合金[40]。

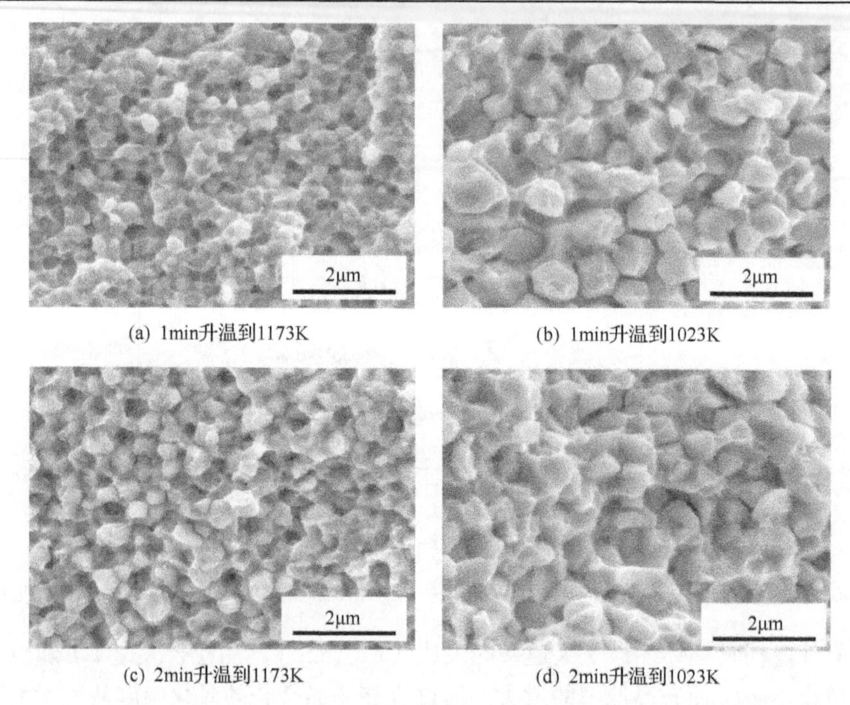

(a) 1min升温到1173K　(b) 1min升温到1023K

(c) 2min升温到1173K　(d) 2min升温到1023K

图 6.34　相同时间内升温到不同烧结温度合成的 $Ti_{66}Nb_{13}Cu_8Ni_{6.8}Al_{6.2}$ 块状合金断口形貌

参 考 文 献

[1] Wang W H, Dong C, Shek C H. Bulk metallic glasses. Materials Science and Engineering R-Reports, 2004, 44(2-3): 45-89.

[2] Liu Y H, Wang G, Wang R J, et al. Super plastic bulk metallic glasses at room temperature. Science, 2007, 315(5817): 1385-1388.

[3] Yao K F, Ruan F, Yang Y Q, et al. Superductile bulk metallic glass. Applied Physics Letters, 2006, 88(12): 122106.

[4] Chen L Y, Fu Z D, Zhang G Q, et al. New class of plastic bulk metallic glass. Physical Review Letters, 2008, 100(7): 075501.

[5] Eckert J, Das J, Pauly S, et al. Mechanical properties of bulk metallic glasses and composites. MRS Bulletin, 2007, 32(8): 635-638.

[6] 张哲峰, 伍复发, 范吉堂, 等. 非晶合金材料的变形与断裂. 中国科学: G 辑, 2008, (4): 349-372.

[7] Sun G Y, Chen G, Liu C T, et al. Innovative processing and property improvement of metallic glass based composites. Scripta Materialia, 2006, 55(4): 375-378.

[8] Fu H, Zhang H, Wang H, et al. Synthesis and mechanical properties of Cu-based bulk metallic glass composites containing in-situ TiC particles. Scripta Materialia, 2005, 52(7): 669-673.

[9] Hofmann D C, Suh J Y, Wiest A, et al. Designing metallic glass matrix composites with high toughness and tensile ductility. Nature, 2008, 451(7182): 1085-1089.

[10] Hofmann D C, Johnson W L. Development of tough, low-density titanium-based bulk metallic glass matrix composites with tensile ductility. Proceedings of the National Academy of Sciences of the United States of America, 2008, 105(51): 20136-20140.

[11] Kim K B, Das J, Xu W, et al. Microscopic deformation mechanism of a $Ti_{66.1}Nb_{13.9}Ni_{4.8}Cu_8Sn_{7.2}$ nanostructure–dendrite composite. Acta Materialia, 2006, 54(14): 3701-3711.

[12] Kühn U, Mattern N, Gebert A, et al. Nanostructured Zr-and Ti-based composite materials with high strength and enhanced plasticity. Journal of Applied Physics, 2005, 98(5): 171-243.

[13] Wang G, Shen J, Sun J F, et al. Superplasticity and superplastic forming ability of a Zr-Ti-Ni-Cu-Be bulk metallic glass in the supercooled liquid region. Journal of Non-Crystalline Solids, 2005, 351(3): 209-217.

[14] Chan K C, Chen Q, Liu L. Deformation behavior of $Zr_{55.9}Cu_{18.6}Ta_8Al_{7.5}Ni_{10}$ bulk metallic glass matrixcomposite in the supercooled liquid region. Intermetallics, 2007, 15(4): 500-505.

[15] Lu K.Phase transformation from an amorphous alloy into nanocrystalline materials. Acta Metallrugica Sinica, 1994, 30(13): 1-21.

[16] Liu L H, Yang C, Kang L M, et al. Equiaxed Ti-based composites with high strength and large plasticity prepared by sintering and crystallizing amorphous powder. Matcrials Science & Engineering A, 2016, 650:171-182.

[17] Eckert J, Kühn U, Das J, et al. Nanostructured composite materials with improved deformation behavior. Advanced Engineering Materials, 2005, 7(7): 587-596.

[18] Takeuchi A, Inoue A. Classification of bulk metallic glasses by atomic size difference, heat of mixing and period of constituent elements and its application to characterization of the main alloying element. Materials Transactions, 2005, 46(12): 2817-2829.

[19] Assis S L D, Wolynec S, Costa I. Corrosion characterization of titanium alloys by electrochemical techniques. Electrochimica Acta, 2006, 51(8): 1815-1819.

[20] Abdel-Hady M, Hinoshita K, Morinaga M. General approach to phase stability and elastic properties of β-type Ti-alloys using electronic parameters. Scripta Materialia, 2006, 55(5): 477-480.

[21] You L, Song X. A study of low Young's modulus Ti-Nb-Zr alloys using d electrons alloy theory. Scripta Materialia, 2012, 67(1): 57-60.

[22] Zhou T, Aindow M, Alpay S P, et al. Pseudo-elastic deformation behavior in a Ti/Mo-based alloy. Scripta Materialia, 2004, 50(3): 343-348.

[23] Tane M, Akita S, Nakano T, et al. Peculiar elastic behavior of Ti-Nb-Ta-Zr single crystals. Acta Materialia, 2008, 56(12): 2856-2863.

[24] Withey E, Jin M, Minor A, et al. The deformation of "Gum Metal" in nanoindentation. Materials Science & Engineering A, 2008, 493 (1): 26-32.

[25] Dong C, Chen W, Wang Y, et al. Formation of quasicrystals and metallic glasses in relation to icosahedral clusters. Journal of Non-Crystalline Solids, 2007, 353 (32-40): 3405-3411.

[26] Dong C, Wang Q, Qiang J B, et al. Topical Review: From clusters to phase diagrams: composition rules of quasicrystals and bulk metallic glasses. Journal of Physics D: Applied Physics, 2007, 40 (15): R273.

[27] Morinaga M, Kato M, Kamimura T, et al. Theoretical design of β-type titanium alloys. Titanium 1992' Science and Technology, Proccedings of 7th International Conference on Titanium, San Diego, 1992: 276-283.

[28] Kuroda D, Niinomi M, Morinaga M, et al. Design and mechanical properties of new β type titanium alloys for implant materials. Materials Science & Engineering A, 1998, 243 (1-2): 244-249.

[29] Wang Q, Dong C, Qiang J, et al. Cluster line criterion and Cu-Zr-Al bulk metallic glass formation. Materials Science & Engineering A, 2007, s 449-451 (4): 18-23.

[30] Wang H B, Wang Q, Dong C, et al. Composition design for Laves phase-related body-centered cubic-V solid solution alloys with large hydrogen storage capacities. Journal of Physics Condensed Matter An Institute of Physics, 2008, 20 (11): 114110.

[31] Miracle D B, Sanders W S, Senkov O N. The influence of efficient atomic packing on the constitution of metallic glasses. Philosophical Magazine, 2003, 83 (20): 2409-2428.

[32] Singh J, Singh P, Rattan S K, et al. Strain field due to substitutional transition-metal impurities in bcc metals: Application to dilute vanadium alloys. Physical Review B: Condensed Matter, 1994, 49 (2): 932-943.

[33] Inoue A. Stabilization of metallic supercooled liquid and bulk amorphous alloys. Acta Materialia, 2000, 48 (1): 279-306.

[34] Munir Z A, Anselmi-Tamburini U, Ohyanagi M. The effect of electric field and pressure on the synthesis and consolidation of materials: A review of the spark plasma sintering method. Journal of Materials Science, 2006, 41 (3): 763-777.

[35] Kuhn U, Mattern N, Gebert A, et al. Nanostructured Zr and Ti-based composite materials with high strength and enhanced plasticity. Journal of Applied Physics, 2005, 98 (5): 171-243.

[36] Zhang L C, Lu H B, Mickel C, et al. Ductile ultrafine-grained Ti-based alloys with high yield strength. Applied Physics Letters, 2007, 91 (5): 051906-051906-051903.

[37] Das J, Tang M B, Kim K B, et al. "Work-Hardenable" ductile bulk metallic glass. Physical Review Letters, 2005, 94 (20): 205501.

[38] Kim K B, Das J, Venkataraman S, et al. Work hardening ability of ductile $Ti_{45}Cu_{40}Ni_{7.5}Zr_5Sn_{2.5}$ and $Cu_{47.5}Zr_{47.5}Al_5$ bulk metallic glasses. Applied Physics Letters, 2006, 89(7): 180201.

[39] Sen I, Tamirisakandala S, Miracle D B, et al. Microstructural effects on the mechanical behavior of B-modified Ti-6Al-4V alloys. Acta Materialia, 2007, 55(15): 4983-4993.

[40] Li Y Y, Yang C, Qu S G, et al. Nucleation and growth mechanism of crystalline phase for fabrication of ultrafine-grained $Ti_{66}Nb_{13}Cu_8Ni_{6.8}Al_{6.2}$ composites by spark plasma sintering and crystallization of amorphous phase. Materials Science & Engineering A, 2010, 528(1): 486-493.

[41] Chen W, Wu X, Yang C, et al. Fabrication of ultrafine-grained $Ti_{66}Nb_{18}Cu_{6.4}Ni_{6.1}Al_{3.5}$ composites with high strength and distinct plasticity by spark plasma sintering and crystallization of amorphous phase. Materials Transactions, 2012, 53(3): 531-536.

[42] Yang C, Wu X M, Zeng J, et al. Effect of V content on microstructure and mechanical property of a TiVCuNiAl composite fabricated by spark plasma sintering. Materials & Design (1980-2015), 2013, 52(24): 655-662.

[43] 李元元, 杨超, 李小强, 等. 放电等离子烧结-非晶晶化法合成钛基块状非晶复合材料. 中国有色金属学报, 2011, 21: 2305-2323.

[44] Liu L H, Yang C, Wang F, et al. Ultrafine grained Ti-based composites with ultrahigh strength and ductility achieved by equiaxing microstructure. Materials & Design, 2015, 79:1-5.

[45] He G, Eckert J, Löser W, et al. Composition dependence of the microstructure and the mechanical properties of nano/ultrafine-structured Ti-Cu-Ni-Sn-Nb alloys. Acta Materialia, 2004, 52(10): 3035-3046.

[46] He G, Löser W, Eckert J. In situ formed Ti-Cu-Ni-Sn-Ta nanostructure-dendrite composite with large plasticity. Acta Materialia, 2003, 51(17): 5223-5234.

[47] He G, Eckert J, Löser W, et al. Novel Ti-base nanostructure–dendrite composite with enhanced plasticity. Nature Materials, 2003, 2(1): 33-37.

[48] Park J M, Han J H, Kim K B, et al. Favorable microstructural modulation and enhancement of mechanical properties of Ti-Fe-Nb ultrafine composites. Philosophical Magazine Letters, 2009, 89(10): 623-632.

[49] Das J, Kim K B, Xu W, et al. Formation of ductile ultrafine eutectic structure in Ti-Fe-Sn alloy. Materials Science & Engineering A, 2007, 449(12): 737-740.

[50] Louzguine-Luzgin D V, Louzguina-Luzgina L V, Kato H, et al. Investigation of Ti-Fe-Co bulk alloys with high strength and enhanced ductility. Acta Materialia, 2005, 53(7): 2009-2017.

[51] Louzguina-Luzgina L V, Louzguine-Luzgin D V, Inoue A. Influences of additional alloying elements (V, Ni, Cu, Sn, B) on structure and mechanical properties of high-strength hypereutectic Ti-Fe-Co bulk alloys. Intermetallics, 2006, 14(3): 255-259.

[52] Das J, Kim K B, Baier F. High-Strength Ti-base ultrafine eutectic with enhanced ductility. Applied Physics Letters, 2005, 87(16): 161907.

[53] Li Y H, Yang C, Wang F, et al. Biomedical TiNbZrTaSi alloys designed by d-electron alloy design theory. Materials & Design, 2015, 85:7-13.

[54] Zou L M, Li Y H, Yang C, et al. Effect of Fe content on glass-forming ability and crystallization behavior of a $(Ti_{69.7}Nb_{23.7}Zr_{4.9}Ta_{1.7})_{100-x}Fe_x$ alloy synthesized by mechanical alloying. Journal of Alloys & Compounds, 2013, 553(6): 40-47.

[55] Li Y Y, Zou L M, Yang C, et al. Ultrafine-grained Ti-based composites with high strength and low modulus fabricated by spark plasma sintering. Materials Science & Engineering A, 2013, 560(1): 857-861.

[56] Abdi S, Khoshkhoo M S, Shuleshova O, et al. Effect of Nb addition on microstructure evolution and nanomechanical properties of a glass-forming Ti-Zr-Si alloy. Intermetallics, 2014, 46(2): 156-163.

[57] Xie G, Qin F, Zhu S, et al. Ni-free Ti-based bulk metallic glass with potential for biomedical applications produced by spark plasma sintering. Intermetallics, 2012, 29(5): 99-103.

[58] Niinomi M. Mechanical properties of biomedical titanium alloys. Materials Science & Engineering A, 1998, 243(1-2): 231-236.

[59] Geetha M, Singh A K, Asokamani R, et al. Ti based biomaterials, the ultimate choice for orthopaedic implants: A review. Progress in Materials Science, 2009, 54(3): 397-425.

[60] Hao Y L, Li S J, Sun S Y, et al. Elastic deformation behaviour of Ti-24Nb-4Zr-7.9Sn for biomedical applications. Acta Biomaterialia, 2007, 3(2): 277-286.

[61] Matsumoto H, Watanabe S, Hanada S. Beta TiNbSn alloys with low Young's modulus and high strength. Materials Transactions, 2005, 46(5): 1070-1078.

[62] Chen Y, Yang C, Zou L M, et al. Ti-based bulk metallic glass matrix composites with in situ precipitated β-Ti phase fabricated by spark plasma sintering. Journal of Non-Crystalline Solids, 2013, 359: 15-20.

[63] Yamasaki T, Maeda S, Yokoyama Y, et al. Viscosity measurements of $Zr_{55}Cu_{30}Al_{10}Ni_5$ supercooled liquid alloys by using penetration viscometer under high-speed heating conditions. Intermetallics, 2006, 14(8-9): 1102-1106.

[64] Kodera Y, Yamamoto T, Toyofuku N, et al. Role of disorder-order transformation in consolidation of ceramics. Journal of Materials Science, 2006, 41(3): 727-732.

本章作者：陈　涛，杨　超

第 7 章　半固态烧结非晶合金粉末制备双尺度钛合金

7.1　引　　言

现代工业技术的飞速发展对钛合金材料性能提出了更高的要求，制备出高强韧的钛合金材料以满足更苛刻条件下的应用，已成为材料工作者不断追求的永恒目标。改进制备钛合金的工艺，控制其微观组织结构(相的种类、晶粒尺度、形态及分布)，一直以来被大多数研究人员视为改善钛合金强韧性的最有效途径。

纳米晶和超细晶通常具有高强度，然而此类材料的低塑性极大地限制了其工业应用[1]。近些年，材料工作者提出很多策略解决纳米晶材料的低塑性问题[2]，其中一种途径是通过引入一些粗晶，形成双尺度或多尺度晶粒[3,4]。通过铜模铸造快速凝固法可以制备双尺度结构的钛合金[5]，其关键在于合理的成分设计和精确控制凝固条件。首先选用多组元且非晶形成能力强的合金体系，因为此类合金在液态时具有高度密堆结构，所以在合适的冷却条件下更倾向于形成纳米晶基体；然后添加微量难熔金属元素作为冷却过程中树枝晶的形核质点。利用以上设计方法，He 等[5]成功制备了断裂强度为 2401MPa，断裂应变为 14.5%的双尺度 $Ti_{60}Cu_{14}Ni_{12}Sn_4Nb_{10}$ 块状合金。其中纳米晶基体提供了材料的高强度，而延性微米树枝晶 β-Ti 相贡献了塑性。然而，高冷却速率及苛刻的成分精度要求限制着这些方法的广泛应用。

结合铜模铸造快速凝固法的思路和放电等离子烧结-非晶晶化成功制备双相等轴超细晶钛合金的方法，本章节提出一种制备双尺度钛合金的新型方法——半固态烧结法。其原理是在烧结过程中将合金粉末加热至某一特定温度 T，使其中某些晶化相熔化或发生共晶反应形成液相，使得固液相在烧结过程中处于不同的晶粒长大条件，从而制备双尺度或多尺度钛合金。图 7.1 为铜模铸造法与半固态烧结的原理对比图，可以看出半固态烧结以非晶粉末为原料，在烧结过程中经过固相烧结阶段可形成近全致密的块状合金，通过烧结温度的控制可调控合成块状合金的相区和晶粒尺度、形貌与分布，是一种极具前途的高致密度和高力学性能双尺度结构钛合金的制备方法。

值得注意的是，在粉末冶金成形技术中有一种“类似”的半固态粉末成形方法——液相烧结(liquid phase sintering，LPS)。该种方法由两种或多种组分的金属粉末或粉末压坯在液相和固相同时存在状态下进行粉末烧结。液相烧结时必须保证液相对固相有良好的浸润性，且固相必须在液相中有一定的溶解度[6]。自从

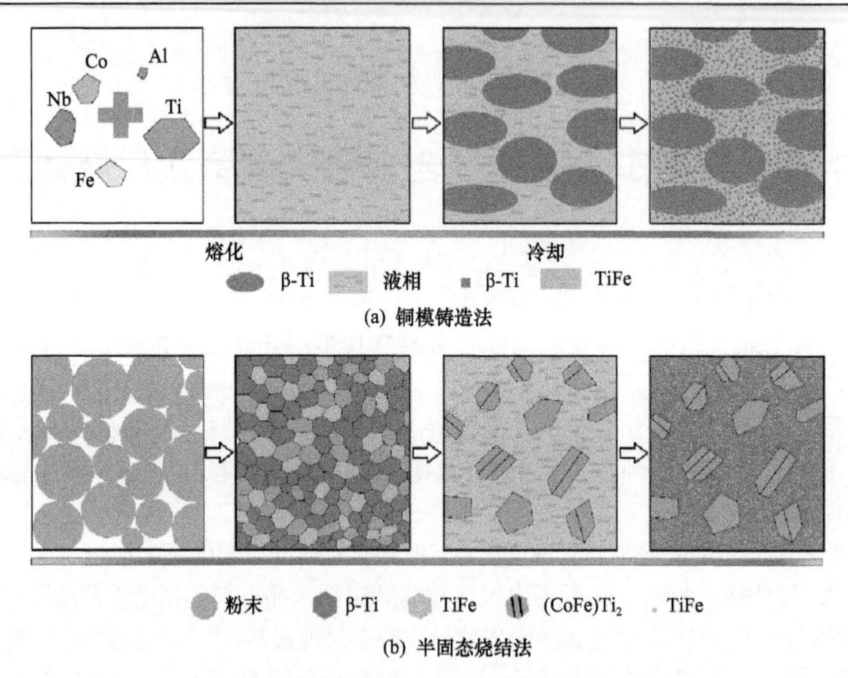

图 7.1　铜模铸造法与半固态烧结法原理对比

Kingery[7]于 1959 年首次将液相烧结致密化机理分为液相生成和颗粒重排、固相溶解和析出、固相骨架形成三个阶段并基于 Fe-Cu 系合金粉末进行实验验证后，国内外研究工作者相继在 W-Cu[8]、W-Ni-Fe[9]等合金体系中对液相烧结致密化作出深入的研究。目前液相烧结工艺已被广泛用作制造各种烧结合金零件、电接触材料等。本章采用的方法之所以称为半固态烧结而不是液相烧结，主要是基于以下几点原因：

(1) 半固态烧结采用的粉末只有一种成分，即球磨后的合金粉末，且其组织结构均匀，微观组织为非晶结构或非晶基体包围纳米晶，而非液相烧结中具有不同熔点的两种或多种组分粉末。

(2) 样品在烧结过程中液相为低熔点相，固相为高熔点的 bcc β-Ti，两者并不需要涉及浸润性问题，这也不同于传统液相烧结。

(3) 半固态烧结中组织形成的四个阶段均不同于液相烧结，而且在液相生成前已经完成了致密化，这完全不同于液相烧结通过液相的生成来提高材料的致密度。

本章首先介绍基于单相熔化半固态烧结制备的双尺度超细晶钛合金的组织性能以及双尺度结构的形成机理，然后介绍利用共晶反应半固态烧结制备的双尺度超细晶钛合金的组织性能以及结构形成机理，最后对比分析双尺度结构与其他结构超细晶钛合金的性能。

7.2　基于单相熔化半固态烧结制备双尺度钛合金

金属材料的熔化或液相的形成与成分密切相关，根据液相形成的机制不同，熔化过程又可以分为单相熔化和共晶熔化等。在半固态烧结中，微观组织结构与液相的形成机制密切相关，进而影响力学性能。本章节介绍基于单相熔化半固态烧结制备的双尺度钛合金工艺-结构-性能关系。

7.2.1　双尺度 TiNbCuNiAl 合金

选用 $Ti_{66}Nb_{13}Cu_8Ni_{6.8}Al_{6.2}$ 合金成分作为研究对象，采用铜模铸造法、放电等离子烧结-非晶晶化法(固相烧结)和半固态烧结法制备出不同的合金试样，考查不同工艺方法制备合金的组织性能关系，揭示半固态烧结法高强韧钛合金的结构形成机制及性能起源。

1. 半固态温度的确定

液相形成温度是半固态烧结的一个重要参数，一般可通过 DSC 和高温原位 XRD 等方法测得。图 7.2 为机械合金化法制备的 $Ti_{66}Nb_{13}Cu_8Ni_{6.8}Al_{6.2}$ 合金粉末的 DSC 曲线。可以看出，合金粉末在 1394K 出现了一个较小的熔化吸热峰。前期研究表明，$Ti_{66}Nb_{13}Cu_8Ni_{6.8}Al_{6.2}$ 粉末受热晶化后会生成 β-Ti 相和 MTi_2(M=Cu，Ni) 相。而 β-Ti 的熔点高达 1943K[5]，因此该吸热峰为 MTi_2 相的熔化吸热峰。

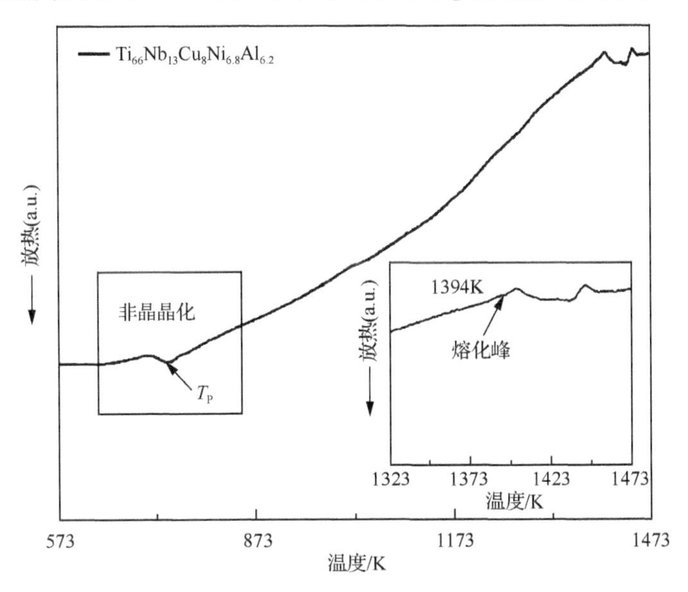

图 7.2　$Ti_{66}Nb_{13}Cu_8Ni_{6.8}Al_{6.2}$ 合金粉末 DSC 曲线

为了进一步确定粉末半固态温度区间，还对 $Ti_{66}Nb_{13}Cu_8Ni_{6.8}Al_{6.2}$ 终态粉末进行了高温原位 XRD 测试分析，结果如图 7.3 所示。在温度为 1273K 时，XRD 图谱中有 β-Ti 和 MTi_2 两相，随着温度的升高，MTi_2 的衍射峰逐渐减弱，这表明升温过程中 MTi_2 固相含量逐渐减少，慢慢转变为液态。进一步升温发现，MTi_2 相在温度为 1323K 时开始熔化。XRD 数据结果与 DSC 测得的半固态起始温度吻合度较好，证实了 $Ti_{66}Nb_{13}Cu_8Ni_{6.8}Al_{6.2}$ 合金半固态起始温度在 1323K 附近。

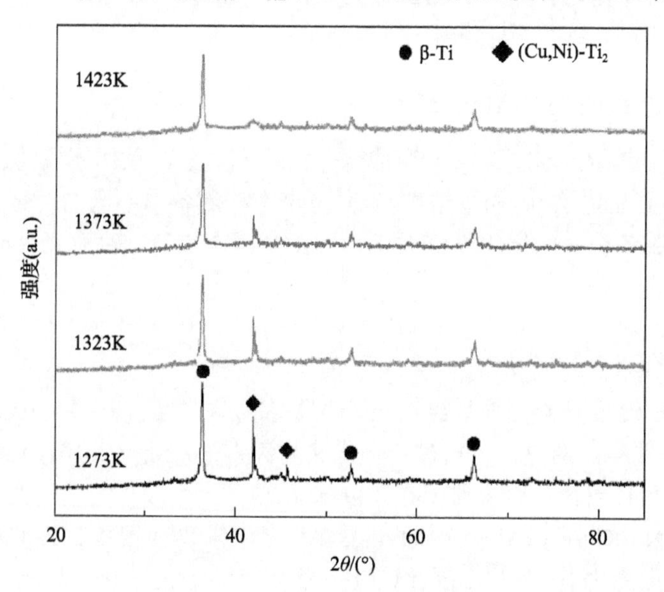

图 7.3 $Ti_{66}Nb_{13}Cu_8Ni_{6.8}Al_{6.2}$ 合金粉末高温原位 XRD 图谱

2. 半固态烧结块状合金制备

在烧结压力为 30MPa、升温速率为 100K/min、保温时间为 0min 的条件下，研究了半固态烧结温度对块状合金组织性能的影响。图 7.4 为不同烧结温度下制备的 $Ti_{66}Nb_{13}Cu_8Ni_{6.8}Al_{6.2}$ 块状合金的微观形貌。结果显示，在 1123K 烧结的块状合金(用 S-100-1123-0 表示)微观组织为等轴晶 β-Ti 基体包围弥散分布的等轴晶 MTi_2(M=Cu，Ni)相。利用 TEM 测试得知 MTi_2 的晶粒尺寸约为 200～500nm，而 β-Ti 的晶粒尺寸约为 500～900nm(此处未放 TEM 图片)，属于超细晶范畴。这与传统的放电等离子烧结-非晶晶化法制备的高强韧等轴钛合金微观形貌一致[10]。

然而，当烧结温度提高到半固态温度区间(1323K)时，微观组织则由两部分组成：一部分为等轴晶 MTi_2 分布在等轴晶 β-Ti 基体上构成双相等轴区，其中 MTi_2 的晶粒尺寸约为 0.7～2.1μm，β-Ti 约为 1.2～2.9μm。该部分微观组织与非晶晶化法固相烧结的微观组织类似，但晶粒尺寸更大。另一部分是由长条状的 MTi_2 沿着等轴 β-Ti 的晶界分布组成，称为熔化区。熔化区 MTi_2 为超细晶，晶粒宽度约为

250～600nm，长宽比范围为 2～9，β-Ti 为微米晶，晶粒尺寸约为 3～12μm。综上分析，在 1323K 烧结的块状合金微观形貌为双相等轴晶区包围双尺度结构。1323K 烧结合金之所以存在两种不同的烧结区域，可归因于在烧结过程中粉末内部各部分的温度不均匀，使得较高温度区域的 MTi_2 熔化成液相，而较低温度区域的 MTi_2 相仍保持固相，从而形成双相等轴晶区，但固相晶粒尺寸长大。

随着烧结温度进一步提高到 1423K，块状合金的组织则转变为全熔化区结构，如图 7.4(c)所示。而且此时 β-Ti 也出现了成分与形貌的差异，由 β-Ti(A)和 β-Ti(B)表示。长条状 MTi_2 主要沿着 β-Ti(A)的晶界处分布，而 β-Ti(B)则基本被 MTi_2 所包围。由图可知，MTi_2 的晶粒尺寸约为 0.5～1μm，β-Ti(B)的晶粒尺寸约为 3.1～6.4μm，而 β-Ti(A)的晶粒尺寸约为 7.6～19.2μm，仍然是双尺度结构。

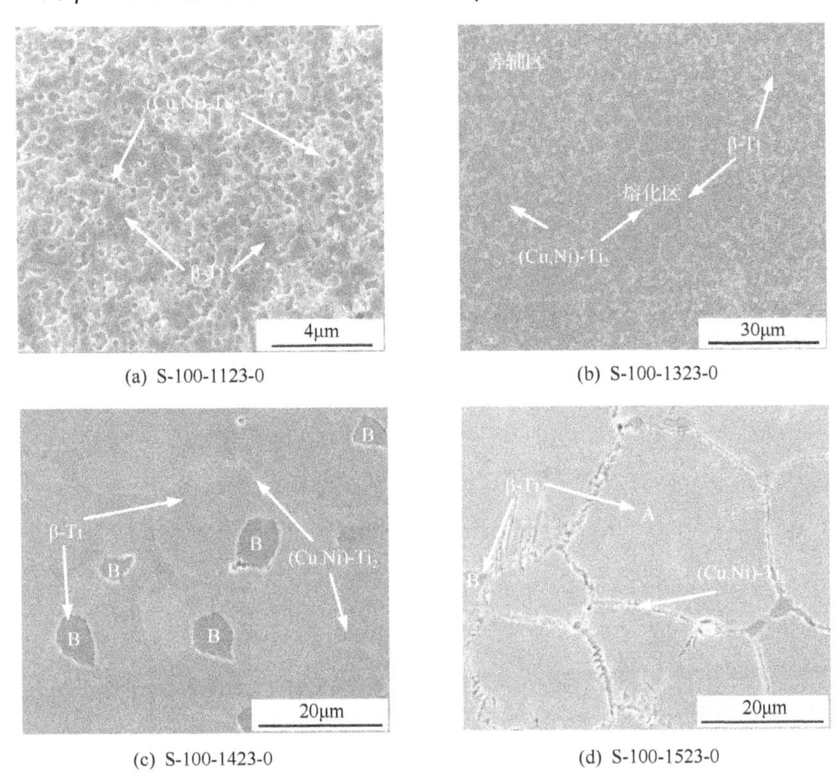

(a) S-100-1123-0　(b) S-100-1323-0

(c) S-100-1423-0　(d) S-100-1523-0

图 7.4　不同烧结温度下制备的 $Ti_{66}Nb_{13}Cu_8Ni_{6.8}Al_{6.2}$ 块状合金的微观形貌

当烧结温度升高到 1523K 时，如图 7.4(d)所示，合金组织与在 1423K 烧结温度下制备的试样相似，但是相尺寸更大。其中，MTi_2 的晶粒尺寸约为 0.4～0.7μm，β-Ti(B)的晶粒尺寸约为 1.2～2.3μm，β-Ti(A)的晶粒尺寸约为 9～26μm。利用 SEM 的能谱测试了不同烧结温度下块状合金的各相成分，结果如表 7.1 所示。分析数据发现，1523K 烧结温度下的块状合金 MTi_2 和 β-Ti(B)中的 Cu 和 Ni 含量低于

1423K 烧结块状合金，而 β-Ti(A) 中 Cu 和 Ni 含量高于 1423K 烧结块状合金。可以推测出，提高烧结温度使 β-Ti 稳定元素 Cu 和 Ni 的原子扩散能力增强，而加速溶入 β-Ti(A)，导致 S-100-1523-0 合金中 MTi_2 和 β-Ti(B) 中的 Cu 和 Ni 含量降低，且温度升高，MTi_2 和 β-Ti(B) 的晶粒尺寸反而低于 S-100-1423-0 合金。

表 7.1　S-100-1423-0 和 S-100-1523-0 块状合金的各相成分

试样	相	Ti 原子分数/%	Nb 原子分数/%	Cu 原子分数/%	Ni 原子分数/%	Al 原子分数/%
S-100-1423-0	β-Ti(A)	65.7	21.2	3.1	2.2	7.8
	β-Ti(B)	89.5	6	0.8	0.6	3.1
	MTi_2	63.4	2.1	17.4	13.6	1.9
S-100-1523-0	β-Ti(A)	62.3	24.3	3.5	2.4	7.5
	β-Ti(B)	91.5	5	0.6	0.3	2.6
	MTi_2	66.7	3.9	15.9	11.8	1.7

为考查块状合金微观形貌对力学性能的影响，图 7.5 展示了不同烧结温度下合金试样的压缩应力-应变曲线。分析数据发现(表 7.2)，固相烧结(1123K)样品由于晶粒细小，屈服强度较高(为 1502MPa)，而断裂强度和断裂应变都较低。1323K 半固态烧结样品屈服强度为 1483MPa，断裂强度和断裂应变分别达到 2382MPa 和 31.8%，其力学性能远高于固相烧结的样品。同时，将半固态烧结制备的块状合金与铜模铸造法制备的双尺度结构(纳米晶基体+微米树枝晶 β-Ti) 合金 Ti(A) 和 Ti(B) 相比[11]，发现半固态烧结法制备的块状合金屈服强度和断裂应变更高，与第 6 章中利用放电等离子烧结 (升温速率 170K/min) 非晶合金粉末得到的双相等轴超细晶结构 $Ti_{66}Nb_{13}Cu_8Ni_{6.8}Al_{6.2}$ 合金(表 7.2) 相比，屈服强度略高而塑性相同。

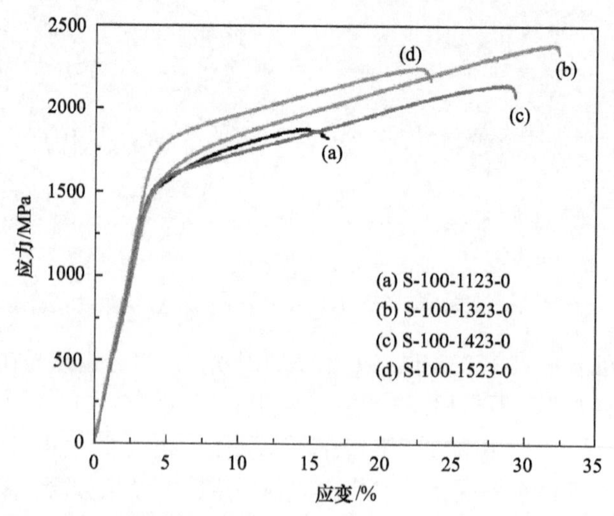

图 7.5　不同烧结温度下制备的 $Ti_{66}Nb_{13}Cu_8Ni_{6.8}Al_{6.2}$ 块状合金的室温压缩力学性能

表 7.2　不同方法制备的 $Ti_{66}Nb_{13}Cu_8Ni_{6.8}Al_{6.2}$ 合金的压缩测试结果

试样	屈服强度/MPa	断裂强度/MPa	断裂应变/%
Ti(A)	1087	2484	23.7
Ti(B)	1195	2043	30.5
Ti(C)	1446	2415	31.8
S-100-1123-0	1502	1878	14.6
S-100-1323-0	1483	2382	31.8
S-100-1423-0	1488	2143	28.6
S-100-1523-0	1701	2245	22.6

注：1) Ti(A)和 Ti(B)分别为铜模铸造快速凝固法制备的 $Ti_{66}Nb_{13}Cu_8Ni_{6.8}Al_{6.2}$ 块状合金室温压缩性能。
2) Ti(C)为放电等离子烧结-非晶晶化法制备的 $Ti_{66}Nb_{13}Cu_8Ni_{6.8}Al_{6.2}$ 块状合金室温压缩性能[12]。

值得一提的是，1423K 半固态烧结块状合金断裂强度与应变低于 1323K 块状合金，究其原因可能是其双尺度结构缺少了外围等轴晶的包围，使其在压缩过程中缺少了外围等轴晶区对位错和滑移带的阻碍。至于 1523K 样品，其屈服强度达到了 1701MPa，相比前三个样品有了较大提高，而断裂强度再次上升到 2245MPa，断裂应变为 22.6%，具体机理可参考第 8 章相关部分。总之，不论是双相等轴晶包围的双尺度结构，还是全双尺度结构，它们都具有极高的强韧性。这表明半固态烧结是一种制备高强韧双尺度结构钛合金的新型方法，且具有极大的应用前景。

图 7.6 为不同烧结温度下制备的 $Ti_{66}Nb_{13}Cu_8Ni_{6.8}Al_{6.2}$ 合金样品的断口形貌图。从图中可以看出，固相烧结的等轴结构样品断口形貌具有典型的蜂窝状韧窝特征，尺寸为 300～600nm，这与 MTi_2 的晶粒尺寸相吻合。同时也发现，韧窝底部 MTi_2 相上存在裂纹。图 7.6(b)中 1323K 块体断口发现大量熔化痕迹，这是由于样品在压缩变形过程中，剧烈的滑移、摩擦再加上弹性应变能瞬时释放，使得样品中发生了绝热剪切，使局部温度急剧增高，从而发生熔化现象。而对 1323K 下制备的其他区域的断口形貌进行观察时发现，等轴区的断口形貌特征与固相烧结样品的断裂形态相似，只是晶粒尺寸较大。

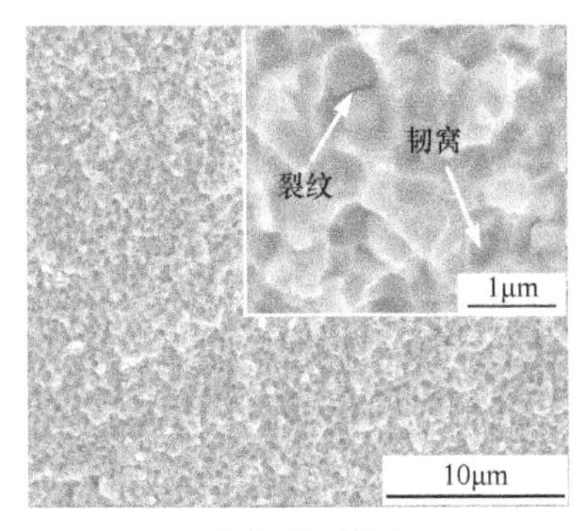

(a) S-100-1123-0

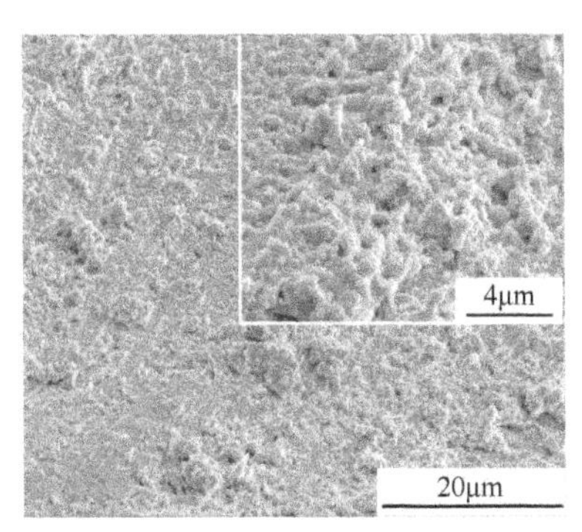

(b) S-100-1323-0

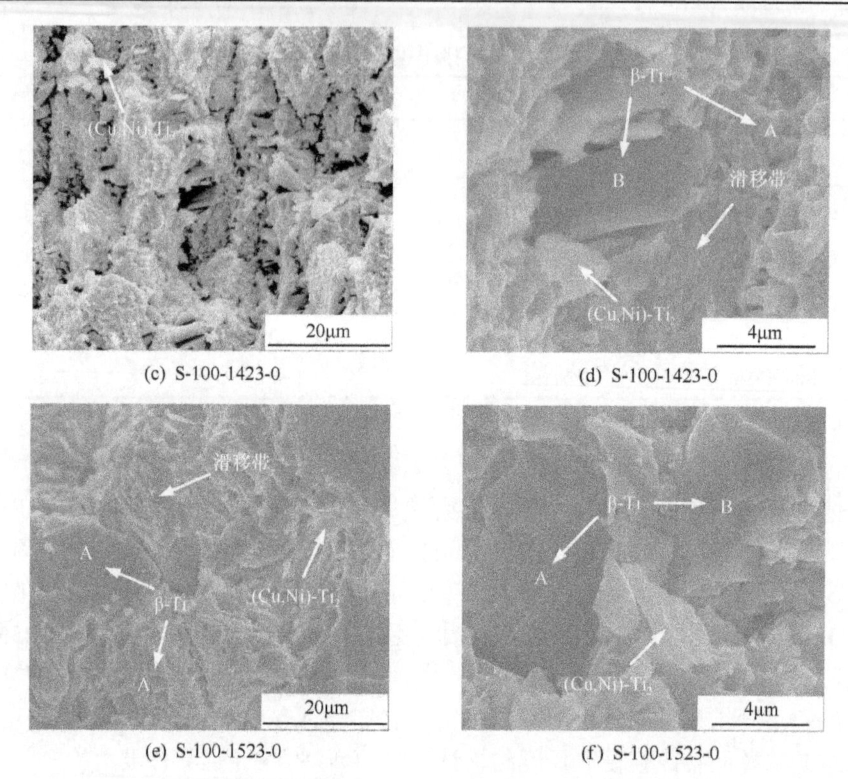

(c) S-100-1423-0　　(d) S-100-1423-0

(e) S-100-1523-0　　(f) S-100-1523-0

图 7.6　不同烧结温度下制备的 $Ti_{66}Nb_{13}Cu_8Ni_{6.8}Al_{6.2}$ 块状合金断口形貌

图 7.6(c)和(d)为 1423K 半固态烧结块状合金的断口微观形貌。其微观形貌为韧性等轴微米晶 β-Ti(A)上分布着大量的滑移带，同时发现滑移带终止于晶界 MTi_2 或 β-Ti(B)处，而 MTi_2 相发现有裂纹。这是因为在压缩变形过程中，由于应力集中，首先在基体与 MTi_2 相的边界处形成裂纹，并向脆性的 MTi_2 相中扩展。而韧性的 β-Ti(A)由于塑性好，在变形过程中产生滑移带。但是，随着应力的增大，滑移带逐渐运动到晶界的 MTi_2 相处而受阻。图 7.6(e)和(f)为 1523K 温度下制备的块状合金的断口微观形貌，与低温半固态烧结的块状合金相比，晶粒尺寸更大，其他的微观结构相似。

7.2.2　双尺度 TiNbCoCuAl 合金

上述以 $Ti_{66}Nb_{13}Cu_8Ni_{6.8}Al_{6.2}$ 合金成分为对象，通过放电等离子烧结成功制备综合性能优异的双尺度超细晶钛合金。本小节以 $Ti_{68.8}Nb_{13.6}Co_6Cu_{5.1}Al_{6.5}$ 合金成分为例，进一步分析半固态烧结工艺参数对块状合金组织性能的影响。

1. 烧结温度

首先，利用 DSC 确定 $Ti_{68.8}Nb_{13.6}Co_6Cu_{5.1}Al_{6.5}$ 合金粉末的半固态烧结温度区间

为1423～1943K。在烧结压力、升温速率和保温时间分别为30MPa、100K/min和5min的条件下，研究烧结温度对$Ti_{68.8}Nb_{13.6}Co_6Cu_{5.1}Al_{6.5}$块状合金组织性能的影响。图7.7为低于半固态区间起始温度(1423K)烧结的块状合金微观组织，图7.8为高于半固态区间起始温度烧结块状合金的微观组织。从图7.7(a)～(c)可以看到，在半固态温度以下烧结时，S-100-1173-5和S-100-1273-5的微观组织均由超细等轴晶β-Ti基体和超细等轴晶$CoTi_2$第二相组成，且S-100-1273-5中$CoTi_2$相晶粒尺寸明显大于S-100-1173-5。与上一节半固态起始温度进行烧结的块状合金组织类似，半固态烧结试样S-100-1423-5(图7.7(d))展示出两种不同形态的区域A和B。放大后发现(图7.7(e)、(f))，其中区域A为超细等轴晶β-Ti基体+超细等轴晶$CoTi_2$第二相，而区域B则为微米等轴晶基体和沿边界分布的超细板条状$CoTi_2$相。因此可以判定，区域A为等轴区，区域B则为熔化区，且熔化相为$CoTi_2$相。

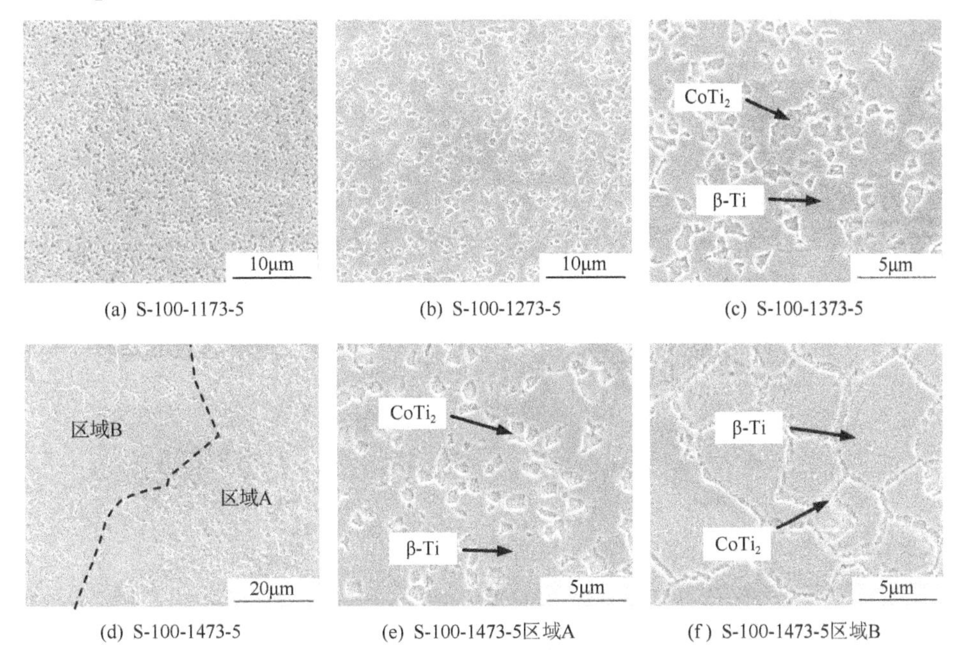

(a) S-100-1173-5　(b) S-100-1273-5　(c) S-100-1373-5

(d) S-100-1473-5　(e) S-100-1473-5区域A　(f) S-100-1473-5区域B

图7.7　不同烧结温度下制备的$Ti_{68.8}Nb_{13.6}Co_6Cu_{5.1}Al_{6.5}$块状合金的微观形貌

图7.8为半固态温度下制备的块状合金微观形貌，观察7.8(a)～(c)发现，在1523K烧结时，块状合金中出现了纳米晶针状马氏体α′相，其微观组织为超细晶板条状$CoTi_2$相(宽度约为250nm，长宽比为5～10)沿着双尺度基体相的晶界分布，而双尺度基体相为粗晶β-Ti晶粒(大于20μm)中分布着纳米针状α′相(平均宽度约为40nm，长宽比约为10)。这种粗晶+超细晶+纳米晶三相多尺度规则均匀分布的微观形貌首次在该类合金体系中被发现，其既不同于铜模铸造

法的纳米晶/超细晶+树枝粗晶，也不同于非晶晶化固相烧结得到的超细等轴晶两相复合结构，也区别于上节中微米晶 β-Ti+板条超细晶(Cu, Ni)-Ti_2 相。此外，图 7.8(d)表明，当烧结温度进一步提高时，样品的微观形貌由粗晶 β-Ti 和板条超细晶 $CoTi_2$ 相组成，而针状相马氏体非常少，几乎已经消失。造成不同半固态烧结温度下 $Ti_{68.8}Nb_{13.6}Co_6Cu_{5.1}Al_{6.5}$ 合金样品组织形貌不一样的原因将在后面小节具体讨论。

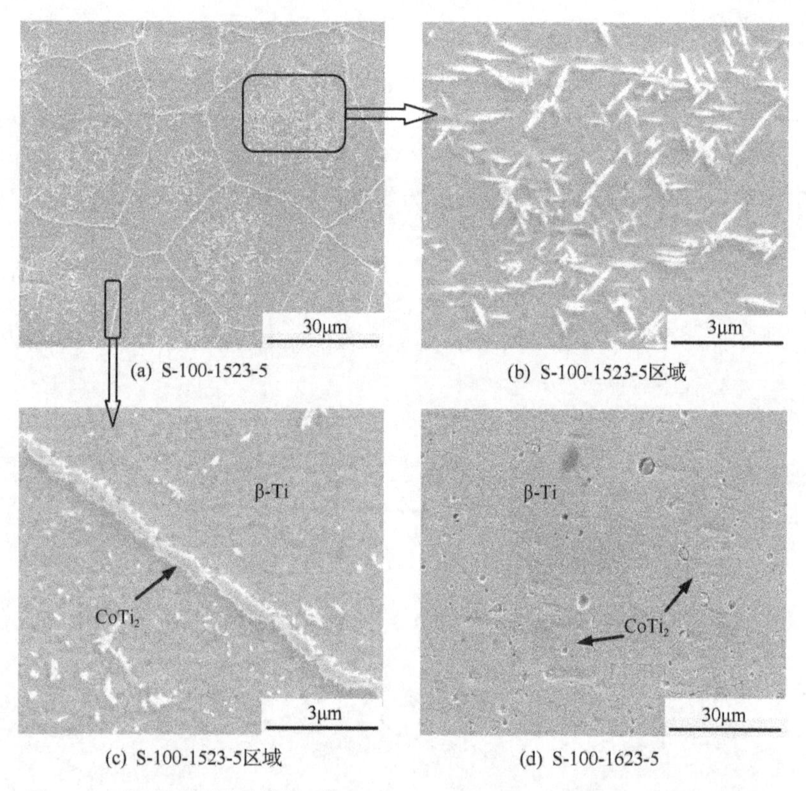

(a) S-100-1523-5　(b) S-100-1523-5区域

(c) S-100-1523-5区域　(d) S-100-1623-5

图 7.8　不同烧结温度下制备的 $Ti_{68.8}Nb_{13.6}Co_6Cu_{5.1}Al_{6.5}$ 块状合金的微观形貌

图 7.9 为五个不同烧结温度下制得的 $Ti_{68.8}Nb_{13.6}Co_6Cu_{5.1}Al_{6.5}$ 块状合金室温压缩力学性能。结果表明，半固态烧结制得的块状合金 S-100-1523-5 屈服强度为 1609MPa，而断裂强度达到 3139MPa，同时断裂应变达到 40.1%[13]。其中，半固态烧结的三个样品强韧性均高于固态烧结的两个样品。这种力学性能的差异主要归因于微观结构的差异。固态烧结样品 S-100-1173-5 和 S-100-1273-5 的微观形貌均为超细等轴晶两相复合结构，即延性相 β-Ti 中分布着脆性相 $CoTi_2$ 相。在压缩过程中，$CoTi_2$ 先屈服断裂，而 β-Ti 塑性变形能力较强，可以阻碍其中弥散分布的 $CoTi_2$ 中裂纹的扩展。同时，β-Ti 相形变过程中产生大量的剪切带和位错，使得其具有高强度的同时具有高塑性。半固态烧结样品的屈服强度均高于固态烧结

样品，这可能因为半固态烧结样品的板条状分布的 $CoTi_2$ 相位于相邻两粗晶 β-Ti 之间，变形过程中晚屈服的 β-Ti 在较早屈服的 $CoTi_2$ 板条晶粒上的应力分量较小且方向更单一。而固态烧结样品中 $CoTi_2$ 相均为等轴超细晶状弥散分布于超细晶 β-Ti 中，变形过程中 $CoTi_2$ 会受到周围各个方向 β-Ti 对其施加的应力，最后集中在某个 $CoTi_2$ 晶粒上的应力集中很大，因此很早便会碎裂，而样品也会较早屈服。三个半固态烧结样品中 S-100-1523-5 性能优于其他两个样品，这是因为 S-100-1523-5 中纳米针状马氏体的增强效果，具体会在第 8 章强化机理相关部分进行详细分析。

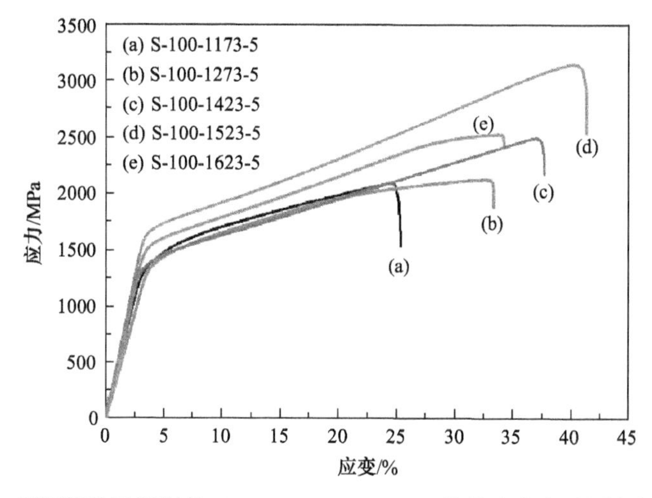

图 7.9　不同烧结温度制备 $Ti_{68.8}Nb_{13.6}Co_6Cu_{5.1}Al_{6.5}$ 块状合金室温压缩力学性能

2. 保温时间

在烧结压力为 30MPa、升温速率为 100K/min、烧结温度为 1423K 的条件下，考查保温时间对 $Ti_{68.8}Nb_{13.6}Co_6Cu_{5.1}Al_{6.5}$ 块状合金组织性能的影响，结果如图 7.10 所示。在 1423K 进行烧结时，块状合金中部分 $CoTi_2$ 相熔化转变为液相，且随着保温时间的增加，熔化转变的液相体积会越来越大。图 7.10(a)所示 $CoTi_2$ 相含量的降低可能是在烧结过程中，部分液相在 30MPa 压力下挤出所致。观察图 7.10(b)可以看出，在 1423K 保温 0min 时，块状合金微观形貌由 β-Ti+$CoTi_2$ 双相等轴超细晶结构(等轴区)和粗晶 β-Ti+板条超细晶 $CoTi_2$ 双尺度结构(熔化区)构成。从图 7.10(c)和(d)中可以看出，当保温时间增加到 5min，双尺度熔化区占比增加，而保温时间为 15min 时，制备的样品中不再有等轴超细晶结构存在，即为典型的等轴微米晶 β-Ti 基体+板条超细晶 $CoTi_2$ 双尺度结构。

图 7.11 是不同保温时间下制备的 $Ti_{68.8}Nb_{13.6}Co_6Cu_{5.1}Al_{6.5}$ 块状合金的室温压缩

力学性能。观察结果发现，不同保温时间下制备的块状合金断裂强度均在 2500MPa 附近，同时断裂应变也均高于 30%，保温时间对样品的性能影响不大。

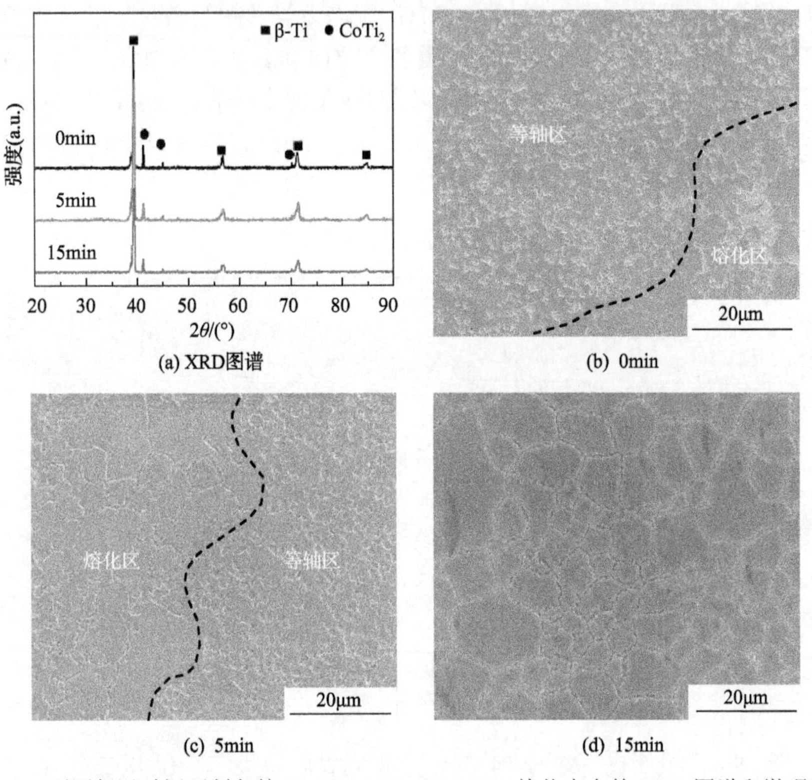

图 7.10 不同保温时间下制备的 $Ti_{68.8}Nb_{13.6}Co_6Cu_{5.1}Al_{6.5}$ 块状合金的 XRD 图谱和微观形貌

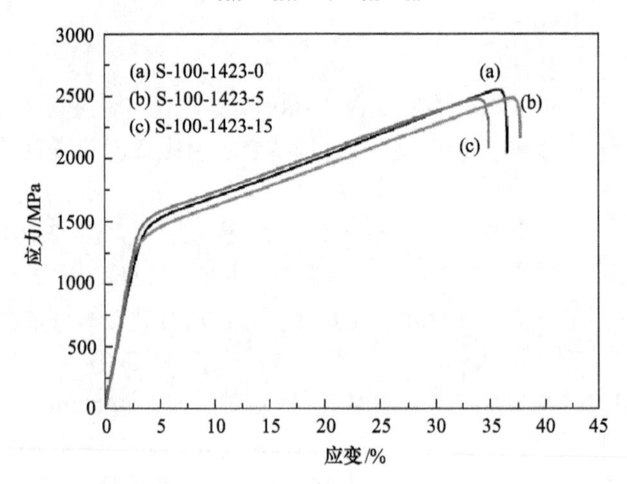

图 7.11 不同保温时间下制备的 $Ti_{68.8}Nb_{13.6}Co_6Cu_{5.1}Al_{6.5}$ 块状合金的室温压缩力学性能

3. 升温速率

在烧结压力为 30MPa、烧结温度为 1523K、保温时间为 5min 的条件下，考查升温速率对 $Ti_{68.8}Nb_{13.6}Co_6Cu_{5.1}Al_{6.5}$ 块状合金组织性能的影响，如图 7.12 所示。XRD 图谱显示，三种升温速率制备的块状合金均由 β-Ti 和 $CoTi_2$ 相组成。微观结构检测显示，这三个样品中不仅包含粗晶 β-Ti（晶粒尺寸大于 20μm）和微量的超细晶板条 $CoTi_2$ 相（板条晶宽度小于 500nm），同时 β-Ti 晶粒内部还分布着纳米级针状马氏体 α′相（针状宽度小于 50nm），即等轴粗晶 β-Ti+超细晶板条 $CoTi_2$+纳米级针状 α′的三尺度结构。由图 7.12（b）～（d）可以看出，三种块状合金中 β-Ti 的平均晶粒尺寸分别约 28μm、18μm、15μm，升温速率越快，晶粒尺寸越小，其室温压缩力学性能见图 7.13。

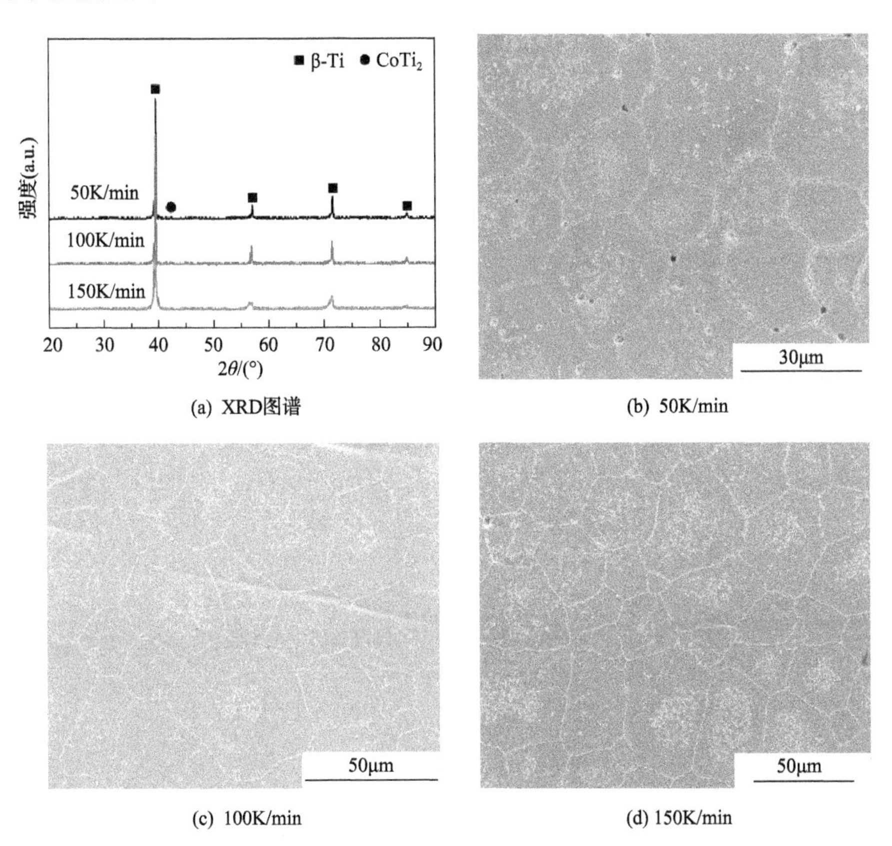

(a) XRD图谱　(b) 50K/min　(c) 100K/min　(d) 150K/min

图 7.12　不同升温速率下制备的 $Ti_{68.8}Nb_{13.6}Co_6Cu_{5.1}Al_{6.5}$ 块状合金的 XRD 图谱和微观形貌

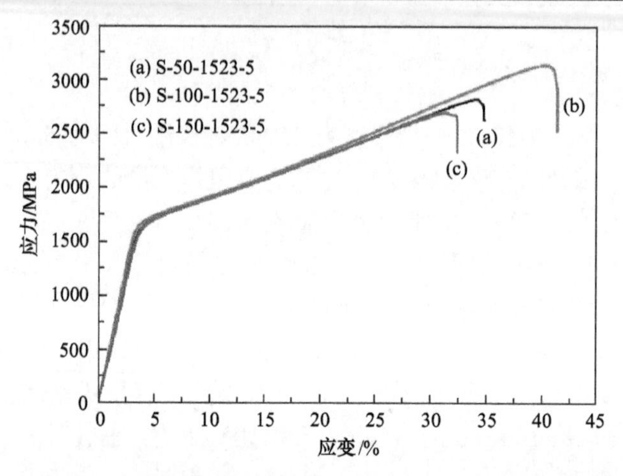

图 7.13　不同升温速率下制备的 $Ti_{68.8}Nb_{13.6}Co_6Cu_{5.1}Al_{6.5}$ 块状合金的室温压缩力学性能

4. 冷却速率

在烧结压力为 30MPa、升温速率为 100K/min、烧结温度为 1523K、保温时间为 5min 的条件下，考查冷却速率对 $Ti_{68.8}Nb_{13.6}Co_6Cu_{5.1}Al_{6.5}$ 块状合金组织性能的影响，如图 7.14 所示。从图中可以看出，随着冷却速率的降低，样品中 $CoTi_2$ 相的衍射峰强度越来越强，说明冷却速率对样品中 $CoTi_2$ 相含量变化有明显的影响，即冷却速率越低，样品中 $CoTi_2$ 相含量越高(图 7.14(a))。图 7.14(b)、(c)和(d)分别为冷却速率为 200K/min、100K/min、10K/min 制备块状合金的微观形貌。当冷却速率为 200K/min 时，样品的显微组织为等轴粗晶 β-Ti+超细晶板条 $CoTi_2$+纳米晶针状 α′的三尺度结构。而另外两个冷却速率较低的样品的显微组织均为超细晶板条状 $CoTi_2$ 沿着微米晶 β-Ti 基体晶界分布的双尺度结构，且并未发现马氏体的存在(图 7.14(c)和(d))。同时还发现，冷却速率为 100K/min 时，块状合金中 β-Ti 的平均晶粒尺寸约为 18μm，板条 $CoTi_2$ 宽度约为 700nm，而冷却速率

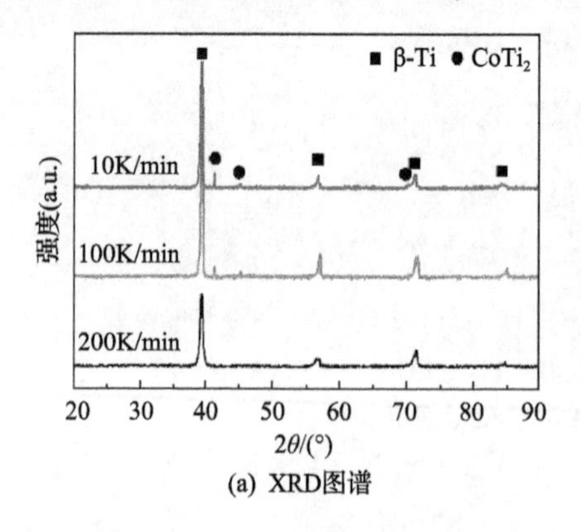

(a) XRD图谱

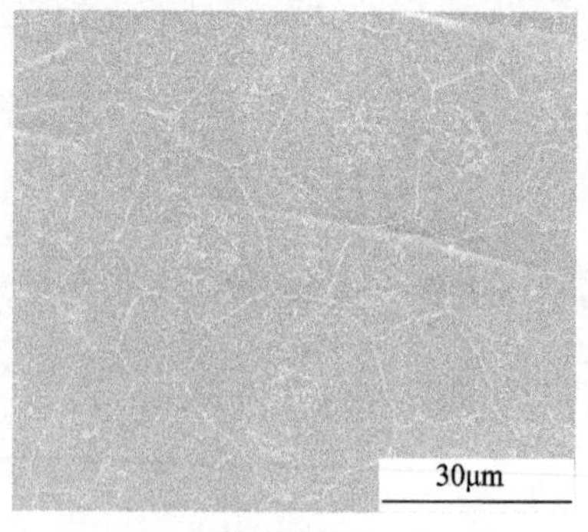

(b) 200K/min

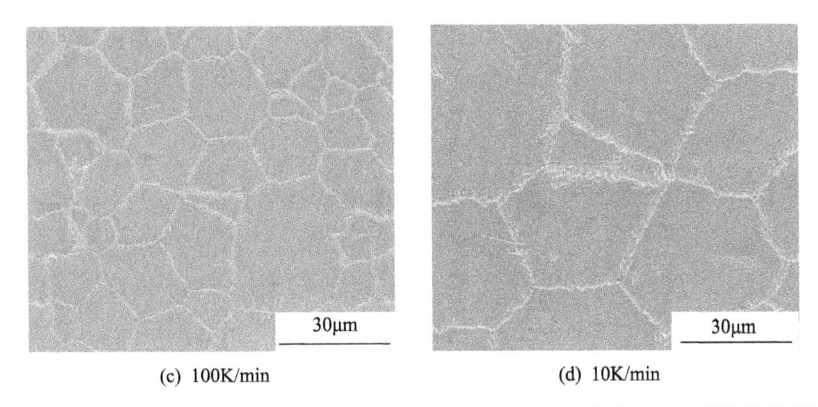

图 7.14　不同冷却速率下制备的 $Ti_{68.8}Nb_{13.6}Co_6Cu_{5.1}Al_{6.5}$ 块状合金的 XRD 图谱和微观形貌

为 10K/min 时，块状合金的 β-Ti 平均晶粒尺寸约为 30μm，板条 $CoTi_2$ 宽度约为 2μm。说明随着降温速率从 100K/min 下降到 10K/min 时，块状合金各相晶粒尺寸明显增大。

图 7.15 展示不同冷却速率下制备的 $Ti_{68.8}Nb_{13.6}Co_6Cu_{5.1}Al_{6.5}$ 块状合金的室温压缩力学性能。观察结果可以发现，随着冷却速率的降低，样品的屈服强度、断裂强度及断裂应变均呈下降趋势。当冷却速率从 200K/min 降至 100K/min 时，断裂强度从 3139MPa 下降到 2673MPa，这是因为马氏体的消失导致材料变形过程中对 β-Ti 中位错阻碍作用降低；而两者塑性变化不大，均超过 38%。这是因为两个样品中主要贡献材料塑性的 β-Ti 晶粒尺寸变化不大，材料变形过程中位错扩展能力相似。当冷却速率从 100K/min 降至 10K/min 时，断裂强度降低至 1807MPa，而断裂应变也降至 26.8%。这是因为冷却速率为 10K/min 时，材料中板条 $CoTi_2$ 已经长大成微米晶(宽度大于 1μm)，在塑性变形的过程中极易形成裂纹，降低材料

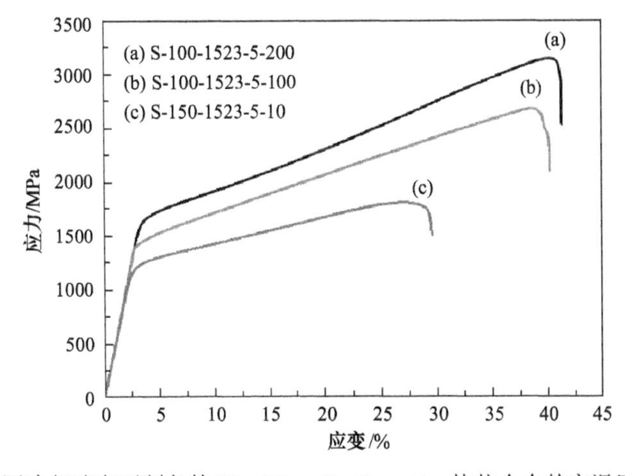

图 7.15　不同冷却速率下制备的 $Ti_{68.8}Nb_{13.6}Co_6Cu_{5.1}Al_{6.5}$ 块状合金的室温压缩力学性能

的塑性。同时 β-Ti 的晶粒尺寸急剧增大，导致材料的屈服强度急剧降低。因此，冷却速率更低时，材料的强度和塑性均有不同程度的降低。

7.2.3　单相熔化半固态烧结双尺度结构形成机理

通过半固态烧结使(Cu, Ni)-Ti_2 或 $CoTi_2$ 相在烧结过程中熔化，而 β-Ti 保持固态在烧结过程中继续晶粒长大，形成双尺度结构。当温度升高、冷却速率增大时，在制备的合金试样中还发现了等轴粗晶 β-Ti+超细晶板条 $CoTi_2$+纳米晶针状马氏体 α′相的三尺度结构。不同烧结参数下制备的 $Ti_{68.8}Nb_{13.6}Co_6Cu_{5.1}Al_{6.5}$ 块状合金的结构特征可总结如下：

(1) 1173K 的温度下烧结合金的微观组织是 β-Ti 和 $CoTi_2$ 组成的双相等轴超细晶结构，其中 β-Ti 晶粒尺寸约 700～1000nm，而 $CoTi_2$ 的晶粒尺寸约 100～500nm。

(2) 提高烧结温度至 1423K，粉末出现熔化。熔化区微观组织为微米等轴晶 β-Ti+板条超细晶 $CoTi_2$ 的双尺度结构。其中，β-Ti 晶粒尺寸约为 10～20μm，而板条 $CoTi_2$ 宽度约为 300nm；未熔化区为等轴晶区(图 7.16(c))，微观组织为等轴晶 $CoTi_2$(晶粒尺寸为 500～1500nm)+等轴晶 β-Ti(晶粒尺寸为 2～10μm)。

(3) 延长保温时间至 15min，1423K 烧结温度下的块状合金中未熔化的等轴晶区消失，全部为微米晶 β-Ti+板条超细晶 $CoTi_2$。

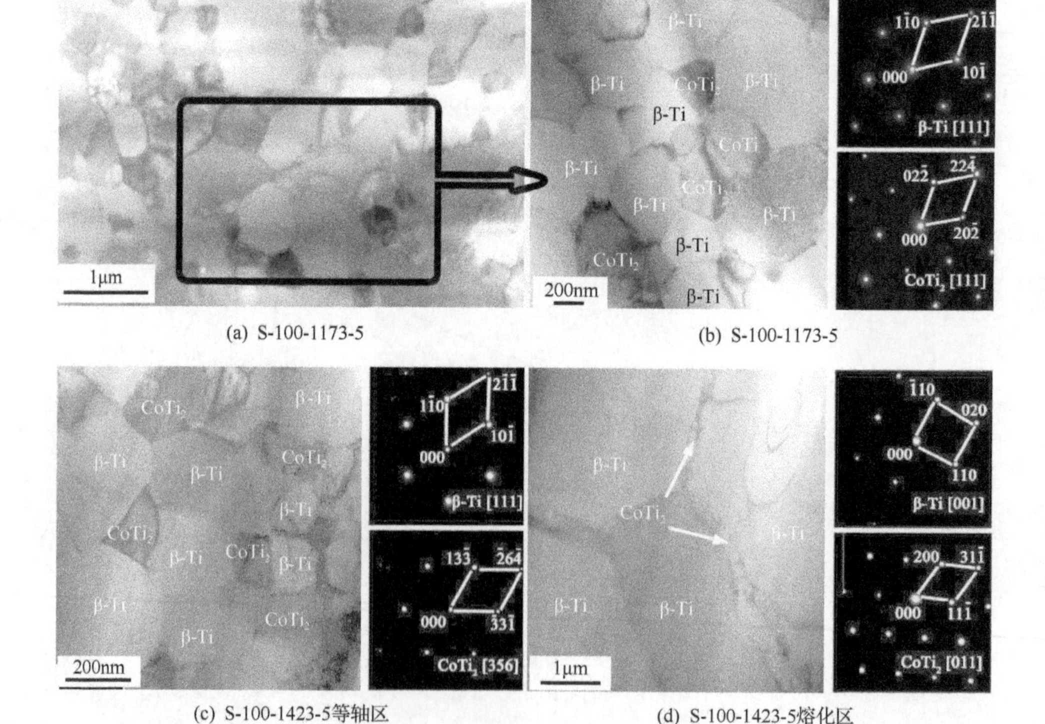

(a) S-100-1173-5　(b) S-100-1173-5

(c) S-100-1423-5等轴区　(d) S-100-1423-5熔化区

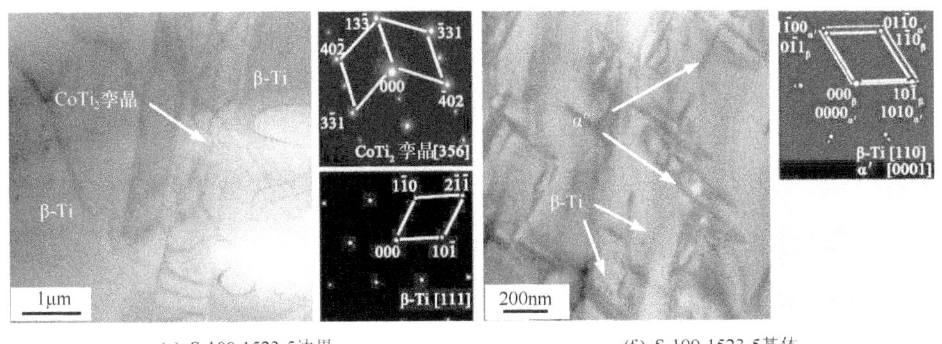

(e) S-100-1523-5边界　　(f) S-100-1523-5基体

图 7.16　不同烧结参数制备的 $Ti_{68.8}Nb_{13.6}Co_{6}Cu_{5.1}Al_{6.5}$ 块状合金的 TEM 微观形貌

(4) 当半固态烧结温度提高到 1523K，且冷却速率为 200K/min(随炉冷)时，试样中出现了纳米针状马氏体 α′，如图 7.17(e)所示。而冷速降低到 10K/min 时，马氏体又消失(图 7.17(f))。纳米针状 α′分布于晶粒尺寸超过 20μm 的 β-Ti 晶粒中形成双尺度结构，而这个双尺度结构的基体边界则又分布着宽度约为 500～1000nm 的板条状超细晶 $CoTi_2$ 相，即样品 S-100-1523-5 的微观组织为三相三尺度结构。此外，样品 S-100-1523-5 中部分 $CoTi_2$ 为孪晶结构(图 7.16(e))，孪晶的形成可能与 fcc 结构 $CoTi_2$ 相在高温时受到来自冲头的压力作用有关。

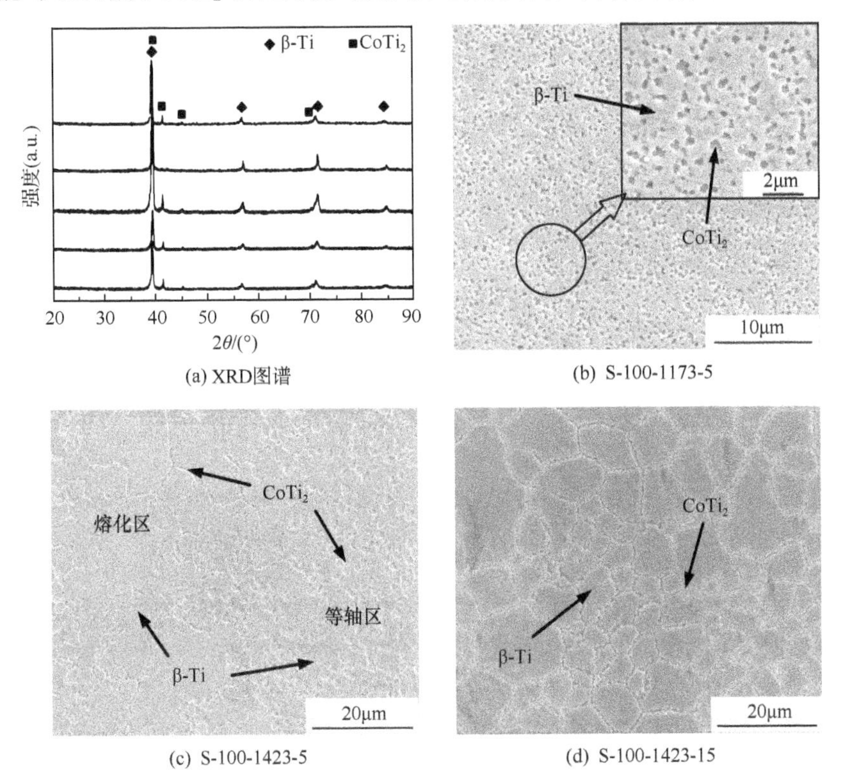

(a) XRD图谱　　(b) S-100-1173-5

(c) S-100-1423-5　　(d) S-100-1423-15

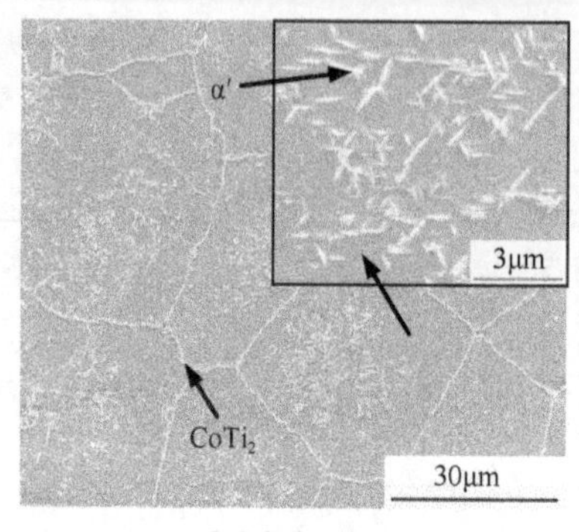

(e) S-100-1523-5

(f) S-100-1523-5慢冷

图 7.17　不同烧结参数下制备的 $Ti_{68.8}Nb_{13.6}Co_6Cu_{5.1}Al_{6.5}$ 块状合金的 XRD 图谱和微观形貌

表 7.3 为不同烧结参数制备的块状合金的 TEM 能谱数据。分析表 7.3 数据发现，样品中各相均为 Ti、Nb、Cu、Co、Al 五种元素组成的固溶体。随着烧结参数的变化，Al 元素含量出现了较大的变化：固态烧结样品中，S-100-1173-5 中 β-Ti 和 $CoTi_2$ 两相均为固态，所以 S-100-1173-5 中 β-Ti 的 Al 含量 6.55%与合金名义成分 Al 含量(6.5%)相近。而在半固态区间时，样品 S-100-1423-5 中部分 $CoTi_2$ 相变为液相，液相中原子在空间呈无序排列方式，原子扩散能力相比固相大幅增强，固态的 β-Ti 和液相的 $CoTi_2$ 中原子互扩散明显，$CoTi_2$ 中 Al 原子不断扩散入 β-Ti 相中，所以冷却后未熔区中 β-Ti 相的 Al 含量 5.79%明显低于熔化区的 6.83%。当烧结温度为 1523K 时，固液两相中原子相互交换更为活跃，所以最终制备的样品 S-100-1523-5 中 β-Ti 相的 Al 含量最高(6.94%)。

表 7.3　不同烧结参数制备的块状合金的 TEM 能谱数据

样品	相	元素含量/%				
		Ti	Nb	Co	Cu	Al
S-100-1173-5	β-Ti	67.89	17.52	1.68	3.76	6.55
	$CoTi_2$	66.91	0.63	21.91	9.51	0.68
S-100-1423-5(等轴区)	β-Ti	69.78	18.04	2.25	4.11	5.79
	$CoTi_2$	67.34	1.47	21.33	8.99	0.84
S-100-1423-5(熔化区)	β-Ti	68.02	18.72	3.14	3.25	6.83
	$CoTi_2$	66.56	1.68	21.54	9.44	0.77
S-100-1523-5	β-Ti	69.89	19.87	2.09	3.42	6.94
	$CoTi_2$	65.69	1.92	22.09	9.57	0.81

研究表明，较高含量的 Al 元素在较快冷却速率的条件下便会转变为针状马氏体 α′[14]。而 S-100-1523-5 的冷却条件为放电等离子烧结设备的循环水冷却系统下随炉冷却，其平均冷却速率高于 200K/min。这也是试样在 200K/min 的冷却速率

下可以获得 α′，而在 10K/min 的情况下很难观察到 α′的原因。

综上所述，以 S-100-1523-5 块状合金为对象，将整个半固态烧结过程分为四个阶段，组织演变过程如图 7.18 所示。

第Ⅰ阶段：粉末重排过程(室温～513K)；

第Ⅱ阶段：非晶晶化致密化过程(513～1403K)；

第Ⅲ阶段：半固态烧结过程(1403～1523K)；

第Ⅳ阶段：冷却过程(1523K～室温)。

在第Ⅳ阶段冷却过程中，$Ti_{68.8}Nb_{13.6}Co_6Cu_{5.1}Al_{6.5}$ 块状合金的微观组织为等轴粗晶 β-Ti 晶粒边界分布着凝固后呈板条状的超细晶 $CoTi_2$ 相，同时在粗晶 β-Ti 晶粒内部析出纳米晶针状马氏体 α′相。

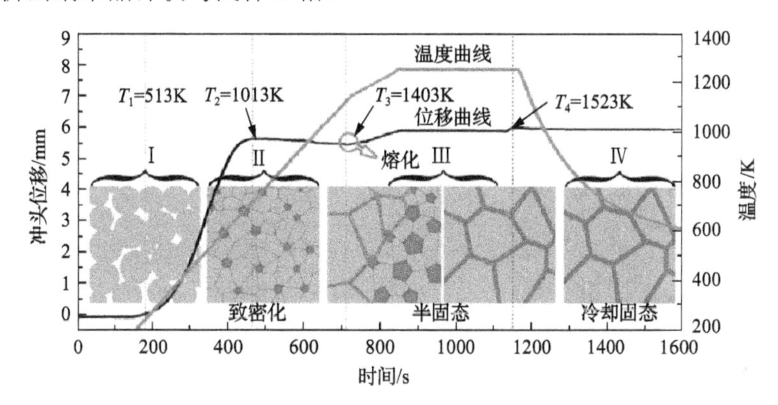

图 7.18　半固态烧结样品 S-100-1523-5 的放电等离子烧结过程组织演变过程

7.3　基于共晶反应半固态烧结制备双尺度钛合金

从铜模铸造快速凝固法出发，成功探索出了一种新的材料制备工艺，即半固态烧结技术，并成功应用于 Ti-Nb-Co-Cu-Al、Ti-Nb-Co-Cr-Al、Ti-Nb-Cu-Ni-Sn、Ti-Nb-Cu-Ni-Al 等合金体系。考虑到除基于单相熔化产生液相实现半固态烧结外，还有另外一种重要相变——共晶转变。因此，本节以 Fe-Ti 和 Co-Ti 二元共晶合金为基础，设计了(Ti-Fe-Co)-Nb-Al 合金体系[15]，考查基于共晶转变的半固态烧结法制备块状合金的组织性能，并分析共晶反应形成双尺度结构的机制。

7.3.1　成分设计原则

基于共晶反应的半固态烧结的基本原理是，在烧结过程中升温至某一特定的温度 T，使得合金中两种不同成分的两相 α 与 β 优先发生共晶反应转变为液态，而另一熔点高的相仍为固态，从而使得系统出现液相与剩余固相共存的状态，即

"半固态"。本小节主要基于 Ti-Co[16]与 Ti-Fe 二元相图[16]开展半固态烧结块状合金的成分设计。

首先，根据 Ti-Fe 二元相图[16]，bcc TiFe 与 bcc β-Ti 可在 1358K 发生共晶转变。而 Ti_2Co 固溶体的熔点取决于其内部固溶元素的种类和含量，大致介于 1331～1598K。有鉴于此，将包含 bcc β-Ti、fcc Ti_2Co 与 bcc TiFe 三种晶化相的机械合金化制备的纳米晶/非晶复合粉末，加热到高于 TiFe 与 β-Ti 的共晶温度 1358K 以上，但低于 Ti_2Co 相的熔点的某一温度 T 进行烧结，则会形成由 β-Ti 和 TiFe 优先共晶转变导致的大量液相，而此时的 Ti_2Co 相仍保持固相，因而此时合金粉末将处于固液共存的半固态。而且，基于共晶转变的这种液相具有高度密堆的原子结构[15]，在快速冷却后，可生成超细/纳米结构的共晶基体，而仍为固相的 Ti_2Co 相将弥散分布于共晶基体中，即形成双尺度结构超细晶钛合金。因此，将合金成分设计为 $(Ti_{70.56}Fe_{29.44})_{90}Co_{10}$，确保可以生成 β-Ti、$Ti_2Co$ 与 TiFe 三相，其中 Ti/Fe 原子比与 Ti-Fe 二元相图的共晶点成分精确对应。适量的 Co 原子除了可以生成 TiFe 相外，还可固溶于 β-Ti，或与 TiFe 中 Co 原子无限固溶[17]。

接着，考虑到以非晶粉末为原料有利于实现块状合金的致密化、细晶化与结构复合化，且有利于在半固态烧结过程中生成均匀化共晶液相，进而有利于生成均匀的超细/纳米共晶组织。因此，随后将合金组元增加至四组元 $(Ti_{63.5}Fe_{26.5}Co_{10})_{87.8}Nb_{12.2}$→五组元 $(Ti_{63.5}Fe_{26.5}Co_{10})_{82}Nb_{12.2}Al_{5.8}$（保持 Nb 和 Al 原子比例不变），其中，加入 Nb 是以稳定 bcc β-Ti 固溶体，而加入 Al 原子可通过原子尺寸错配促进形成高度密堆结构的液相，从而促进共晶液相冷却后形成更细小的晶粒。

根据 Ti-Co 二元相图[16]设计共晶转变合金成分的思路与基于 Ti-Fe 二元相图设计思路相似，设计的合金成分为三组元 $(Ti_{76.75}Co_{23.25})_{83}Fe_{17}$→四组元 $(Ti_{63.7}Fe_{17}Co_{19.3})_{87.8}Nb_{12.2}$→五组元 $(Ti_{63.7}Fe_{17}Co_{19.3})_{82}Nb_{12.2}Al_{5.8}$。

7.3.2 不同体系多组元双尺度钛合金

1. 确定半固态温度

以三组元 $(Ti_{70.56}Fe_{29.44})_{90}Co_{10}$、四组元 $(Ti_{63.5}Fe_{26.5}Co_{10})_{87.8}Nb_{12.2}$、五组元 $(Ti_{63.5}Fe_{26.5}Co_{10})_{82}Nb_{12.2}Al_{5.8}$ 合金成分为研究对象，在半固态起始温度进行烧结，探究合金成分对组织演变和力学性能的影响。半固态烧结采用放电等离子烧结系统，在 30MPa 的烧结压力下，以 100K/min 升温至低于某固态烧结温度（比设定的半固态起始温度低 50K）。随后，为防止温度过冲，以 50K/min 升温至各成分的半固态起始温度进行烧结。

图 7.19 为三种粉末的 DSC 曲线和高温原位 XRD 图谱。由 DSC 曲线发现，三种粉末按照预期设计存在两个吸热峰，一个为共晶反应吸热峰，而另一个为单

相熔化吸热峰。由不同温度下的高温原位 XRD 图谱(图 7.19(b))可知，低于 1323K 时 bcc β-Ti、bcc Ti(Fe, Co)和 fcc Ti_2(Co, Fe)的衍射峰强度几乎没有明显改变，然而升温至 1353K 时，β-Ti 和 Ti(Fe, Co)的衍射峰逐渐弱化，温度升至 1373K 后，β-Ti 和 Ti(Fe, Co)的衍射峰转变成平滑的漫散峰。这表明 β-Ti 和 Ti(Fe, Co)按预期发生了完全共晶转变并形成了液相。与此同时，Ti_2(Co, Fe)相的衍射峰强度未发生明显变化，这表明 Ti_2(Co, Fe)在此期间一直保持其固相状态。由此可基本确定，在此高温段的升温过程中，先发生了 β-Ti 和 Ti(Fe, Co)之间的共晶反应，该共晶反应对应于 DSC 曲线中的第一个吸热峰，而 1488K 的第二个吸热峰应该是

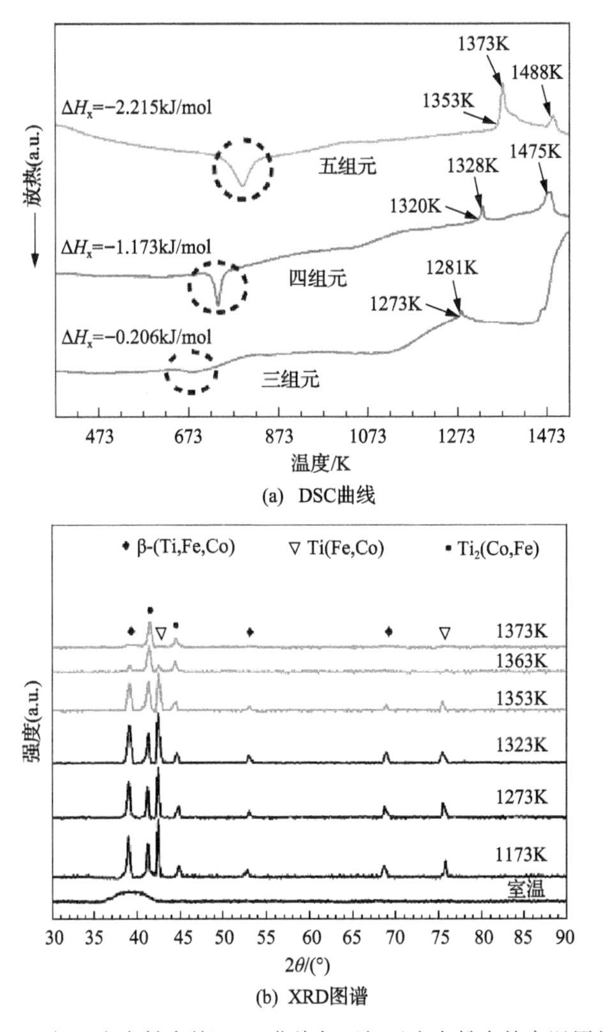

(a) DSC曲线

(b) XRD图谱

图 7.19　三/四/五组元合金粉末的 DSC 曲线与五组元合金粉末的高温原位 XRD 图谱

固溶了 Co 原子的高熔点相 Ti_2(Co, Fe)的熔化峰。同上，根据 DSC 曲线中的第一吸热峰及高温原位 XRD 图谱中共晶转变的开始温度，将半固态烧结温度分别确定为：三组元 1273K、四组元 1323K、五组元 1353K。

2. 半固态烧结合金的组织演变与力学性能

图 7.20 和图 7.21 分别为三/四/五组元合金粉末半固态烧结后的 SEM 和 TEM 微观形貌。观察图 7.20 可以发现，所有的块状合金均主要由三相组成，分别为 β-Ti、Ti(Fe, Co)和 Ti_2(Co, Fe)相。对于三组元的块状合金(图 7.20(a)和图 7.21(a))，其 β-Ti 相含量较少，而 Ti(Fe, Co)和 Ti_2(Co, Fe)相含量较多。主要原因是三组元合金中缺少 β-Ti 稳定元素 Nb，使得烧结过程中直接生成或非晶晶化出了较多的 Ti(Fe, Co)和 Ti_2(Co, Fe)相，而相应的 β-Ti 相含量就显得比较少。此外，还发现三组元合金中的 Ti_2(Co, Fe)相晶界处出现了明显的层片共晶结构，见图 7.20(a)圆圈标注，经能谱确认相间分布的层片共晶结构主要由 bcc β-Ti、B2 Ti(Fe, Co)组成。但此时的共晶组织只是局部区域的分布，不够完整，且比例相对较少。三组元块状合金之所以形成这一微观结构形态是因为在烧结过程中，合金粉末非晶相含量较少，不足以晶化出多区域的高度密堆结构晶化相[15]，所以不利于成分的均匀化，致使大部分区域成分难以满足两相间的共晶成分条件生成液相，从而在冷却后，无法形成大量的层片状共晶。此外，单相 Ti(Fe, Co)和 Ti_2(Co, Fe)整体组织不规则、比较粗大。这主要是由于粉末烧结体中仅有的少量非晶主要贡献于共晶反应，剩余的 Ti(Fe, Co)和 Ti_2(Co, Fe)相将在热量积累后，持续长大。也就是说，对于具有少量非晶相的三组元球磨态合金粉末来说，上述的非晶晶化致使晶粒细化的现象不够凸显。

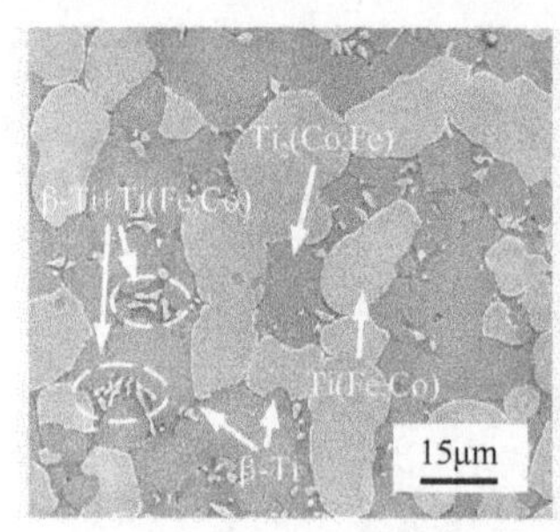

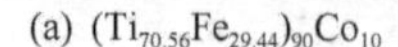
(a) $(Ti_{70.56}Fe_{29.44})_{90}Co_{10}$

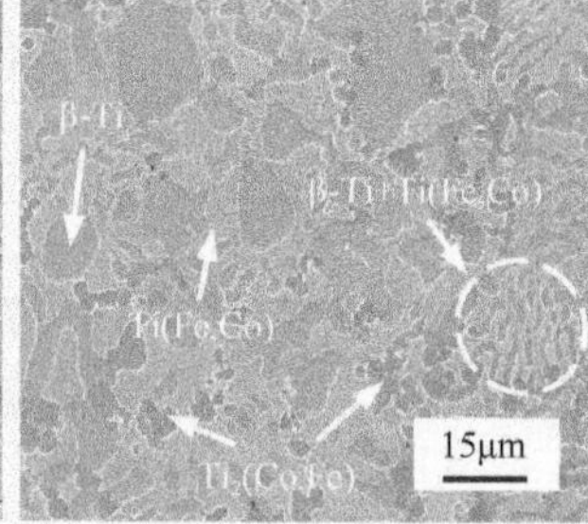

(b) $(Ti_{63.5}Fe_{26.5}Co_{10})_{87.8}Nb_{12.2}$

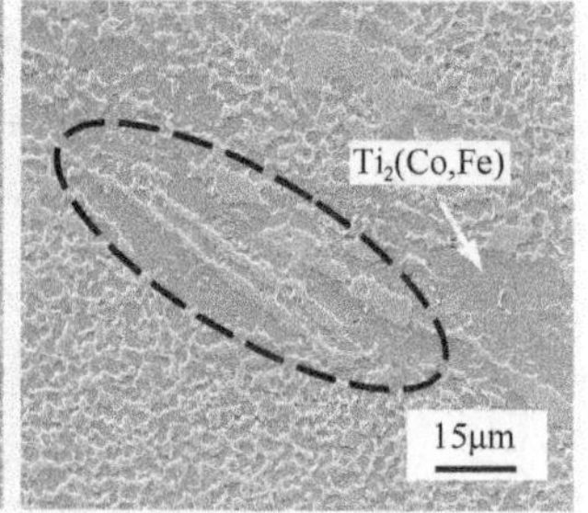

(c) $(Ti_{63.5}Fe_{26.5}Co_{10})_{82}Nb_{12.2}Al_{5.8}$

图 7.20　半固态烧结制备的不同成分块状合金的 SEM 微观形貌

观察图 7.20(b)四组元块状合金的微观组织可以发现，此时的 Ti_2(Co, Fe)相基本实现了等轴化，且在局部区域存在类似层片状的共晶结构(圆圈标注)。从图 7.21(b)中可以看出，共晶结构的层片厚度约为 450～600nm，等轴状的 Ti_2(Co, Fe)

和粗大的 β-Ti 分别为 2～10μm 和 5～20μm。但此时的共晶层片组织相对短粗，且粗细不等，这说明 Nb 添加促进了非晶相的高度密堆结构形成[13,18,19]，均匀化的元素分布有利于在一定温度下共晶转变的顺利进行。然而，由于没有 Al 元素存在，其合金粉末的非晶形成能力并没有达到最大化，使得机械合金化的合金粉末中非晶含量较少，以致在烧结过程中，非晶晶化的过冷液相区中原子的高度密堆程度较低，所以产生的共晶液相在冷却后自然呈现出层片较宽、不规则的共晶组织。

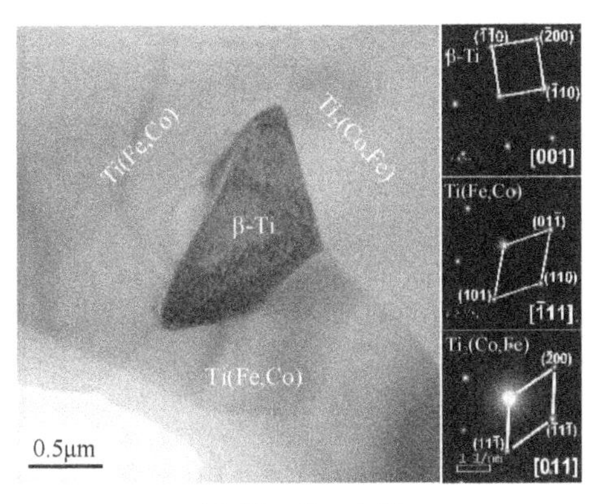

(a) $(Ti_{70.56}Fe_{29.44})_{90}Co_{10}$

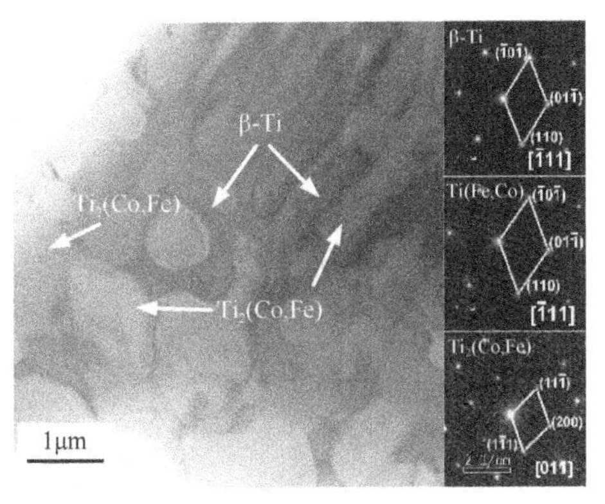

(b) $(Ti_{63.5}Fe_{26.5}Co_{10})_{87.8}Nb_{12.2}$

图 7.21　半固态烧结制备的不同成分块状合金 TEM 微观形貌

观察图 7.20(c)五组元块状合金的微观形貌可以发现，其微观组织显示出初始的层片共晶组织演变的趋势，此时只有少量的 β-Ti 和 Ti(Fe, Co)相相间排布，其余大部分的 β-Ti 和 Ti(Fe, Co)相仍然呈现出等轴晶形态。之所以在半固态温度区间进行烧结却未得到全层片共晶组织的原因是：五组元合金粉末中几乎全部为非晶相，使其在非晶晶化时的过冷液相区形成了全范围的高度密堆结构[15]，致使其成分均匀的整个基体将发生共晶反应，所以此时的温度不足以提供如此大范围的共晶转变。

对三种块状合金进行室温压缩力学性能测试，结果如图 7.22 所示。与三组元合金相比，四组元合金具有更高的强度及塑性，这与其内部规则排布的超细共晶组织含量的增多有关。也就是说，块状合金的强度及塑性与合金中层片共晶的分布形态、尺度及含量有着密不可分的内在联系，微观结构中共晶组织越多、分布越规则、尺度越小就会表现出越优秀的综合力学性能。而这种性能的递增，除了体现在强度、塑性方面，同时也体现在其加工硬化能力方面。此时四组元块状合金在压缩过程中出现明显的屈服现象，这主要归因于层片共晶基体的作用。四组元块状合金的屈服强度、断裂强度和断裂应变分别为 1600MPa、2300MPa 和 16.5%。而对于因半固态烧结温度过低，而不具有层片共晶结构的五组元块状合金而言，屈服强度明显减弱，且屈服平台缺失，其屈服强度、断裂强度和断裂应变分别为 1500MPa、2350MPa 和 16%。这主要是由于其微观结构是由等轴状晶粒组成，而等轴晶可对应力集中起到分散作用[20~22]，所以其表现出与四组元合金相当的极限强度及更高的塑性，而共晶组织的缺失又在一定程度上降低了屈服强度。至此，基于上述研究，基本可以确定层片状共晶组织对合金综合力学性能的强化作用，尤其是对屈服强度的贡献极大，具体的强化机理详见第 8 章相关内容。

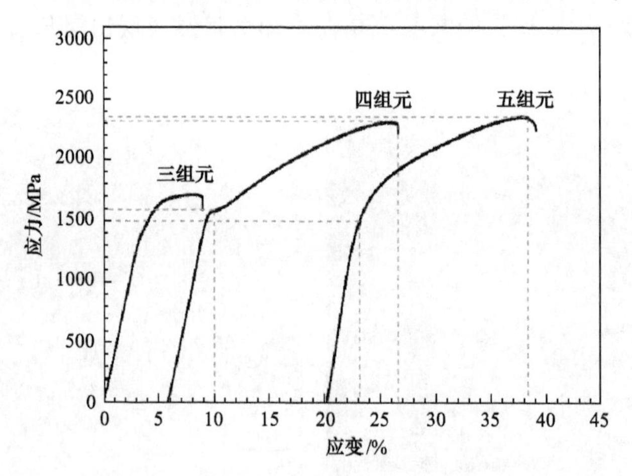

图 7.22 半固态烧结制备的不同成分块状合金室温压缩力学性能

7.3.3 五组元双尺度钛合金

本节根据 Ti-Fe 二元相图和 Ti-Co 二元相图重新设计无共晶五组元合金成分：$(Ti_{83}Fe_8Co_9)_{82}Nb_{12.2}Al_{5.8}$，以及局部共晶五组元合金成分：$(Ti_{63.5}Fe_{17}Co_{19.3})_{82}Nb_{12.2}Al_{5.8}$，研究烧结温度对完全共晶、局部共晶和无共晶成分组织性能的影响，并对比三种成分的室温拉伸力学性能。

1. 完全共晶成分

图 7.23 为不同半固态温度烧结制备的 $(Ti_{63.5}Fe_{26.5}Co_{10})_{82}Nb_{12.2}Al_{5.8}$ 块状合金的 XRD 图谱和微观组织形貌。观察 7.23(a) 可知，三种烧结温度下制备的块状合金均主要由三相组成，分别是 bcc β-Ti、B2 Ti(Fe, Co) 和 fcc Ti_2(Co, Fe)。观察形貌图可发现(图 7.23(b)～(d))，经 1373K 烧结制备的块状合金呈现出由 bcc β-Ti 和 B2 Ti(Fe, Co) 组成的超细/纳米层片状共晶基体包围等轴状第二相 fcc Ti_2(Co, Fe) 的微观结构。很显然，此时的烧结温度已完全达到了使整个基体发生共晶转变的条件，这种典型的层片共晶组织是基于快速冷却的共晶转变 L → β-Ti+Ti(Fe,Co) 的凝固结果。其中，与 1353K 的钛合金相比，此时的共晶层片结构达到很大程度的细化，而自始至终为固相的 Ti_2(Co, Fe) 有明显的长大趋势。而烧结温度为 1423K 制备的块状合金组织发生了分布不均匀、共晶层片尺度不统一等现象，即部分层片共晶区

域发生了异常的长大，层片间距变宽，甚至有的区域呈现出粗晶态胞状共晶组织。

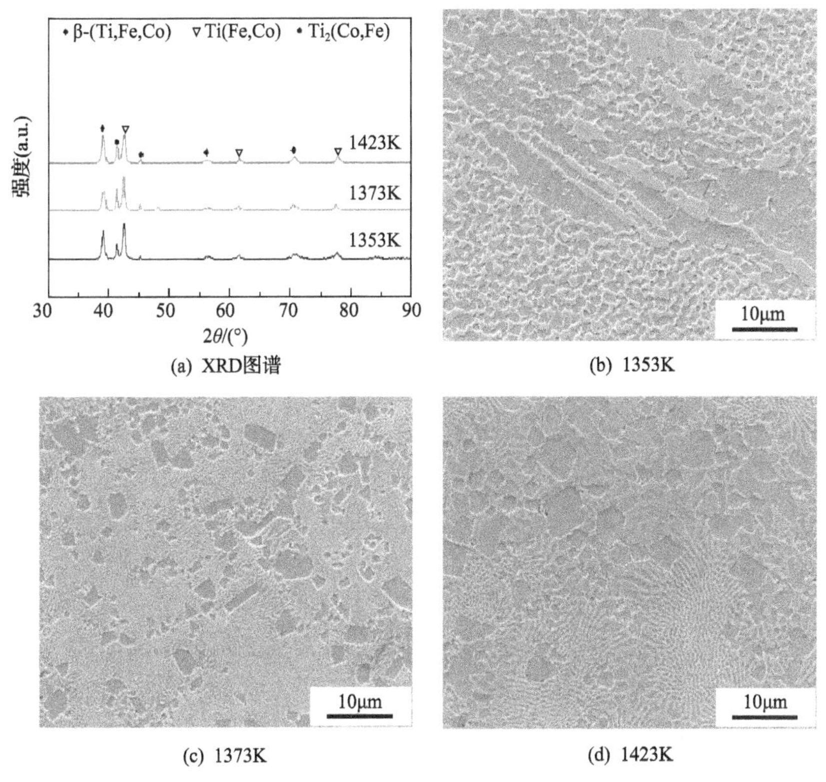

(a) XRD图谱　(b) 1353K

(c) 1373K　(d) 1423K

图 7.23　不同温度下制备的$(Ti_{63.5}Fe_{26.5}Co_{10})_{82}Nb_{12.2}Al_{5.8}$块状合金的 XRD 图谱和微观形貌

图7.24展示了1373K块状合金的共晶组织TEM微观形貌。从图可以看出，β-Ti和 Ti(Fe, Co)共晶结构的层片宽度约为 150～200nm。值得注意的是，图 7.24(a)

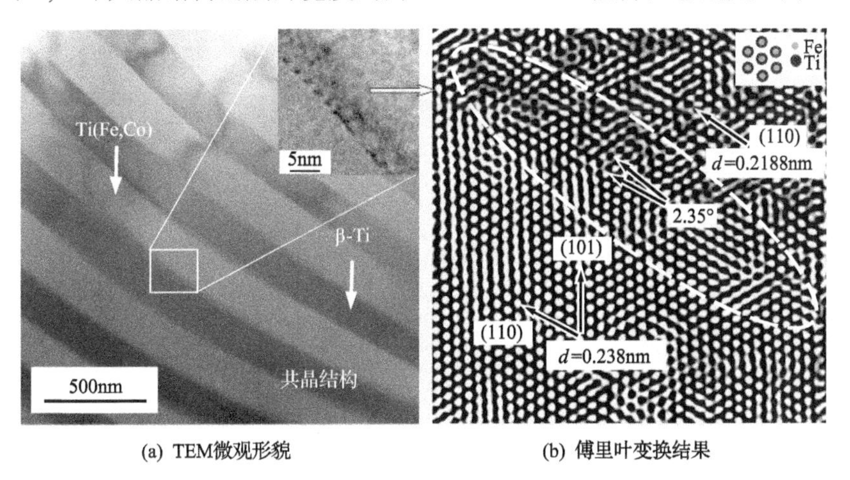

(a) TEM微观形貌　(b) 傅里叶变换结果

图 7.24　1373K 块状合金 TEM 微观形貌和傅里叶转变结果

中插图的傅里叶变换结果表明共晶晶格的相界面为共格结构，且 Fe 原子和 Ti 原子沿着[111]晶轴相互叠加(图 7.24(b))。

基于共晶转变的逆相变理论 $\alpha+\beta \rightarrow L$，可推测出：在 1353K 下的合金粉末已经达到一定程度半固态，其 bcc β-Ti 与 B2 Ti(Fe, Co)相的局部团聚、分散、条状分布正是为下一步快速冷却下的共晶转变做好前期准备(图 7.23(b))。在 1353K 烧结温度下，因温度过低，只有在局部区域发生了少量的共晶转变。并且，烧结体中并未出现太多液相，使得非晶晶化并共晶转变的液相中原子的高度密堆程度相对较低[23~25]，这样并不利于 bcc β-Ti 和 B2 Ti(Fe, Co)相优先共晶转变的均匀化，进而也会影响到共晶转变导致的液相均匀化，最终使得快速凝固的微观组织呈现出不均匀的分布及形貌。而当烧结温度为 1373K 时，恰好达到共晶转变的最适宜温度，但仍小于 fcc Ti_2(Co, Fe)的熔化温度(图 7.19(a))，此时烧结体内部形成了大量的液相区，其内部均匀化原子呈现出高度密堆结构，可保障共晶转变 $L \rightarrow$ β-Ti+Ti(Fe,Co)迅速而完整地发生，而 β-Ti 和 Ti(Fe, Co)形成的高度密堆结构的液相在急速冷却后，极易形成大范围超细晶结构的层片状共晶基体。这主要是在更高烧结温度下，更多液相呈现出的高度密堆结构快速冷却所致。但对于 1423K 烧结的合金，因其内部温度过高，以及原子固溶效应的不同[15]，致使原子扩散、迁移现象较为严重，所以打破了内部局部区域的高度密堆结构，致使在冷却后，不同区域呈现出不同尺度、不同分布形态的共晶结构。而自始至终并未熔化的弥散 fcc Ti_2(Co, Fe)相因热量的不断积累，使其随半固态烧结温度的升高，有逐渐长大的趋势。

对不同半固态温度制备的块状合金进行室温压缩力学性能测试，结果如图 7.25 所示。与上述四组元共晶结构钛合金力学性能相似(图 7.22)，1373K 制备的块状合金呈现出了明显的屈服平台，且具有超高的屈服强度(2050MPa)、断裂强度(2897MPa)，

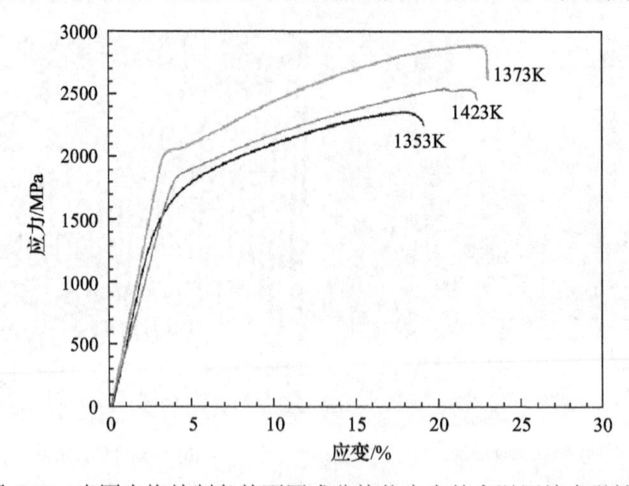

图 7.25 半固态烧结制备的不同成分块状合金的室温压缩力学性能

以及极大的塑性应变(19.7%)，明显优于其他半固态烧结制备的合金性能。可以推断，如此优异的力学性能归因于微米晶 fcc Ti_2(Co, Fe)弥散分布于超细晶层片共晶基体的双尺度结构，以及层片共晶基体中 bcc β-Ti 层片与 bcc Ti(Fe, Co)层片之间极其稳定的共格相界。而与之形成鲜明对比的是，经 1353K 烧结制备的合金，因其内部大范围的单一化等轴晶作用，使得各相性能指标相对较低。而经 1423K 烧结制备的合金，因其共晶尺度的不规则化、粗化等特征，使其呈现出较低的屈服强度、断裂强度，但其似乎还存在较为明显的屈服平台，且其塑性指标仍与 1373K 烧结态保持一致。

2. 无共晶成分

对于无共晶$(Ti_{83}Fe_8Co_9)_{82}Nb_{12.2}Al_{5.8}$合金而言，由于其缺少共晶转变产生液相的机制，所以该成分产生半固态的机理主要为单相熔化。本小节以$(Ti_{83}Fe_8Co_9)_{82}Nb_{12.2}Al_{5.8}$合金为对象，利用 DSC 曲线和高温原位 XRD 图谱确定$(Ti_{83}Fe_8Co_9)_{82}Nb_{12.2}Al_{5.8}$合金粉末的半固态烧结起始温度为 1333K，考查烧结参数对块状合金组织性能的影响。

图 7.26 为通过固态烧结和半固态烧结法制备的$(Ti_{83}Fe_8Co_9)_{82}Nb_{12.2}Al_{5.8}$块状合金的 XRD 图谱及 SEM 微观形貌。由图 7.26(a)可知，通过固态烧结和半固态烧结制备的块状合金，均主要由两相组成，分别是 bcc β-Ti 和 fcc Ti_2(Co, Fe)。然而，半固态烧结制备的合金中 β-Ti 相的 XRD 衍射峰逐渐向小角度偏移。这说明 β-Ti 相晶粒在半固态烧结过程中有长大趋势。结合图 7.26(b)和(c)微观形貌图发现，从固态烧结到半固态烧结并保温 1min 后，原本固态烧结为超细晶尺度的等轴状 β-Ti 长大为微米粗晶。此时的微观结构呈现出两种截然不同的区域，一部分 Ti_2(Co, Fe)被长大的 β-Ti 相排挤到晶界处，还有少部分 Ti_2(Co, Fe)被逐步长大的 β-Ti 相包围，这是半固态保温时间不充足所致。而当保温时间加至 5min 后，半固态使得烧结体中 Ti_2(Co, Fe)相熔化充分，此时高温态烧结体中液相体积分数较高，所以当快速冷却后，液相的 Ti_2(Co, Fe)相优先形核于能量较高且原子活动能力

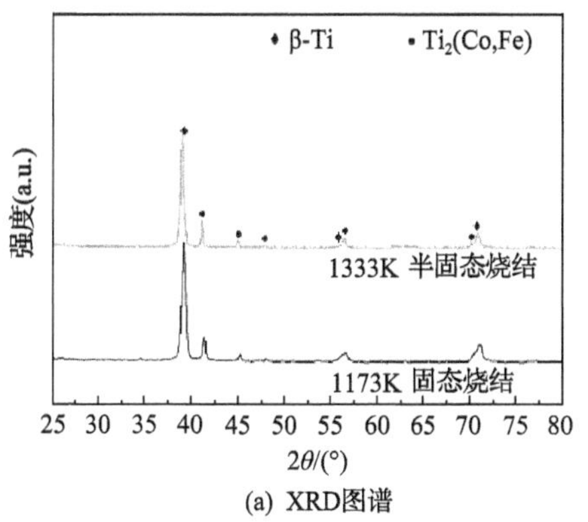

(a) XRD图谱

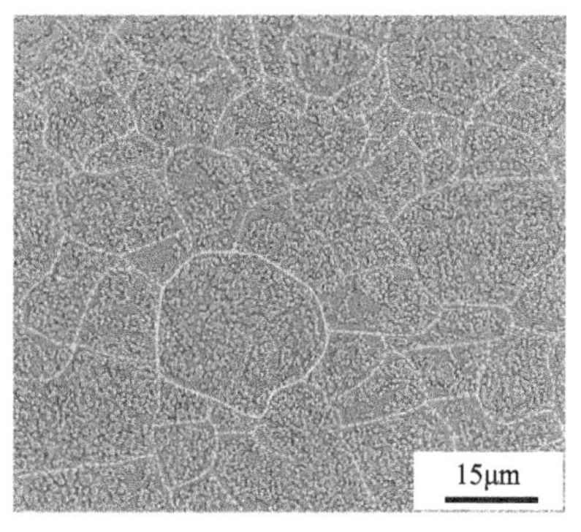

(b) 1173K固态烧结

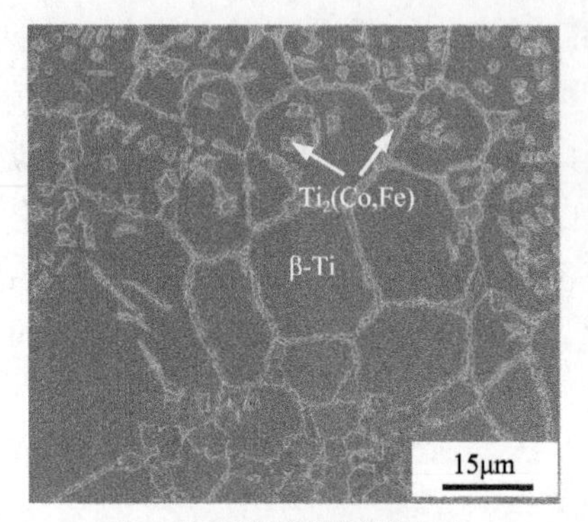

(c) 1333K半固态烧结保温1min

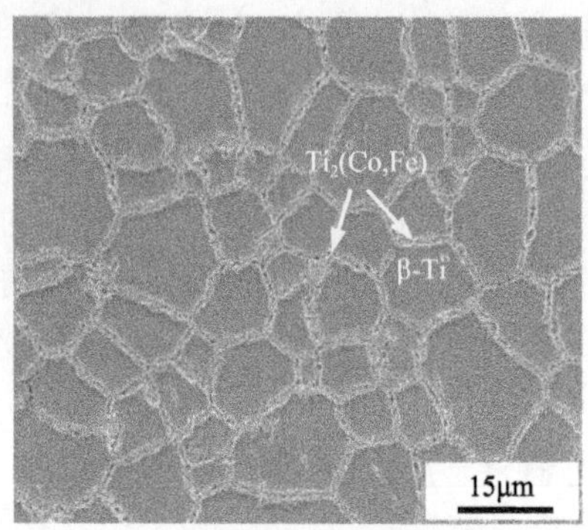

(d) 1333K半固态烧结保温5min

图 7.26　不同烧结参数下制备的$(Ti_{83}Fe_8Co_9)_{82}Nb_{12.2}Al_{5.8}$块状合金的 XRD 图谱和 SEM 微观形貌

较大的 β-Ti 相晶界，形成如图 7.26(d)所示的组织。有趣的是，保温 1min 制备的块状合金中一部分区域主要为未熔化的 Ti_2(Co, Fe)相由超细晶单纯长大为细晶(类似固态烧结组织)，另一种是高温完全熔化的 Ti_2(Co, Fe)相在冷却时优先析出于 β-Ti 相晶界(类似半固态烧结组织)。

图 7.27 为 1333K 下保温 5min 所制备的$(Ti_{83}Fe_8Co_9)_{82}Nb_{12.2}Al_{5.8}$块状合金 TEM 微观形貌及相应的选区衍射斑点图。与图 7.26 的 XRD 图谱和 SEM 微观形貌分析结果一致，块状合金由 bcc β-Ti 和 fcc Ti_2(Co, Fe)两相构成。分析实验结果可以发现，在粗晶 β-Ti 相的晶界处，可看到短棒状 Ti_2(Co, Fe)相(尺寸大约为长 1～2μm，径向 500nm)的连续分布，其两相对应的选区电子衍射斑点晶带轴分别为 β-Ti[$\bar{1}$11]和 Ti_2(Co, Fe) [$\bar{1}$12]。需要说明的是，内部的 Ti_2(Co, Fe)相分别由 cF24 和 cF96 的

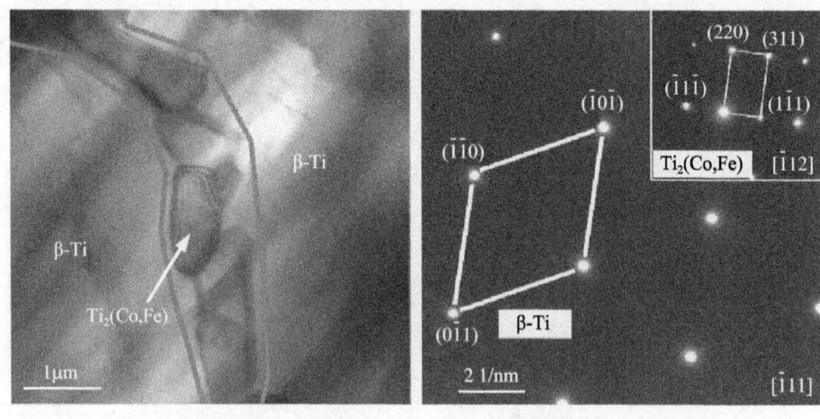

(a) TEM微观形貌　　(b) 选区电子衍射斑点

图 7.27　在烧结温度为 1333K 下保温 5min 制备的$(Ti_{83}Fe_8Co_9)_{82}Nb_{12.2}Al_{5.8}$块状合金的 TEM 微观形貌及相应的选区电子衍射斑点

两种 $Fd\bar{3}m(227)$ 晶格类型组成。此外，还发现半固态烧结的块状合金中，$Ti_2(Co, Fe)$ 相形状、分布形貌及尺度都与图 7.26(b) 中固态烧结的合金有较大差异。这说明了 $Ti_2(Co, Fe)$ 相是经高温重熔化，再次冷却并晶界析出形成的。

对不同烧结参数制备的块状合金进行室温压缩力学性能测试，结果如图 7.28 所示。对于 1333K 半固态烧结块状合金，可发现其呈现出略低的屈服强度(1468MPa)、较高的断裂强度(2550MPa)及最大的塑性应变(31.5%)，明显优于固态烧结制备的合金性能。这主要归因于超细晶长大使得合金的细晶强化作用减弱，但却因为更多等轴 β-Ti 相具有的高位错储存能力、应力分散能力，使得塑性也相应提升[20,21]。

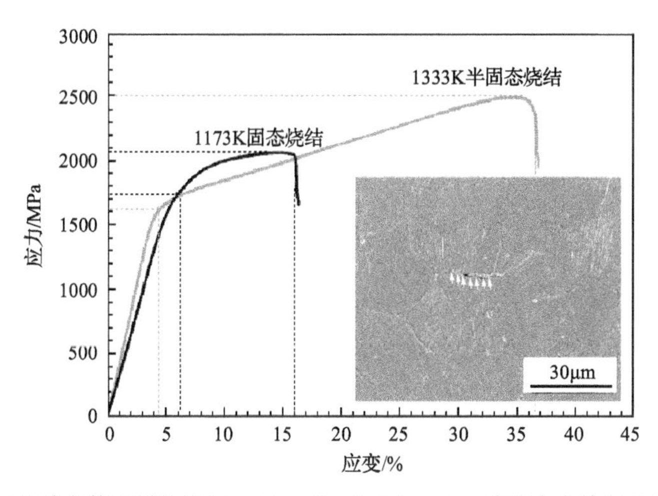

图 7.28　不同烧结参数下制备的 $(Ti_{63.5}Fe_{26.5}Co_{10})_{82}Nb_{12.2}Al_{5.8}$ 块状合金的室温压缩力学性能

3. 拉伸力学性能对比

图 7.29 为半固态烧结制备的局部共晶组织 $(Ti_{63.7}Fe_{17}Co_{19.3})_{82}Nb_{12.2}Al_{5.8}$、完全共晶组织 $(Ti_{63.5}Fe_{26.5}Co_{10})_{82}Nb_{12.2}Al_{5.8}$、无共晶组织 $(Ti_{83}Fe_8Co_9)_{82}Nb_{12.2}Al_{5.8}$ 的双尺度结构钛合金的拉伸应力-应变曲线。由图 7.29(a) 可知，拉伸试样以直径为 30mm 的试样径向加工获得。由图 7.29(b) 的拉伸应力-应变曲线可知，总体而言，有共晶组织的双尺度结构合金都呈现出了明显的屈服现象，而无共晶组织的钛合金则在弹性应变阶段直接断裂，其中完全共晶转变的合金呈现出 920MPa 的断裂强度及 1.6%的断裂塑性，这个指标与铸态的纳米晶 fcc 基体包围微米 β-Ti 树枝晶结构的 $Ti_{66}Nb_{13}Cu_8Ni_{6.8}Al_{6.2}$ 合金水平相当[26]。对于完全共晶结构钛合金，因其大范围的超细共晶层片间的共格强化[27~29]、有序强化[30~33]作用，使其呈现出比局部共晶结构合金更高的屈服强度及断裂强度[34~42]。而无共晶结构的合金，因短棒状、硬脆相 $Ti_2(Co, Fe)$ 连续分布于等轴状的 β-Ti 相晶界，使其在拉伸过程中，初始裂

纹萌生于晶界处的 $Ti_2(Co, Fe)$ 相，并沿着晶界快速扩展并失效(图 7.28 插入图)，因此，其在弹性变形阶段就直接发生断裂失效。

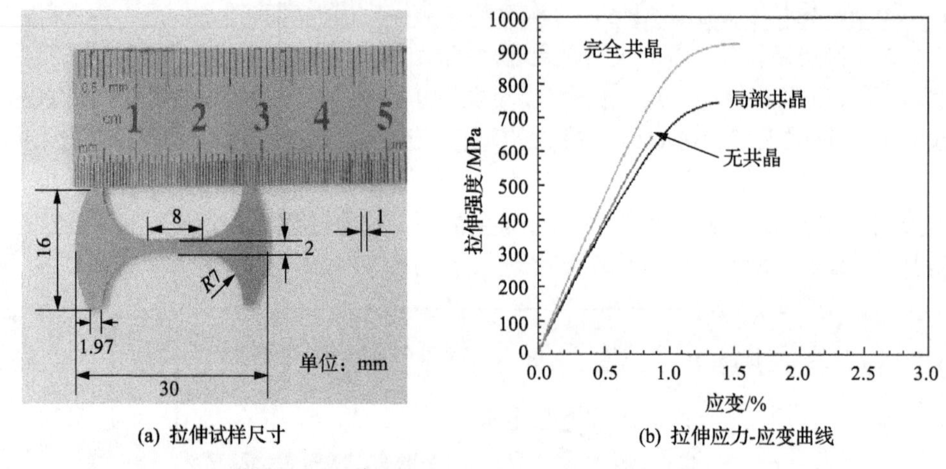

(a) 拉伸试样尺寸　　(b) 拉伸应力-应变曲线

图 7.29　三种成分块状合金的室温拉伸力学性能

7.3.4　共晶反应半固态烧结双尺度结构的形成机理

由上述研究可知，本节提出的半固态烧结是由“固态烧结”和“半固态烧结”两个阶段组成，而获得超细层片共晶结构的基础条件是逆共晶液相（TiFe+β-Ti → L）需具备高度密堆的原子排布[16,25]。所以需要通过非晶相的晶化制备出高度密堆结构的 TiFe 金属间化合物和 β-Ti 相，才能为后续共晶转变的顺利进行提供有利的基础条件。所以，结合前期的研究基础，可认为本节制备的共晶结构高强韧钛合金，应以第 3 章所述的球磨非晶合金粉末[43,44]为基础，因为只有这样烧结体才能在非晶晶化、高温共晶熔化为液相的时候形成高度密堆的过冷液相区，才更有利于制备出组织结构复合化的双尺度/多尺度高强韧钛合金。

本节以 $(Ti_{63.5}Fe_{26.5}Co_{10})_{82}Nb_{12.2}Al_{5.8}$ 块状合金为对象，揭示基于共晶转变的双尺度高强韧钛合金的半固态形成机理。图 7.30 为 $(Ti_{63.5}Fe_{26.5}Co_{10})_{82}Nb_{12.2}Al_{5.8}$ 块状合金的半固态烧结曲线、致密化曲线及微观组织演变示意图。简单来说，整个半固态烧结过程可分为五个阶段，对应的微观结构也要经历五种不同形态的组织演变：

(1) 非晶粉末颗粒的重排过程(低于 653K)；

(2) 非晶粉末的致密化及非晶晶化过程(653～1050K)；

(3) 晶化相晶粒的长大过程(1050～1328K)；

(4) 共晶液相的形成/半固态阶段(1328～1373K)；

(5) 快速凝固双尺度共晶组织的形成(冷却)。

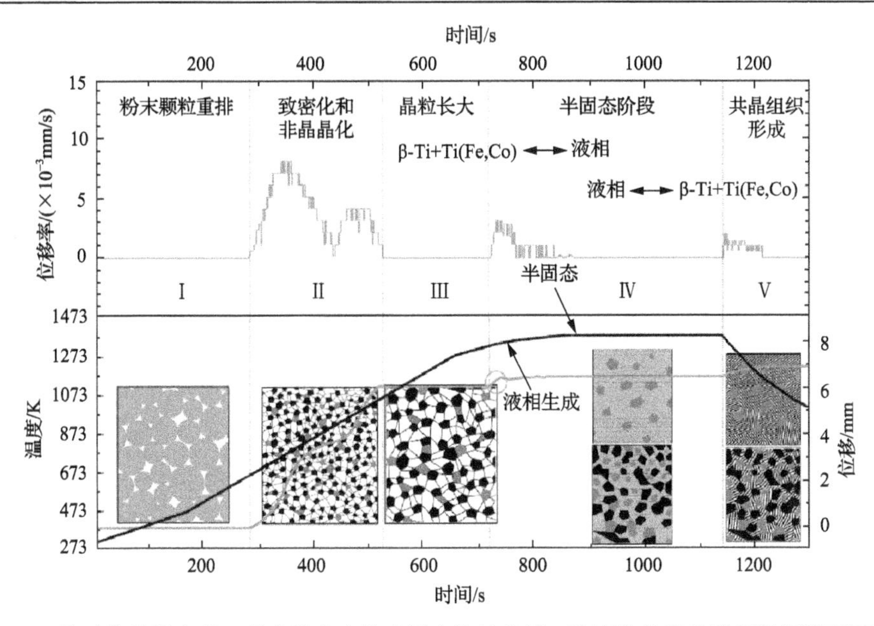

图 7.30　基于共晶转变的双尺度钛合金的半固态烧结曲线、致密化曲线及微观组织演变示意图

五个不同阶段的划分主要基于烧结过程中放电等离子系统冲头的瞬时位移速率变化。在烧结温度处于 653K 以下时，石墨冲头并未有任何移动现象，说明在热、电、力三场耦合作用下，球磨合金粉末在此阶段主要以粉末颗粒的重排为主。在烧结温度由 653K 升至 1050K 的过程中，石墨冲头的位移速率有两次突变：第一个位移速率的峰值对应的烧结温度为 753K，与图 7.19 中 DSC 曲线中非晶晶化放热峰的开始温度几乎吻合，可以推测这是由于非晶粉末在过冷液相区的黏滞流变行为及非晶晶化为纳米晶的 β-Ti、Ti(Fe, Co)和 Ti_2(Co, Fe)(150～400nm)的晶化行为导致的快速致密化[45,46]；第二个位移速率突变可能是烧结温度的升高促进原子扩散致使粉末发生快速致密化，在此阶段烧结体中的致密化已经完全结束。当烧结温度超过 1050K 时，继续升温将提供给晶化相中晶粒长大的能量。在此阶段，晶粒快速长大成为超细/细晶尺度的等轴晶(500nm～1μm)，直至进入下一个半固态阶段。温度升至 1328K 时，位移速率出现了一个突变的原因是烧结体中有共晶转变的液相开始出现。随着温度继续升高，为防止液相挤出，需要把烧结压力从 30MPa 降低到 20MPa。需要特别说明的是，因为 Ti_2(Co, Fe)在此阶段仍处于固态，所以持续升温导致其从超细晶继续长大为微米晶或粗晶(1～10μm)，并悬浮于共晶液相中，此阶段在烧结温度 1373K 保温 5min 后结束。最后，切断电源烧结结束，待温度降为约 1323K 时，预计液相基本已经以共晶反应的形式发生凝固为超细层片共晶组织，而弥散分布于共晶液相区的 Ti_2(Co, Fe)也被很好地保留。此时，迅速将压力恢复为 30MPa，直至冷却至 873K。为了消除内部残余应力，此时全部卸压。至此，一个新型双尺度结构高强韧钛合金已制备完成。

事实上，此示意图中的微观组织演变过程与图 7.23 中不同烧结温度制备的组织相互印证。比如，在 1173K 固态烧结制备的钛合金很好地保留着高温段的纳米/超细结构等轴晶（图 7.23（b））；而 β-Ti 和 Ti（Fe, Co）形成的高度密堆结构的液相在急速冷却后，极易形成超细结构的层片状共晶，而对应的固态相 Ti_2(Co, Fe) 则有长大的趋势。另外，基于 β-Ti/Ti_2Co 共晶转变设计的局部共晶双尺度结构，以及无共晶双尺度结构的钛合金半固态形成示意图也插入图 7.30 中。

7.4　双尺度钛合金与其他高强钛合金的性能对比分析

本章利用基于单相熔化和共晶转变的半固态烧结法成功制备出双尺度或三尺度结构钛合金，具有优异的综合力学性能。为更详细和直观地对比不同方法制备的钛合金性能，将相关钛合金的力学性能综合在表 7.4 中，并以 $Ti_{62}Nb_{12.2}Fe_{13.6}Co_{6.4}Al_{5.8}$ 和 $(Ti_{63.5}Fe_{26.5}Co_{10})_{82}Nb_{12.2}Al_{5.8}$ 合金为对象，考查不同方法制备的块状合金微观形貌和力学性能的差异。

表 7.4　不同方法制备的块状合金性能对比

成分	制备方法	屈服强度/MPa	断裂强度/MPa	断裂应变/%
$Ti_{66}Nb_{13}Cu_8Ni_{6.8}Al_{6.2}$	铜模铸造[13]	1195	2043	30.5
	固态烧结[12]	1446	2415	31.8
	半固态烧结*	1483	2382	31.8
$Ti_{62}Nb_{12.2}Fe_{13.6}Co_{6.4}Al_{5.8}$	固态烧结[47]	1850	2266	5.5
	半固态烧结[47]	1790	2334	15.5
$(Ti_{63.5}Fe_{26.5}Co_{10})_{82}Nb_{12.2}Al_{5.8}$	铜模铸造[48]	1750	2300	6.2
	固态烧结[48]	2175	2341	1
	半固态烧结[48]	2050	2897	19.7
$(Ti_{63.7}Fe_{17}Co_{19.3})_{82}Nb_{12.2}Al_{5.8}$	铜模铸造[48]	1440	1920	10.9
	固态烧结[48]	1658	2010	5.3
	半固态烧结[48]	1580	2315	26.2
$(Ti_{83}Fe_8Co_9)_{82}Nb_{12.2}Al_{5.8}$	铜模铸造[48]	1081	1786	15.7
	固态烧结[48]	1750	2250	3
	半固态烧结[48]	1468	2550	31.5
$Ti_{68.8}Nb_{13.6}Co_6Cr_{5.1}Al_{6.5}$	半固态烧结*	1562	40.1	3011
$Ti_{68.8}Nb_{13.6}Cu_{5.1}Ni_6Al_{6.5}$	半固态烧结*	1173	2409	40.8
$Ti_{68.8}Nb_{13.6}Cu_{5.1}Ni_6Sn_{6.5}$	半固态烧结*	1346	2567	38.1

*数据来源于前期工作。

图 7.31 是半固态烧结制备的 $Ti_{62}Nb_{12.2}Fe_{13.6}Co_{6.4}Al_{5.8}$ 块状合金的 SEM 和 TEM

微观形貌。由图可知，半固态烧结块状合金微观形貌由尺寸为几十微米的板条状 $Ti_2(Co, Fe)$孪晶相和基体相组成(图 7.31(a))。$Ti_2(Co, Fe)$孪晶的板条间距为 500～1000nm。分析图 7.31(b)基体相的 TEM 微观形貌可以看出，基体结构为 β-Ti 相包围等轴 TiFe 相，其中 TiFe 相的尺寸为 80～120nm。β-Ti 和 TiFe 相的选区电子衍射斑点证实了 TiFe 相为 bcc 结构，其晶格常数为 0.2998nm(图 7.31(b)插图)。利用能谱分析测定 $Ti_2(Co, Fe)$、TiFe 和 β-Ti 相的平均化学成分为 $Ti_{62.02}Nb_{2.77}Fe_{17.40}Co_{17.38}Al_{2.41}$、$Ti_{58.17}Nb_{4.78}Fe_{31.19}Co_{4.75}Al_{4.78}$ 和 $Ti_{64.92}Nb_{25.85}Fe_{4.47}Co_{0.32}Al_{4.43}$。可以看出，半固态烧结制备的块状合金为双尺度结构，而固态烧结制备的块状合金微观形貌为尺寸约为 200～400nm 的等轴(CoFe)Ti_2 相分布在尺寸为 400～600nm 的 β-Ti 基体上，为超细晶合金(图 7.31(d))。半固态烧结块状合金的纳米基体中大量滑移带的增殖和超细 $Ti_2(Co, Fe)$对位错的阻碍作用，使得半固态试样较固态烧结试样具有更佳的断裂强度和断裂塑性。

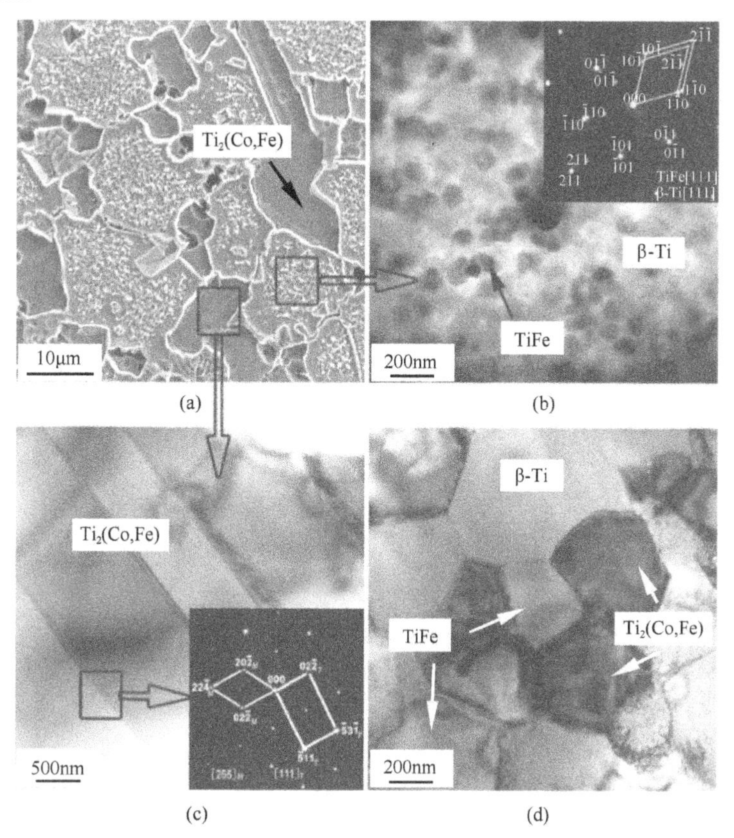

图 7.31 半固态烧结制备的 $Ti_{62}Nb_{12.2}Fe_{13.6}Co_{6.4}Al_{5.8}$ 块状合金微观形貌

图 7.32 为铜模铸造制备的$(Ti_{63.5}Fe_{26.5}Co_{10})_{82}Nb_{12.2}Al_{5.8}$块状合金的 SEM 和 TEM 微观形貌。由图可见，合金仅含有 bcc β-Ti 和 bcc Ti(Fe, Co)两种相。从微观尺度

而言，铜模铸造制备的合金微观组织也是双尺度结构，具体表现为超细层片 bcc β-Ti 和 bcc Ti(Fe, Co)的共晶基体包围微米晶的形态，但相比半固态烧结块状合金，其缺少了硬脆微米晶 fcc Ti_2(Co, Fe)相。由 7.32(b)和(c)TEM 微观形貌可知，其 bcc β-Ti 和 bcc Ti(Fe, Co)层片共晶组织层片宽度大约 150～200nm。通过对铜模铸造法制备合金中 Ti_2(Co, Fe)选区衍射斑点的计算分析发现，内部的 Ti_2(Co, Fe)相也是分别由 cF24 和 cF96 的两种 $Fd\bar{3}m(227)$ 晶格类型组成，且与半固态试样形成鲜明对比的是，铜模铸造法获得的试样共晶界面为非共格关系。共格界面使层片共晶基体更为稳定，因此半固态烧结制备的双尺度结构试样力学性能优于铸造试样。

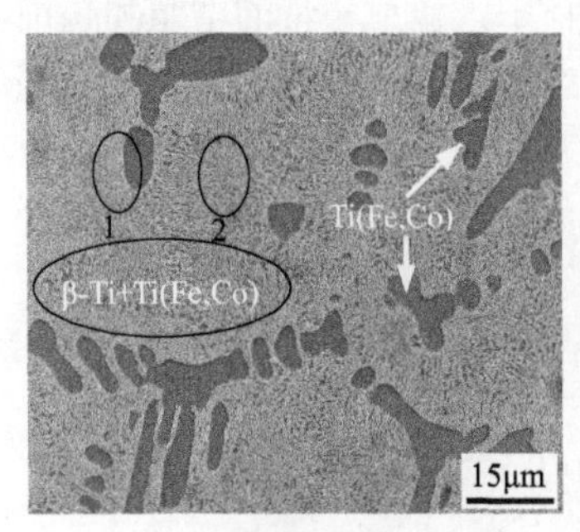

(a) SEM微观形貌

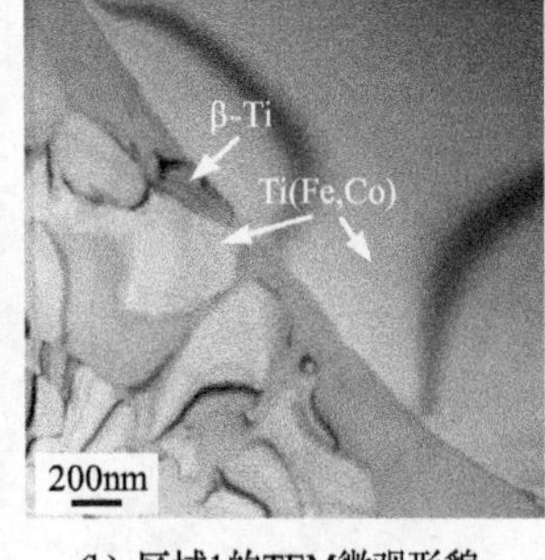

(b) 区域1的TEM微观形貌

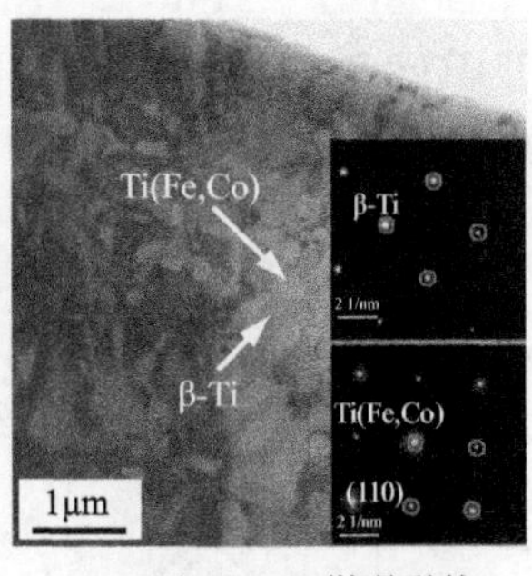

(c) 区域2的TEM微观形貌

图 7.32 铜模铸造制备的$(Ti_{63.5}Fe_{26.5}Co_{10})_{82}Nb_{12.2}Al_{5.8}$块状合金微观形貌

图 7.33 为固态烧结、半固态烧结、铜模铸造制备的不同成分的块状合金的力学性能曲线。通过对比发现，对于相同的成分，半固态烧结法制备的块状合金力

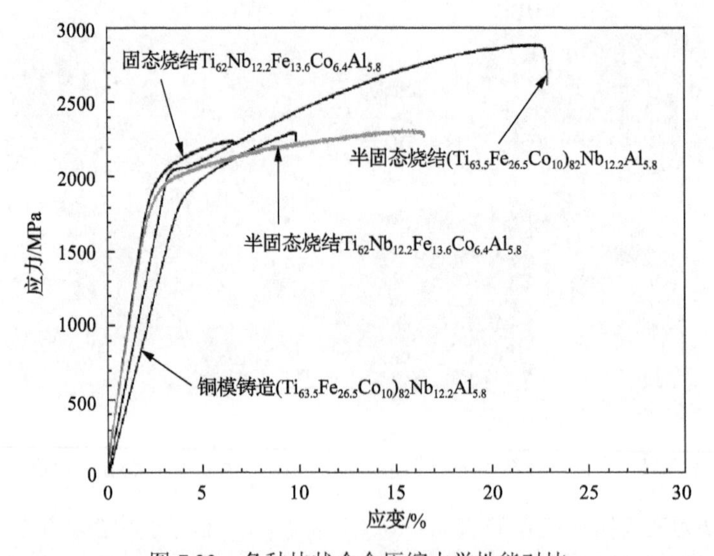

图 7.33 各种块状合金压缩力学性能对比

学性能更优，其中 $(Ti_{63.5}Fe_{26.5}Co_{10})_{82}Nb_{12.2}Al_{5.8}$ 块状合金在屈服强度达 2050MPa、断裂强度达 2879MPa 的同时，获得了优异的断裂塑性(22.3%)。图 7.34 汇总了已报道的典型双尺度结构钛合金的屈服强度和断裂强度与塑性应变[5,34,36,40,49-52]。显然，利用半固态烧结制备的块状合金性能均超出了目前所报道的平均水平。

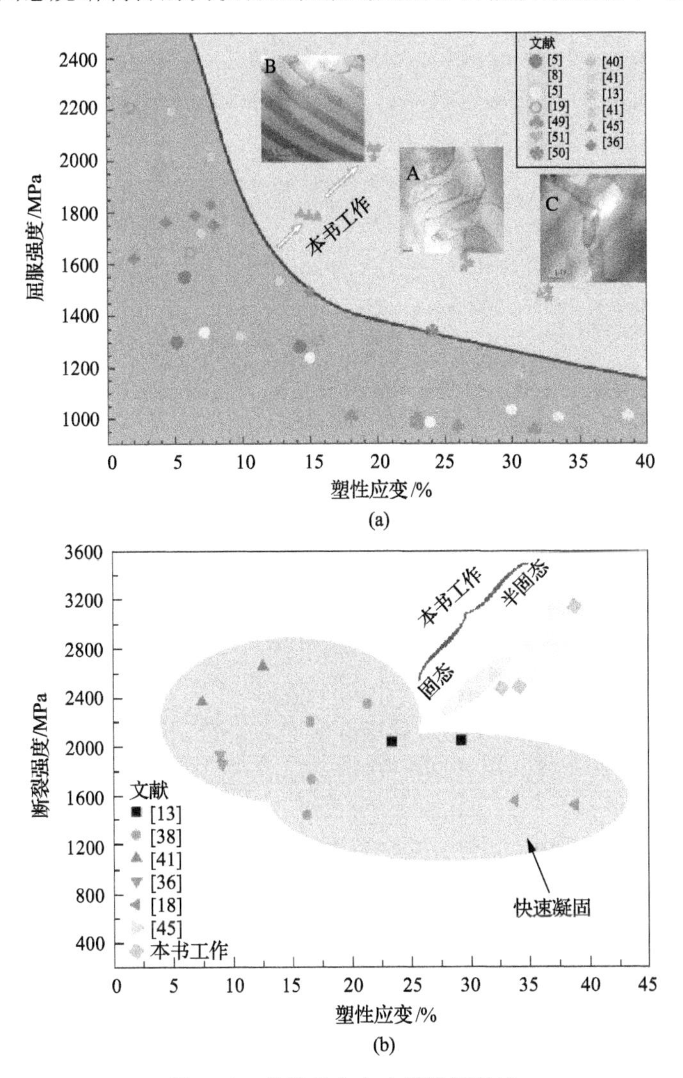

图 7.34　各种钛合金力学性能对比

综上所述，利用半固态烧结法可以成功制备双尺度或三尺度钛合金，所制备的钛合金具有高强度和高塑性，相关方法为制备高强韧新型双尺度结构钛合金提供了一条新途径，具有广阔的应用前景。

参考文献

[1] Koch C C, Morris D G, Lu K, et al. Ductility of nanostructured materials. MRS Bulletin, 1999, 24(2): 54-58.

[2] Zhao Y, Zhu Y, Lavernia E J. Strategies for improving tensile ductility of bulk nanostructured materials. Advanced Engineering Materials, 2010, 12(8): 769-778.

[3] Legros M, Elliott B R, Rittner M N, et al. Microsample tensile testing of nanocrystalline metals. Philosophical Magazine A, 2000, 80(4): 1017-1026.

[4] Zhao Y H, Lavernia E J. 13–The mechanical properties of multi-scale metallic materials. Nanostructured Metals & Alloys, 2011, 375-429.

[5] He G, Eckert J, Löser W, et al. Novel Ti-base nanostructure–dendrite composite with enhanced plasticity. Nature Materials, 2003, 2(1): 33-37.

[6] 范景莲, 曲选辉. 高比重合金的固相烧结. 中国有色金属学报, 1999, 9(2): 327-329.

[7] Kingery W D. Densification During Sintering in the Presence of a Liquid Phase. I. Theory. Amsterdan: Springer, 1990.

[8] Delannay F, Missiaen J M. Assessment of solid state and liquid phase sintering models by comparison of isothermal densification kinetics in W and W-Cu systems. Acta Materialia, 2016, 106: 22-31.

[9] Zhu Y B, Wang Y, Zhang X Y, et al. W/NiFe phase interfacial characteristics of liquid-phase sintered W-Ni-Fe alloy. International Journal of Refractory Metals & Hard Materials, 2007, 25(4): 275-279.

[10] Li Y Y, Zou L M, Yang C, et al. Ultrafine-grained Ti-based composites with high strength and low modulus fabricated by spark plasma sintering. Materials Science & Engineering A, 2013, 560(1): 857-861.

[11] Liu L H, Yang C, Wang F, et al. Ultrafine grained Ti-based composites with ultrahigh strength and ductility achieved by equiaxing microstructure. Materials & Design, 2015, 79: 1-5.

[12] Li Y Y, Yang C, Qu S G, et al. Nucleation and growth mechanism of crystalline phase for fabrication of ultrafine-grained $Ti_{66}Nb_{13}Cu_8Ni_{6.8}Al_{6.2}$ composites by spark plasma sintering and crystallization of amorphous phase. Materials Science & Engineering A, 2010, 528(1): 486-493.

[13] Kühn U, Mattern N, Gebert A, et al. Nanostructured Zr and Ti-based composite materials with high strength and enhanced plasticity. Journal of Applied Physics, 2005, 98(5): 171-243.

[14] 刘乐华. 基于非晶晶化理论的高强韧钛铌基复合材料制备研究. 广州: 华南理工大学, 2014.

[15] Inoue A. Stabilization of metallic supercooled liquid and bulk amorphous alloys. Acta Materialia, 2000, 48(1): 279-306.

[16] 梁基谢夫 H П. 金属二元系相图手册. 北京: 化学工业出版社, 2009.

[17] Fischer F D, Svoboda J. Diffusion of elements and vacancies in multi-component systems. Progress in Materials Science, 2014, 60(3): 338-367.

[18] Okulov I V, Bönisch M, Kühn U, et al. Significant tensile ductility and toughness in an ultrafine-structured $Ti_{68.8}Nb_{13.6}Co_6Cu_{5.1}Al_{6.5}$ bi-modal alloy. Materials Science & Engineering A, 2014, 615: 457-463.

[19] Kim K B, Das J, Baier F, et al. Microstructural investigation of a deformed $Ti_{66.1}Cu_8Ni_{4.8}Sn_{7.2}Nb_{13.9}$ nanostructure-dendrite composite. Journal of Alloys & Compounds, 2007, 434: 106-109.

[20] Liu L H, Yang C, Kang L M, et al. Equiaxed Ti-based composites with high strength and large plasticity prepared by sintering and crystallizing amorphous powder. Materials Science & Engineering A, 2016, 650: 171-182.

[21] Yang C, Liu L H, Cheng Q R, et al. Equiaxed grained structure: A structure in titanium alloys with higher compressive mechanical properties. Materials Science & Engineering A, 2013, 580(37): 397-405.

[22] Brandon D G. The structure of high-angle grain boundaries. Acta Metallurgica, 1966, 14(11): 1479-1484.

[23] Karantzalis A E, Lekatou A, Georgatis E, et al. Solidification observations of vacuum arc melting processed Fe-Al-TiC composites: TiC precipitation mechanisms. Materials Characterization, 2011, 62(12): 1196-1204.

[24] Kobayashi S, Schneider A, Zaefferer S, et al. Phase equilibria among α-Fe(Al,Cr,Ti), liquid and TiC and the formation of TiC in Fe_3Al-based alloys. Acta Materialia, 2005, 53(14): 3961-3970.

[25] Sarasola M, Gómez-Acebo T, Castro F. Liquid generation during sintering of Fe-3.5%Mo powder compacts with elemental boron additions. Acta Materialia, 2004, 52(15): 4615-4622.

[26] Helth A, Siegel U, Kühn U, et al. Influence of boron and oxygen on the microstructure and mechanical properties of high-strength $Ti_{66}Nb_{13}Cu_8Ni_{6.8}Al_{6.2}$alloys. Acta Materialia, 2013, 61(9): 3324-3334.

[27] Doi M. Elasticity effects on the microstructure of alloys containing coherent precipitates. Progress in Materials Science, 1996, 40(2): 79-180.

[28] Gerold V. On calculations of the crss of alloys containing coherent precipitates. Acta Metallurgica, 1968, 16(6): 823-827.

[29] Raghuram, Singhal L K. Yield strength of overaged alloys containing coherent ordered precipitates. Metallurgical Transactions A, 1975, 6(5): 965-968.

[30] Gorbatov O I, Lomaev I L, Gornostyrev Y N, et al. Effect of composition on antiphase boundary energy in Ni_3Al based alloys: Ab initio calculations. Physical Review B, 2016, 93(22): 224106.

[31] Cahn R W. Strengthening methods in crystals. International Materials Reviews, 1971, 17(1): 147-147.

[32] Cohen J B. A brief review of the properties of ordered alloys. Journal of Materials Science, 1969, 4(11): 1012-1021.

[33] Jiao Z B, Luan J H, Liu C T. Strategies for improving ductility of ordered intermetallics. Progress in Natural Science:Materials International, 2016, 26(1): 1-12.

[34] Han J H, Kim K B, Yi S, et al. Formation of a bimodal eutectic structure in Ti-Fe-Sn alloys with enhanced plasticity. Applied Physics Letters, 2008, 93(14): 33.

[35] Lee S W, Kim J T, Hong S H, et al. Micro-to-nano-scale deformation mechanisms of a bimodal ultrafine eutectic composite. Scientific Reports, 2014, 4(39): 6500.

[36] Louzguine-Luzgin D V, Louzguina-Luzgina L V, Kato H, et al. Investigation of Ti-Fe-Co bulk alloys with high strength and enhanced ductility. Acta Materialia, 2005, 53(7): 2009-2017.

[37] Woodcock T G, Kusy M, Mato S, et al. Formation of a metastable eutectic during the solidification of the alloy TiCuNiSnTa. Acta Materialia, 2005, 53(19): 5141-5149.

[38] He G, Eckert J, Löser W, et al. Composition dependence of the microstructure and the mechanical properties of nano/ultrafine-structured Ti-Cu-Ni-Sn-Nb alloys. Acta Materialia, 2004, 52(10): 3035-3046.

[39] Li J F, Zhou Y H. Eutectic growth in bulk undercooled melts. Acta Materialia, 2005, 53(8): 2351-2359.

[40] Das J, Ettingshausen F, Eckert J. Ti-base nanoeutectic-hexagonal structured (D0) dendrite composite. Scripta Materialia, 2008, 58(8): 631-634.

[41] Zhang L C, Das J, Lu H B, et al. High strength Ti-Fe-Sn ultrafine composites with large plasticity. Scripta Materialia, 2007, 57(2): 101-104.

[42] Parisi A, Plapp M. Stability of lamellar eutectic growth. Acta Materialia, 2008, 56(6): 1348-1357.

[43] Suryanarayana C. Mechanical alloying and milling. Progress in Materials Science, 2006, 46(1): 1-184.

[44] Suryanarayana C, Al-Aqeeli N. Mechanically alloyed nanocomposites. Progress in Materials Science, 2013, 58(4): 383-502.

[45] Yang C, Zhu M D, Luo X, et al. Influence of powder properties on densification mechanism during spark plasma sintering. Scripta Materialia, 2017, 139: 96-99.

[46] Liu L H, Yang C, Yao Y G, et al. Densification mechanism of Ti-based metallic glass powders during spark plasma sintering process. Intermetallics, 2015, 66: 1-7.

[47] Liu L H, Yang C, Kang L M, et al. A new insight into high-strength $Ti_{62}Nb_{12.2}Fe_{13.6}Co_{6.4}Al_{5.8}$ alloys with bimodal microstructure fabricated by semi-solid sintering. Scientific Reports, 2016, 6(1): 23467.

[48] Yang C, Kang L M, Li X X, et al. Bimodal titanium alloys with ultrafine lamellar eutectic structure fabricated by semi-solid sintering. Acta Materialia, 2017, 132: 491-502.

[49] Yang D K, Hodgson P D, Wen C E. Simultaneously enhanced strength and ductility of titanium via multimodal grain structure. Scripta Materialia, 2010, 63(9): 941-944.

[50] Long Y, Wang T, Zhang H Y, et al. Enhanced ductility in a bimodal ultrafine-grained Ti-6Al-4V alloy fabricated by high energy ball milling and spark plasma sintering. Materials Science & Engineering A, 2014, 608: 82-89.

[51] Yin W H, Xu F, Ertorer O, et al. Mechanical behavior of microstructure engineered multi-length-scale titanium over a wide range of strain rates. Acta Materialia, 2013, 61(10): 3781-3798.

[52] Zhang L C, Lu H B, Mickel C, et al. Ductile ultrafine-grained Ti-based alloys with high yield strength. Applied Physics Letters, 2007, 91(5): 051906.

本章作者：康利梅，杨　超

第8章　固态/半固态烧结钛合金的强化机制

8.1　引　　言

高强度与高塑性是材料设计及制备追求的永恒目标[1]。结构的复合化或者晶粒尺寸的多尺度化是实现这一目标的主要途径[2~4]。例如，Wen 等[3,5]通过低温冷轧+低温退火的工艺获得了超细晶(平均晶粒尺寸 150nm)基体包围微米晶(1～2μm)的双尺度结构高强韧 Ti，其拉伸屈服强度为 926MPa，拉伸伸长率为 23%。其高强度主要归因于等轴结构的超细晶基体，高塑性主要源于高体积分数的高角度晶界和双尺度结构。Long 等[6]通过混合球磨纳米晶与未球磨微米晶合金粉末+放电等离子烧结的工艺，获得了等轴结构的超细晶基体与层片结构的微米晶共存的双尺度结构 Ti-6Al-4V 合金，其压缩屈服强度和塑性应变分别达 1368MPa 和 24%，与相同固结工艺制备的粗晶合金相比，在保持其 70%塑性的同时屈服强度提高了 87%，其高强度主要归因于等轴结构的超细晶基体，而高塑性归因于粗晶导致的应变硬化能力、超细晶基体中高体积分数的高角度晶界以及层片结构区域对裂纹的阻挡和反射作用。因此，揭示不同结构合金的强韧化机制对设计出更优异性能的合金具有理论指导意义。

基于前述章节可知，基于粉末烧结-非晶晶化法制备的等轴超细晶结构钛合金和双尺度(多尺度)结构钛合金，其微观组织结构不同于其他研究报道，并且其力学性能优于传统制备工艺制备的同成分合金，但其优异力学性能的起源不明确。本章将对固态烧结、单相熔化半固态烧结和共晶转变半固态烧结制备的等轴超细晶结构钛合金、双尺度(多尺度)结构钛合金和共晶双尺度钛合金的强化机制进行系统分析，揭示不同微观组织结构的强化机制或微观形变机制，为研究高强韧钛合金的设计及制备提供理论指导。

8.2　固态烧结超细晶钛合金的强化机制

8.2.1　固态烧结超细晶钛合金的组织性能

粉末冶金钛合金零件及材料主要通过原始元素粉末的混合烧结法来制备。该方法烧结后钛合金微观结构多以魏氏组织为主。魏氏组织最早在铁基材料中被发现[7]，其由一系列从基体中沿着一定的惯习面析出的片层状共格沉淀相构成。在钛合金中，如 Ti-6Al-4V[8]、Ti-Nb-Zr[9]和 Ti-Al[10]等，魏氏组织的存在会提高其高温性能，但会恶化室温力学性能。在传统铸造法制备的钛合金中，往往通过锻压+热处理等方法消除魏氏组织，但其工艺复杂、成本较高。

本节通过高能球磨不同时间制备出不同非晶相含量的 $Ti_{66}Nb_{13}Cu_8Ni_{6.8}Al_{6.2}$ 合金粉末，再经放电等离子烧结制备出不同微观结构的块状合金。研究表明，随球磨时间增大，块状合金结构从魏氏组织基体+等轴晶(Cu, Ni)-Ti_2 相结构向纯等轴晶结构转变(组成相相同)，同时等轴晶结构含量随着球磨时间增大而不断增大(详见第 9 章)。以球磨 10h 和球磨 50h 制备的块状合金为例，当球磨 10h 时，其块状合金组织为魏氏组织基体包围等轴晶(Cu, Ni)-Ti_2 相结构，如图 8.1(a)所示，而球磨 50h 后的块状合金组织为等轴晶结构 β-Ti 基体包围等轴结构(Cu, Ni)-Ti_2 相，如图 8.1(b)所示。压缩试验分析表明，等轴超细晶结构的钛合金强度及塑性均优于魏氏结构的合金试样(表 8.1)。

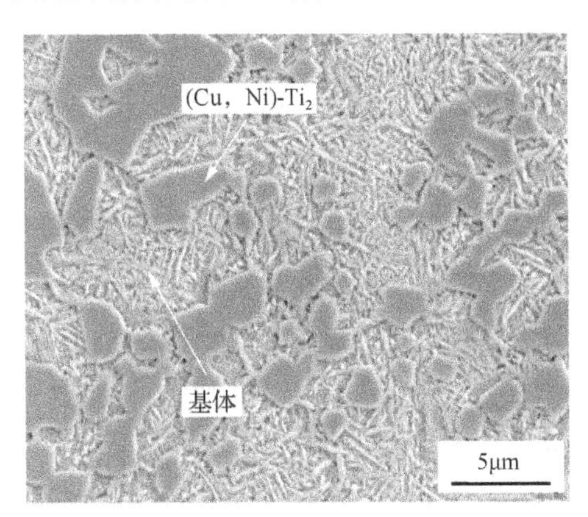

(a) 10h

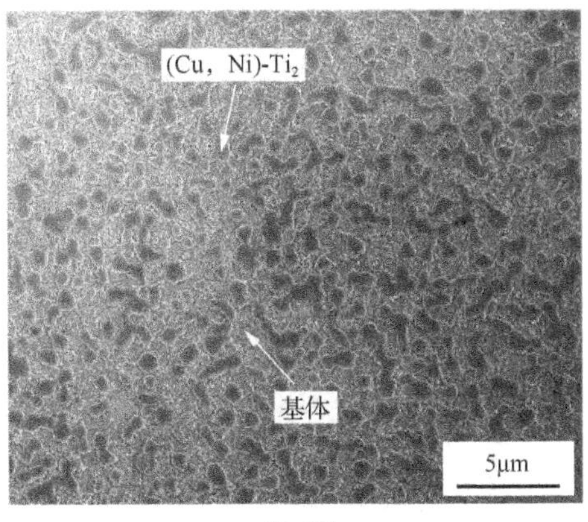

(b) 50h

图 8.1　不同球磨时间的 $Ti_{66}Nb_{13}Cu_8Ni_{6.8}Al_{6.2}$ 合金粉末经烧结和晶化后块状合金的 SEM 形貌

表 8.1　不同球磨时间的 $Ti_{66}Nb_{13}Cu_8Ni_{6.8}Al_{6.2}$ 合金粉末经烧结和晶化后块状合金的压缩测试结果

试样	弹性模量 E/GPa	屈服强度 σ_y/MPa	弹性应变 ε_y/%	断裂强度 σ_{max}/MPa	断裂应变 ε_f/%
S_{10}	47	1380	2.9	1885	13.0
S_{50}	65	1450	2.2	2350	28.5

注：S_x 中的 x 表示球磨时间。

为了揭示不同结构造成力学性能差异的内在机制，分别对不同结构的压缩应变 8%试样进行对比试验。从图 8.2(a)可以看出，裂纹首先在等轴晶结构的(Cu, Ni)-Ti_2 相边界处形成。进一步放大魏氏组织后可以看出(图 8.2(b))，在压应力作用下，滑移带和位错通过了针状(Cu, Ni)-Ti_2 相的中部。滑移带和位错等区域的选区衍射图表示其衍射斑点沿着某一特定的方向偏移(图 8.2(d))，表明原子在此处发生剧烈偏移。此外，针状(Cu, Ni)-Ti_2 相中部出现裂纹，如图 8.2(c)

中“*”位置所示。

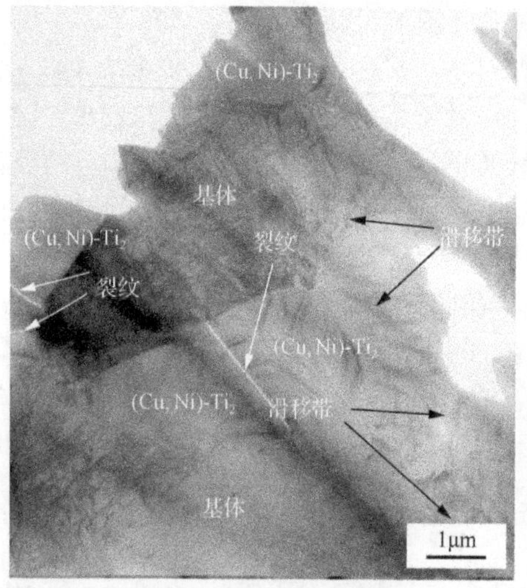

(a) 魏氏组织基体的TEM形貌

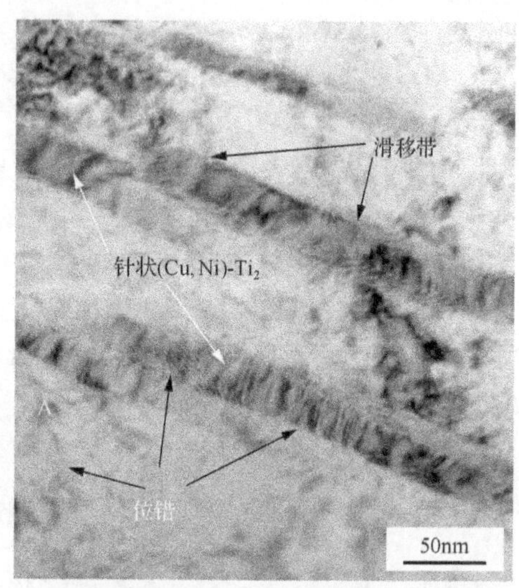

(b) 滑移带、位错墙通过针状(Cu, Ni)-Ti$_2$相

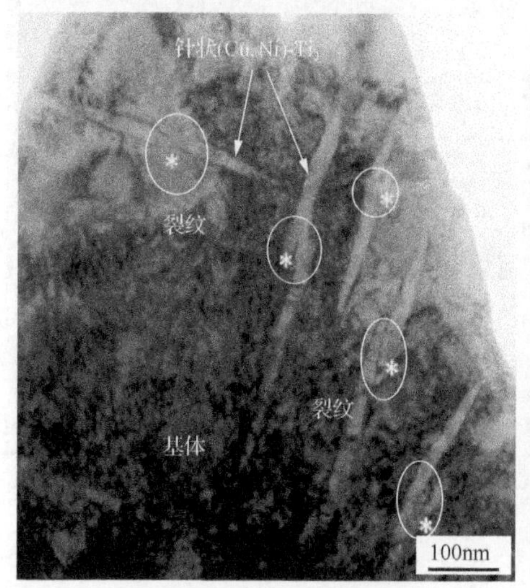

(c) 针状(Cu, Ni)-Ti$_2$在中部发生断裂

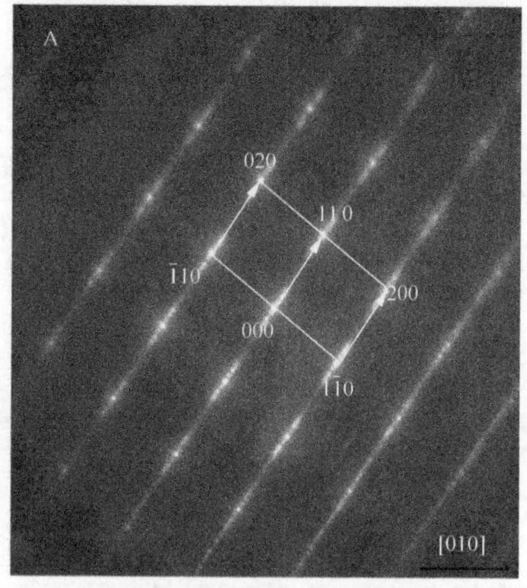

(d) 滑移带的选区电子衍射图

图 8.2　压缩应变(应变为 8%)后合金样品 S_{10} 的 TEM 形貌及选区电子衍射图

图 8.3 为球磨 50h 的合金粉末经烧结和晶化的样品 S_{50} 压缩应变后的 TEM 形貌以及对应的选区电子衍射图。从图中可以看出，试样为等轴晶结构 bcc β-Ti 基体包围等轴结构 fcc (Cu, Ni)-Ti_2 相的微观结构，如图 8.3(b)和(c)所示。能谱分析表明，(Cu, Ni)-Ti_2 相、β-Ti 相的化学成分分别为 $Ti_{64.4}Nb_{2.0}Cu_{14.4}Ni_{17}Al_{2.3}$ 和 $Ti_{65.7}Nb_{20.4}Cu_{4.1}Ni_{0.8}Al_{8.9}$。

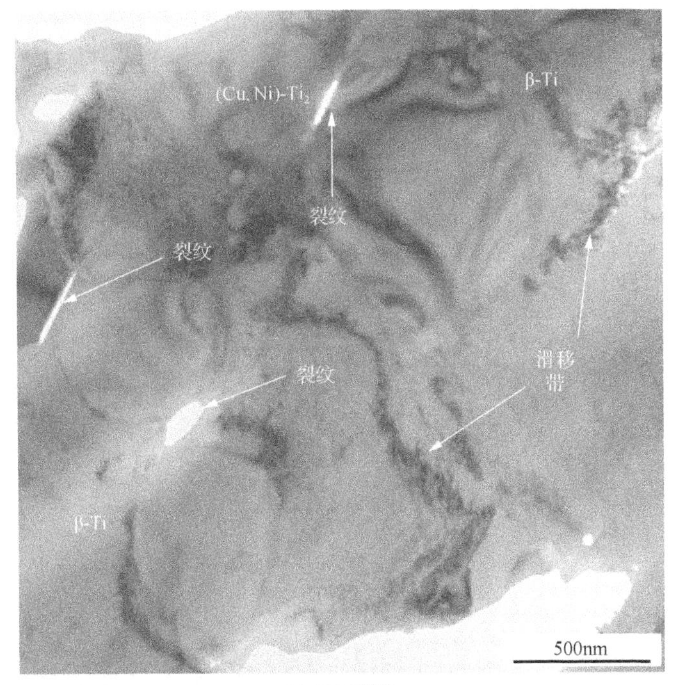

(a) TEM形貌

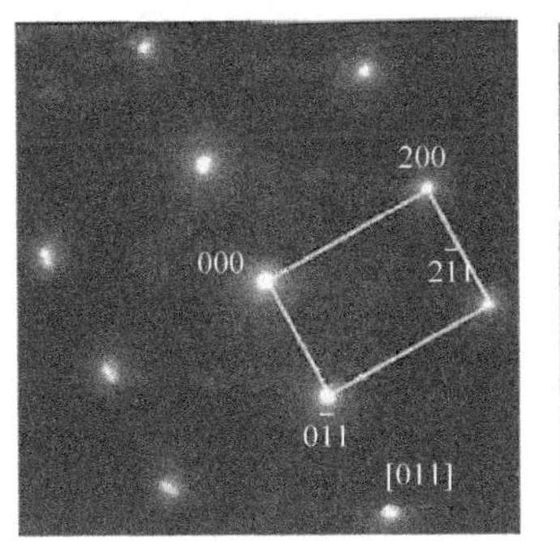

(b) β-Ti 选区电子衍射图

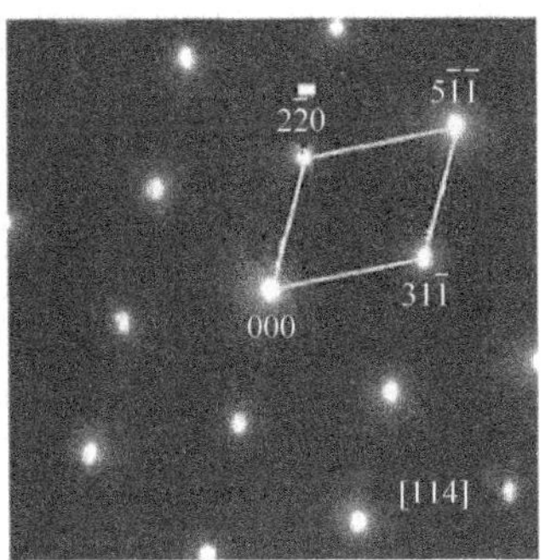

(c) 等轴晶(Cu, Ni)-Ti_2的选区电子衍射图

图 8.3 压缩应变(应变为 8%)后合金样品 S_{50} 的 TEM 形貌以及对应的选区电子衍射图

压缩形变后试样的 TEM 形貌表明(图 8.4)，裂纹首先在(Cu, Ni)-Ti_2 相的交界处及(Cu, Ni)-Ti_2 相与 β-Ti 基体的交界处产生。与此同时，相比于魏氏组织基体中针状(Cu, Ni)-Ti_2 相在压应力的作用下发生断裂，等轴晶结构合金 S_{50} 的基体上出现大量的滑移和位错(图 8.4(a))，进一步表明等轴晶结构的 β-Ti 基体具有良好的塑性变形能力。从图 8.4(b)的高分辨 TEM 图可以看出，基体上滑移带的宽度大约为 20nm，随着选区 1、2、3 向滑移带中部靠近，经傅里叶变换的衍射斑点在[111]方向上的强度逐渐小，晕环状特征逐渐增加，如图 8.3(a)所示，表明在滑移

带的中部原子的混乱程度较高。图 8.3(c)展示出在(Cu, Ni)-Ti_2 相与 β-Ti 基体交界处基体中有大量的滑移带，而在毗邻的(Cu, Ni)-Ti_2 相区中并未发现滑移现象，表明 β-Ti 基体具有更强的塑性变形能力。

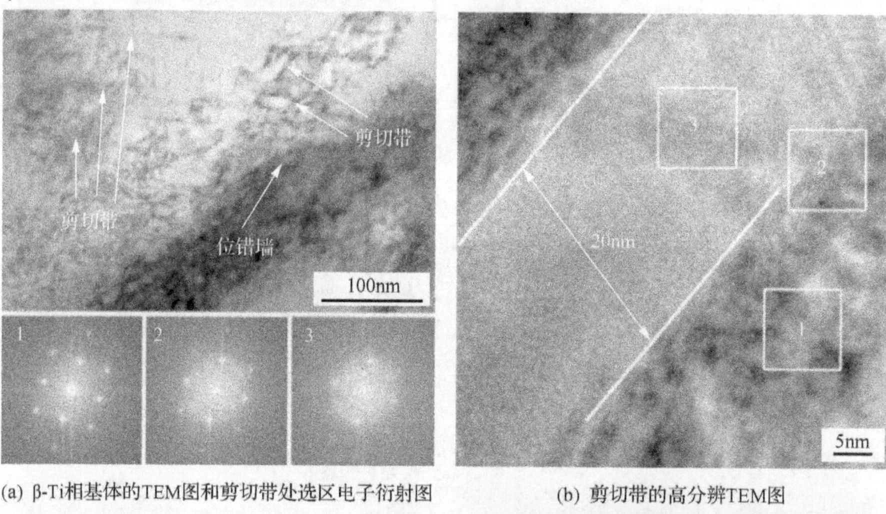

(a) β-Ti相基体的TEM图和剪切带处选区电子衍射图　　(b) 剪切带的高分辨TEM图

(c) β-Ti基体内的滑移现象　　(d) 基体内位错的选区电子衍射图

图 8.4　合金样品 S_{50} 中 β-Ti 相基体和剪切带的 TEM 图和基体内位错的选区电子衍射图

插图 1、2、3 对应滑移带的外部、边界、中部的傅里叶变换

8.2.2　固态烧结超细晶钛合金的形变机制

Liu 等[11]采用快速凝固法制备出超高塑性和超高强度的块状合金材料，其组织为软相区域包围硬相区域，从而表现出独特的变形机制；Li 等[12]在非晶晶化法制备的高强韧 $Ti_{66}Nb_{13}Cu_8Ni_{6.8}Al_{6.2}$ 合金中首次提出了“软硬模型”，合理地解释

了 $Ti_{66}Nb_{13}Cu_8Ni_{6.8}Al_{6.2}$ 合金的变形机理[13]。

图 8.5 是放电等离子烧结-非晶晶化法制备的 $Ti_{66}Nb_{13}Cu_8Ni_{6.8}Al_{6.2}$ 合金载荷-位移曲线，表 8.2 是不同升温速率和保温时间下制备试样的纳米压痕试验数据。可以看出，β-Ti 相的硬度为(Cu, Ni)-Ti_2 相的 3 倍左右[13]，根据材料的屈服强度与硬度的关系，β-Ti 相的屈服强度为(Cu, Ni)-Ti_2 相的 3 倍左右。此外还发现，β-Ti 相的弹性模量远低于(Cu, Ni)-Ti_2 相(表 8.2)。因此，在变形过程中，随着应变的增加，合金的微观结构演变可以分为以下几个阶段：首先，随着载荷的增加，软的(Cu, Ni)-Ti_2 相会首先发生屈服，形变主要在(Cu, Ni)-Ti_2 相中产生，而此时周围的 β-Ti 基体处于弹性形变阶段(图 8.6(b))。随着加载压力进一步增大，微裂纹将在基体与增强相之间产生(图 8.2(a)、图 8.3(a)和图 8.6(b))。当压力进一步增大时，塑性变形将发生在 β-Ti 相的基体区域。大量的位错、滑移等出现在 β-Ti 相的基体区域时，将进一步促进材料的加工硬化效应，同时提高材料的塑性(图 8.5(a)、(b)和图 8.6(d))。当压力达到足够高的时候，断裂将会在基体相中产生，导致材料的整体断裂。因此，特殊的形变机理导致等轴晶结构钛合金具有超高的强韧性。

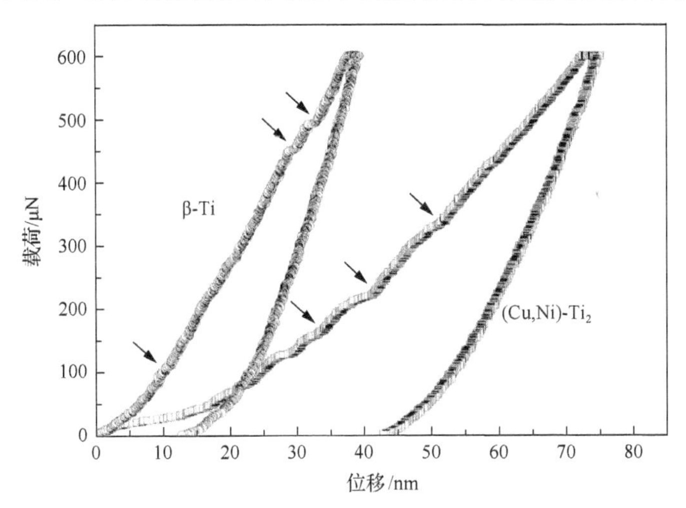

图 8.5　放电等离子烧结-非晶晶化法制备的 $Ti_{66}Nb_{13}Cu_8Ni_{6.8}Al_{6.2}$ 合金载荷-位移曲线

表 8.2　非晶晶化法制备的 $Ti_{66}Nb_{13}Cu_8Ni_{6.8}Al_{6.2}$ 合金纳米压痕试验数据

试样	E_p/GPa		HV/GPa	
	β-Ti	MTi_2	β-Ti	MTi_2
$S_{94\text{-}0}$	265±18	162±12	38.6±3.2	8.6±0.5
$S_{170\text{-}0}$	223±22	146±16	32.8±2.8	8.1±0.6
$S_{283\text{-}0}$	253±26	138±18	34.1±2.6	8.0±0.8
$S_{425\text{-}0}$	218±22	154±17	28.1±1.9	8.5±1.0
$S_{850\text{-}0}$	274±32	168±20	40.2±3.8	8.9±1.1

续表

试样	E_p/GPa		HV/GPa	
	β-Ti	MTi_2	β-Ti	MTi_2
$S_{170\text{-}5}$	248±25	122±10	31.1±4.2	6.8±0.3
$S_{170\text{-}10}$	250±19	115±13	31.9±1.7	6.5±0.2
$S_{170\text{-}15}$	276±38	144±25	45.5±2.1	7.4±0.7
$S_{850\text{-}5}$	258±25	116±15	46.4±3.5	9.5±1.0
$S_{850\text{-}10}$	139±14	112±19	28.7±1.3	8.0±0.4
$S_{850\text{-}15}$	216±18	138±23	25.5±1.5	6.9±0.6

注：E_p为弹性模量，HV 为硬度，MTi_2为(Cu，Ni)-Ti_2，$S_{x\text{-}y}$中的x表示升温速率，K/min；y表示保温时间，min。

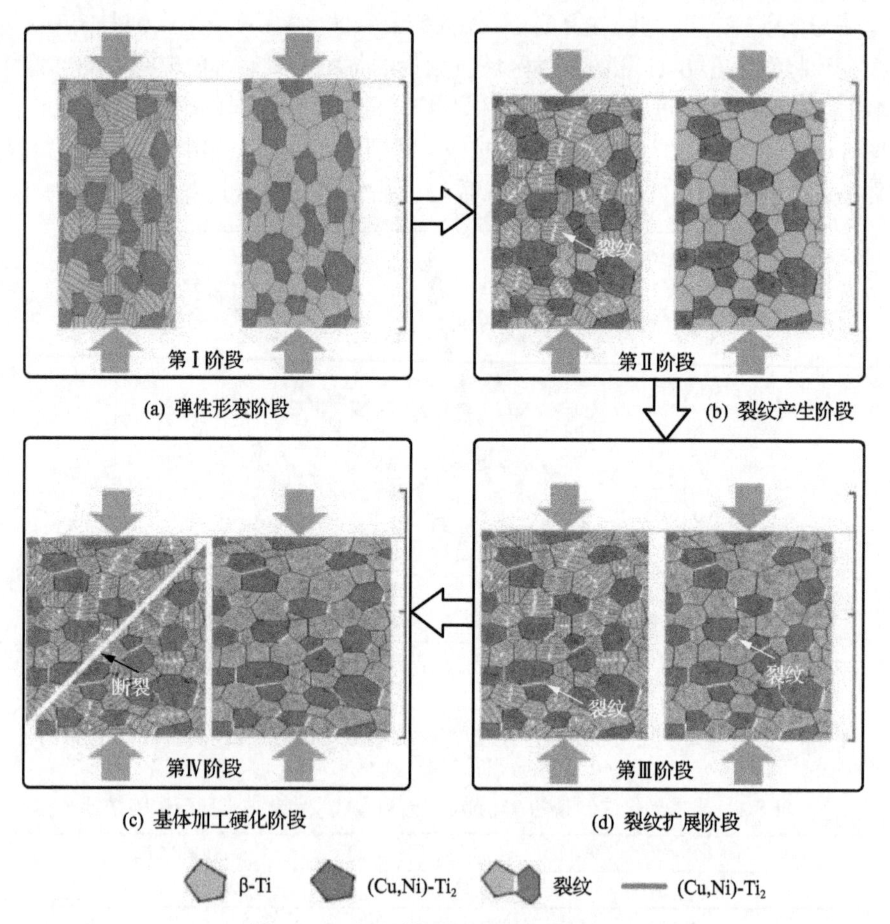

图 8.6 “软硬模型”压缩形变示意图

*每张图中左边为魏氏组织结构，右边为等轴超细晶结构

基于以上分析发现，软的(Cu, Ni)-Ti_2相决定材料的屈服强度，硬的基体主要决定材料的断裂强度与塑性。在形变过程中，基体中越多的滑移带与位错对应着

越高的塑性。然而，对于魏氏组织基体包围等轴晶结构(Cu, Ni)-Ti_2相的钛合金，屈服现象同样首先发生于等轴晶(Cu, Ni)-Ti_2相区。但是，随着压力进一步增大，塑性变形将在魏氏组织的基体内发生。与等轴晶结构的钛合金母相中产生大量的位错与滑移带不同的是，滑移带通过板条(Cu, Ni)-Ti_2相区时，会导致其发生断裂(图 8.2(c)和图 8.6(b)和(c))。当裂纹出现于魏氏组织基体时，材料将迅速断裂，因此，魏氏组织材料的断裂强度及塑性远低于等轴晶结构的钛合金。

类似地，对于放电等离子烧结-非晶晶化法制备的$(Ti_{0.697}Nb_{0.237}Zr_{0.049}Ta_{0.017})_{94}Fe_6$合金(升温速率为 174K/min，烧结温度为 1243K，保温 5min)，从图 8.7 可以看出，其组织为等轴超细晶 β-Ti 基体包围等轴超细晶 FeTi 相。图 8.8 的纳米压痕测量显示，β-Ti 相的硬度超过 FeTi 相的 2 倍，因此，其微观结构由硬的 β-Ti 包围软的 FeTi 相[14]。在压缩过程中，软的 FeTi 相首先变形和屈服，产生的位错和滑移带会被周围的硬相 β-Ti 所阻碍而堆积增殖。由于软硬相之间的屈服强度差，断裂行为首先出现于软相 FeTi。随压缩应力进一步增大，β-Ti 硬相在剪切应力作用下发生位错扩展，进而产生塑性变形，促进材料强度和塑性的提高。鉴于前面所述，复合材料的屈服强度由软相 FeTi 决定，断裂强度由硬相 β-Ti 决定。图 8.9 为$(Ti_{0.697}Nb_{0.237}Zr_{0.049}Ta_{0.017})_{94}Fe_6$ 合金(烧结试样为 S-1243-174-5)部分变形样品(应

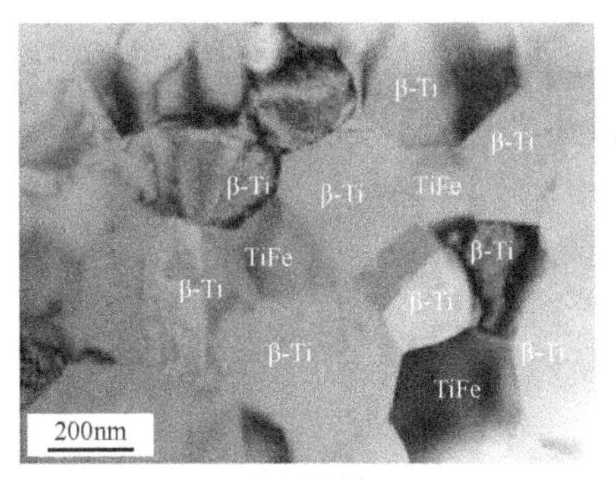

(a) TEM图

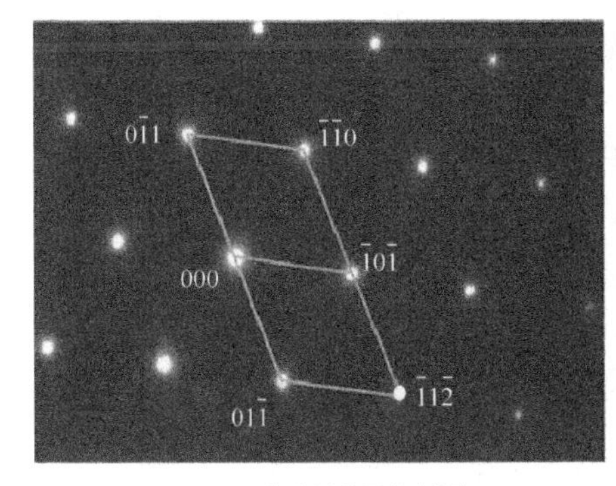

(b) β-Ti的选区电子衍射图

(c) TiFe的选区电子衍射图

图 8.7　$(Ti_{0.697}Nb_{0.237}Zr_{0.049}Ta_{0.017})_{94}Fe_6$块状合金(S-1243-174-5)TEM 微观形貌

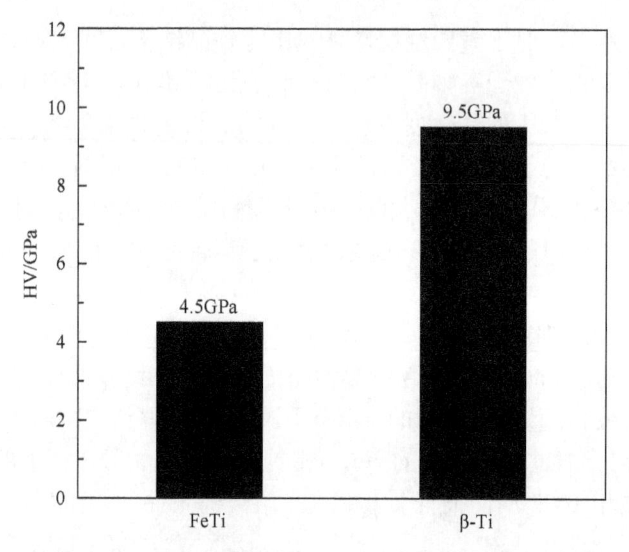

图 8.8　$(Ti_{0.697}Nb_{0.237}Zr_{0.049}Ta_{0.017})_{94}Fe_6$ 合金两相区硬度值

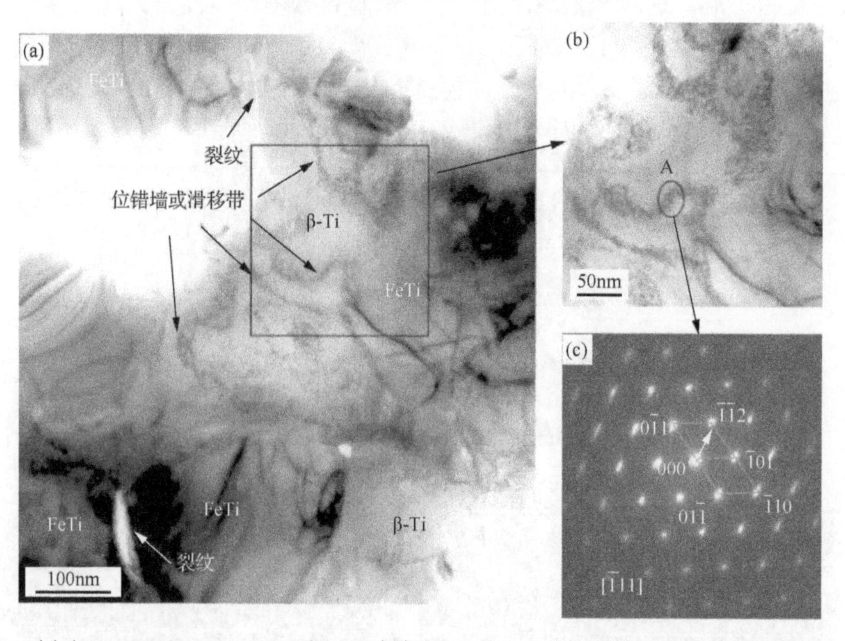

图 8.9　(a) $(Ti_{0.697}Nb_{0.237}Zr_{0.049}Ta_{0.017})_{94}Fe_6$ 合金(S-1243-174-5)部分变形样品(应变为 6%) TEM 图；(b)图(a)中滑移带区域放大；(c)图(b)中滑移带 A 对应选区电子衍射花样

变为 6%)的 TEM 图片。从图 8.9(a)可知，FeTi 相晶界出现了裂纹，β-Ti 相中的滑移带或位错墙清晰可见。图 8.9(b)为滑移带的放大区域，图 8.9(c)为滑移带内部的选区电子衍射图，衍射斑点沿着垂直矢量(或米勒指数[$\bar{1}\bar{1}0$])发生拉长，这表明在滑移带或位错墙里面存在严重的晶格扭曲。

8.3　半固态烧结双尺度钛合金的强化机制

与固相烧结相比，随着烧结温度进一步升高，合金中部分相将会熔化，形成双尺度(多尺度)结构。通过该方法制备出的钛合金$(Ti_{63.5}Fe_{26.5}Co_{10})_{82}Nb_{12.2}Al_{5.8}$的力学性能高于其他加工技术制备的同成分钛合金[3, 5, 6, 15, 16]。因此，本小节主要分析半固态烧结得到的不同双尺度(多尺度)结构超细晶钛合金的强韧化机理，旨在为多尺度材料的成分设计、结构优化、性能提升提供理论指导。

8.3.1　超细晶+微米晶双尺度钛合金的强化机制

从固态烧结到半固态烧结，其微观组织由等轴超细晶结构向双尺度结构转变，其中存在一种过渡状态，即微观组织既包括等轴超细晶结构，又包括双尺度结构。为了对比研究等轴超细晶结构和双尺度结构的断裂机理，选取等轴超细晶结构合金试样、半双尺度结构合金试样和完全双尺度结构合金试样进行对比研究。表 8.3 是不同烧结参数下制备 $Ti_{68.8}Nb_{13.6}Co_{6}Cr_{5.1}Al_{6.5}$ 合金样品的室温压缩测试结果，可以看出，半固态烧结双尺度结构钛合金的力学性能优于固态烧结等轴晶结构钛合金。

表 8.3　不同烧结参数下制备 $Ti_{68.8}Nb_{13.6}Co_{6}Cr_{5.1}Al_{6.5}$ 合金样品的室温压缩测试结果

烧结样品	ε_y/%	σ_y/MPa	ε_f/%	σ_f/MPa
S-100-1150-5	4.2	1409	38.1	2594
S-100-1250-0	4.1	1431	42.3	2922
S-100-1250-5	4.1	1562	40.1	3011

为了进一步揭示半固态烧结制备的高强韧 $Ti_{68.8}Nb_{13.6}Co_{6}Cr_{5.1}Al_{6.5}$ 合金的断裂机理，对升温速率为 100K/min、烧结温度为 1523K、保温时间为 0min 的 $Ti_{68.8}Nb_{13.6}Co_{6}Cr_{5.1}Al_{6}$(S-100-1523-0-Cr)合金和升温速率为 100K/min、烧结温度为 1523K、保温时间为 5min 的 $Ti_{68.8}Nb_{13.6}Co_{6}Cr_{5.1}Al_{6}$(S-100-1523-5-Cr)合金两个样品压缩 15%后进行透射分析。图 8.10 为 S-100-1523-0-Cr 样品压缩(应变 15%)前后各区域的 TEM 结果。可以发现，变形前等轴晶 β-Ti 和等轴晶 $CoTi_2$ 晶界为近似的一条折线，晶界两边的原子均为各自有序排列。从图 8.10(b)可以看到，$CoTi_2$ 区域(标记为区域 1)、7nm 带状晶界区域(标记为区域 2)和 β-Ti 区域(标记为区域 3)均有不同程度的原子无序排列，对这三个区域进行傅里叶变换，发现从区域 1 到区域 3 变化时，斑点的明亮程度逐渐减弱并且开始变形，说明这些区域的晶格畸变逐渐增加。对这三个傅里叶变换结果沿着相同晶面族进行傅里叶逆变换发现，$CoTi_2$ 区域产生了位错，而 β-Ti 区域则有大量的原子面沿着某一方向发生了偏移，并且部分原子面相互交错，进一步印证了 β-Ti 相比 $CoTi_2$ 相具有更强的塑性变形能力。

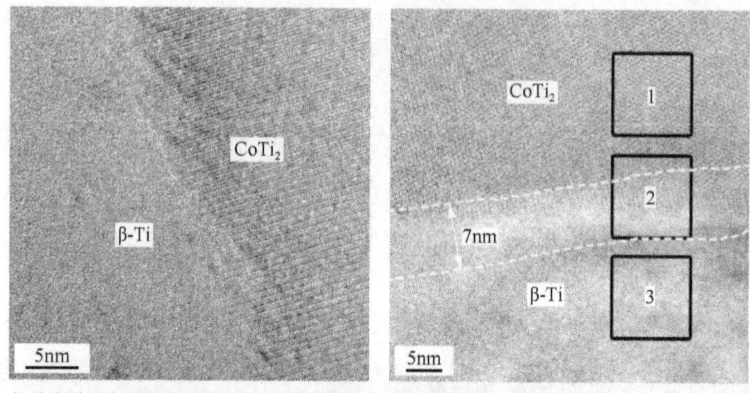

(a) 变形前样品中未熔化区的HRTEM高分辨图 (b) 变形后样品中未熔化区的HRTEM高分辨图

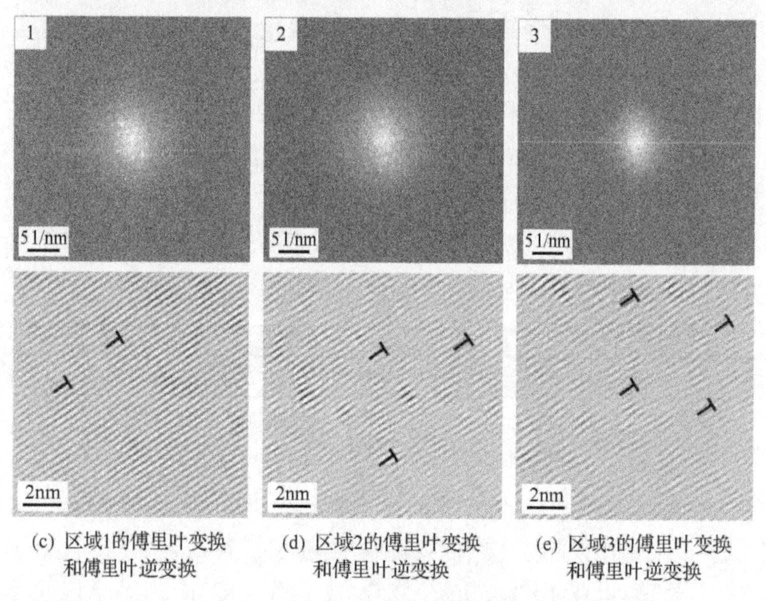

(c) 区域1的傅里叶变换和傅里叶逆变换 (d) 区域2的傅里叶变换和傅里叶逆变换 (e) 区域3的傅里叶变换和傅里叶逆变换

图 8.10 变形前后 S-100-1523-0-Cr 样品中未熔区与熔化区的 TEM 明场像和高分辨图，以及图中 1、2、3 区域分别对应的傅里叶转变和傅里叶逆变换图

图 8.11 为压缩 15%后样品 S-100-1523-5-Cr 的 TEM 结果。由图 8.11(a)和(b)可以发现，β-Ti 基体上产生了宽度约为 200nm 的滑移带。β-Ti 上滑移带对应的[257]晶带轴方向的选区电子衍射斑点并未发生变形，表明此处的变形比较均匀，即此处滑移沿着某个滑移面进行滑移时沿着此晶带轴方向晶格畸变并不是非常严重。在部分区域发现，$CoTi_2$ 区域内产生了裂纹(图 8.11(d))，此处可以看到 $CoTi_2$ 和 β-Ti 交界附近的 β-Ti 中有大量的黑色絮状物，即大量位错在此处聚集后产生的位错墙，黑色絮状物对应的高分辨图中大量的原子呈无序排列(图 8.11(f))。而此处位错对应的[111]晶带轴方向的选区电子衍射斑点沿着中心斑点的圆周方向拉长(图 8.11(e))，表明此处产生了严重的晶格畸变。图 8.12 对此裂纹附近做

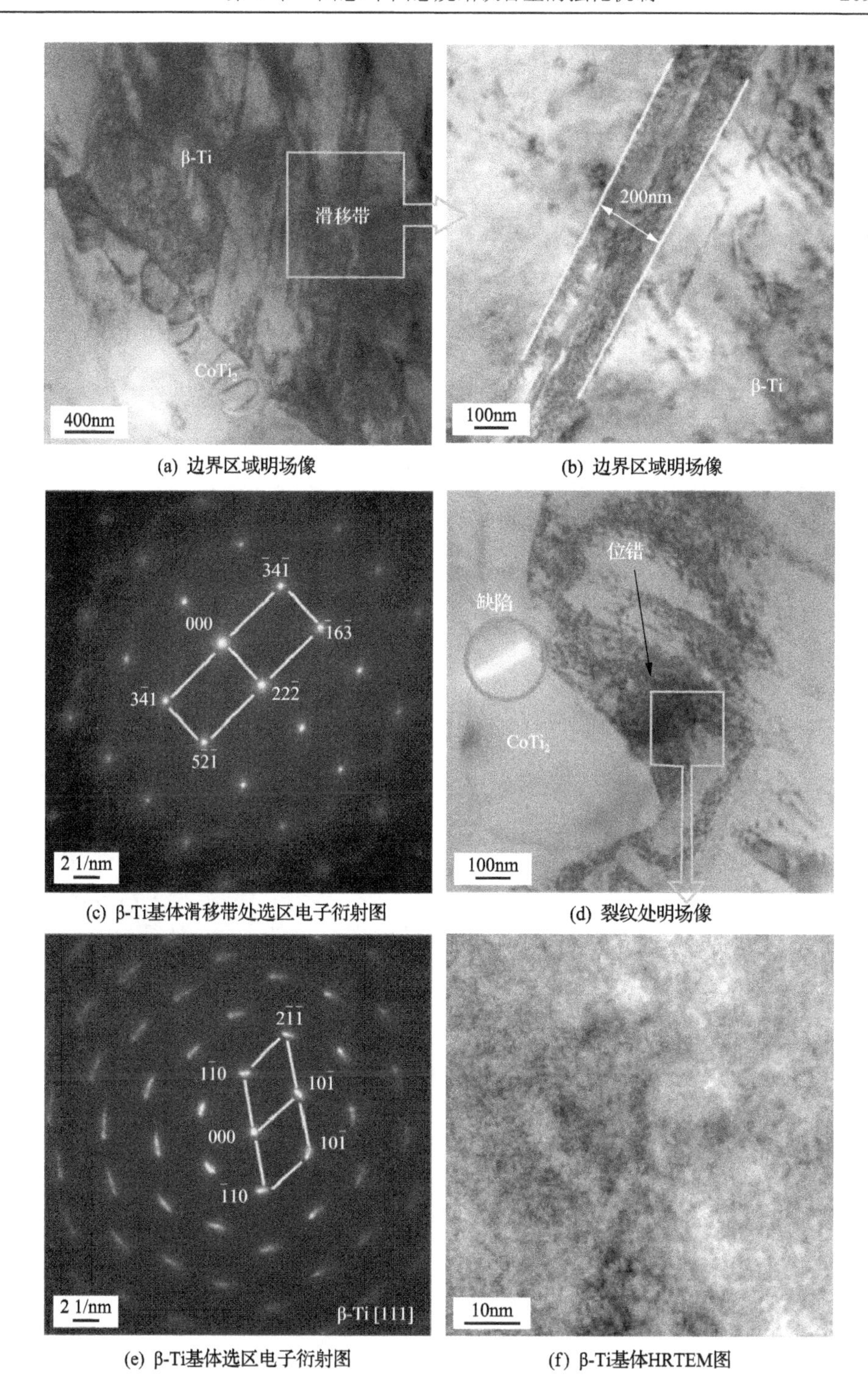

(a) 边界区域明场像　(b) 边界区域明场像

(c) β-Ti基体滑移带处选区电子衍射图　(d) 裂纹处明场像

(e) β-Ti基体选区电子衍射图　(f) β-Ti基体HRTEM图

图 8.11　压缩 15%后样品 S-100-1523-5-Cr 边界区域的 TEM 明场像、β-Ti 基体上滑移带处的选区电子衍射图、样品裂纹处明场像，以及 β-Ti 基体选区电子衍射图和 HRTEM 图

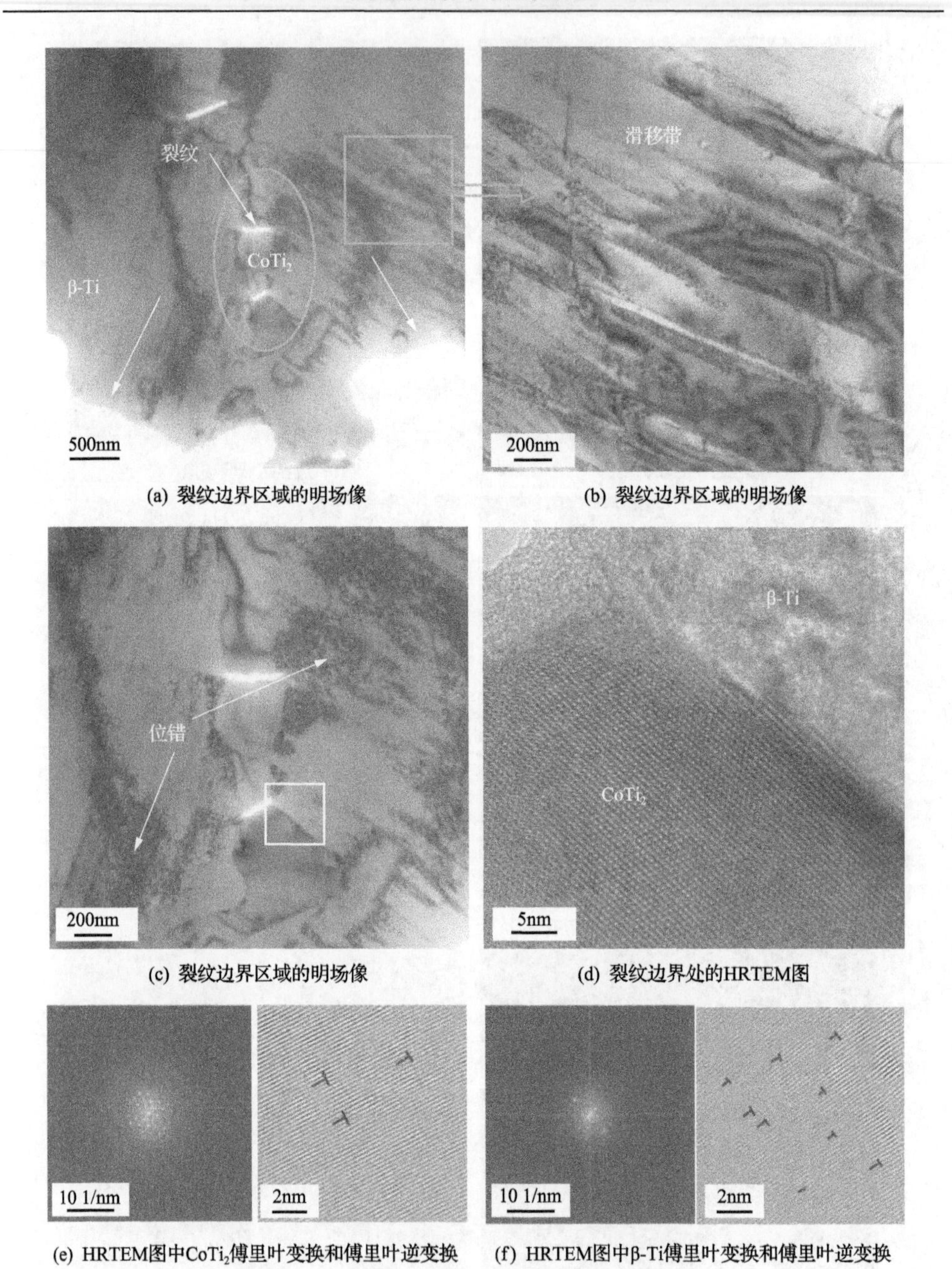

(a) 裂纹边界区域的明场像　(b) 裂纹边界区域的明场像

(c) 裂纹边界区域的明场像　(d) 裂纹边界处的HRTEM图

(e) HRTEM图中$CoTi_2$傅里叶变换和傅里叶逆变换　(f) HRTEM图中β-Ti傅里叶变换和傅里叶逆变换

图 8.12　压缩 15%后样品 S-100-1523-5-Cr 裂纹边界区域的 TEM 明场像、边界处的 HRTEM 图及其 $CoTi_2$ 和 β-Ti 的傅里叶变换及傅里叶逆变换

(d)是(c)中矩形框区域的 HRTEM 图

了进一步的分析。由图 8.12(a)可以发现，产生裂纹的 $CoTi_2$ 两边的 β-Ti 基体上沿着不同方向产生了滑移带(图中箭头)。这是因为 bcc 结构的 β-Ti 基体共有 6 个滑

移面，每个滑移面在滑移时沿着密排面有两个滑移方向，即共有 12 个滑移系。而且由于 S-100-1523-5-Cr 中 β-Ti 基体为微米晶，可以为滑移扩展提供足够的空间，滑移带可以沿着不同方向进行扩展。由于此脆性 $CoTi_2$ 相两端 β-Ti 晶粒沿着不同方向进行滑移，进而对 $CoTi_2$ 板条晶粒产生一个很大的内应力，使其断裂。图 8.12(d)为裂纹处的高分辨图，可以发现此处 $CoTi_2$ 晶粒中原子排列相对有序，而由于大量位错聚集的 β-Ti 晶粒处原子排列已经相当无序。对应的傅里叶变换和傅里叶逆变换中也发现 β-Ti 产生了大量的位错，而 $CoTi_2$ 中只有少量位错。这表明此处 $CoTi_2$ 板条在碎裂前几乎没有发生塑性变形便直接脆断。

8.3.2　超细晶+纳米晶双尺度钛合金的强化机制

值得注意的是，OKulov 等[17]采用铜模铸造法得到了具有优异拉伸性能的细晶基体+粗晶树枝晶的 $Ti_{68.8}Nb_{13.6}Co_6Cr_{5.1}Al_{6.5}$ 与 $Ti_{68.8}Nb_{13.6}Co_6Cu_{5.1}Al_{6.5}$ 钛合金，两种成分的双尺度合金在组织和力学性能上均有较大差别，含 Cr 元素成分的合金为单相 bcc β-Ti 结构，且拉伸塑性超过 20%，而含 Cu 元素成分的合金为超细共晶(TiCo+β-Ti)+树枝粗晶 β-Ti 结构，拉伸塑性仅为 13%。对于非晶晶化法，当提高烧结温度时，利用单相熔化半固态烧结制备的 $Ti_{68.8}Nb_{13.6}Co_6Cu_{5.1}Al_{6.5}$ 合金，组织结构由超细晶+微米等轴晶双尺度向粗晶+超细晶+纳米晶结构三尺度转变，后者力学性能更优(第 7 章)。因此，有必要探究 Cu 元素取代 Cr 元素后制备的多尺度结构钛合金的强韧化机理。

图 8.13 是升温速率为 100K/min、烧结温度为 1523K、保温时间为 5min 的 $Ti_{68.8}Nb_{13.6}Co_6Cu_{5.1}Al_{6.5}$(S-100-1523-5-Cu)样品微观组织图，该组织结构为粗晶 β-Ti 晶界分布着板条超细晶 $CoTi_2$ 相，同时在 β-Ti 基体内部分布着针状 α′相。图 8.14 所示为 S-100-1523-5-Cu 样品压缩 20%后的 SEM 图。从图 8.14(a)中可以看到，变形样品表面分布着大量沿着各个方向的高密度滑移带。此外，如图 8.14(b)所示，合金试样中部分区域有裂纹。为了探索各相对力学性能的贡献，将样品腐蚀后再进行压缩 20%后做 SEM 观察。如图 8.14(c)所示，沿着各个方向的高密度滑移带分布在粗大的 β-Ti 基体上，并在边界处有“波浪状”堆积特征。滑移带在边界处的堆积是由 fcc $CoTi_2$ 相的阻碍造成。文献表明[18]，对于 bcc 结构相，由于存在 12 个滑移系，在变形过程中各个方向的滑移系都可能会开动，所以一个方向的滑移系中位错线很容易与另一个方向的滑移系上位错线发生相互作用，造成不规则的“波浪状”形貌特征。这种现象在铜模铸造法制备的同成分双尺度结构钛合金中也观察到[4]。图 8.14(f)为变形后 S-100-1523-5-Cu 基体中间针状相区域的 SEM 图，很明显，部分针状马氏体被剪切而断裂。同时，可以发现马氏体相的存在导致合金出现了滑移带的交互作用。综上，粗大晶粒的 bcc β-Ti 基体为变形过程中位错的产生提供足够的扩展空间，但基体内纳米针状马氏体及边界处的超细

晶板条 $CoTi_2$(部分为孪晶)对位错运动存在一定的阻碍作用。因此，合金试样具有高强度和大塑性。

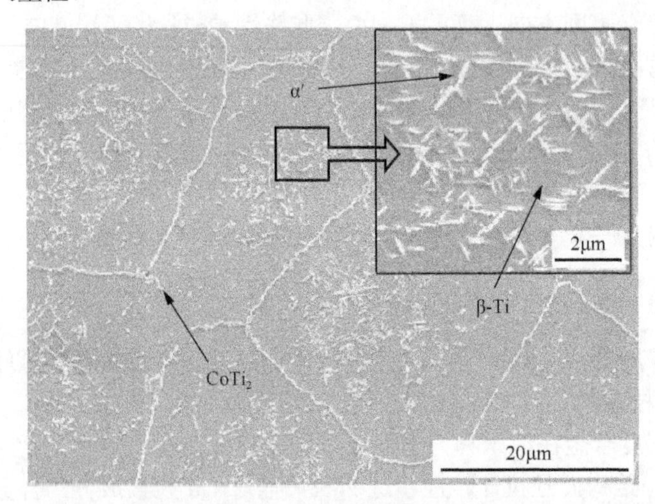

图 8.13　S-100-1523-5-Cu 样品 SEM 图

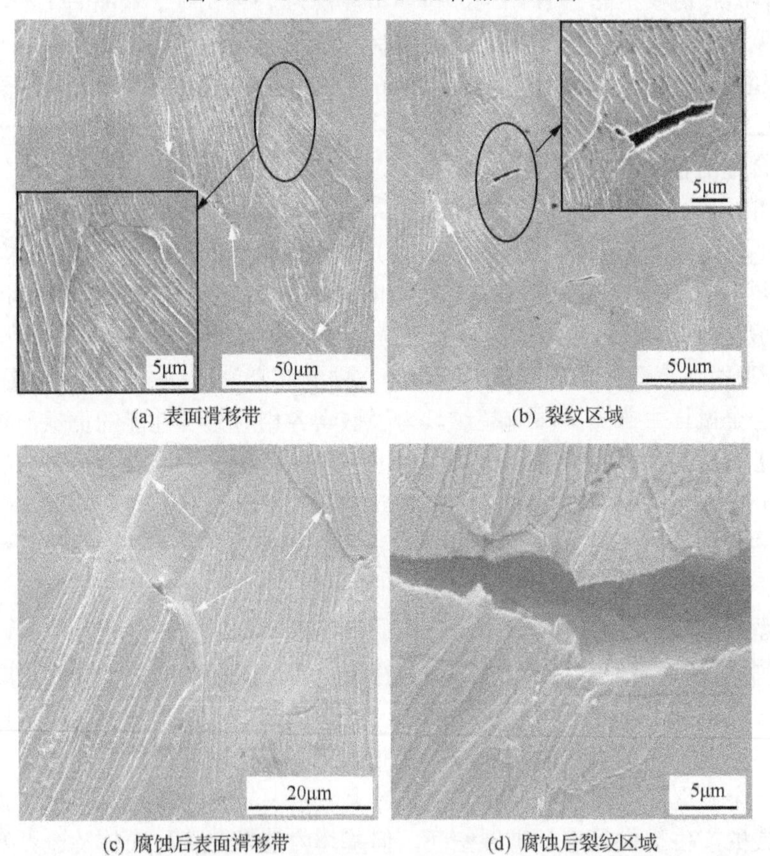

(a) 表面滑移带　(b) 裂纹区域

(c) 腐蚀后表面滑移带　(d) 腐蚀后裂纹区域

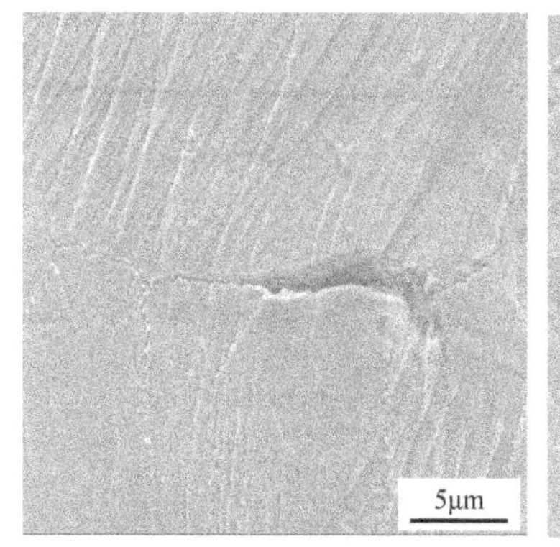

(e) 腐蚀后裂纹区域

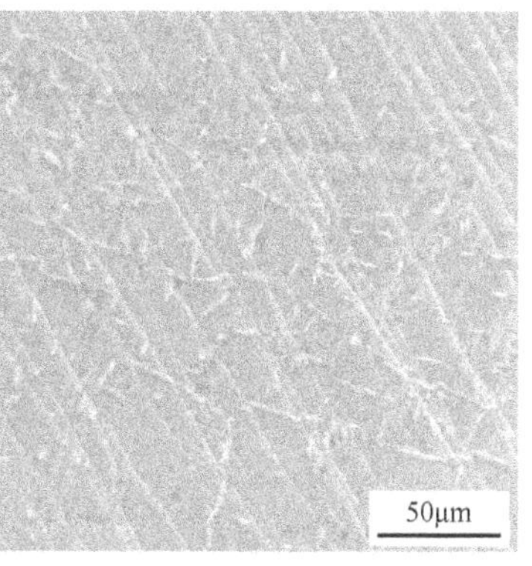

(f) 腐蚀后基体区域

图 8.14　S-100-1523-5-Cu 样品压缩变形 20%后 SEM 图

图 8.15(a)为变形 20%后样品 S-100-1523-5-Cu 基体明场像及对应的各相选区电子衍射斑点。可以看到基体中 β-Ti 相上布满了黑色絮状物(位错)。对基体位错处做选区电子衍射发现 β-Ti 斑点都沿着 $(2\bar{1}\bar{1})$ 晶面方向有一定拉长，这说明变形导致 β-Ti 发生了明显的晶格畸变。在针状相处做选区电子衍射时，复合斑点显示，β-Ti 相晶面 $(2\bar{1}\bar{1})_\beta$ 与针状 α′相晶面 $(\bar{1}010)_{\alpha'}$ 平行，并且 α′和 β-Ti 相斑点分别沿着各自的 $(\bar{1}010)_{\alpha'}$ 和 $(2\bar{1}\bar{1})_\beta$ 晶面方向拉长，说明发生了明显的晶格畸变。图 8.15(b)为针状相处的高分辨图，可以看到马氏体 α′相中原子呈一定方向的条状分布。为了进一步确定马氏体在变形过程中对材料性能的贡献，对高分辨图中的马氏体、β-Ti 及它们交界处三个区域做了傅里叶变换分析(图 8.15(b))。傅里叶变换中的斑点与图 8.15(a)中对应的衍射斑点一致。同时相比于这三个区域，随着选区从马氏体向 β-Ti 区域移动时(即从 1 向 2、3 移动时)，傅里叶变换斑点中斑点强度减弱，且光晕强度增加。这说明在从马氏体向 β-Ti 区域靠近时，晶格畸变越来越明显。对三个傅里叶变换结果沿着各自斑点拉长的方向(即 $(\bar{1}010)_{\alpha'}$ 和 $(2\bar{1}\bar{1})_\beta$ 晶面)进一步做了傅里叶逆变换，发现选区从 1、2 向 3 变化时，样品中位错越来越多。这也说明压缩过程中，S-100-1523-5-Cu 试样基体中马氏体的变形能力低于 β-Ti，马氏体的主要作用是作为硬相阻碍位错的扩展。图 8.15(c)为变形样品基体边界处的明场像及对应的各相选区电子衍射斑点，可以看到 $CoTi_2$ 中位错密度远低于 β-Ti。同时可以发现，在边界处 $CoTi_2$ 和 β-Ti 的斑点都开始沿着中心斑点的圆周方向被拉长，说明此处的两相晶格畸变程度高于基体中心处。对这两相边界做高分辨分析时发现，在 $CoTi_2$ 和 β-Ti 交界处有一个宽度约为 10nm 的原子排列非常混乱的区域。从图 8.15(e)和(f)可以看出，对 β-Ti 和交界区域进行傅里叶变换时(分别标记为 4 和 5)，交界区域 5 的傅里叶变换斑点微弱，出现了很强的光晕特征，对应的傅里叶逆变换也发现了相互交错的高密度位错。这说明样品 S-100-1523-5-Cu 变形过程中，$CoTi_2$ 与 β-Ti 的交界处应力集中较大，远高于基体中心区域，故在变形过程中此

处易产生裂纹，对应断口 SEM 中的沿晶断裂裂纹(图 8.14(e))。

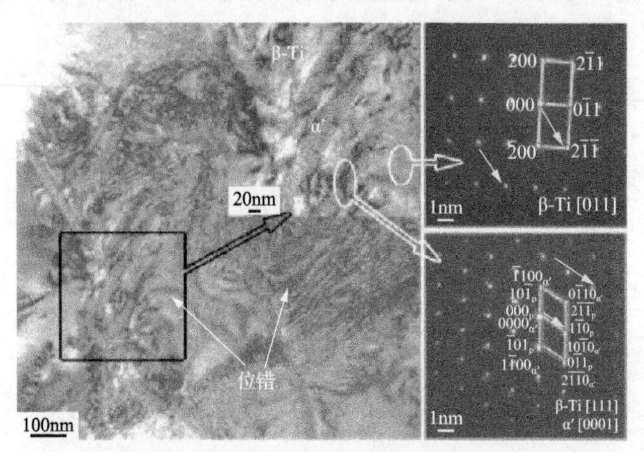

(a) 基体处明场像及对应的各相选区电子衍射斑点

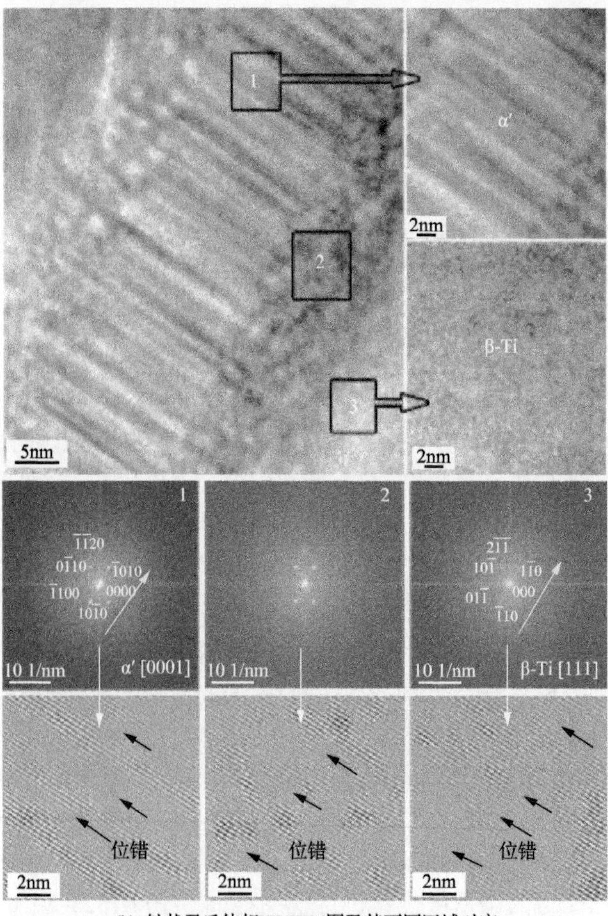

(b) 针状马氏体相HRTEM图及其不同区域对应
的傅里叶变换和傅里叶逆变换结果

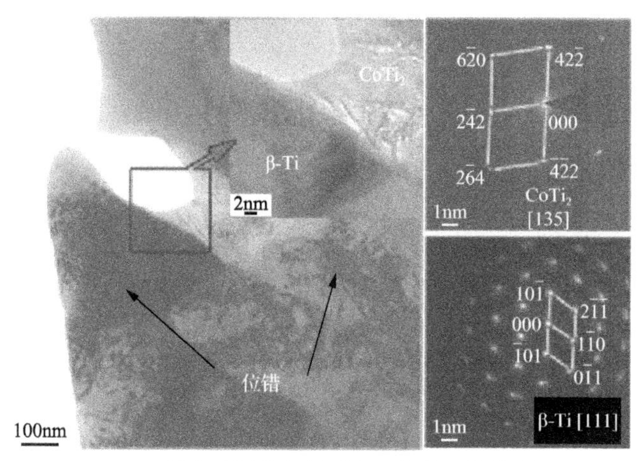

(c) 边界处明场像及对应的各相选区电子衍射斑点

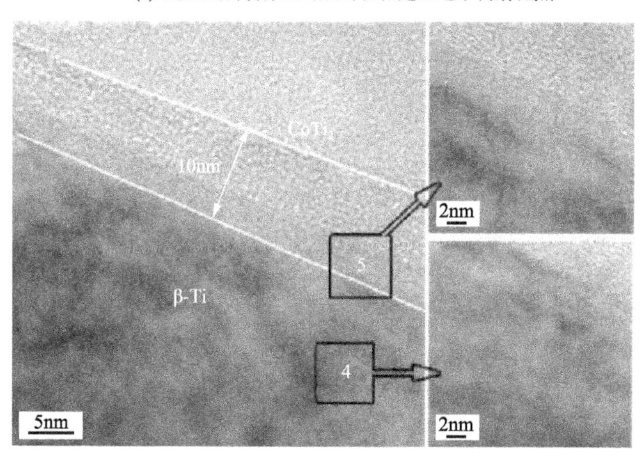

(d) $CoTi_2$和β-Ti交界处的HRTEM图

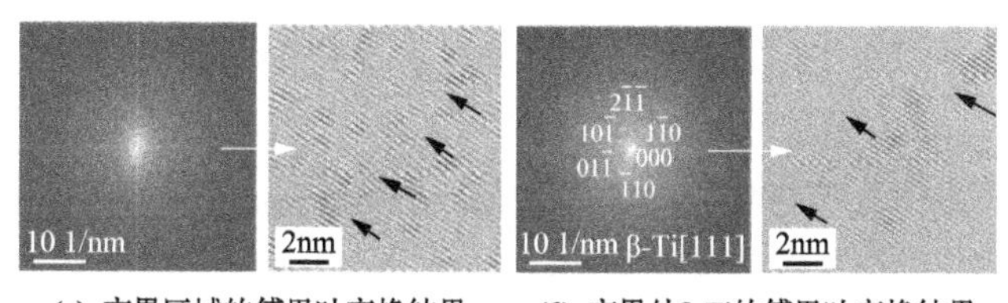

(e) 交界区域的傅里叶变换结果　　(f) 交界处β-Ti的傅里叶变换结果

图 8.15　压缩变形 20%后 S-100-1523-5-Cu 样品不同区域的 TEM 图及对应选区电子衍射斑点

为了进一步了解其强化机制，我们对 S-100-1523-5-Cu 样品进行强度计算。将合金视作以 Ti 基固溶体为基体，$CoTi_2$ 和 α′为增强相的复合材料。与 Ti 基体相比，屈服强度增高主要归因于 $CoTi_2$ 和 α′相引起的位错强化和承载强化效应。此外，根据 α′相的分布，晶粒分为芯部和表层区域，如图 8.14 所示。α′相颗粒对核心区域的强化作用可表示为

$$\sigma_{\text{core}} = \sigma_{\text{ym}} + \sqrt{\Delta\sigma_{\text{lc}}^2 + \Delta\sigma_{\text{dc}}^2} \tag{8.1}$$

式中，σ_{ym} 为基体的屈服强度；$\Delta\sigma_{\text{lc}}$、$\Delta\sigma_{\text{dc}}$ 分别为芯部区域承载强化效应和位错强化的强度增量。$\Delta\sigma_{\text{lc}}$ 可表示为[19]

$$\Delta\sigma_{\text{lc}} = \sigma_{\text{ym}} 0.5 V_{\text{pc}} A_{\text{c}} C_{\text{o}} \tag{8.2}$$

式中，V_{pc} 是 α′相的体积分数；A_{c} 是 α′相的平均纵横比；C_{o} 为 α′相取向因子(0.27)[19]。计算 $\Delta\sigma_{\text{dc}}$ 的公式为[20]

$$\Delta\sigma_{\text{dc}} = \sqrt{\Delta\sigma_{\text{Orowan}}{}^2 + \Delta\sigma_{\text{thermal}}{}^2 + \Delta\sigma_{\text{GND}}{}^2} \tag{8.3}$$

式中，$\Delta\sigma_{\text{Orowan}}$ 为通过位错所需的 Orowan 应力，可通过 Orowan-Ashby 方程[21]计算：

$$\Delta\sigma_{\text{Orowan}} = \frac{0.13 G_{\text{m}} b}{S_{\text{c}}} \ln\frac{d}{2\boldsymbol{b}} \tag{8.4}$$

式中，G_{m} 和 $\boldsymbol{b}$ 分别是基体的剪切模量和伯格斯矢量；d 为 α′相的直径；S_{c} 为 α′相的粒子间距，由下式计算：

$$S_{\text{c}} = d\left[\left(\frac{1}{2V_{\text{pc}}}\right)^{\frac{1}{3}} - 1\right] \tag{8.5}$$

$\Delta\sigma_{\text{thermal}}$ 为 α′相和基体在热膨胀下的强度增量，$\Delta\sigma_{\text{thermal}}$[22]可以表示为

$$\Delta\sigma_{\text{therml}} = kG_{\text{m}}\boldsymbol{b}\sqrt{\frac{12\Delta T \cdot \Delta\alpha \cdot V_{\text{p}}}{bd(1 - V_{\text{p}})}} \tag{8.6}$$

式中，$\boldsymbol{k}$ 为常数；ΔT 是烧结温度与环境温度之间的温度差；$\Delta\alpha$ 是 α′相与基体之间的热膨胀差。

在目前的研究中，α′相与基体之间的热膨胀系数基本相同($\Delta\alpha \approx 0$)。因此，本书不考虑 $\Delta\sigma_{\text{thermal}}$。$\Delta\sigma_{\text{GND}}$ 是由应变梯度效应引起的应力，该应变梯度效应与基体和 α′相之间的塑性变形失配所需的几何必要位错分布有关。$\Delta\sigma_{\text{GND}}$[23]由式(8.7)给出：

$$\Delta\sigma_{\text{GND}} = \xi G_{\text{m}}\sqrt{V_{\text{p}}\varepsilon\boldsymbol{b}/d} \tag{8.7}$$

式中，ξ 为几何因子；ε 为矩阵的塑性应变。

然而，由于弹性变形值较小（ε=0.2%），所以 $\Delta\sigma_{GND}$ 值可不考虑。

如图 8.13 所示，在变形过程中，沿晶界分布的硬 $CoTi_2$ 相会阻碍位错的运动，从而提高基体的强度。由 $CoTi_2$ 相对位错的阻碍引起的强度增量 $\Delta\sigma_s$ 可表示为[10, 24]

$$\Delta\sigma_s = k / \sqrt{\lambda} \tag{8.8}$$

式中，k 为 Hall-Petch 方程的常数；λ 为核心区域和晶界之间的距离。

因此，与芯部区域的屈服强度计算相同，表层区域的屈服强度可表示为

$$\sigma_{layer} = \sigma_{ym} + \sqrt{\Delta\sigma_{ll}^2 + \Delta\sigma_{dl}^2 + \Delta\sigma_s^2} \tag{8.9}$$

式中，$\Delta\sigma_{ll}$、$\Delta\sigma_{dl}$ 分别为表层区域承载强化效应和位错强化的强度增量。

复合材料的理论计算屈服强度是表层区域和芯部区域的加和，根据复合材料的混合定律，其屈服强度 σ_c 表示如下：

$$\sigma_{c1} = \sigma_{core}V_{core} + \sigma_{layer}(1 - V_{core}) \tag{8.10}$$

$$\sigma_{c2} = \left[V_{core} / \sigma_{core} + (1 - V_{core}) / \sigma_{layer}\right]^{-1} \tag{8.11}$$

式中，V_{core} 是指核心区域的体积分数。

表 8.4 总结了理论计算参数和计算结果，其中 σ_{c1} 为 1648.05MPa，σ_{c2} 为 1586.54MPa。可以发现样品 S-100-1523-5-Cu 的屈服强度(1611MPa)与混合规则($\sigma_{c1} < \sigma_y < \sigma_{c2}$)一致。

表 8.4　相关参数及计算结果

参数	值	文献	参数	值	文献
σ_{ym} / MPa	1130	[4]	G_m / GPa	24.7	[26]
b/nm	0.24	[25]	k/(MPa/μm$^{1/2}$)	1919	[27]
A_c	4.09	—	A_l	3.41	—
V_{pc} / %	11.39	—	V_{pl} / %	1.74	—
V_{core} / %	38.69	—	λ / μm	6.38	—
S_c / μm	0.61	—	s_l / μm	1.95	—
d/μm	0.95	—	$\Delta\sigma_{lc}$ / MPa	134.5	—
$\Delta\sigma_{dc}$ / MPa	9.59	—	$\Delta\sigma_{ll}$ / MPa	13.86	—
$\Delta\sigma_{dl}$ / MPa	3.0	—	$\Delta\sigma_s$ / MPa	759.74	—
σ_{core} / MPa	1264.84	—	σ_{layer} / MPa	1889.87	—

8.3.3 超细晶层片共晶+微米晶双尺度钛合金的强化机制

前期研究表明，半固态烧结可制备具有超细晶层片共晶的高强韧双尺度 $(Ti_{63.5}Fe_{26.5}Co_{10})_{82}Nb_{12.2}Al_{5.8}$ 合金，其结构明显不同于单相熔化半固态烧结双尺度结构，为超细晶 bcc β-Ti 和超细晶 bcc Ti(Fe, Co)构成的层片共晶基体包围微米晶等轴状 fcc Ti_2(Fe, Co)弥散相，并且其力学性能优于传统工艺制备的同成分试样，这归因于其独特的强韧化机理。

1. 超点阵结构 Ti(Fe, Co)的有序强化

图 8.16 为半固态烧结制备的完全共晶结构 $(Ti_{63.5}Fe_{26.5}Co_{10})_{82}Nb_{12.2}Al_{5.8}$ 合金经 15%压缩应变后的 TEM 形貌图、傅里叶变换图及选区衍射斑点。由图可知，在预变形后，β-Ti 与 Ti(Fe, Co)层片状共晶组织内 Ti(Fe, Co)相发生了弯曲、拉长、移位，且其内部聚集了比 β-Ti 层片区更多的位错，这些位错堆积直至层片共晶界面。这说明 Ti(Fe, Co)相起到了分散应力集中的作用[24, 28, 29]。通过对其形变后的共晶界面高分辨图片进行傅里叶变换(图 8.16(c))可知，Ti(Fe, Co)相区内的位错主要为刃型位错及螺型位错。此外，还发现其以 $[\bar{1}11]$ 为晶带轴的选区衍射斑点有拉长现象。这说明经过 15%应变后其晶格已发生畸变。此外，还发现 Ti(Fe, Co)相在 $[\bar{1}11]$ 晶向上与 β-Ti 存在共格关系，但 β-Ti 相、Ti_2(Co, Fe)相内未发现严重的晶格畸变。

众所周知，β-Ti 相通常具有较高的塑性变形能力[30-33]，而本研究中 Ti(Fe, Co)相却呈现出更高密度的位错堆积，主要归因于 Ti(Fe, Co)相呈有序点阵结构。据文献报道[24, 28, 34, 35]，B2 结构的有序固溶体因其独特的位错结构、位错运动及滑移

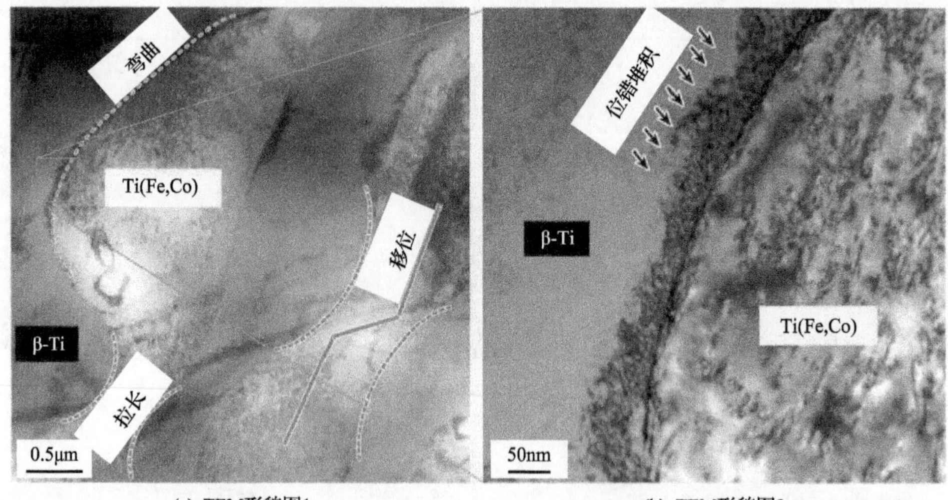

(a) TEM形貌图1　　(b) TEM形貌图2

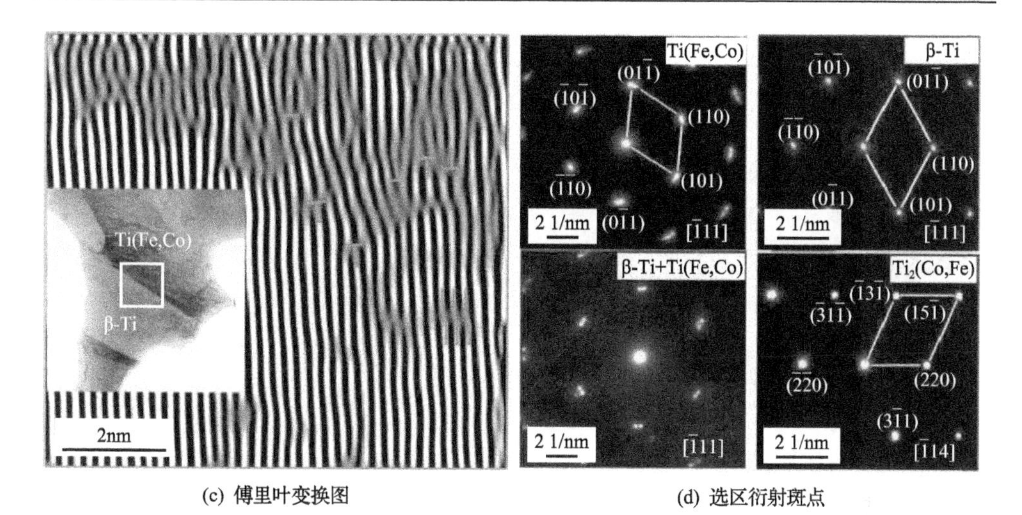

(c) 傅里叶变换图　　(d) 选区衍射斑点

图 8.16　半固态烧结制备的完全共晶结构$(Ti_{63.5}Fe_{26.5}Co_{10})_{82}Nb_{12.2}Al_{5.8}$合金经 15%压缩应变后的 TEM 形貌图及傅里叶变换图与选区衍射斑点

特征，在合金形变过程中造成的内部有序-无序转变将对其综合性能有一定的提高作用。这是由于 B2 超点阵结构的固溶体属于简单几何密排相，具有较高的对称性[24, 28, 29, 36]，比传统拓扑密堆相 β-Ti 相有更多的滑移面及滑移系[24, 28, 37, 38]。此外，可由图 8.16(d)发现，在合金形变 15%前后，Ti(Fe, Co)相的有序衍射斑点{001}的强弱发生了变化，这说明其内部原子有序度发生了变化。Ti(Fe, Co)相的有序-无序转变主要是由固溶原子 Co 替换亚当量的 TiFe 相中顶角的 Fe 原子[29-41]，造成 B2 相内存在三倍体缺陷的形式形成原子空位[24,34,39]，致使原子具有更强的运动能力。研究表明，这类型的无序区可称为具有大的点阵畸变的反相畴界(antiphase boundary，APB)，可以降低合金内部晶界的本征脆性[29]，从而达到强化效应。

图 8.17 为形变 15%前后完全共晶结构$(Ti_{63.5}Fe_{26.5}Co_{10})_{82}Nb_{12.2}Al_{5.8}$合金中 B2 有序固溶体 Ti(Fe, Co)的高分辨傅里叶变换图、超点阵位错的形成及分解、(110)密排面原子的排布示意图。通过 B2 有序固溶体 Ti(Fe, Co)形变前后的高分辨傅里叶变换图(图 8.17(a)和(b))可知，这种切过有序固溶体的位错运动更易诱发超点阵位错成对出现并继续运动，使滑移面两侧的原子形成 AB 型原子匹配关系。文献表明[24, 28, 35]，当位错运动到这种有序共格金属间化合物内时，会不断破坏其前面的有序关系，由此形成了反相畴界而导致强化效应[28,35]，如图 8.17(b)和图 8.17(c)所示，这类似于位错在长程有序固溶体中的运动，其中在晶面$\{1\bar{1}0\}$和{001}上表现为守恒的反相畴界，而在{112}晶面上则表现为非守恒反相畴界[28, 35](此处未列出)。事实上，这种超点阵位错是由两个正负号相同的全位错以守恒的反相畴界相连所形成的位错对，而基于上述$\{1\bar{1}0\}$和{001}守恒反相畴界的分解方式有很多。例如图 8.17(e)，可以表达为[29, 34, 35, 36]

$$[110] \rightarrow \frac{1}{2}[111] + \mathrm{APB} + \frac{1}{2}[11\bar{1}] \tag{8.12}$$

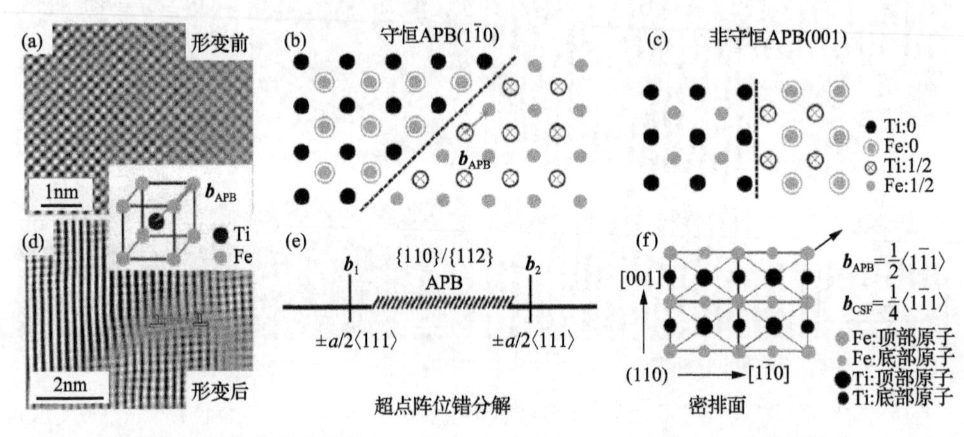

图8.17　形变15%前后完全共晶结构$(Ti_{63.5}Fe_{26.5}Co_{10})_{82}Nb_{12.2}Al_{5.8}$合金中B2有序固溶体Ti(Fe, Co)的高分辨傅里叶变换图、超点阵位错的形成与分解以及(110)密排面原子的排布示意图

值得注意的是，1/2[111]并不是B2超点阵结构Ti(Fe, Co)的点阵矢量，而属于其伯格斯矢量[28]。此处，由伯格斯矢量1/2[111]导致的化学成分的无序性，可以通过下一个1/2[111]伯格斯矢量图的化学有序性来恢复。也就是说，B2有序结构的Ti(Fe, Co)固溶体总是趋于形成成对出现的超点阵位错，如式(8.12)。事实上，每个单独的全位错又可以导致两个伯格斯矢量互相垂直的位错，如式(8.13)[29, 34, 35, 37]：

$$\frac{1}{2}[111] + \mathrm{APB} + \frac{1}{2}[11\bar{1}] \rightarrow [110] + [010] \tag{8.13}$$

毫无疑问，B2有序结构的Ti(Fe, Co)固溶体中，伯格斯矢量由短及长的排列顺序分别为⟨100⟩、⟨110⟩和⟨111⟩。考虑到位错的滑移方向不总是沿着伯格斯最小的方向，且每个全位错又可继续分解成扩展位错，这又将有利于新的反相畴界的形成。所以，超点阵位错的运动并不需要额外的驱动力，因为优先形成的反相畴界和其随后的成对位错均可以源源不断地接力运动。假设在一个滑移面上，一个位错沿着与前面相邻位错相同的伯格斯矢量进行滑移，那么由前面位错诱发的反相畴界将逐渐被这个位错湮灭，从而一个新的反相畴界将会诞生。如此，新形成的反相畴界两侧的原子将重新呈现出化学有序性。本质上来说，在有序点阵中的全位错运动，也就是新旧反相畴界的湮灭与重现，其实并不改变其有序点阵的原子排布，只是促进了滑移面上原子的往复运动[24, 28]。此外，当超点阵位错运动切过反相畴界时，大量的成对原子也会在反相畴界出现，从而使合金系统的自由能升高。这就意味着超点阵位错的运动也可以促进交滑移的发生[36]。所以，新旧反相畴界的形成与湮灭，以及交滑移的发生都会促使 B2 超结构的 Ti(Fe, Co)固溶体扮演塑性相。由此可见，B2 超结构的 Ti(Fe, Co)有序强化对共晶结构合金屈服强度的大提升也有很大贡献。

此外，B2 超结构的 Ti(Fe, Co)固溶体中超点阵位错的运动还与超点阵位错分解成的复杂堆垛层错(CSF)有关。如图 8.17(f)(110)原子密排面所示，其反相畴界与复杂堆垛层错的位移矢量分别为1/2〈$1\bar{1}1$〉和1/4〈$1\bar{1}1$〉。总之，在B2结构Ti(Fe, Co)中的反相畴界和复杂堆垛层错都可以促进超点阵位错的萌生及运动，具体表现为图 8.16(b)中 Ti(Fe, Co)相中呈现出大量位错的堆积。

此外，根据有序强化理论可知，式(8.12)中分解生成的两个全位错运动的临界剪切应力分别为[29, 34, 35, 37]

$$\tau_{c1} = \frac{\gamma_0 f}{\boldsymbol{b}} \tag{8.14}$$

$$\tau_{c2} = \frac{\gamma_0}{2\boldsymbol{b}}\left(\frac{4f}{\pi}\right)^{\frac{1}{2}} \tag{8.15}$$

式中，γ_0 为当位错切过有序 Ti(Fe, Co)相时无序区的界面能密度；$\boldsymbol{b}$ 为伯格斯矢量的长度；f 为有序固溶体 Ti(Fe, Co)的体积分数。

很明显，成对位错的第二个位错临界剪切应力约等于第一个位错的一半，这与上文提到的超点阵位错不需要额外驱动力的结论相一致。这是因为先生成的反相畴界和随后的成对位错是以重复的有序-无序接力方式进行运动。而对于本研究中含有超细层片共晶组织的$(Ti_{63.5}Fe_{26.5}Co10)_{82}Nb_{12.2}Al_{5.8}$合金来说，与局部共晶及无共晶的合金相比，其具有更高体积分数的有序相 Ti(Fe, Co)。这说明，假设在该合金具有相同的本征界面能密度γ_0的情况下，由 1373K 半固态烧结制备的超细层片共晶结构$(Ti_{63.5}Fe_{26.5}Co_{10})_{82}Nb_{12.2}Al_{5.8}$合金将具有最强的有序强化效应，因此，图 8.16(b)中 Ti(Fe, Co)相中呈现出更多的位错。

2. β-Ti/TiFe 共晶层片的共格强化

最早建立的共格强化是基于原位析出的共格理论模型。该模型认为，合金中原位沉淀析出相在合金基体内造成点阵错配并产生弹性应力场，从而阻碍位错运动产生强化作用。对于本研究来说，共格强化体现在无数层片共晶界面对位错运动、裂纹扩展的阻碍作用。由图 8.16(b)可知，当有序相 Ti(Fe, Co)中位错运动至共格界面时，其位错发生了堆积。这主要是由共格界面对位错运动阻碍所致。根据共格应变强化理论，在两相共格界面处的共格应变场，其位错运动的临界剪切应力可表示为[42-44]

$$\tau_{\mathrm{c}} = \beta G \varepsilon^{\frac{3}{2}} \left(\frac{r}{\boldsymbol{b}} \right)^{\frac{1}{2}} f^{\frac{1}{2}} \tag{8.16}$$

式中，β 为位错类型常数(对于刃型位错 $\beta=3$；对于螺型位错 $\beta=1$)；G 为剪切模量；ε 为共格界面的错配度；r 为沿着共格界面方向的晶相平均长度(此处将 β-Ti 视为基体，而 Ti(Fe, Co) 视为共格析出相)；$\boldsymbol{b}$ 为伯格斯矢量长度；f 为共格界面的体积分数。

很明显，临界剪切应力 $\tau_{\mathrm{c}} \propto (\varepsilon, r, f)$，对于本研究中具有大范围超细层片共晶结构的 $(Ti_{63.5}Fe_{26.5}Co_{10})_{82}Nb_{12.2}Al_{5.8}$ 合金，其层片共晶的含量及长度皆大于其他两种双尺度结构的钛合金，所以自然呈现出较高的 r 和 f。这说明，假设在该合金具有相同的共格错配度 ε 的情况下，由 1100℃半固态烧结制备的超细层片共晶结构的 $(Ti_{63.5}Fe_{26.5}Co_{10})_{82}Nb_{12.2}Al_{5.8}$ 合金将需要最高的临界剪切应力，这说明该结构具有最强的共格强化效应，所以上述图 8.16(b) 中 β-Ti 和 Ti(Fe, Co) 相共格界面处堆积着大量的位错。至于共格界面处错配度 ε 的分析，则需要下一步的计算进行论述。

图 8.18 为完全共晶结构 $(Ti_{63.5}Fe_{26.5}Co_{10})_{82}Nb_{12.2}Al_{5.8}$ 合金中共晶层片共格界面形变 15%前后的选区衍射斑点及位向关系。由层片共晶界面的选区衍射斑点可知，β-Ti 和 Ti(Fe, Co) 两相在晶带轴[001]上呈近共格关系，具体位向关系为：$(110)_{\beta\text{-Ti}} /\!/ (110)_{\mathrm{Ti(Fe,Co)}}$；$(1\bar{1}0)_{\beta\text{-Ti}} /\!/ (1\bar{1}0)_{\mathrm{Ti(Fe,Co)}}$；$(200)_{\beta\text{-Ti}} /\!/ (100)_{\mathrm{Ti(Fe,Co)}}$。由图 8.18 可知，对于变形前试样，两两平行的晶面间夹角分别为 2.35°、2.81°和 2.75°，而形变后分别为 1.5°、1.49°和 0.8°。

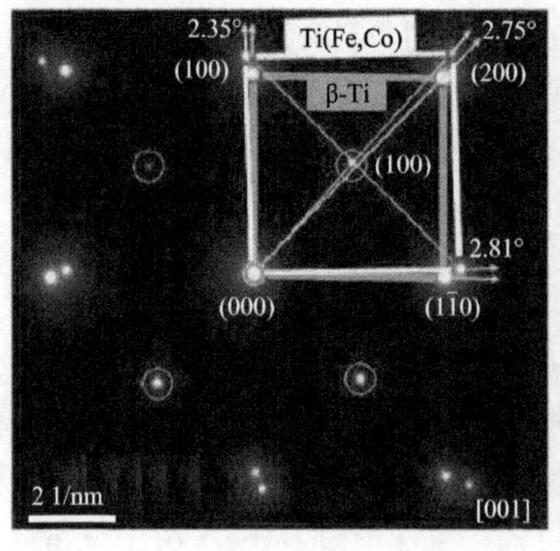

(a) 应变前

(b) 应变后

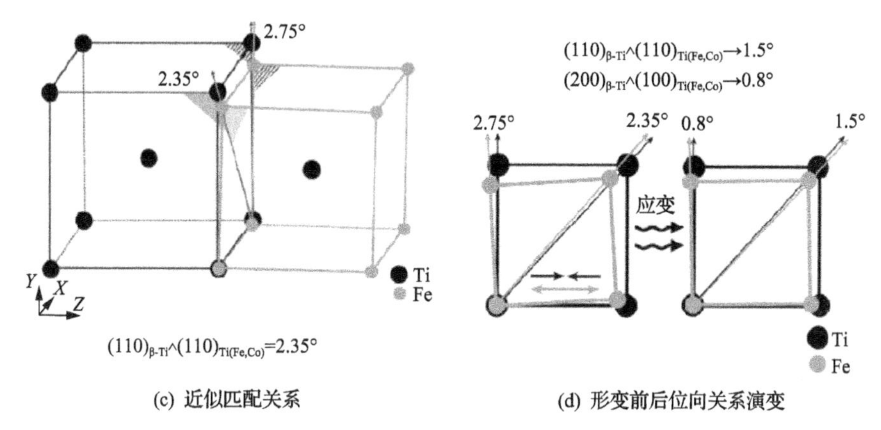

(c) 近似匹配关系　　(d) 形变前后位向关系演变

图 8.18　完全共晶结构$(Ti_{63.5}Fe_{26.5}Co_{10})_{82}Nb_{12.2}Al_{5.8}$合金中共晶层片共格界面形变 15%前后的选区衍射斑点及位向关系

根据 Bramfitt 晶格错配理论[43]，一般而言，错配度$\overline{\delta_{(hkl)_n}^{(hkl)_s}}$介于 5%～15%的界面属于半共格关系，而小于 5%的界面属于完全共格关系，其中错配度因子的表达式为

$$\overline{\delta_{(hkl)_n}^{(hkl)_s}} = \sum_{i=1}^{3} \frac{\dfrac{\left|\left(d_{[uvw]_s^i}\cos\theta\right) - d_{[uvw]_n^i}\right|}{d_{[uvw]_n^i}}}{3} \times 100\% \tag{8.17}$$

式中，$(hkl)_s$和$(hkl)_n$分别为 β-Ti 和 Ti(Fe, Co)相的晶面指数；$[uvw]_s$和$[uvw]_n$分别为 β-Ti 和 Ti(Fe, Co)相的$(hkl)_s$和$(hkl)_n$晶面上的晶向指数；$d_{[uvw]_s}$和$d_{[uvw]_n}$分别为沿着$[uvw]_s$和$[uvw]_n$晶向上的晶面间距；θ为$[uvw]_s$和$[uvw]_n$晶向之间的夹角。

需要指出的是，沿着$[uvw]$晶向的晶面间距$d_{[uvw]}$，也就是与之相同指数的晶面之间的间距，可以表示为

$$d_{[uvw]} = \frac{a}{\sqrt{h^2 + k^2 + l^2}} \tag{8.18}$$

式中，a为晶格常数；$h = u$；$k = v$；$l = w$。

而θ值则需根据$[uvw]_s$和$[uvw]_n$的指数确定。关于层片共晶界面的错配度因子$\overline{\delta_{(hkl)_n}^{(hkl)_s}}$的相关计算参数列于表 8.5 中。需要特别说明的是，因为$1.5 < d_{[\bar{1}\bar{1}0]_n} / d_{[\bar{2}00]_s} < 2.5$，所以在计算中$d_{[200]_n}$值应乘以 2 来匹配$d_{[100]_s}$。根据式(8.17)、式(8.18)

及图 8.18 中的角度参数，计算出错配度因子 $\overline{\delta_{(hkl)_n}^{(hkl)_s}}$ 由形变前的 8.71%降为变形后的 5.61%，具体参数见表 8.5。

表 8.5 完全共晶结构 $(Ti_{63.5}Fe_{26.5}Co_{10})_{82}Nb_{12.2}Al_{5.8}$ 合金中层片共晶界面形变 15%前后的错配度因子

$[uvw]_s$	$[uvw]_n$	$d_{[uvw]_s}$ /nm		$d_{[uvw]_n}$ /nm		θ/(°)		$\delta_{(hkl)_n}^{(hkl)_s}$ /%		$\overline{\delta_{(hkl)_n}^{(hkl)_s}}$ /%	
		形变前	形变后	形变前	形变后	形变前	形变后	形变前	形变后	形变前	形变后
[110]	[110]	0.2341	0.2280	0.2167	0.2158	2.35	1.5	7.938	5.617		
[200]	[100]	0.1658	0.1612	0.3003	0.3053	2.75	0.8	10.30	5.591	8.71	5.61
$[1\bar{1}0]$	$[1\bar{1}0]$	0.2341	0.2280	0.2167	0.2158	2.81	1.49	7.899	5.618		

3. Ti_2(Co, Fe)的第二相强化

通常来说，沉淀强化和弥散强化都是在合金组织中引入弥散分布于基体的硬质粒子，通过阻碍位错的运动来实现强化效应，而硬质粒子由于其自身不会发生形变，致使运动的位错很难切过该粒子。通常来说，这种具有强化效果的硬脆粒子，其弹性模量远高于合金自身基体的弹性模量，且与基体之间并非共格关系。所以在实际研究中，这种弥散致使的强化效应和析出共格沉淀相产生的强化效应较难区分。这两种强化方式主要有两方面的主要区别：一种是弥散强化主要来自于位错绕过第二相粒子而引起的阻力，通常呈现出较高的加工硬化率，而沉淀强化则是位错切过沉淀相粒子受阻，会使其加工硬化率呈现较低水平；另一种是弥散强化与基体呈非共格关系，而沉淀强化通常呈现为共格关系。由此，可以判断出，镶嵌于基体中的硬质粒子 Ti_2(Co, Fe)的第二相强化作用应与传统的弥散强化相类似。

图 8.19 为半固态烧结制备的完全共晶结构 $(Ti_{63.5}Fe_{26.5}Co_{10})_{82}Nb_{12.2}Al_{5.8}$ 合金经 15%压缩应变后的 SEM 形貌图。如图 8.19(a)所示，与上述关于共格强化的分析结果一致，其层片共晶组织经过 15%的形变后，只发生了拉伸、扭曲、移位，并没有被破坏的现象。然而由图 8.19(b)可知，此时硬质颗粒相 Ti_2(Co, Fe)有碎裂、剥落的现象，而包裹该粒子的层片共晶基体却完好无损，这主要是由于位错绕过该硬质粒子时，在其周围产生源源不断的流变应力所致。事实上，最先萌生的位错绕过该硬质粒子时，在粒子周围产生的位错环与该硬质粒子之间有一定的距离，且后来源源不断产生的每一个位错环之间也有一定的距离。然而，随着形变量的不断增加，绕过该粒子的位错也会成倍增多，这样位错环与粒子之间的有效距离将逐渐减小，而不断增加的应变量将通过更多的位错运动来疏通，从而使其粒子周围的流变应力增加，最终使得硬质粒子发生磨损、碎裂，直至剥落。

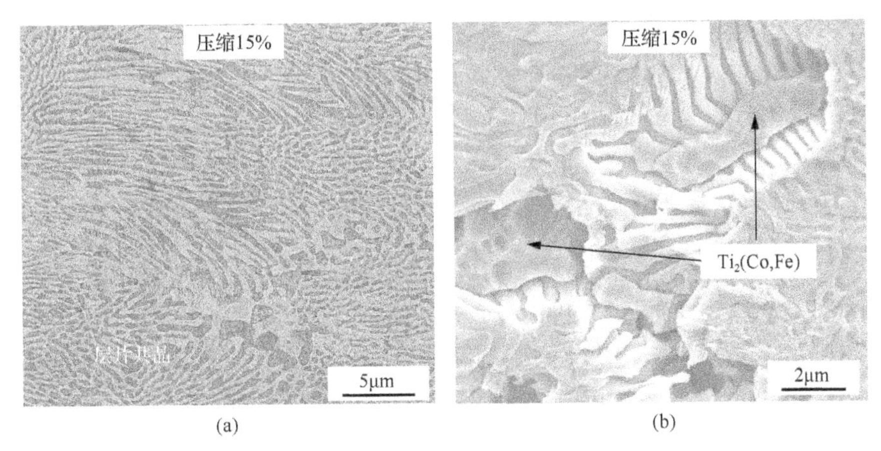

图 8.19　半固态烧结制备的完全共晶结构 $(Ti_{63.5}Fe_{26.5}Co_{10})_{82}Nb_{12.2}Al_{5.8}$ 合金经 15%压缩应变后的 SEM 形貌图

目前，人们通常用 Orowan 模型[45, 46]来描述弥散强化的位错绕过机制，可表达为

$$\sigma^* = \frac{G\boldsymbol{b}}{L} \tag{8.19}$$

式中，σ^* 为临界切应力；L 为硬质粒子间的间距；G 为基体的切变模量。

在实际研究中，弥散粒子的尺寸及粒子分散的密度、间距等都可影响其综合力学性能。通常认为，当粒子体积分数一定的情况下，粒子尺寸越大则需要间距越大，来通过补偿作用起到强化效果。可见，在实际研究中，需综合考虑硬质粒子的尺寸与间距对强化效果的综合作用。由此，涉及粒子间最佳有效间距的选择与调控[47, 48]，可表示为

$$L_{\mathrm{e}} = L - D \tag{8.20}$$

式中，L_{e} 为粒子间的有效间距；D 为粒子平均直径。

此外，硬质粒子周围还会有来自与基体之间相界面的排斥力，这种因镜像产生的斥力也会使粒子的虚拟直径有所增加。本书对这些方面的探索研究不作具体讨论，这部分内容将在后续工作中继续开展。

8.4　形变诱发 Laves 相的强化机制

事实上，钛合金还有很多因相变导致的强化效应，如马氏体相变[49-51]，第二相粒子的析出强化效应[52, 53]等。此外，还有因局部应力集中及应力分散而导致的

基于晶格畸变的形变诱发相变、孪晶等强化机制[53-58]。本章除了上一节讨论到的层片共晶界面自适应强化效应外，还在半固态烧结制备的共晶双尺度结构$(Ti_{70.56}Fe_{29.44})_{90}Co_{10}$钛合金中发现了原位析出 C14 Laves 相的沉淀强化效应[59-64]。

8.4.1 形变过程中的组织演变

本试验的块状合金成分为上述基于 β-Ti/TiFe 共晶成分设计的$(Ti_{70.56}Fe_{29.44})_{90}Co_{10}$合金。首先，将烧结制备的块状合金按如下示意图 8.20 进行力学性能分析。力学性能测试的试样分为：烧结态试样和预形变试样，其中烧结态试样直接从半固态烧结块体中加工获得，而预形变样从原始烧结块体样中加工出 5mm×5mm×10mm 尺寸的方柱(保证这两种试样来自烧结态试样的同一半径位置)，后对其进行约 4.5%的预形变(大于图 8.25 中烧结态试样的屈服应变)后取出。

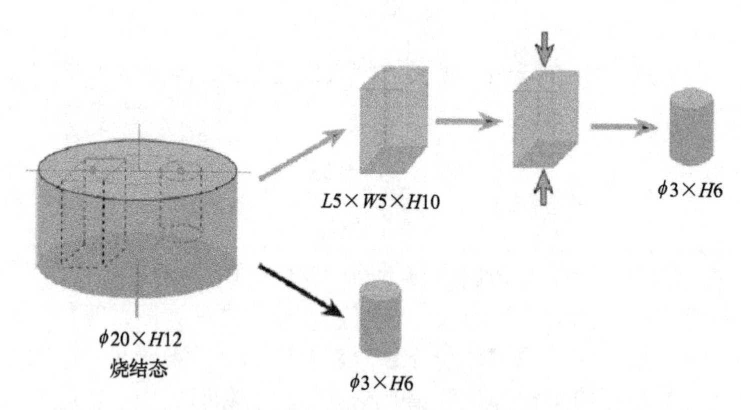

图 8.20 形变前后力学性能测试样品的取样示意图(单位：mm)

图 8.21 为烧结态和预形变后$(Ti_{70.56}Fe_{29.44})_{90}Co_{10}$合金的 XRD 图谱。与前文半固态烧结同成分合金的相组成相同，原始烧结态试样主要由三相组成，分别是较少量的 bcc β-Ti、较多量的 B2 TiFe 和 fcc Ti_2Co。而对于预形变样，其 XRD 图谱中除了存在上述三相外，还分别在 2θ 为 41°和 73°两个位置多出了两个衍射峰，经确定这两个衍射峰属于具有复杂六方结构(hP12 P63/mmc)的 $TiFe_2$ 相，其属于具有 C14 结构的 $MgZn_2$ 型 Laves 相[59]。这两个衍射峰对应的晶面指数分别为(103)和(302)。与此同时，由于 Laves 相的形成使得 B2 结构的 TiFe 相略有减少。可推测，该 Laves 析出相应该是由 B2 结构的 TiFe 相转变而来。B2 超点阵有序固溶体作为合金中各种相变的母相已有大量文献报道[65-68]，这主要归因于其内部原子特殊的几何密排，使其更易为新相提供适宜的惯习面进行相转变。

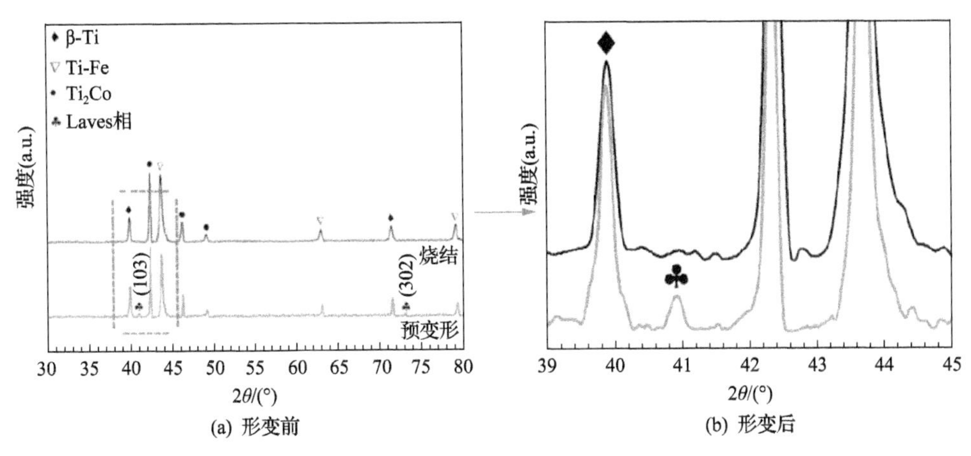

图 8.21　形变 4.5%前后$(Ti_{70.56}Fe_{29.44})_{90}Co_{10}$合金的 XRD 图谱

图 8.22 为烧结态和预形变后$(Ti_{70.56}Fe_{29.44})_{90}Co_{10}$合金的 SEM 形貌图。由图可知，烧结态合金的微观组织主要包含等轴状的 bcc β-Ti 和 B2 TiFe，其次，在局部

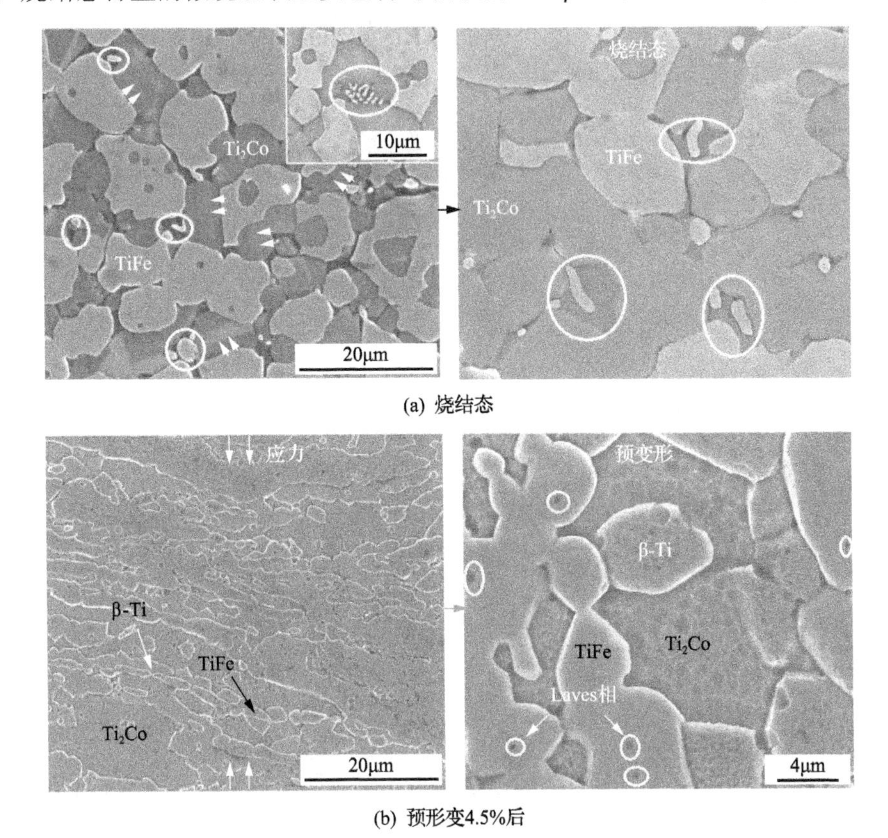

图 8.22　烧结态和预形变后$(Ti_{70.56}Fe_{29.44})_{90}Co_{10}$合金的 SEM 形貌图

区域还存在少量层片相间分布的共晶组织(圆圈标注)，以及存在孪晶分布的 fcc Ti_2Co(箭头标注)。有趣的是，预形变样的微观结构中并没有产生微裂纹，而是整体晶粒的细化以及拉长的条带分布，这种现象在 TiFe 相区尤为明显。此外，还发现，C14 结构的 Laves 相形成于 B2 TiFe 相区，如图 8.22(b)中圆圈标注所示。

为了进一步验证 C14 结构 Laves 相的析出机理，图 8.23 展示了烧结态 $(Ti_{70.56}Fe_{29.44})_{90}Co_{10}$ 合金的 TEM 形貌图及对应的选区衍射斑点。通过其 TEM 形貌图 8.23(a)可明显看出以等轴状排布的三相 β-Ti、TiFe 及 Ti_2Co，且 Ti_2Co 相的孪晶宽约为 0.5～1μm。进一步分析 Ti_2Co 孪晶界的选区衍射斑点(图 8.23(b))发现，其孪晶类型为{111}⟨011⟩。通过对合金内部 $Ti_2(Co, Fe)$ 相的选区衍射斑点的计算分析发现，孪晶型 $Ti_2(Co, Fe)$ 相均由 cF24 的 $Fd\overline{3}m$ (227)晶格类型组成，而 cF96 $Fd\overline{3}m$ (227)晶格类型的 $Ti_2(Co, Fe)$ 相中并不存在孪晶。随后，通过相界的选区衍射斑点分析发现，β-Ti 与 TiFe、TiFe 与 Ti_2Co 皆呈现出完全共格的状态。

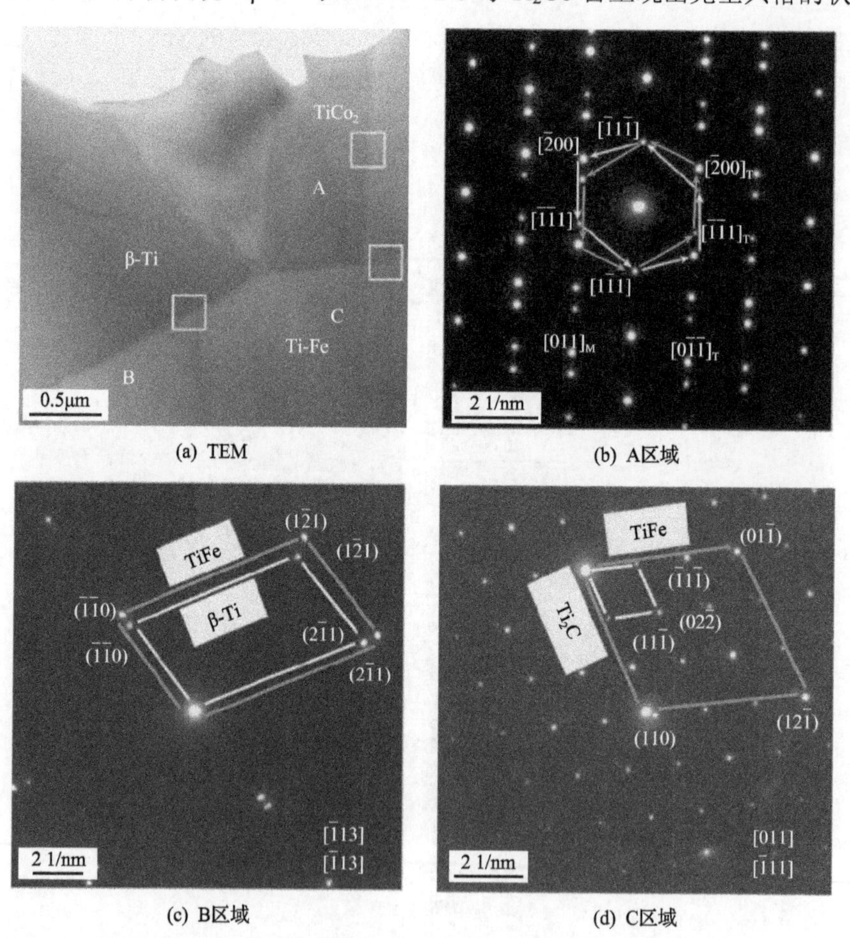

(a) TEM　　(b) A区域

(c) B区域　　(d) C区域

图 8.23　烧结态 $(Ti_{70.56}Fe_{29.44})_{90}Co_{10}$ 合金的 TEM 形貌图及对应的选区衍射斑点

这说明作为应力诱发 Laves 相转变的 B2 结构 TiFe 母相与其毗邻相都具有共格的关系，其对应的位向关系分别为：$(\bar{1}\bar{1}0)_{\beta\text{-Ti}} /\!/ (\bar{1}\bar{1}0)_{\text{TiFe}}$；$(2\bar{1}1)_{\beta\text{-Ti}} /\!/ (2\bar{1}1)_{\text{TiFe}}$；$(\bar{1}13)_{\beta\text{-Ti}} /\!/ (\bar{1}13)_{\text{TiFe}}$ 和 $(11\bar{1})_{\text{Ti}_2\text{Co}} /\!/ (110)_{\text{TiFe}}$；$(\bar{1}1\bar{1})_{\text{Ti}_2\text{Co}} /\!/ (01\bar{1})_{\text{TiFe}}$；$(011)_{\text{Ti}_2\text{Co}} /\!/ (\bar{1}11)_{\text{TiFe}}$。据文献记载[69-71]，这种具有共格界面的有序母相非常有利于相变的诱发。

图 8.24 为预形变后 $(Ti_{70.56}Fe_{29.44})_{90}Co_{10}$ 合金的 TEM 形貌图，以及相应的高分辨傅里叶变换及对应的选区衍射斑点。此时，β-Ti 与 TiFe 之间、TiFe 与 Ti_2Co 之间的共格界面没有被破坏，且孪晶相 Ti_2Co 与变形前相比也无明显变化(此处图片省略)。此外，通过对形变后 β-Ti 相区分析发现其内部存在大量约 10nm 宽的堆垛层错(图 8.24(a))，继续通过傅里叶变换及选区电子衍射(图 8.24(b)和(c))发现，该层错沿原子密排面的堆垛顺序为 ABBABBA。最后，C14 结构 Laves 相形成于 TiFe 母相中的位错墙区内(图 8.24(e))，其尺寸约为 90～180nm。这主要是由于畸变后 TiFe 母相内的位错墙，以亚晶界的方式为 Laves 相的形核提供

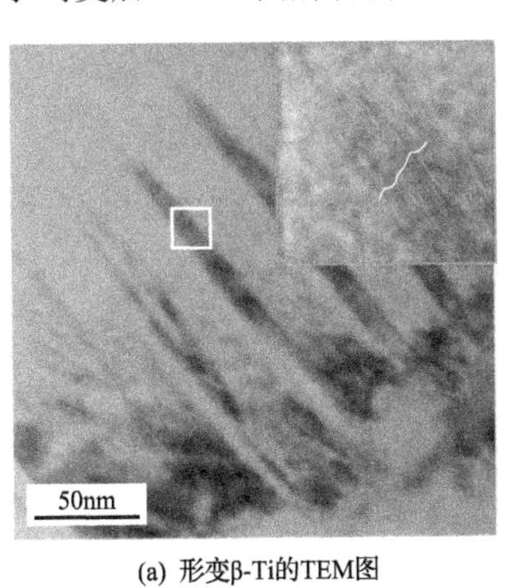

(a) 形变β-Ti的TEM图

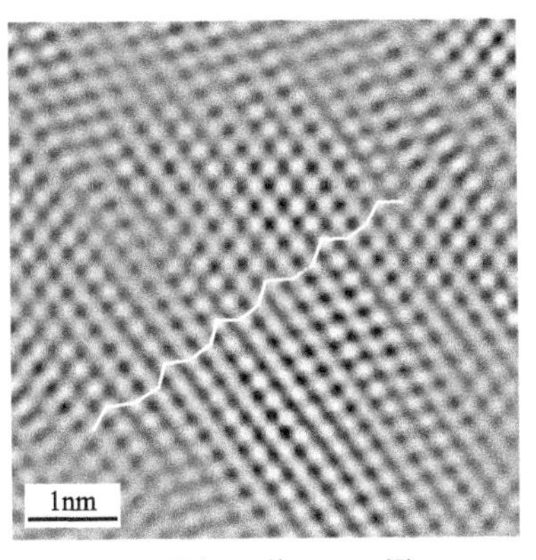

(b) 形变β-Ti的HRTEM图

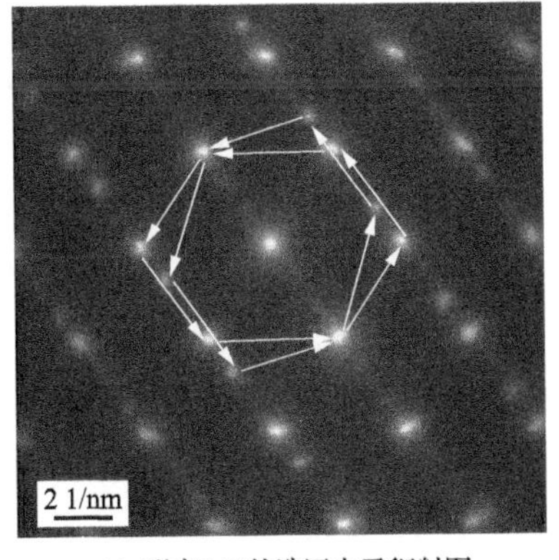

(c) 形变β-Ti的选区电子衍射图

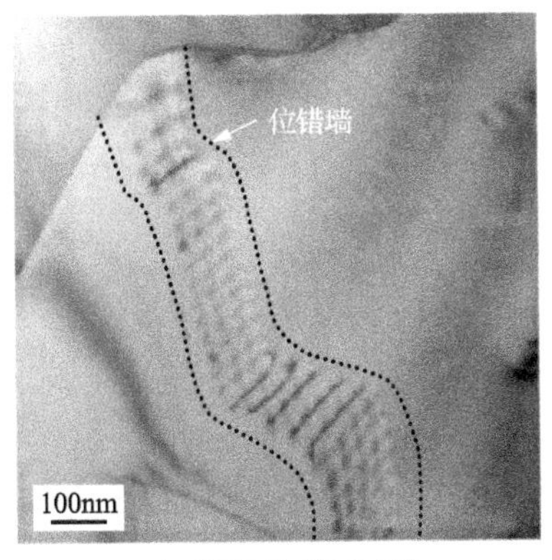

(d) 形变TiFe的TEM图

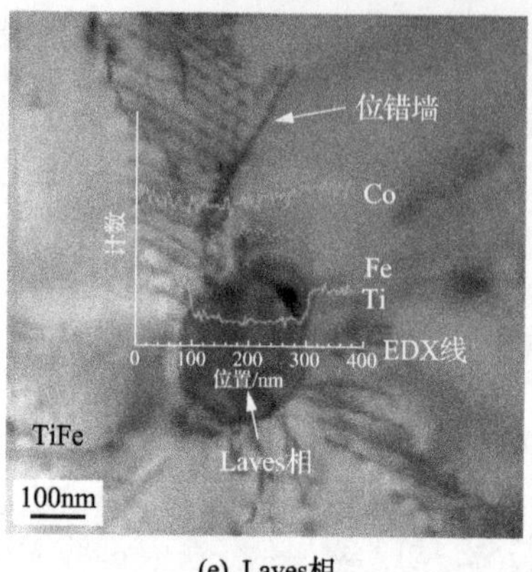

(e) Laves相

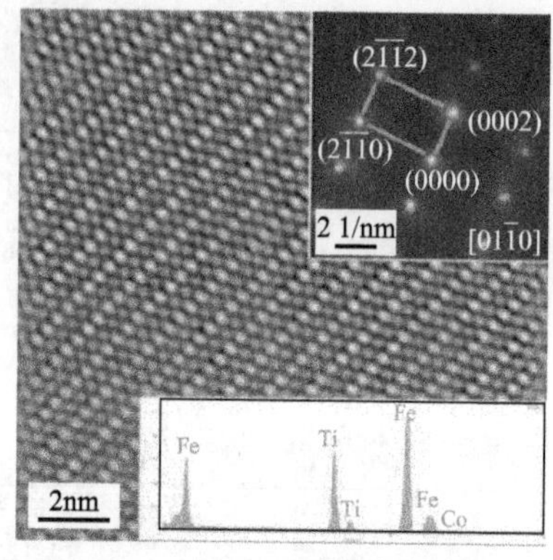

(f) Laves相HRTEM图和衍射斑点

图 8.24　预形变 4.5%后$(Ti_{70.56}Fe_{29.44})_{90}Co_{10}$合金的 TEM 形貌图，以及相应的高分辨傅里叶变换和对应的选区电子衍射斑点

质点[72, 73]。通过对 Laves 相进行能谱分析发现，其主要化学成分为 $Ti_{35.76}Fe_{57.35}Co_{6.89}$，且其中的 Fe 原子比 B2 TiFe 母相($Ti_{51.69}Fe_{42.93}Co_{5.38}$)含量多，而 Ti 原子却相应地减少，Co 原子基本保持不变，对应的傅里叶变换(图 8.24(f))说明该 C14 结构的 Laves 相呈现出独特的原子排布，其对应的选区电子衍射斑点晶带轴为$[01\bar{1}0]$。

8.4.2　原位诱发 Laves 相的强化机制

图 8.25 为烧结态和预形变后$(Ti_{70.56}Fe_{29.44})_{90}Co_{10}$合金的压缩应力-应变曲线及加工硬化率曲线。由图可知，预形变后的试样呈现出更高的屈服强度(σ_y = 1585MPa±10MPa)及断裂强度(σ_f =2205MPa±15MPa)，以及更高的断裂塑性(ε_f=10.8%±0.8%)，比原始烧结态试样分别高出约 215MPa、490MPa 及 1.9%。从加工硬化率[61]曲线(图 8.25(b))可以看出，预形变样品比烧结态样品的加工硬化能力高出约 345MPa。形变诱发的 Laves 相导致合金综合力学性能、加工硬化能力有了大幅提高。此外，析出相及母相的有序强化效应(见下文分析)、$Ti_2(Co, Fe)$中的孪晶强化作用[74, 75]及形变 β-Ti 中的孪晶型堆垛层错[74, 76, 77]也是合金性能提高的重要原因。

为了进一步验证 Laves 相的原位析出机制，图 8.26(a)展示了 C14 结构的 Laves 相与 TiFe 母相之间界面的选区电子衍射斑点。由图可知，Laves 相与母相呈现出完全共格的关系，对应的位向关系(图 8.26(a))可表示为

$$(01\bar{1}\bar{1})_{C14}/\!/(\bar{1}10)_{B2}\text{；}[2\bar{1}\bar{1}0]_{C14}/\!/[001]_{B2} \tag{8.21}$$

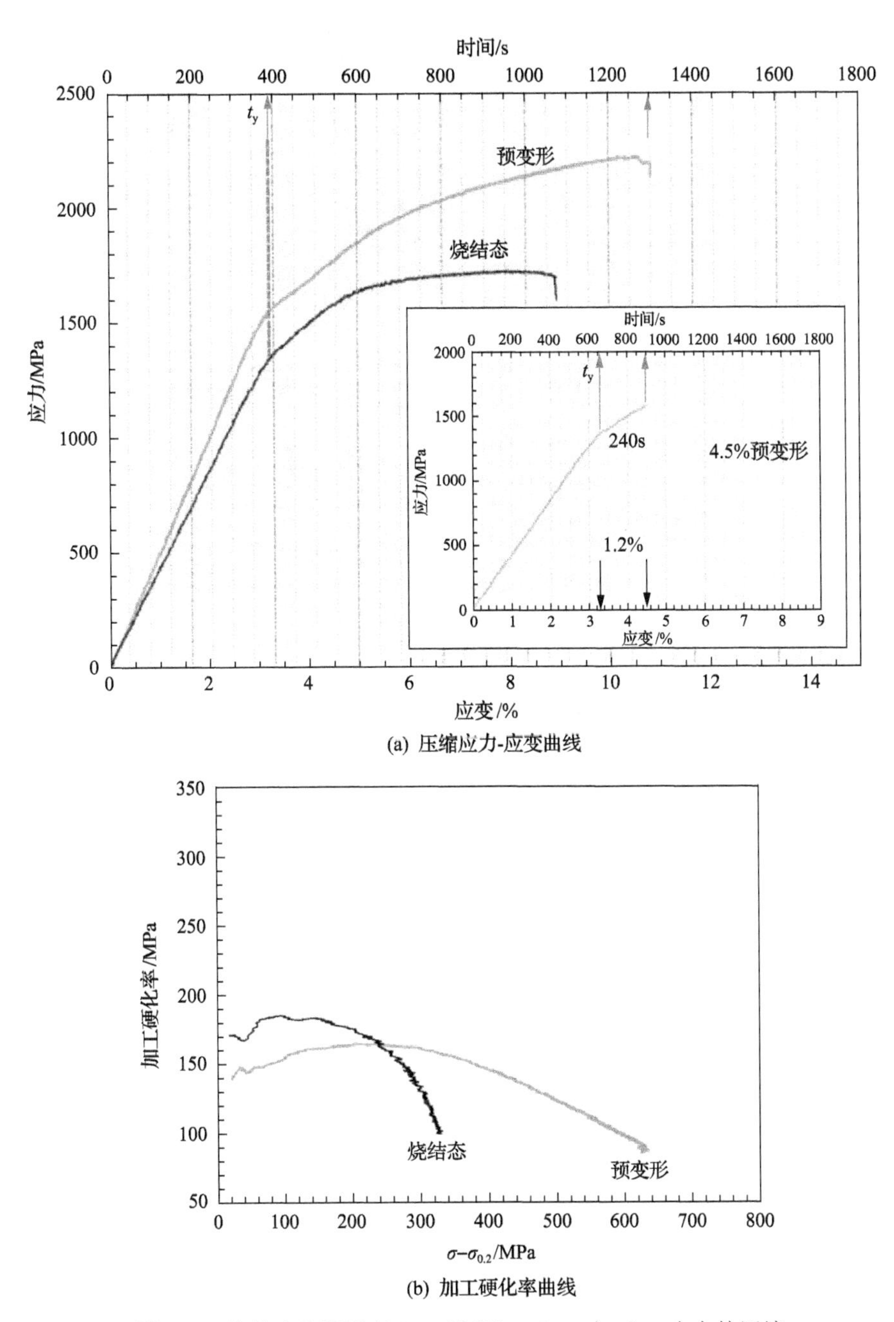

图 8.25　烧结态和预形变 4.5%后$(Ti_{70.56}Fe_{29.44})_{90}Co_{10}$合金的压缩应力-应变曲线及加工硬化率曲线

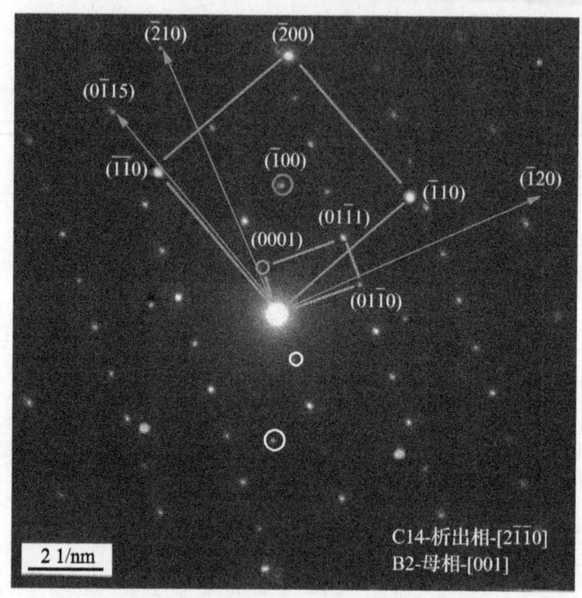

(a) Laves相与TiFe母相界面的选区电子衍射斑点

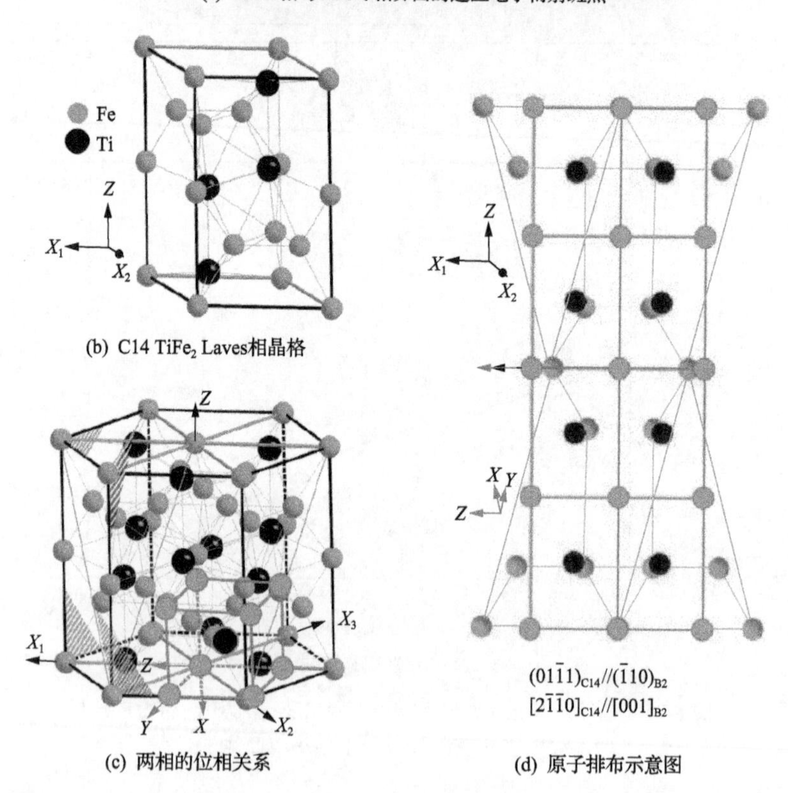

(b) C14 $TiFe_2$ Laves相晶格

(c) 两相的位相关系

(d) 原子排布示意图

图 8.26　预形变 4.5%后$(Ti_{70.56}Fe_{29.44})_{90}Co_{10}$合金中原位析出的 C14 $TiFe_2$ Laves 相与 B2 TiFe 基体界面的选区衍射斑点、C14 $TiFe_2$ Laves 相晶格、两相位向关系及密排面的原子排布示意图

惯习面为与母相 TiFe 的密排面平行的 $(\bar{1}\bar{1}0)_{B2}/\!/(0\bar{1}15)_{C14}$，位向关系示意见图 8.26(c)。巧合的是，该共格关系与通过面-面模型预测的 Rong-Dunlop[78, 79]位向关系相一致。而 Rong-Dunlop 位向关系是根据两相的晶格常数比 $(a_{hcp}/a_{bcc}; c_{hcp}/a_{bcc})$ 及母相和析出相各自的晶面间距所计算的，可表示为

$$(1\bar{1}00)_{hcp}/\!/(0\bar{1}2)_{bcc}\text{；}\ (0001)_{hcp}/\!/(021)_{bcc}\text{；}\ [2\bar{1}\bar{1}0]_{hcp}/\!/[100]_{bcc} \tag{8.22}$$

事实上，正是这种原位共格析出的 Laves 相使得合金产生了自强化效应[80, 81]，才能将原始烧结态的合金强度及塑性大幅提高。此外，还发现 B2 母相 TiFe 晶面族{100}的衍射斑点和 C14 Laves 相的晶面族{0001}的衍射斑点并没有按预期的消光准则而消失(图 8.26(a)中圆圈标注)，这主要是其本身的有序性所致[24,28]。所以，析出相及母相的有序强化效应也是合金性能提高的另一个重要原因。结合图 8.21 块状合金 XRD 图谱及图 8.26(a)的选区电子衍射斑点，计算出 Laves 相与 TiFe 母相的晶格常数分别为 $a_{TiFe}=0.2962\text{nm}(a=b=c)$，$a_{TiFe_2}=0.4829\text{nm}(a_1=a_2=a_3)$ 和 $c_{TiFe_2}=0.7731\text{nm}$。

基于 C14 Laves 相与 B2 TiFe 母相的晶格常数及具体的原子占位情况，将 Laves 相的单胞、两相的位向关系、对应面上的原子排布示意图展示在图 8.26(b)～(d)。由图 8.26(b)和(c)可知，Laves 相的原子占位情况为：Fe 原子在 2a(0, 0, 0)和 6h$(x, y, 1/4)$的 Wyckoff 位置，而 Ti 原子在 4f$(1/3, 2/3, z)$位置。也就是说，C14 Laves 相密排结构中的 Ti 原子四面体位置，一半被 Ti 原子占据，另一半被 Fe 原子占据[72, 75]。而具体关于两相 $(01\bar{1}1)_{C14}/\!/(\bar{1}10)_{B2}$ 面上原子的排布情况可参考图 8.26(d)。

本书所述的形变诱发的扩散型相变在室温下能发生主要由以下因素决定。从微观层面讲，C14 Laves 相的析出有扩散热力学及动力学的前提条件。从动力学上讲，B2 相中的大量有序位错的增殖及迁移都会大幅度地影响合金内部的局域化学成分，为 Ti 和 Fe 原子的快速通道扩散提供更多路径，导致原子的扩散将比传统体扩散高出很多个数量级[82,83]。从热力学来说，这种形变诱发的晶体缺陷(位错墙)中弹性能的释放，可使合金微区内出现几百摄氏度的温度升高[84-86]，为 Ti 和 Fe 原子的通道扩散提供驱动力。例如，在 Al-Zn 和 Al-Mg 合金中[87]，室温的高压扭转形变可导致 Zn 和 Mg 原子分别有 800nm 和 100nm 的长程扩散距离。此外，位错墙还以亚晶界的形式充当 C14 Laves 相的形核质点，降低相变激活能。

参 考 文 献

[1] Lu K. Nanocrystalline metals crystallized from amorphous solids: nanocrystallization, structure, and properties. Materials Science and Engineering R: Reports, 1996, 16(4): 161-221.

[2] Wu X, Yang M, Yuan F, et al. Heterogeneous lamella structure unites ultrafine-grain strength with coarse-grain ductility. Proceedings of the National Academy of Sciences of the United States of America, 2015, 112(47): 14501-14505.

[3] Yang D K, Hodgson P D, Wen C E. Simultaneously enhanced strength and ductility of titanium via multimodal grain structure. Scripta Materialia, 2010, 63(9): 941-944.

[4] Okulov I V, Bönisch M, Kühn U, et al. Significant tensile ductility and toughness in an ultrafine-structured $Ti_{68.8}Nb_{13.6}Co_6Cu_{5.1}Al_{6.5}$, bi-modal alloy. Materials Science & Engineering A, 2014, 615: 457-463.

[5] Yin W H, Xu F, Ertorer O, et al. Mechanical behavior of microstructure engineered multi-length-scale titanium over a wide range of strain rates. Acta Materialia, 2013, 61(10): 3781-3798.

[6] Long Y, Wang T, Zhang H Y, et al. Enhanced ductility in a bimodal ultrafine-grained Ti-6Al-4V alloy fabricated by high energy ball milling and spark plasma sintering. Materials Science & Engineering A, 2014, 608: 82-89.

[7] Phelan D, Stanford N, Dippenaar R. In situ observations of Widmanstätten ferrite formation in a low-carbon steel. Materials Science & Engineering A, 2005, 407(1): 127-134.

[8] Frary M, Abkowitz S, Abkowitz S M, et al. Microstructure and mechanical properties of Ti/W and Ti-6Al-4V/W composites fabricated by powder-metallurgy. Materials Science & Engineering A, 2003, 344(1-2): 103-112.

[9] Henriques V A R, Galvani E T, Petroni S L G, et al. Production of Ti-13Nb-13Zr alloy for surgical implants by powder metallurgy. Journal of Materials Science, 2010, 45(21): 5844-5850.

[10] Hu D, Huang A J, Wu X. TEM characterisation of Widmanstätten microstructures in TiAl-based alloys. Intermetallics, 2005, 13(2): 211-216.

[11] Liu Y H, Wang G, Wang R J, et al. Super plastic bulk metallic glasses at room temperature. Science, 2007, 315(5817): 1385-1388.

[12] Li Y Y, Yang C, Chen W P, et al. Ultrafine-grained $Ti_{66}Nb_{13}Cu_8Ni_{6.8}Al_{6.2}$ composites fabricated by spark plasma sintering and crystallization of amorphous phase. Journal of Materials Research, 2009, 24(6): 2118-2122.

[13] Li Y Y, Yang C, Qu S G, et al. Nucleation and growth mechanism of crystalline phase for fabrication of ultrafine-grained $Ti_{66}Nb_{13}Cu_8Ni_{6.8}Al_{6.2}$ composites by spark plasma sintering and crystallization of amorphous phase. Materials Science & Engineering A, 2010, 528(1): 486-493.

[14] Tabor D. The hardness of metals. Measurement Techniques, 1951, 5(4): 281.

[15] Kim K B, Das J, Xu W, et al. Microscopic deformation mechanism of a $Ti_{66.1}Nb_{13.9}Ni_{4.8}Cu_8Sn_{7.2}$ nanostructure-dendrite composite. Acta Materialia, 2006, 54(14): 3701-3711.

[16] Kühn U, Mattern N, Gebert A, et al. Nanostructured Zr-and Ti-based composite materials with high strength and enhanced plasticity. Journal of Applied Physics, 2005, 98(5): 171-243.

[17] Okulov I V, Wendrock H, Volegov A S, et al. High strength beta titanium alloys: New design approach. Materials Science & Engineering A, 2015, 628: 297-302.

[18] Christian J W, Mahajan S. Deformation twinning. Progress in Materials Science, 1995, 39(1): 1-157.

[19] Ma F, Wang T, Liu P, et al. Mechanical properties and strengthening effects of in situ (TiB+TiC)/Ti-1100 composite at elevated temperatures. Materials Science and Engineering, 2016, 654: 352-358.

[20] Zhang Q, Chen D L. A model for predicting the particle size dependence of the low cycle fatigue life in discontinuously reinforced MMCs. Scripta Materialia, 2004, 51(9): 863-867.

[21] Proville L, Rodney D, Marinica M C. Quantum effect on thermally activated glide of dislocations. Nature Materials, 2012, 11(10): 845-849.

[22] Taya M, Arsenault R J. Metal matrix composites: Thermomechanical Behavior. Oxford Pergamon Press, 1989: 1-264.

[23] Brown L M, Stobbs W M. The work-hardening of copper-silica V: Equilibrium plastic relaxation by secondary dislocations. Philosophical Magazine, 1976, 34(3): 351-372.

[24] Cahn R W. Strengthening methods in crystals. International Materials Reviews, 1971, 17(1): 147-147.

[25] Budiman A S, Narayanan K R, Li N, et al. Plasticity evolution in nanoscale Cu/Nb single-crystal multilayers as revealed by synchrotron X-ray microdiffraction. Materials Science & Engineering A, 2015, 635(3): 6-12.

[26] Xiao L, Lu W J, Qin J N, et al. Steady state creep of in situ TiB plus La_2O_3 reinforced high temperature titanium matrix composite. Materials Science & Engineering A, 2009, 499(1): 500-506.

[27] Benitez R, Gao H, O'Neal M, et al. Effects of microstructure on the mechanical properties of Ti_2AlC in compression. Acta Materialia, 2017, 143: 130-140.

[28] Cohen J B. A brief review of the properties of ordered alloys. Journal of Materials Science, 1969, 4(11): 1012-1021.

[29] Jiao Z B, Luan J H, Liu C T. Strategies for improving ductility of ordered intermetallics. Progress in Natural Science: Materials International, 2016, 26(1): 1-12.

[30] Louzguine-Luzgin D V, Louzguina-Luzgina L V, Kato H, et al. Investigation of Ti-Fe-Co bulk alloys with high strength and enhanced ductility. Acta Materialia, 2005, 53(7): 2009-2017.

[31] Okulov I V, Kühn U, Marr T, et al. Deformation and fracture behavior of composite structured Ti-Nb-Al-Co(-Ni) alloys. Applied Physics Letters, 2014, 104(7): 1085-4801.

[32] He G, Eckert J, Löser W, et al. Composition dependence of the microstructure and the mechanical properties of nano/ultrafine-structured Ti-Cu-Ni-Sn-Nb alloys. Acta Materialia, 2004, 52(10): 3035-3046.

[33] Das J, Ettingshausen F, Eckert J. Ti-base nanoeutectic-hexagonal structured (D0) dendrite composite. Scripta Materialia, 2008, 58(8): 631-634.

[34] Gorbatov O I, Lomaev I L, Gornostyrev Y N, et al. Effect of composition on antiphase boundary energy in Ni_3Al, based alloys: Ab initio, calculations. Physical Review B, 2016, 93(22): 224106.

[35] Gurney C. Report of a conference on the strength solids(1947). Nature, 1949, 163(4134): 117-117.

[36] Veyssière P. Yield stress anomalies in ordered alloys: a review of microstructural findings and related hypotheses. Materials Science & Engineering A, 2001, 309(15): 44-48.

[37] Fu M W, Wang J L, Korsunsky A M. A review of geometrical and microstructural size effects in micro-scale deformation processing of metallic alloy components. International Journal of Machine Tools & Manufacture, 2016, 109: 94-125.

[38] Samal S, Agarwal S, Gautam P, et al. Microstructural evolution in novel suction cast multicomponent Ti-Fe-Co alloys. Metallurgical & Materials Transactions A, 2015, 46(2): 851-868.

[39] Kocks U F. Kinetics of solution hardening. Metallurgical Transactions A, 1985, 16(12): 2109-2129.

[40] Louzguine-Luzgin D V, Louzguina-Luzgina L V, Kato H, et al. Investigation of high strength metastable hypereutectic ternary Ti-Fe-Co and quaternary Ti-Fe-Co-(V, Sn) alloys. Journal of Alloys & Compounds, 2007, 434(2): 32-35.

[41] Louzguine-Luzgin D V, Louzguina-Luzgina L V, Inoue A. Deformation behavior of high strength metastable hypereutectic Ti-Fe-Co alloys. Intermetallics, 2007, 15(2): 181-186.

[42] Doi M. Elasticity effects on the microstructure of alloys containing coherent precipitates. Progress in Materials Science, 1996, 40(2): 79-180.

[43] Gerold V. On calculations of the crss of alloys containing coherent precipitates. Acta Metallurgica, 1968, 16(6): 823-827.

[44] Raghuram, Singhal L K. Yield strength of overaged alloys containing coherent ordered precipitates. Metallurgical Transactions A, 1975, 6(5): 965-968.

[45] Alizadeh M, Beni H A. Strength prediction of the ARBed $Al/Al_2O_3/B_4C$ nano-composites using Orowan model. Materials Research Bulletin, 2014, 59(16): 290-294.

[46] Kratochvíl J, Kružík M. A crystal plasticity model of a formation of a deformation band structure. Philosophical Magazine, 2015, 95(32): 3621-3639.

[47] Panchenko E Y, Chumlyakov Y I, Maier H, et al. Characteristic features of development of thermoelastic transformations in aged single crystals of a CoNiAl ferromagnetic alloy. Russian Physics Journal, 2011, 54(6): 721-728.

[48] Murakami Y, Ohba T, Morii K, et al. Crystallography of stress-induced (trigonal) martensitic transformation in Au-49.5at.%Cd alloy. Acta Materialia, 2007, 55(9): 3203-3211.

[49] Bhandarkar M D, Bhat M S, Zackay V F, et al. Structure and elevated temperature properties of carbon-free ferritic alloys strengthened by a laves phase. Metallurgical Transactions A, 1975, 6(6): 1281-1289.

[50] Hasebe Y, Hashimoto K, Takeyama M. Phase equilibria among γ-Fe/Fe_2Nb(TCP)/Ni_3Nb(GCP) phases in Fe-Ni-Nb ternary system at elevated temperatures. Journal of the Japan Institute of Metals, 2011, 75(4): 265-273.

[51] Zeumert B, Sauthoff G. Intermetallic NiAl Ta alloys with strengthening Laves phase for high-temperature applications. I. Basic properties. Intermetallics, 1997, 5(7): 563-577.

[52] Christian J W. Mechanism of phase transformations in metals. Nature, 1956, 177(4505): 419-421.

[53] Otsuka K, Ren X. Physical metallurgy of Ti-Ni-based shape memory alloys. Progress in Materials Science, 2005, 50(5): 511-678.

[54] Orgéas L, Favier D. Stress-induced martensitic transformation of a NiTi alloy in isothermal shear, tension and compression. Acta Materialia, 1998, 46(15): 5579-5591.

[55] Salem A A, Kalidindi S R, Doherty R D. Strain hardening of titanium: Role of deformation twinning. Acta Materialia, 2003, 51(14): 4225-4237.

[56] Liu H, Niinomi M, Nakai M, et al. Deformation-induced ω-phase transformation in a β-type titanium alloy during tensile deformation. Scripta Materialia, 2017, 130: 27-31.

[57] Kolli R P, Joost W J, Ankem S. Phase stability and stress-induced transformations in beta titanium alloys. Journal of The Minerals, 2015, 67(6): 1273-1280.

[58] Cai J, Wang D S, Liu S J, et al. Electronic structure and B2 phase stability of Ti-based shape-memory alloys. Physical Review B, 1999, 60(23): 15691-15698.

[59] Livingston J D. Laves-phase superalloys? Physica Status Solidi A, 1992, 131(2): 415-423.

[60] Li J H, Barrirero J, Sha G, et al. Precipitation hardening of an Mg-5Zn-2Gd-0.4Zr (wt. %) alloy. Acta Materialia, 2016, 108: 207-218.

[61] Takeyama M, Gomi N, Matsuo S M T. Phase equilibria and lattice parameters of Fe_2Nb Laves phase in Fe-Ni-Nb ternary system at elevated temperatures. MRS Proceedings, 2004, 842: S5.37.1-S5.37.6.

[62] Takata N, Ghassemiarmaki H, Terada Y, et al. Effect of dislocation sources on slip in Fe_2Nb Laves phase with Ni in solution. MRS Proceedings, 2012, 1516: 269-274.

[63] Machon L, Sauthoff G. Deformation behaviour of Al-containing C14 Laves phase alloys. Intermetallics, 1996, 4(6): 469-481.

[64] Jiang S, Wang H, Wu Y, et al. Ultrastrong steel via minimal lattice misfit and high-density nanoprecipitation. Nature, 2017, 544(2): 460-464.

[65] Wang W, Qian H, Wang Z. Parent phase(B2)-incommensurate phase(IC) transition in niti(Fe) alloy. Chinese Physics Letters, 1989, 6(8): 363-365.

[66] Murakami Y, Otsuka K, Hanada S, et al. Crystallography of Stress-Induced B2→7R Martensitic Transformation in a Ni-37.0 at%Al Alloy. Materials Transactions, 2007, 33(3): 282-288.

[67] Tang W, Sundman B, Sandström R, et al. New modelling of the B2 phase and its associated martensitic transformation in the Ti-Ni system. Acta Materialia, 1999, 47(12): 3457-3468.

[68] Wu M, Munroe P R, Baker I. Martensitic phase transformation in a f.c.c./B2 FeNiMnAl alloy. Journal of Materials Science, 2016, 51(17): 7831-7842.

[69] Linden Y, Pinkas M, Munitz A, et al. Long-period antiphase domains and short-range order in a B2 matrix of the AlCoCrFeNi high-entropy alloy. Scripta Materialia, 2017, 139: 49-52.

[70] Kocks U F, Mecking H. Physics and phenomenology of strain hardening: the FCC case. Progress in Materials Science, 2003, 48(3): 171-273.

[71] Omori T, Nagasako M, Okano M, et al. Microstructure and martensitic transformation in the Fe-Mn-Al-Ni shape memory alloy with B2-type coherent fine particles. Applied Physics Letters, 2012, 101(23): 231907.

[72] Rzhavtsev E A, Gutkin M Y. The dynamics of dislocation wall generation in metals and alloys under shock loading. Scripta Materialia, 2015, 100(2): 102-105.

[73] Agamennone R, Blum W, Gupta C, et al. Evolution of microstructure and deformation resistance in creep of tempered martensitic 9-12%Cr-2%W-5%Co steels. Acta Materialia, 2006, 54(11): 3003-3014.

[74] Christian J W, Mahajan S. Deformation twinning. Progress in Materials Science, 1995, 39(1): 1-157.

[75] Zhu T, Li J. Ultra-strength materials. Progress in Materials Science, 2010, 55(7): 710-757.

[76] Asgari S, El-Danaf E, Kalidindi S R, et al. Strain hardening regimes and microstructural evolution during large strain compression of low stacking fault energy fcc alloys that form deformation twins. Metallurgical and Materials Transactions A, 1997, 28(9): 1781-1795.

[77] Zhu Y T, Wu X L, Liao X Z, et al. Dislocation-twin interactions in nanocrystalline fcc metals. Acta Materialia, 2011, 59(2): 812-821.

[78] Rong W, Dunlop G L, Kuo K H. An O-lattice interpretation of orientation relationships between M_2C precipitates and ferrite. Acta Metallurgica, 1986, 34(4): 681-690.

[79] Zhang M X, Kelly P M. Edge-to-edge matching and its applications: Part I. Application to the simple HCP/BCC system. Acta Materialia, 2005, 53 (4): 1073-1084.

[80] Chisholm M F, Kumar S, Hazzledine P. Dislocations in complex materials. Science, 2005, 307(5710): 701-703.

[81] Tarigan I, Kurata K, Takata N, et al. Novel concept of creep strengthening mechanism using grain boundary Fe_2Nb Laves phase in austenitic heat resistant steel. MRS Proceedings, 2011, 1295: 317-322.

[82] Legros M, Dehm G, Arzt E, et al. Observation of giant diffusivity along dislocation cores. Science, 2008, 319(5870): 1646-1649.

[83] Vengrenovich R D, Gudyma Y V, Yarema S V. Ostwald ripening under dislocation diffusion. Scripta Materialia, 2002, 46(5): 363-367.

[84] Wright W J, Samale M W, Hufnagel T C, et al. Studies of shear band velocity using spatially and temporally resolved measurements of strain during quasistatic compression of a bulk metallic glass. Acta Materialia, 2009, 57(16): 4639-4648.

[85] Spaepen F. Metallic glasses: Must shear bands be hot? Nature Materials, 2006, 5(1): 7-8.

[86] Lewandowski J J, Greer A L. Temperature rise at shear bands in metallic glasses. Nature Materials, 2006, 5(1): 15-18.

[87] Straumal B B, Baretzky B, Mazilkin A A, et al. Formation of nanograined structure and decomposition of supersaturated solid solution during high pressure torsion of Al-Zn and Al-Mg alloys. Acta Materialia, 2004, 52(15): 4469-4478.

本章作者：罗　炫，李元元

第9章 粉末非晶含量对烧结钛合金组织性能的影响

9.1 引　　言

粉末冶金钛合金因具有少切削、近净成型等特性，受到越来越广泛的关注。传统的粉末冶金钛合金通常通过烧结预合金粉末或混合元素粉末来制备。前期研究表明，通过固结非晶粉末，可以实现等轴纳米/超细晶结构的高强韧钛合金的制备。例如，Yang 等通过机械合金化法制备出非晶粉末，利用放电等离子烧结法进行固结，所制备的 $Ti_{68.8}Nb_{13.6}Cu_{6}Ni_{5.1}Al_{6.5}$ 合金的屈服强度、断裂强度及断裂应变分别可达 1173MPa、2409MPa 和 40.8%。这种优异的力学性能主要源于第二相阻碍位错的扩展，提高加工硬化能力，同时延性 β-Ti 相基体延缓裂纹导致的宏观断裂。此外，在半固态温度区间固结非晶态粉末，可成功制备出了具有双尺度(多尺度)结构的 $Ti_{68.8}Nb_{13.6}Co_{6}Cu_{5.1}Al_{6.5}$ 合金，其屈服强度可达 1609MPa，断裂强度 3139MPa、断裂应变 40.1%。目前，虽然采用非晶粉末制备出高强韧的钛合金，但采用非晶粉末在制备高强韧等轴结构钛合金中是否具有必要性不得而知。

本章分别介绍粉末非晶含量对固态烧结、单相熔化和共晶转变半固态烧结的超细晶钛合金组织性能的影响，分析非晶相含量对合金组织、力学性能和断口形貌的影响，明确回答烧结过程中为什么要选择将合金粉末机械合金化球磨到非晶态。研究结果对理解非晶晶化法制备高强韧钛合金的工艺-结构-性能关系具有重要的意义。

9.2 粉末非晶含量对固态烧结超细晶钛合金组织性能的影响

前面 8.2 节已经提到，不同非晶含量粉末经固态烧结制备的试样组织性能不同，其中由原始粉末直接烧结的试样容易得到魏氏组织，而球磨非晶粉末固态烧结后将得到等轴超细晶组织，对应的力学性能明显优于传统的晶态合金粉末烧结试样。然而，粉末非晶含量变化对固态烧结合金组织性能的影响尚不清楚。本节选用 $Ti_{66}Nb_{13}Cu_{8}Ni_{6.8}Al_{6.2}$ 成分为研究对象，通过对不同球磨时间的粉末进行烧结，探究球磨时间对固态烧结材料结构性能的影响。

9.2.1　粉末物性分析

球磨过程中，由于冷焊作用及材料的塑性变形能力变化，合金粉末颗粒尺寸先增大再逐渐减少。在形状上，合金粉末的变化是一个从无规则的形状，到片层状，再到规则的球状，再到近球形的过程。图 9.1 为球磨 10h 和 20h 后合金粉末的截面元素 SEM 图及对应的 Ti、Nb 元素面扫描分布图。从图中可以看出，球磨 10h 的合金粉末截面图为 Ti 元素和 Nb 元素呈条带状间隔分布，Cu、Ni 和 Al 元素均匀分布于合金粉末中(此处未呈现)(图 9.1(a)～(c))。Ti、Nb 条带间隔分布的主要原因是在机械合金化过程中，软的 Nb 元素与硬的 Ti 元素不断发生冷焊、破碎，从而形成这种特殊的元素分布结构。从图中还可以看出，随着球磨时间增加，球磨 20h 的合金粉末中 Ti、Nb 元素的宽度不断减少，同时条带分布的 Ti、Nb 元素的分布间距也不断减小(图 9.1(d)～(f))。这表明随着球磨时间增大，合金粉末的元素越趋近于均匀化。

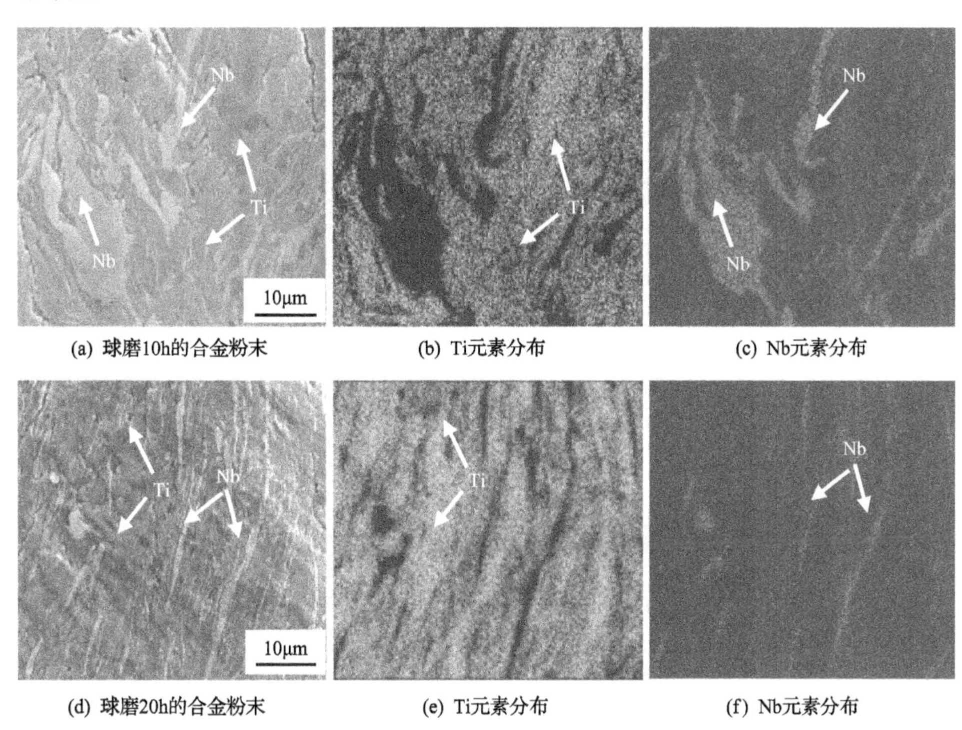

图 9.1　球磨 10h 和 20h 的合金粉末截面 SEM 图及对应的 Ti、Nb 元素面扫描分布图

图 9.2(a)为不同球磨时间后 $Ti_{66}Nb_{13}Cu_{8}Ni_{6.8}Al_{6.2}$ 合金粉末的 XRD 图谱。由图可见，未球磨混合粉末的 XRD 图谱上呈现出 Ti、Nb、Cu、Ni 和 Al 的衍射峰。随着球磨时间增大，各个元素的 XRD 衍射峰值逐渐减弱，衍射峰的宽度不断增

大，说明合金组元及化合物的晶粒尺寸随球磨时间延长而不断减小。当球磨 30h 后，出现了一个最大峰值位于 2θ=39°左右的漫散峰，表明非晶相开始形成。随球磨时间进一步延长，合金粉末的衍射峰宽度不断增大，非晶相体积分数不断增多。当球磨时间增大到 50h，其他合金元素的衍射峰均消失，只有一个宽的漫散射峰，合金粉末中非晶相体积分数达到最大值。

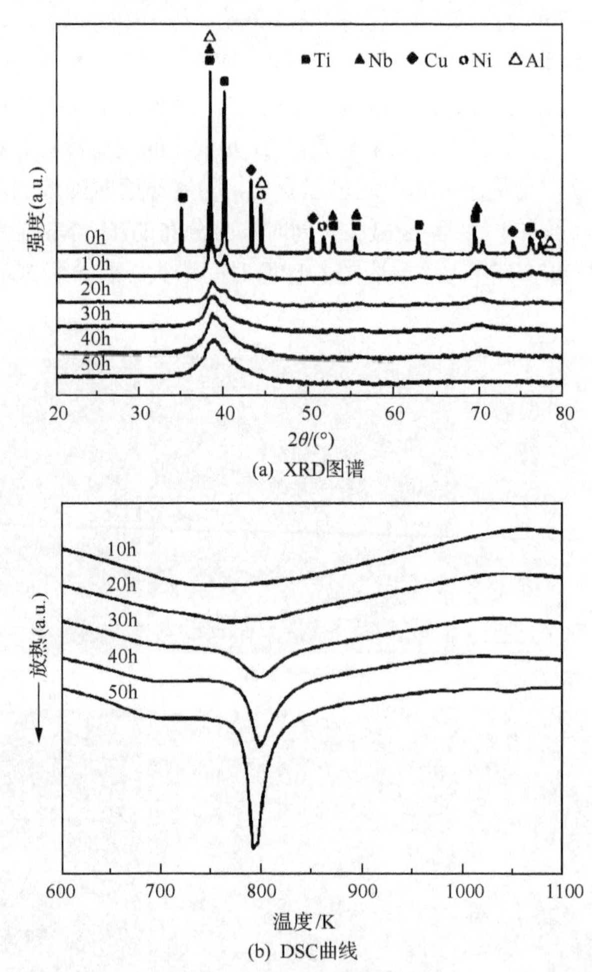

图 9.2 不同球磨时间后 $Ti_{66}Nb_{13}Cu_8Ni_{6.8}Al_{6.2}$ 粉末的 XRD 图谱和 DSC 曲线

为了进一步揭示合金粉末中非晶相体积分数与球磨时间的关系，图 9.2(b)展示了不同球磨时间后合金粉末的 DSC 曲线。由图可见，当合金粉末球磨到 20h 后，DSC 曲线上出现一个较小的放热峰，这表明合金粉末中形成了非晶相。随球磨时间进一步增大，放热峰的面积不断增大。当球磨 50h 后，合金粉末的放热峰面积达到最大值。球磨 50h 后所制备的非晶 $Ti_{66}Nb_{13}Cu_8Ni_{6.8}Al_{6.2}$ 合金粉末的放热峰面积为 51.2J/g，玻璃化转变温度 T_g 为 700K，晶化温度 T_x 为 780K，见表 9.1。DSC 热物性分析结果与 XRD 相转变分析结果高度吻合。

表 9.1　不同球磨时间后合金粉末的 DSC 热物性数据

球磨时间/h	T_g/K	T_x/K	ΔT_x/K	T_p/K	ΔH_x/(J/g)	V_r/%
10	—	—	—	—	—	—
20	762	765	3	807	1.0	1.9
30	720	765	45	800	21.7	42.3
40	704	769	65	798	33.7	65.8
50	700	780	80	793	51.2	100

9.2.2　粉末非晶含量对超细晶钛合金组织演变的影响

图 9.3 为不同球磨时间的 $Ti_{66}Nb_{13}Cu_8Ni_{6.8}Al_{6.2}$ 合金粉末经烧结和晶化后块状合金的 XRD 图谱。从图中可以看出，固结后的块状合金均由 β-Ti 相和(Cu, Ni)-Ti_2 组成。图 9.4 展示了不同球磨时间的合金粉末在相同烧结工艺下，固结块状合金的 SEM 图。由图可知，所有试样都由基体母相+等轴(Cu, Ni)-Ti_2 相组成。但是，随球磨时间改变，基体相的组成及形貌发生了巨大变化。当球磨时间小于 30h 时，试样 S_0、S_{10} 和 S_{20}(下标为球磨时间)的基体母相主要为魏氏组织(图 9.4(a)～(c))。魏氏组织母相由 β-Ti 基体相包围针状(Cu, Ni)-Ti_2 相组成，具体的微观结构及位向关系已在前面章节叙述。

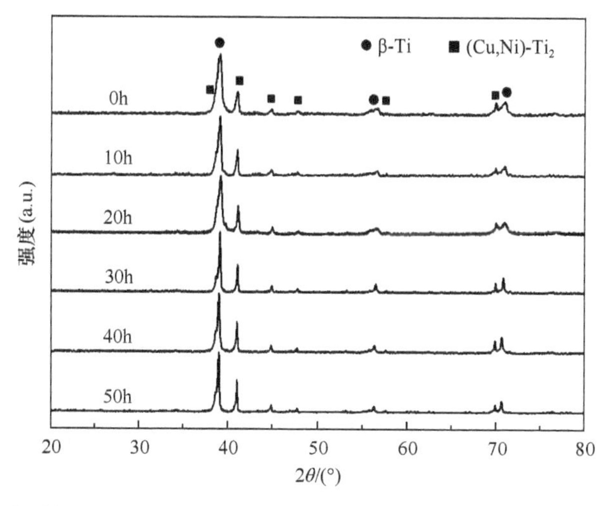

图 9.3　不同球磨时间 $Ti_{66}Nb_{13}Cu_8Ni_{6.8}Al_{6.2}$ 合金粉末经烧结和晶化后块状合金的 XRD 图谱

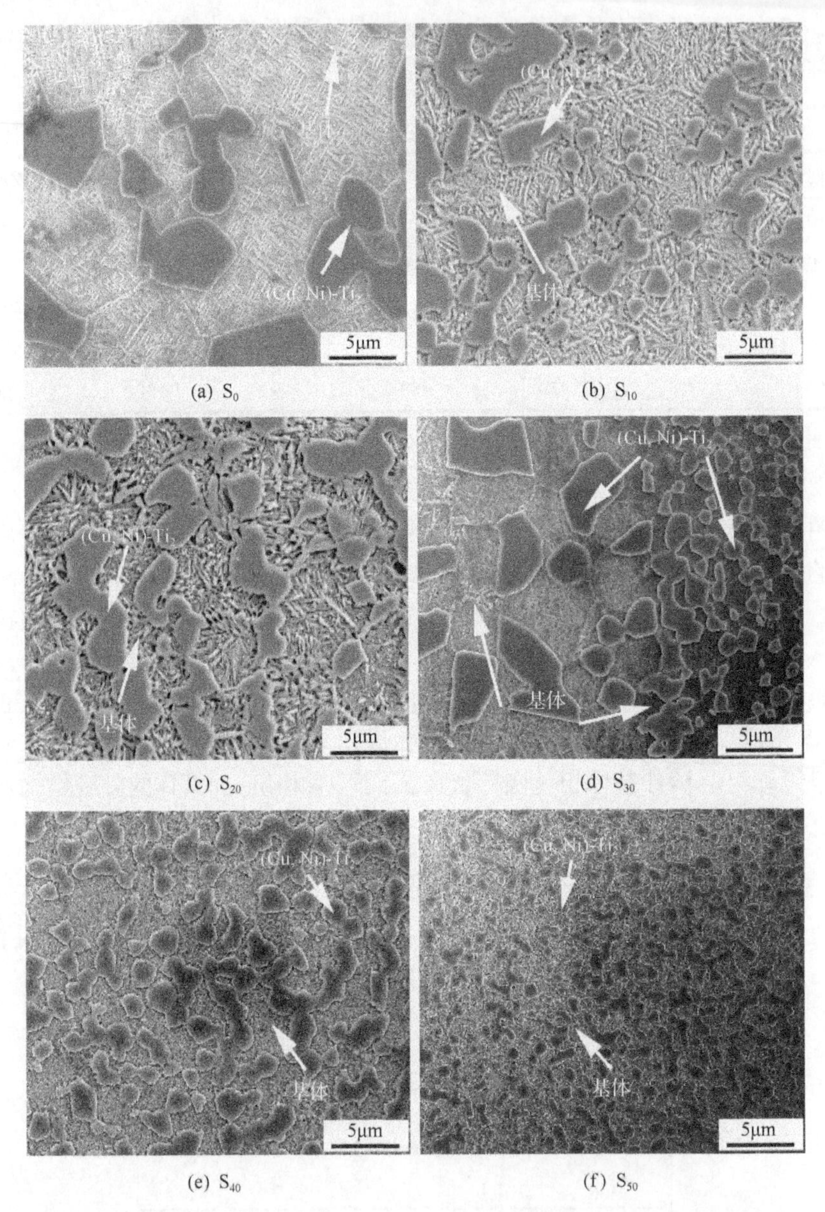

(a) S_0 (b) S_{10} (c) S_{20} (d) S_{30} (e) S_{40} (f) S_{50}

图 9.4 不同球磨时间的 $Ti_{66}Nb_{13}Cu_8Ni_{6.8}Al_{6.2}$ 合金粉末经烧结和晶化后块状合金的 SEM 形貌

当球磨时间增加到 30h 后，试样 S_{30} 的基体母相主要由两部分组成，即左侧的魏氏组织和右侧的等轴晶结构 β-Ti（图 9.4（d））。造成 S_{30} 块状合金由两种结构组成的主要原因是，球磨 30h 后合金粉末中存在部分的非晶相。魏氏组织基体的形成主要归因于晶态粉末中不同组元的互扩散效应，而等轴晶结构 β-Ti 基体的形成主要归因于非晶粉末的晶化效应(形核长大)。当球磨时间大于 30h 后，合金粉末大部分为非晶态，因此，经烧结和晶化的 S_{40} 和 S_{50} 试样微观结构为等轴晶结构 β-Ti 基体包围等轴晶结构(Cu, Ni)-Ti_2 相(图 9.4(e)和(f))。综上，随球磨时间增大(合金粉末中非晶相含量增大)，块状合金结构从魏氏组织基体+等轴晶(Cu, Ni)-Ti_2 相结构向纯等轴晶结构转变(组成相相同)，等轴晶结构含量随着球磨时间增加而不断增大。

9.2.3　粉末非晶含量对超细晶钛合金力学性能的影响

图 9.5 为不同球磨时间的 $Ti_{66}Nb_{13}Cu_8Ni_{6.8}Al_{6.2}$ 合金粉末经烧结和晶化后块状合金的压缩工程应力-应变曲线，相关的力学性能参数见表 9.2。由图 9.6 可见，所有试样都表现出极高的屈服强度，试样的断裂强度与断裂应变随着球磨时间增加而逐渐增大。当块状材料由完全的非晶态粉末烧结而成时，试样具有最高的断裂强度与断裂应变。实验结果显示，球磨时间的延长可以显著提高块状合金的力学性能。经过对比分析可知，具有等轴晶结构的 β-Ti 基体包围等轴晶结构(Cu, Ni)-Ti_2 相微观结构的钛合金，其力学性能远高于具有魏氏组织基体包围等轴晶结构(Cu, Ni)-Ti_2 相微观结构的钛合金，同时，也高于快速凝固法制备的具有纳米晶基体+树枝晶微观结构的 $Ti_{66}Nb_{13}Cu_8Ni_{6.8}Al_{6.2}$ 合金[1]。这表明非晶相在提高钛合金的性能上具有重要作用。粉末固结-非晶晶化法制备的材料除了具有优异的力学性能外，还可以突破传统方法的临界尺寸限制，为工业化应用提供了可能。

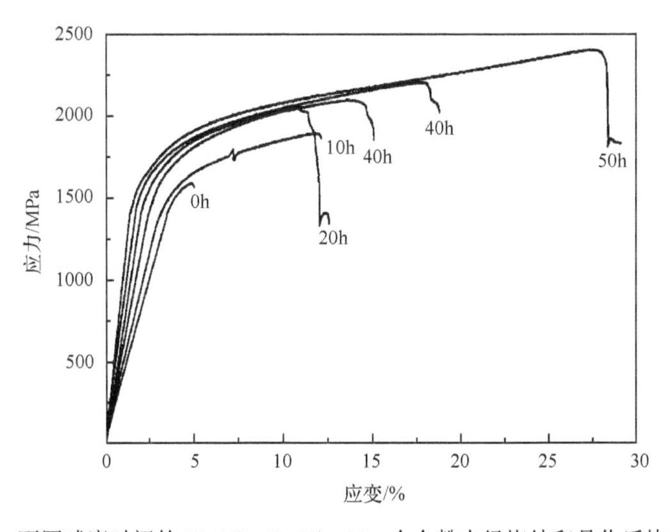

图 9.5　不同球磨时间的 $Ti_{66}Nb_{13}Cu_8Ni_{6.8}Al_{6.2}$ 合金粉末经烧结和晶化后块状合金的压缩工程应力-应变曲线

表 9.2 不同球磨时间的 $Ti_{66}Nb_{13}Cu_8Ni_{6.8}Al_{6.2}$ 合金粉末经烧结和晶化后块状合金的压缩测试结果

试样	E/GPa	σ_y/MPa	ε_y/%	σ_{max}/MPa	ε_f/%
Ti(A)*	112	1170	1.2	2031	24.6
Ti(B)*	107	1195	1.3	2043	30.5
Ti(C)**	65	1446	2.4	2415	31.8
S_0	41	1430	3.5	1591	5.0
S_{10}	47	1380	2.9	1885	13.0
S_{20}	56	1400	2.5	2003	13.9
S_{30}	62	1438	2.3	2050	15.6
S_{40}	63	1450	2.3	2150	19.1
S_{50}	65	1450	2.2	2350	28.5

*为铸造法制备的 $Ti_{66}Nb_{13}Cu_8Ni_{6.8}Al_{6.2}$ 块状复合材料的相关数据，取自参考文献[1]。

**为非晶晶化法制备的 $Ti_{66}Nb_{13}Cu_8Ni_{6.8}Al_{6.2}$ 块状复合材料的相关数据，取自参考文献[2]。

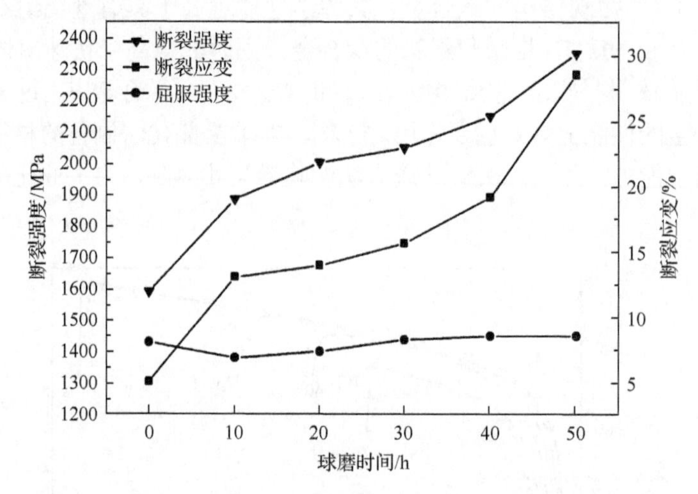

图 9.6 屈服强度、断裂强度和断裂应变随球磨时间的变化关系

9.2.4 粉末非晶含量对超细晶钛合金断口形貌的影响

图 9.7 为不同球磨时间的 $Ti_{66}Nb_{13}Cu_8Ni_{6.8}Al_{6.2}$ 合金粉末经烧结和晶化后块状合金的断口形貌图。由图可见，合金试样 S_{10} 展示出典型的脆性断裂模式(图 9.7(a))，而对于由非晶合金粉末固结而成的等轴晶结构合金试样 S_{50}，其断口有大量的韧窝(图 9.7(b))，表明合金试样具有较好的韧性。同时，相比于具有魏氏组织的合金试样 S_{10} 断口光滑形貌(图 9.7(c))，试样 S_{50} 断口中可以看到大量的熔化现象(图 9.7(d))。熔化现象归因于合金在压缩形变的过程中，剧烈的摩擦、滑移加之弹性应变能瞬间释放的作用，使得块状合金材料中发生了绝热剪切，是大塑性材料的

本征现象。断口形态进一步表明含纯非晶相的合金粉末经固结而成的等轴晶结构 S_{50} 合金具有更好的塑性形变能力。

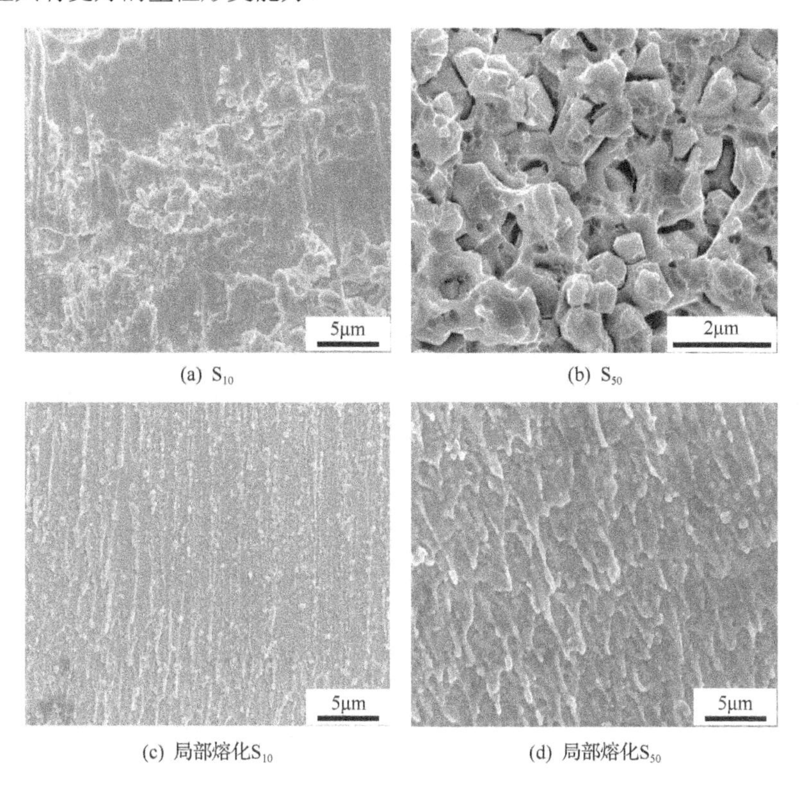

(a) S_{10}　(b) S_{50}

(c) 局部熔化S_{10}　(d) 局部熔化S_{50}

图 9.7　不同球磨时间的 $Ti_{66}Nb_{13}Cu_8Ni_{6.8}Al_{6.2}$ 合金粉末经烧结和晶化后块状合金的 SEM 断口形貌图

9.3　粉末非晶含量对单相熔化半固态烧结双尺度钛合金组织性能的影响

本节拟选用 $Ti_{68.8}Nb_{13.6}Co_6Cu_{5.1}Al_{6.5}$ 成分为研究对象，通过对不同球磨时间的粉末进行半固态烧结，探究球磨时间对半固态烧结制备合金组织性能的影响。

9.3.1　粉末物性分析

由图 9.8 可见，粉末中各颗粒呈不规则分布。随着球磨时间的增加，合金粉末由不均匀形状的颗粒逐渐转变为均匀细小的颗粒，相关机制主要源于合金粉末的冷焊与破碎。通过对原始粉末的面扫描分析可以看出，原始粉末中 Ti、Nb 粉末为块状形貌，Co、Cu 粉末为树枝状，Al 粉则呈球状。各粉末呈不同形貌是因为这些粉末是由不同的制粉工艺制备，其中 Ti 和 Nb 粉通过氢化还原法制得，因此呈块状分布；Al 由雾化法制备，因此在合金粉末中呈球形分布。另外，Cu 和 Co 由电解法制备，为树枝状形貌。由球磨 50h 后粉末的 SEM 形貌及粉末面扫描对应的各元素浓度分布可以看到，粉末中各元素已经非常均匀，未发现有组元局部聚集情况，表明合金元素已经完成合金化过程。

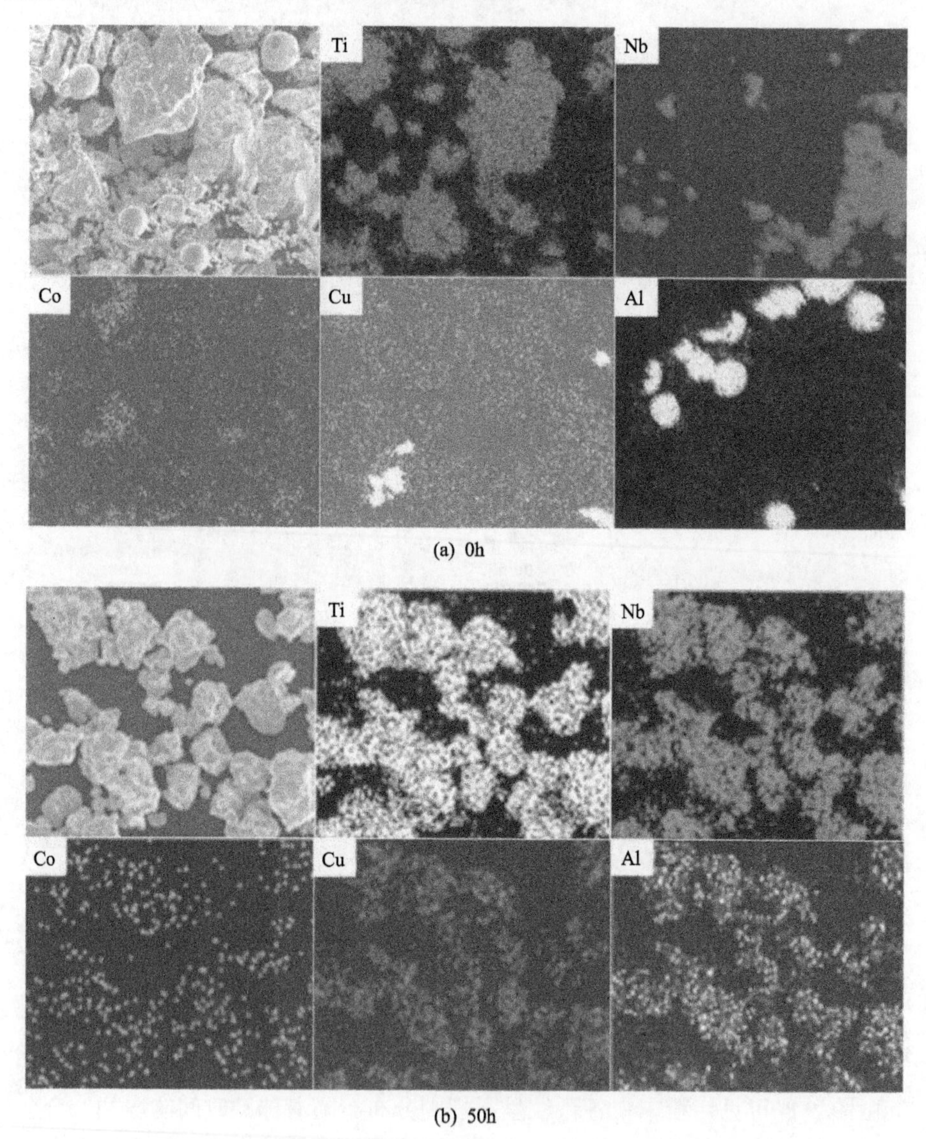

图 9.8　球磨 0h 和 50h 粉末的 SEM 形貌及面扫描元素分布

图 9.9(a)为不同球磨时间 $Ti_{68.8}Nb_{13.6}Co_6Cu_{5.1}Al_{6.5}$ 合金粉的 XRD 图谱。由图

可知，球磨 0h 的原始粉末 XRD 图谱上显示出名义成分中五元素的单质峰。球磨 30h 后，在 2θ=39°左右强度减弱，说明非晶含量不断增加。球磨 50h 后，粉末的 XRD 图谱上已出现了一个明显的漫散射峰，说明此时粉末出现非晶相。图 9.9(b) 为球磨 50h 粉末的高分辨图，可以看到原子已经几乎全部呈无序排布，即非晶相的原子排布方式，在非晶相基体上分布了极少量的纳米晶 β-Ti。对高分辨基体区域进行傅里叶变换显示出明显的光晕形，进一步证明了基体相为非晶相。不同球磨时间的合金粉末热力学参数如表 9.3 所示。

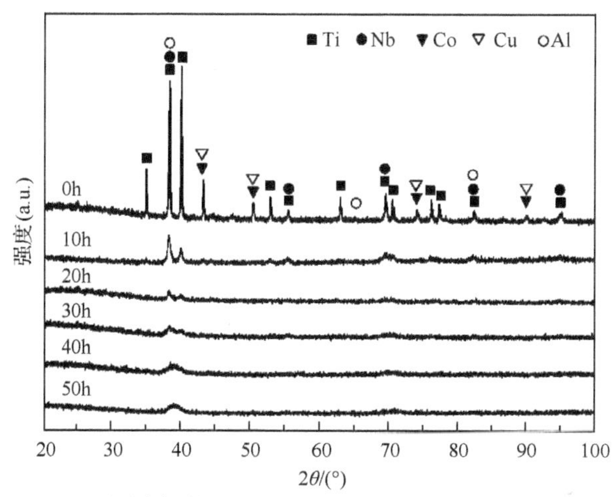

(a) 不同球磨时间$Ti_{68.8}Nb_{13.6}Co_6Cu_{5.1}Al_{6.5}$合金粉的XRD图谱

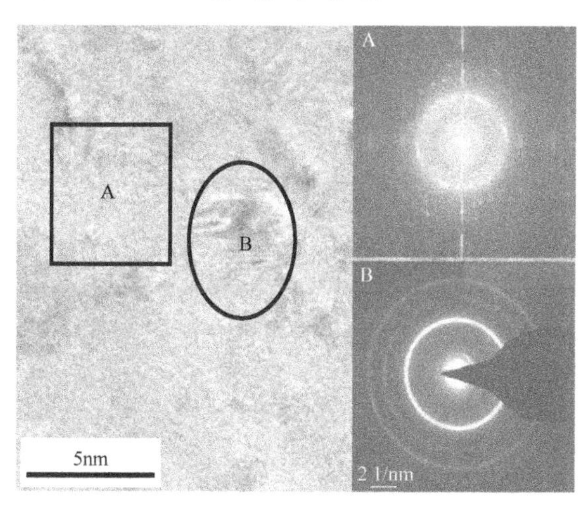

(b) 球磨50h粉末高分辨图及非晶相区傅里叶变换图

图 9.9　不同球磨时间 $Ti_{68.8}Nb_{13.6}Co_6Cu_{5.1}Al_{6.5}$ 合金粉的 XRD 图谱和球磨 50h 后粉末高分辨图及非晶相区傅里叶变换图

表 9.3 不同球磨时间 $Ti_{68.8}Nb_{13.6}Co_6Cu_{5.1}Al_{6.5}$ 合金粉末的 DSC 热物性数据

球磨时间/h	T_x/K	T_g/K	ΔT_x/K	T_p/℃	T_m/℃
0	—	—	—	—	1489
10	866	861	5	910	1445
20	748	729	19	810	1433
30	762	713	49	808	1410
40	748	684	64	792	1395
50	746	674	72	790	1392

9.3.2 粉末非晶含量对双尺度钛合金组织演变的影响

图 9.10 与图 9.11 分别为不同球磨时间粉末进行半固态烧结后得到样品的 XRD 图谱及 SEM 图。从图 9.11(a)可知，原始粉末半固态烧结样品主要由 β-Ti 和极少量的 $CoTi_2$ 相组成。SEM 图显示其微观组织由晶粒尺寸超过 30μm 的等轴粗晶 β-Ti 基体和分布在基体晶粒边界的纳米晶板条状 $CoTi_2$ 组成。从图 9.11(b)～(f)可以看出，五个球磨时间对应的半固态烧结样品均为微米等轴晶 β-Ti 和板条超细晶 $CoTi_2$ 双尺度结构，随着球磨时间的增加，$CoTi_2$ 的衍射峰强度减弱，表明对应半固态烧结样品中 $CoTi_2$ 相含量随之减小，这与 SEM 观察吻合。同时随着球磨时间的增加，对应的半固态烧结样品微观形貌存在以下变化：第一，样品中 β-Ti 基体的平均晶粒尺寸逐渐从 S-10-1523 的约 40μm 下降到 S-50-1523 的约 10μm；第二，在 S-10-1523 中，超细晶板条 $CoTi_2$ 相不仅沿着 β-Ti 基体晶界分布，

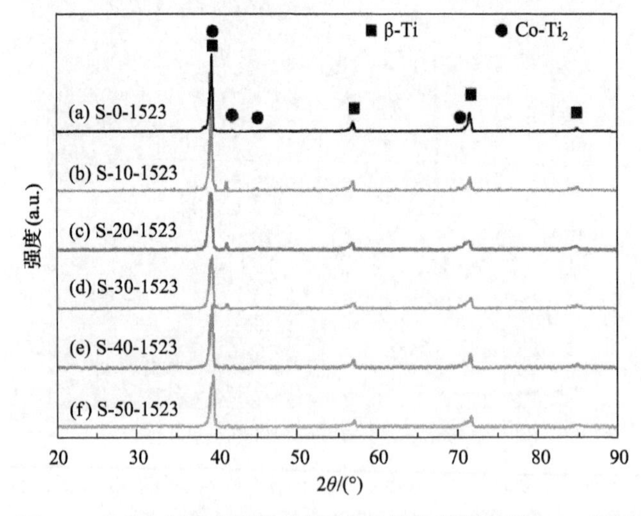

图 9.10 不同球磨时间粉末半固态烧结块体样品的 XRD 图谱

注：S-x-y 中，x 代表球磨时间(h)，y 代表烧结温度(K)

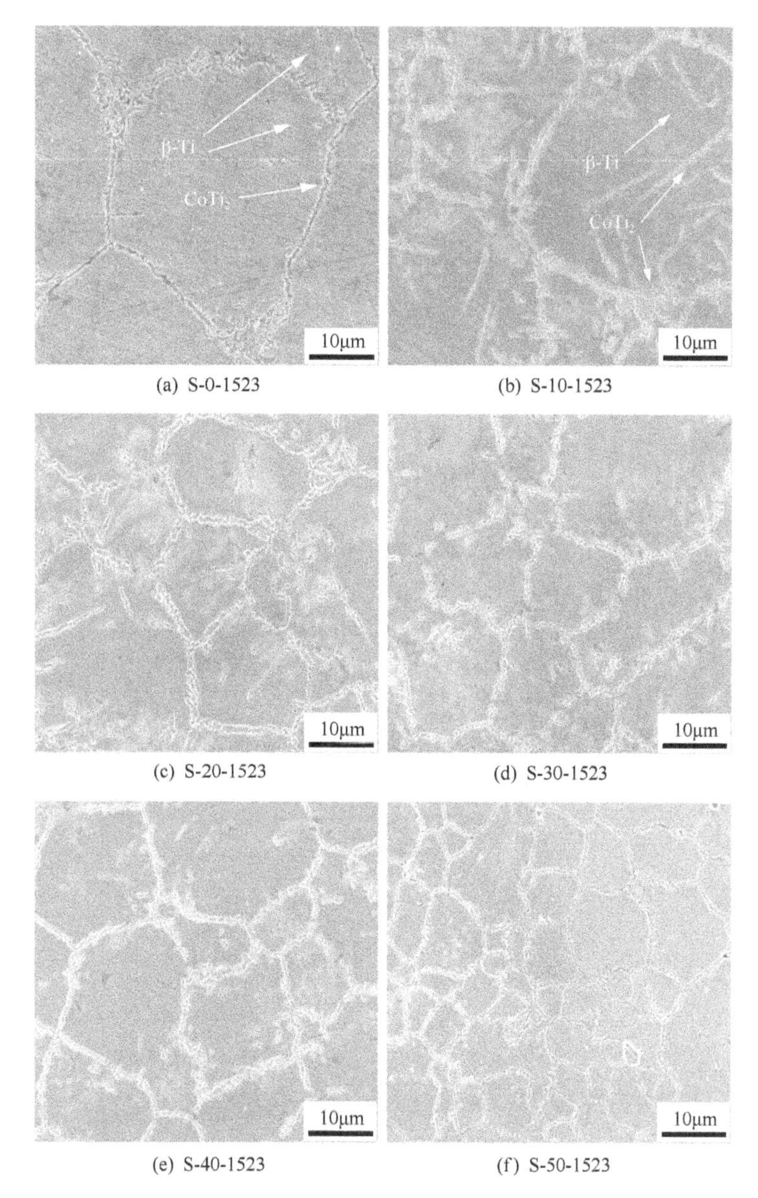

(a) S-0-1523　(b) S-10-1523
(c) S-20-1523　(d) S-30-1523
(e) S-40-1523　(f) S-50-1523

图 9.11　不同球磨时间粉末半固态烧结块体样品的 SEM 图

同时 $CoTi_2$ 相也无序杂乱地分布在基体晶粒内部。随着球磨时间的增加，分布在 β-Ti 基体晶粒内部的 $CoTi_2$ 相逐渐减小，S-50-1523 中 β-Ti 基体晶粒内部的 $CoTi_2$ 相已经消失，且分布在 β-Ti 基体晶界的板条也逐渐沿着基体晶界方向有序排列。

图 9.12 为半固态烧结样品 S-10-1523、S-30-1523 和 S-50-1523 的 TEM 形貌。从图可知，样品 S-10-1523 基体晶粒内部及晶界处杂乱分布着宽度约 80nm，长径比约 5:1 至 10:1 的板条超细晶 $CoTi_2$ 相。样品 S-30-1523 中，β-Ti 基体晶粒内部已

经没有杂乱分布的 $CoTi_2$ 相，但是基体晶界处 $CoTi_2$ 相的板条排布方向仍然不是沿着一条直线(即沿着基体晶界方向)。而当球磨时间增加到 50h 后，微米级 β-Ti 基体晶粒内部非常光洁，基体晶界处的板条超细晶 $CoTi_2$ 相则沿着基体晶界呈直线分布。

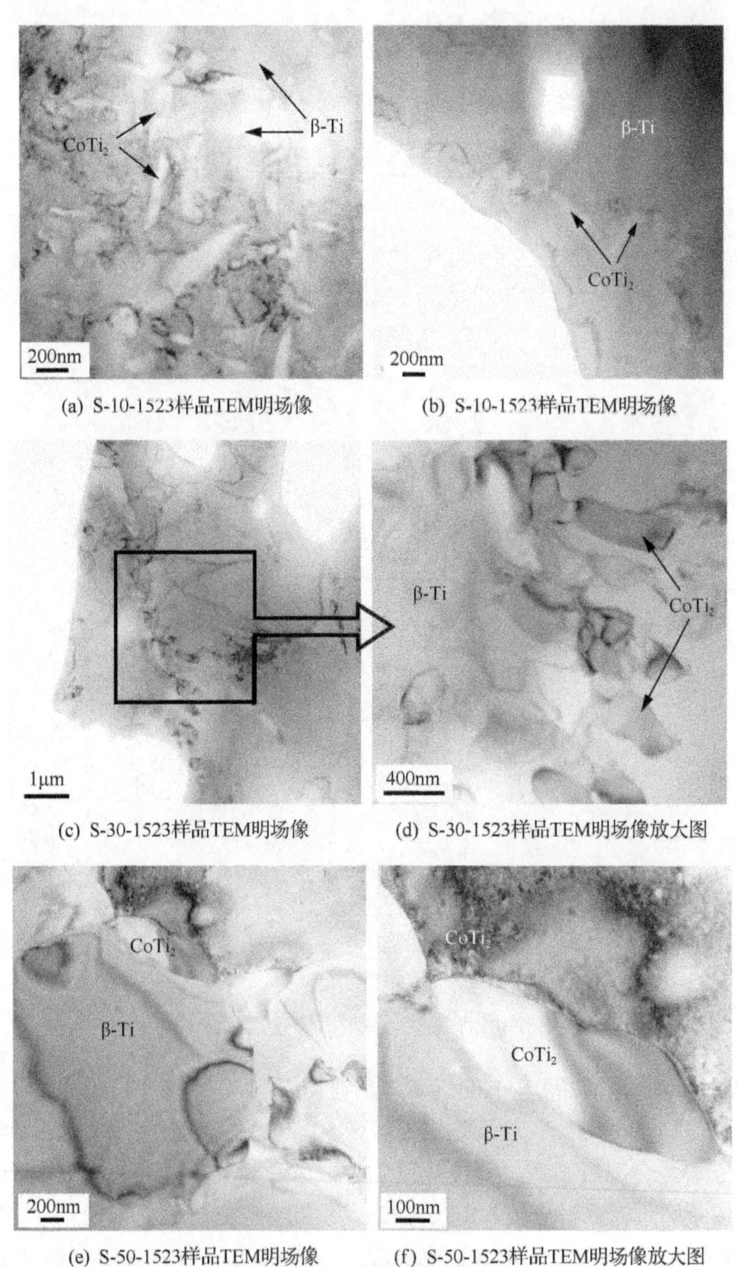

(a) S-10-1523样品TEM明场像　(b) S-10-1523样品TEM明场像

(c) S-30-1523样品TEM明场像　(d) S-30-1523样品TEM明场像放大图

(e) S-50-1523样品TEM明场像　(f) S-50-1523样品TEM明场像放大图

图 9.12　不同球磨时间样品的 TEM 明场像

9.3.3　粉末非晶含量对双尺度钛合金力学性能的影响

图 9.13 为不同球磨时间的 $Ti_{68.8}Nb_{13.6}Co_6Cu_{5.1}Al_{6.5}$ 粉末经半固态烧结后得到样品的室温压缩力学性能曲线。各样品的屈服强度、断裂强度、断裂应变与球磨时间的关系如图 9.14 所示。由图可知，所有的半固态烧结样品断裂应变均高于 15%，并且随着球磨时间的增加，样品的塑性有不断增加的趋势。当球磨时间为 50h 时，样品 S-50-1523 的断裂应变超过了 30%。此外还发现，当球磨时间为 0h 和 10h 时，半固态烧结样品在压缩时几乎没有表现出加工硬化，而当球磨时间增加到 20h 以后，样品均表现出很强的加工硬化能力，相应的断裂强度也随着球磨时间的增加

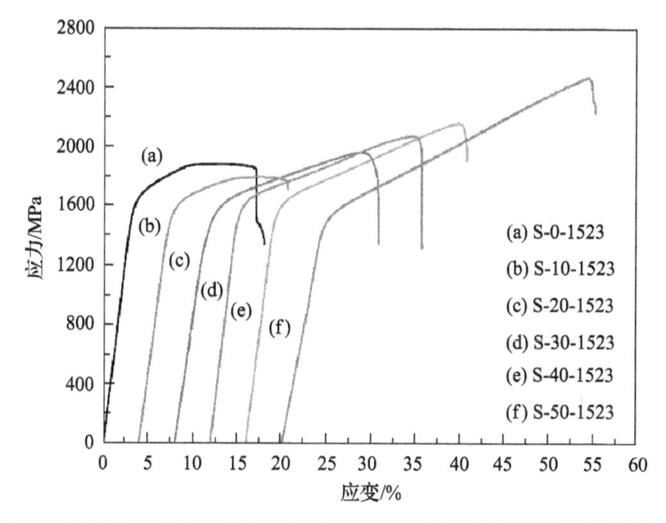

图 9.13　半固态烧结 $Ti_{68.8}Nb_{13.6}Co_6Cu_{5.1}Al_{6.5}$ 样品的室温压缩力学性能曲线

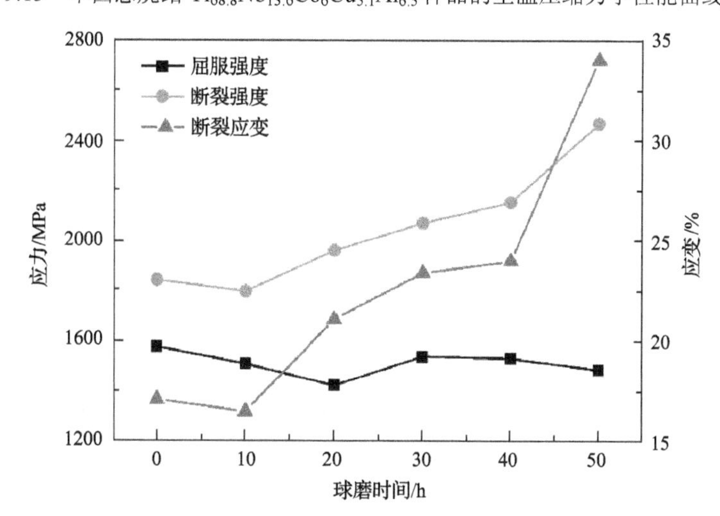

图 9.14　半固态烧结 $Ti_{68.8}Nb_{13.6}Co_6Cu_{5.1}Al_{6.5}$ 样品的力学性能随球磨时间变化关系

而增加。这主要是由于随着球磨时间的增加，粉末中非晶相的含量增加，元素固溶分布更均匀，对应半固态烧结制备的双尺度结构合金中板条 $CoTi_2$ 第二相分布更规则，促进了力学性能的提高。相关形变机制见第 8 章。

9.3.4　粉末非晶含量对双尺度钛合金断口形貌的影响

图 9.15 展示了不同球磨时间的 $Ti_{68.8}Nb_{13.6}Co_6Cu_{5.1}Al_{6.5}$ 粉末经半固态烧结所获得的样品的室温压缩断口形貌。从图 9.15(a)可以看到，样品 S-0-1523 的断口中

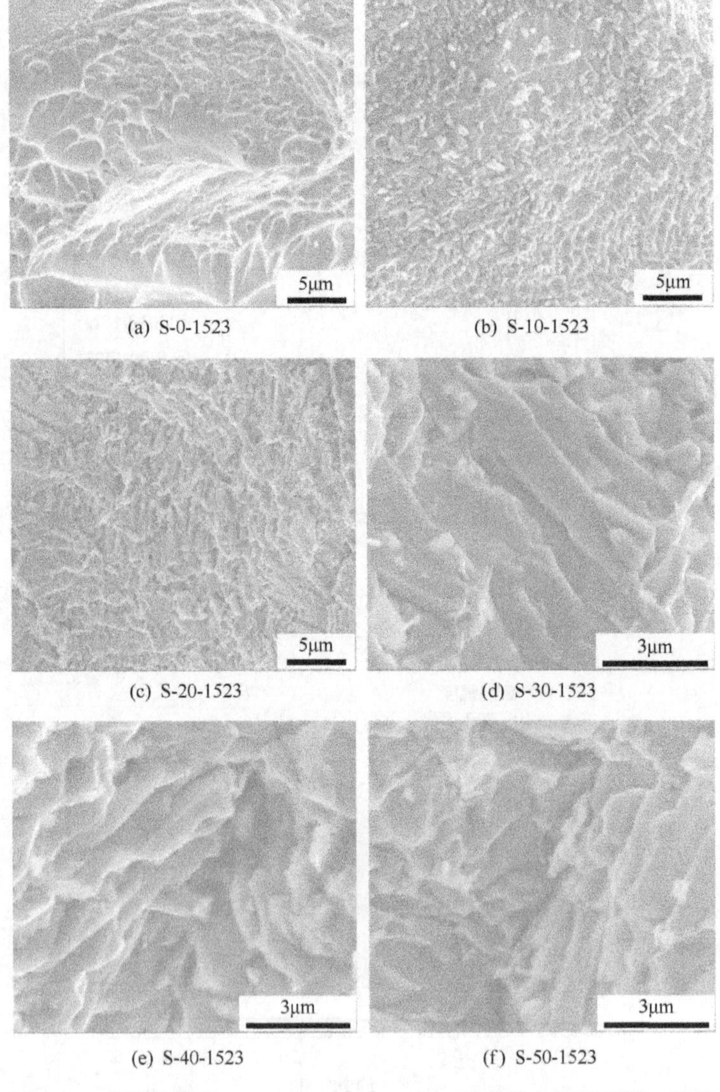

(a) S-0-1523　(b) S-10-1523
(c) S-20-1523　(d) S-30-1523
(e) S-40-1523　(f) S-50-1523

图 9.15　半固态烧结 $Ti_{68.8}Nb_{13.6}Co_6Cu_{5.1}Al_{6.5}$ 样品的室温压缩断口形貌

有解理断裂台阶，部分区域放大后发现上面分布着大量的韧窝。这是由于样品的组织由大量粗大的 β-Ti 基体和基体中少量纳米晶板条 $CoTi_2$ 相组成，在变形过程中韧性的基体为材料提供塑性变形能力，但基体中位错扩展不能有效地受到第二相阻碍，所以材料的屈服强度不高，加工硬化能力较弱，断口表面几乎看不到破碎的 $CoTi_2$ 相。从图 9.15(b)可以看到，样品 S-10-1523 的断口出现了双尺度结构的断口特征，即微米级 β-Ti 表面分布着大量破碎的 $CoTi_2$ 相。从图 9.15(c)可以发现，当球磨时间继续增加时，对应半固态烧结样品的断口形貌均表现出相似的特征：出现了微米级韧窝。样品 S-20-1523 断口表面的板条状韧窝相互交叉，而图 9.15(d)～(f)中样品 S-30-1523 和 S-50-1523，断口中的板条韧窝都近似相互平行，且随着球磨时间的增加，宏观断口中微米级韧窝减小，同时板条韧窝的尺寸也逐渐减小。这种断口形貌的规律性可以根据样品的组织形貌来解释。样品 S-20-1523 中晶粒内部的板条 $CoTi_2$ 脆性相相互交叉无序排布，则断裂时 β-Ti 基体内部在压断后脱离的 $CoTi_2$ 相便会在基体表面形成这种相互交叉的板条韧窝。而球磨时间从 30h 增加到 50h，样品基体晶粒内部的 $CoTi_2$ 脆性相逐渐消失，基体边界处的 $CoTi_2$ 脆性相则沿着晶界呈直线分布。因此，这些样品在断裂后基体表面形成的板条状韧窝近似相互平行。同时，随着球磨时间的增加，半固态烧结样品基体 β-Ti 相和基体晶界处板条 $CoTi_2$ 的晶粒尺寸逐渐减小，因而基体晶界处脆性 $CoTi_2$ 碎裂后导致整个 β-Ti 晶粒剥离样品形成的微米级韧窝逐渐减小，基体表面形成的板条状韧窝也随之减小。

9.4　粉末非晶含量对共晶转变半固态烧结双尺度钛合金组织性能的影响

本小节选用完全共晶成分的$(Ti_{63.5}Fe_{26.5}Co_{10})_{82}Nb_{12.2}Al_{5.8}$合金为研究对象，研究粉末非晶含量对共晶转变半固态烧结超细晶钛合金组织性能的影响。

9.4.1　粉末物性分析

图 9.16 为不同球磨时间$(Ti_{63.5}Fe_{26.5}Co_{10})_{82}Nb_{12.2}Al_{5.8}$合金粉末的 XRD 图谱与 DSC 曲线。由图可见，原始合金粉末的 XRD 图谱中存在 Ti、Nb、Fe、Co、Al 元素峰。随着球磨时间的延长，衍射峰慢慢消失，球磨到 20h 时，大部分衍射峰逐渐减小甚至消失。当球磨 30h 后，单质元素的衍射峰已全部消失。这说明合金粉末中元素已全部固溶进入基体内，不以单质的形式存在。随着球磨时间延长到 40h，出现一个宽的馒头衍射峰，说明非晶相开始出现。球磨到 45h，合金粉末中的非晶含量已达到最大。

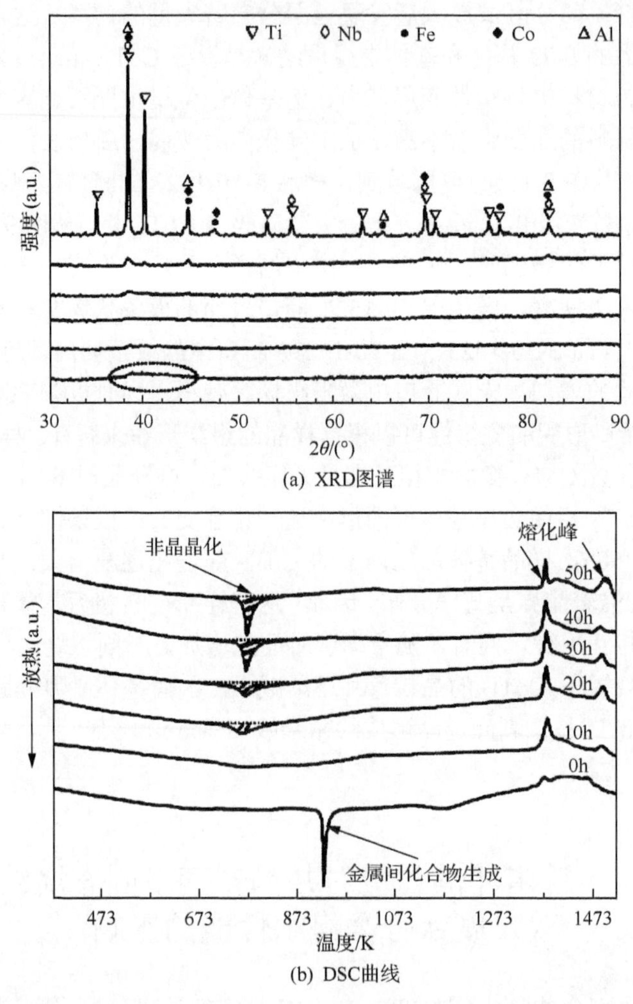

(a) XRD图谱

(b) DSC曲线

图 9.16 不同球磨时间的 $(Ti_{63.5}Fe_{26.5}Co_{10})_{82}Nb_{12.2}Al_{5.8}$ 合金粉末的 XRD 图谱与 DSC 曲线

对不同球磨时间的合金粉末进行 DSC 热分析，发现原始粉末在 923K 左右存在一个较大的放热峰。这主要是由于单质元素的化学活性致使金属间化合物形成，如 $TiAl_3$、TiFe 和 Ti_2Co 等。随着球磨时间的延长，非晶放热峰慢慢出现，且面积逐渐变大，这进一步验证了球磨过程不断促进非晶相的形成。球磨 45h 后，非晶放热峰面积达到最大，其与 XRD 结果吻合。而高温段约 1373K 和 1499K 处的两个吸热峰，分别是由 TiFe 和 β-Ti 的共晶转变及第二相 Ti_2Co 的熔化吸热所致。此外还发现，未球磨的合金粉末的共晶转变与第二相熔化峰都比较弱。这主要是由于低温段太多金属间化合物的形成改变了其内部的成分比例，在很大程度上影响发生共晶转变的必要条件，使得粉末内部只有少量的共晶转变。同样，低温段一系列金属间化合物的形成也在一定程度上减少了 Ti_2Co 的形成。因此，为了方便实验对比，将不同球磨时间的合金粉末半固态烧结温度设定为 1373K。

9.4.2　粉末非晶含量对双尺度钛合金组织演变的影响

图 9.17 为不同球磨时间的 $(Ti_{63.5}Fe_{26.5}Co_{10})_{82}Nb_{12.2}Al_{5.8}$ 合金粉末经 1373K 半固态烧结制备的块状合金的 XRD 图谱。由图可知，除了原始粉末烧结块体外，球磨粉末半固态烧结体都主要由三相组成，分别是 bcc β-Ti、B2 Ti(Fe, Co) 和 fcc Ti_2(Co, Fe)。同时还发现，一是随着球磨时间延长，β-Ti 和 Ti(Fe, Co) 相的峰逐渐向大角度偏移，说明这两相的晶粒逐渐细化；二是随球磨时间延长，B2 Ti(Fe, Co) 和 fcc Ti_2(Co, Fe) 的衍射峰逐渐增强。这可能是源于球磨时间延长使得 Ti、Nb、Fe 和 Co 原子分布更均匀，更易于促使 B2 Ti(Fe, Co) 和 fcc Ti_2(Co, Fe) 晶相的形成。

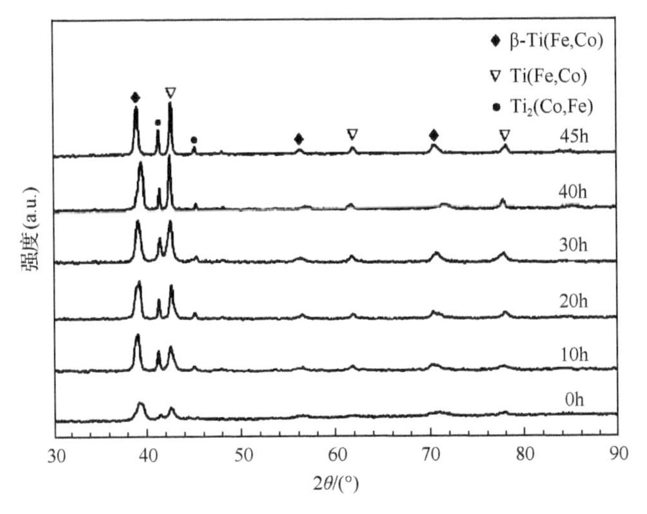

图 9.17　不同球磨时间的 $(Ti_{63.5}Fe_{26.5}Co_{10})_{82}Nb_{12.2}Al_{5.8}$ 合金粉末经 1373K 半固态烧结制备的块状合金的 XRD 图谱

图 9.18 为不同球磨时间的 $(Ti_{63.5}Fe_{26.5}Co_{10})_{82}Nb_{12.2}Al_{5.8}$ 合金粉末经 1373K 半固态烧结制备的块状合金的 SEM 形貌图。与上述 XRD 分析结果一致，球磨粉末半固态烧结的合金都主要由三相组成，分别为 bcc β-Ti、B2 Ti(Fe, Co) 和 fcc Ti_2(Co, Fe)。很明显，球磨粉末半固态烧结制备的块状合金微观组织都各不相同。对比发现，原始粉末烧结的钛合金微观组织表现出极不规则的共晶形态，且晶粒大小各异。这主要是由原始粉末的成分不均匀分布造成的。随着球磨时间的延长，由 bcc β-Ti 和 B2 Ti(Fe, Co) 组成的层片共晶组织从无到有，再到逐渐细化。由图 9.18 可知，球磨 10h 粉末制备的合金微观组织中已初步形成小面积共晶组织，但尺寸相

对粗大。这主要归因于此时的烧结粉末由于高能球磨的冷焊作用，其形成的大尺寸粉末颗粒导致粉末中成分分布不均匀，从而造成了 bcc β-Ti 和 B2 Ti(Fe, Co)的共晶组织区域性分布。随着球磨时间延长至 20h，bcc β-Ti 和 B2 Ti(Fe, Co)相间分布的层片共晶组织逐渐出现，此时 Ti_2(Co, Fe)相的晶粒尺寸相对均匀。随着球磨时间进一步增大，层片共晶组织继续细化，而 Ti_2(Co, Fe)相似乎并无明显区别。直至球磨 45h 后，非晶粉末半固态烧结制备的钛合金微观组织呈现出超细/纳米双尺度层片共晶组织基体包围微米晶等轴状 Ti_2(Co, Fe)相(1～10μm)。综上可知，这种由不规则无层片共晶→粗晶态少量层片共晶→细晶态胞状共晶→纳米/超细双尺度典型层片共晶的微观组织演变规律，与球磨导致的合金元素分布密切相关。球磨后合金粉末中元素成分分布越均匀，则半固态烧结过程中共晶反应 β-Ti+Ti(Fe, Co)→L 生成的液相区原子分布也越均匀，则更易形成纳米/超细典型层片共晶组织。

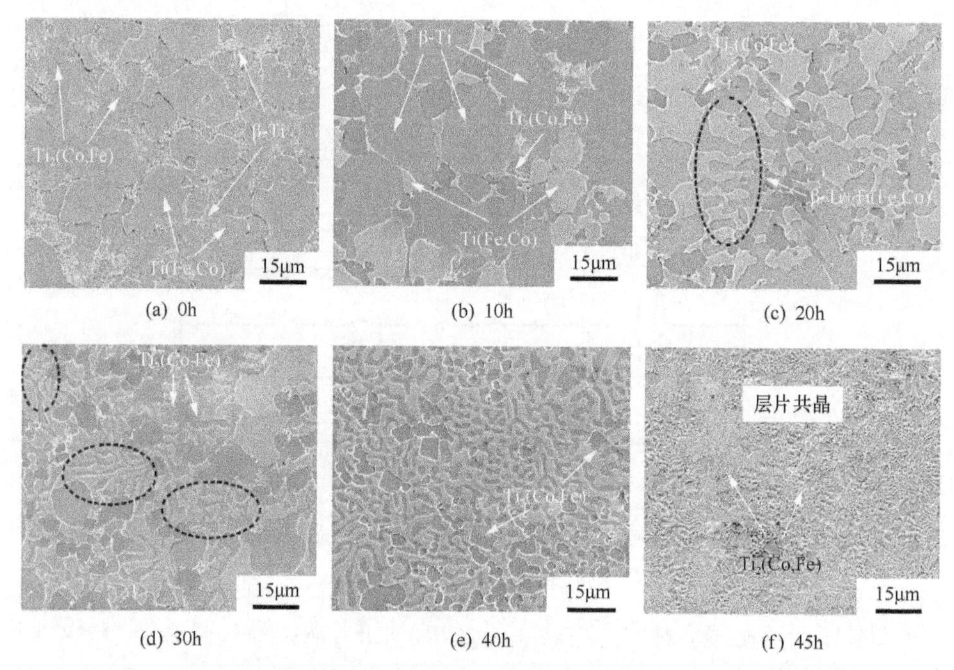

(a) 0h　(b) 10h　(c) 20h

(d) 30h　(e) 40h　(f) 45h

图 9.18　不同球磨时间的$(Ti_{63.5}Fe_{26.5}Co_{10})_{82}Nb_{12.2}Al_{5.8}$合金粉末经 1373K 半固态烧结制备的块状合金的 SEM 形貌图

图 9.19 为不同球磨时间后$(Ti_{63.5}Fe_{26.5}Co_{10})_{82}Nb_{12.2}Al_{5.8}$合金粉末经 1373K 半固态烧结制备的块状合金的 TEM 形貌图。与上述扫描分析结果一致，原始粉末半固态烧结制备的合金中共晶组织呈现出不规则的形貌，相组成为 bcc β-Ti、B2Ti(Fe, Co)和 fcc Ti_2(Co, Fe)。而采用球磨 20h 粉末制备的合金组织已初步呈现

出粗晶层片状共晶结构，其层片间距约为 1～5μm。采用球磨 30h 粉末制备的合金中，共晶组织已呈现出有规则的层片及胞状形态，层片宽度大约为 0.5～3μm，对应的 bcc β-Ti、B2 Ti(Fe, Co)和 fcc Ti_2(Co, Fe)三相的选区衍射晶带轴为[011]。在此，需要注意的是图 9.19(c)的选区电子衍射图(中间)中，在传统体心立方中本该消光的{001}和{111}衍射斑点，在以[011]为晶带轴的层片 B2 Ti(Fe, Co)选区衍射斑点中微弱显现，似乎并未完全消光(标注为 $(\bar{1}\bar{1}1)$ $(\bar{1}00)$ $(\bar{1}1\bar{1})$ (100))。这主要因为 Ti(Fe, Co)是 B2 超点阵有序金属间化合物，所以这些有序衍射斑点才未消除[3, 4]。球磨 45h 的合金粉末半固态烧结制备的合金，其双尺度结构为微米晶等轴状 fcc Ti_2(Co, Fe)相(1～10μm)弥散分布于超细晶 bcc β-Ti 和 bcc Ti(Fe, Co)构成的层片共晶基体，其层片宽度范围大约为 30～300nm，如图 9.19(d)所示。这种基于共晶转变的新型双尺度结构不同于已报道的其他传统双尺度微观组织[5-14]。

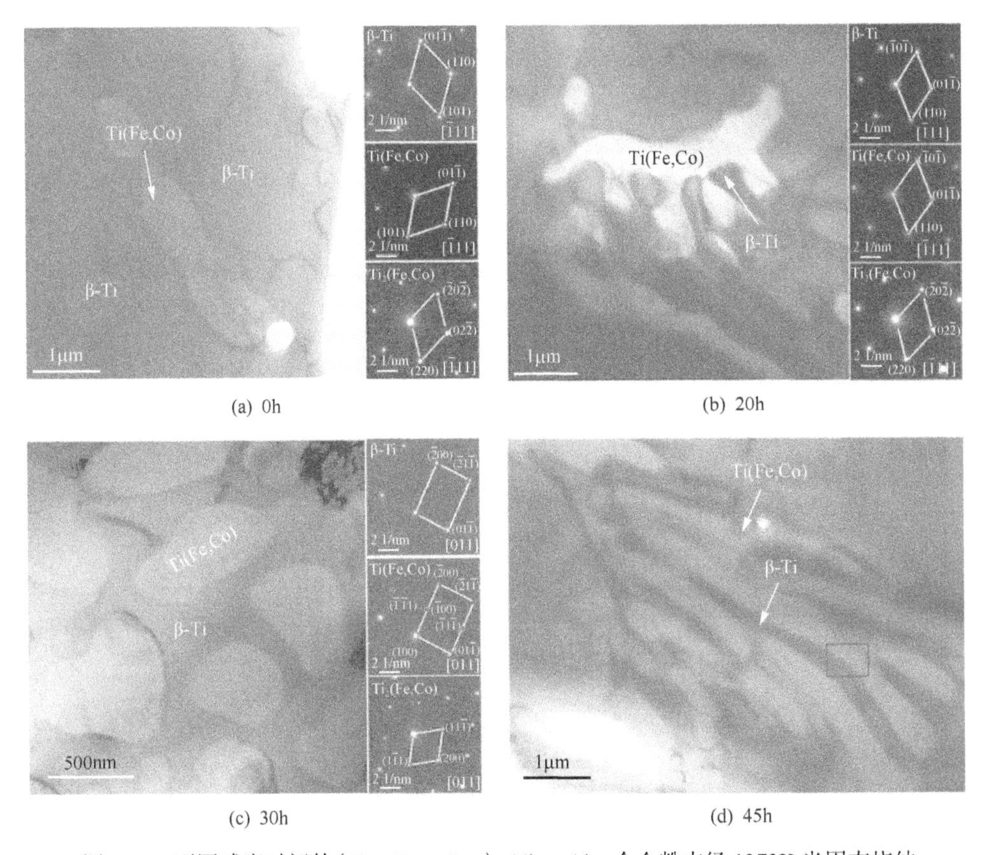

(a) 0h　(b) 20h　(c) 30h　(d) 45h

图 9.19　不同球磨时间的$(Ti_{63.5}Fe_{26.5}Co_{10})_{82}Nb_{12.2}Al_{5.8}$合金粉末经 1373K 半固态烧结制备的块状合金的 TEM 形貌图以及相应的选区电子衍射图

关于不同球磨时间合金粉末半固态烧结制备的$(Ti_{63.5}Fe_{26.5}Co_{10})_{82}Nb_{12.2}Al_{5.8}$钛

合金，其微观组织形态及尺度的具体演变规律，汇总于表 9.4。

表 9.4　不同球磨时间的 $(Ti_{63.5}Fe_{26.5}Co_{10})_{82}Nb_{12.2}Al_{5.8}$ 合金粉末在 1373K 半固态烧结制备的块状合金的微观组织形态与尺度演变

合金编号	球磨时间/h	共晶形貌	片状宽度	尺度范围
1	0	不规则共晶	—	—
2	15	少量共晶	1～5μm	微米晶
3	35	胞状共晶	500nm～3μm	微米晶，超细晶
4	45	双尺度层片共晶	30～200nm	超细晶，纳米晶

9.4.3　粉末非晶含量对双尺度钛合金力学性能的影响

图 9.20 为由不同球磨时间的 $(Ti_{63.5}Fe_{26.5}Co_{10})_{82}Nb_{12.2}Al_{5.8}$ 合金粉末半固态烧结制备的钛合金压缩力学性能曲线，具体的性能指标值汇总于表 9.5。从图中可知，随着球磨时间的延长，其强度和塑性逐渐增大。对于球磨 45h 的粉末经半固态烧结的钛合金，其具有超高的综合力学性能，极限压缩强度为 2897MPa，屈服强度为 2050MPa，断裂塑性为 23%，且表现出很强的加工硬化能力。这主要归因于球磨时间的增加提高了粉末的非晶含量，而不同的非晶含量在半固态烧结中形成的共晶组织的形态、大小和分布不一样，即粉末非晶含量越高，经半固态烧结后形成的共晶组织越细小，从而表现出更加优异的力学性能，甚至超越了现有文献记载的通过快速凝固制备的双尺度钛合金的性能指标[15-20]。这进一步验证了要将合金粉末原料机械球磨到非晶态的重要性。

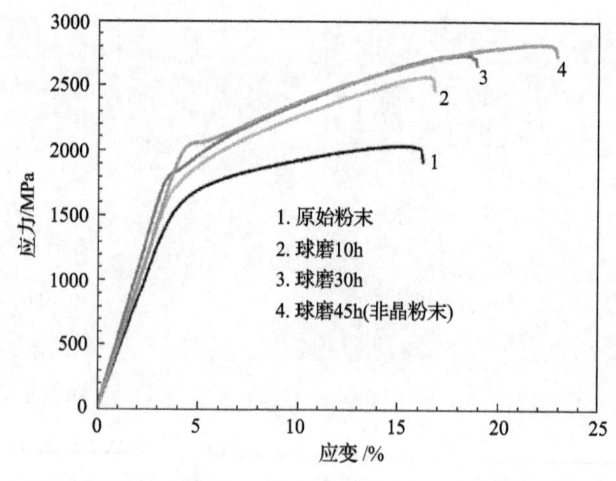

图 9.20　不同球磨时间的 $(Ti_{63.5}Fe_{26.5}Co_{10})_{82}Nb_{12.2}Al_{5.8}$ 合金粉末经 1373K 半固态烧结制备的块状合金的压缩力学性能曲线

表 9.5　不同球磨时间的 $(Ti_{63.5}Fe_{26.5}Co_{10})_{82}Nb_{12.2}Al_{5.8}$ 合金粉末经 1373K 半固态烧结制备的块状合金的压缩力学性能指标

合金编号	球磨时间/h	σ_y /MPa	σ_b /MPa	ε_p /%
1	0	1437±6	2037±9	11.5±0.3
2	10	1584±8	2585±8	13.2±0.4
3	30	1775±5	2750±5	15.4±0.3
4	45	2050±8	2897±5	19.7±0.5

9.4.4　粉末非晶含量对双尺度钛合金断口形貌的影响

图 9.21 为由不同球磨时间的 $(Ti_{63.5}Fe_{26.5}Co_{10})_{82}Nb_{12.2}Al_{5.8}$ 合金粉末半固态烧结制备的钛合金压缩断口形貌图。由图可知，由未球磨的原始粉末半固态烧结制备的钛合金压缩断口主要呈现出穿晶脆断的特征，这主要是由其在原始粉末烧结时元素团聚、成分不均匀形成不规则共晶组织所致。随着粉末球磨时间的延长，半固态烧结制备的块状钛合金中共晶组织逐渐增多并层片化，如图中箭头所标注。

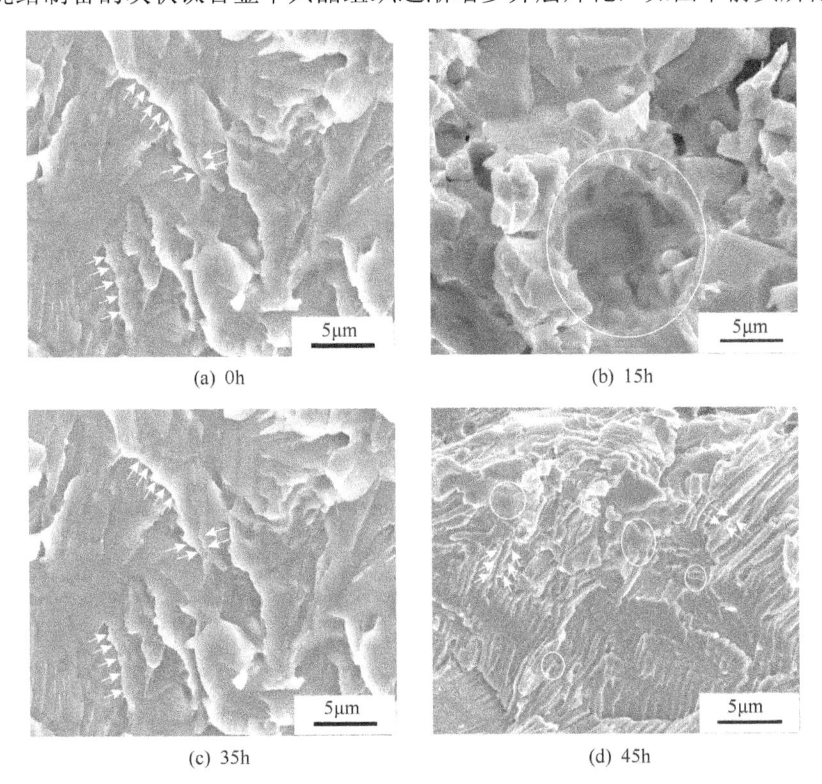

(a) 0h　(b) 15h　(c) 35h　(d) 45h

图 9.21　不同球磨时间的 $(Ti_{63.5}Fe_{26.5}Co_{10})_{82}Nb_{12.2}Al_{5.8}$ 合金粉末经 1100℃半固态烧结制备的块状合金的压缩断口形貌图

另外，还发现在局部区域有韧窝形成，这是第二相强化粒子 $Ti_2(Co, Fe)$ 的脱落、磨损所致，如图 9.21(b) 和 (d) 中圆圈标注所示。而球磨 45h 的合金粉末经半固态烧结制备的钛合金，其断口处卷曲、撕裂棱更多。这主要是由于其微观组织的层片间距逐渐减小，晶粒逐渐细化，意味着共格界面比例逐渐增加，则共格强化作用效果更加显著。以上所述的断裂特征，事实上与图 9.18 中半固态烧结块状钛合金的微观组织形貌密切相关，与其内部的共晶组织含量及尺寸大小等相互印证，且球磨非晶粉末半固态烧结制备的钛合金综合性能的最优性也在此断口形貌中得以体现。

参 考 文 献

[1] Kühn U, Mattern N, Gebert A, et al. Nanostructured Zr- and Ti-based composite materials with high strength and enhanced plasticity. Journal of Applied Physics, 2005, 98(5): 171-243.

[2] Yang C, Liu L H, Cheng Q R, et al. Equiaxed grained structure: A structure in titanium alloys with higher compressive mechanical properties. Materials Science & Engineering A, 2013, 580(37): 397-405.

[3] Gorbatov O I, Lomaev I L, Gornostyrev Y N, et al. Effect of composition on antiphase boundary energy in Ni_3Al, based alloys: AB initio, calculations. Physical Review B, 2016, 93(22): 224106.

[4] Gurney C. Report of a conference on the strength solids(1947). Nature, 1949, 163(4134): 117-117.

[5] Kim K B, Das J, Xu W, et al. Microscopic deformation mechanism of a $Ti_{66.1}Nb_{13.9}Ni_{4.8}Cu_8Sn_{7.2}$ nanostructure-dendrite composite. Acta Materialia, 2006, 54(14): 3701-3711.

[6] Parisi A, Plapp M. Stability of lamellar eutectic growth. Acta Materialia, 2008, 56(6): 1348-1357.

[7] Yang D K, Hodgson P D, Wen C E. Simultaneously enhanced strength and ductility of titanium via multimodal grain structure. Scripta Materialia, 2010, 63(9): 941-944.

[8] Long Y, Wang T, Zhang H Y, et al. Enhanced ductility in a bimodal ultrafine-grained Ti-6Al-4V alloy fabricated by high energy ball milling and spark plasma sintering. Materials Science & Engineering A, 2014, 608: 82-89.

[9] Srinivasarao B, Oh-Ishi K, Ohkubo T, et al. Bimodally grained high-strength Fe fabricated by mechanical alloying and spark plasma sintering. Acta Materialia, 2009, 57(11): 3277-3286.

[10] Yin W H, Xu F, Ertorer O, et al. Mechanical behavior of microstructure engineered multi-length-scale titanium over a wide range of strain rates. Acta Materialia, 2013, 61(10): 3781-3798.

[11] He G, Eckert J, Löser W, et al. Novel Ti-base nanostructure-dendrite composite with enhanced plasticity. Nature Materials, 2003, 2(1): 33-37.

[12] Han J H, Kim K B, Yi S, et al. Formation of a bimodal eutectic structure in Ti-Fe-Sn alloys with enhanced plasticity. Applied Physics Letters, 2008, 93 (14) : 141901-1.

[13] Lee S W, Kim J T, Hong S H, et al. Micro-to-nano-scale deformation mechanisms of a bimodal ultrafine eutectic composite. Scientific Reports, 2014, 4 (39) : 6500.

[14] Liu L H, Yang C, Kang L M, et al. A new insight into high-strength $Ti_{62}Nb_{12.2}Fe_{13.6}Co_{6.4}Al_{5.8}$ alloys with bimodal microstructure fabricated by semi-solid sintering. Scientific Reports, 2016, 6: 23467.

[15] Louzguine-Luzgin D V, Louzguina-Luzgina L V, Kato H, et al. Investigation of Ti-Fe-Co bulk alloys with high strength and enhanced ductility. Acta Materialia, 2005, 53 (7) : 2009-2017.

[16] Okulov I V, Kühn U, Marr T, et al. Deformation and fracture behavior of composite structured Ti-Nb-Al-Co (-Ni) alloys. Applied Physics Letters, 2014, 104 (7) : 1085-4801.

[17] He G, Eckert J, Löser W, et al. Composition dependence of the microstructure and the mechanical properties of nano/ultrafine-structured Ti-Cu-Ni-Sn-Nb alloys. Acta Materialia, 2004, 52 (10) : 3035-3046.

[18] Das J, Ettingshausen F, Eckert J. Ti-base nanoeutectic-hexagonal structured (D0) dendrite composite. Scripta Materialia, 2008, 58 (8) : 631-634.

[19] Zhang L C, Das J, Lu H B, et al. High strength Ti-Fe-Sn ultrafine composites with large plasticity. Scripta Materialia, 2007, 57 (2) : 101-104.

[20] Zhang L C, Lu H B, Mickel C, et al. Ductile ultrafine-grained Ti-based alloys with high yield strength. Applied Physics Letters, 2007, 91 (5) : 49-513.

本章作者：刘乐华，李元元

第 10 章　非晶合金粉末晶化机制与烧结钛合金组织性能的关系

10.1　引　　言

非晶合金具有高强度，但塑性低。当被加热到过冷液相区时，非晶合金会呈现黏性流动的特性。随着保温时间的延长或者加热温度的继续升高，过冷液相会发生晶化。晶化的动力学过程涉及形核与长大，决定着晶化材料的晶粒尺寸、形貌等，是理解晶化后材料结构性能的关键。粉末固结+非晶晶化易于获得等轴结构材料，在制备高强韧钛合金方面具有巨大的优势。放电等离子烧结技术具有升温速率快、脉冲加热等特性。前期大量研究表明，放电等离子烧结的块状合金微观结构与非晶粉末的成分、烧结工艺等密切相关，但是合金成分如何影响晶化动力学，进而影响微观结构的本质机制不明确。

本章主要介绍不同条件下非晶粉末的晶化机制以及与烧结钛合金组织性能的关系，研究非晶粉末晶化过程中的热物性变化、n 值变化、不同条件下的晶化激活能、非晶形成能力等，详细表征非晶晶化过程中的晶体形核长大机制。本章研究结果对采用非晶晶化法制备出微观结构可调控、力学性能优良的钛合金具有重要的指导意义。

10.2　不同升温速率下相同成分非晶合金粉末晶化机制与烧结钛合金组织性能的关系

本节采用机械合金化方法制备 $Ti_{64}Nb_{12}Cu_{11.2}Ni_{9.6}Sn_{3.2}$ 非晶粉末，以不同的升温速率将非晶合金粉末加热烧结和晶化，利用修改的 JMAK 方程，研究非晶合金粉末的晶化机制，探究晶化机制与烧结和晶化的块状合金微观结构、力学性能的内在关系。

10.2.1　非晶合金粉末阿夫拉米指数的定量化

为了研究不同升温速率下非晶合金粉末的晶化机制与烧结和晶化块状合金微观结构与力学性能的内在关系，将 JMAK 方程进行适当的修改[1]，再对 $Ti_{64}Nb_{12}Cu_{11.2}Ni_{9.6}Sn_{3.2}$ 非晶合金粉末的晶化动力学进行研究。详细的公式介绍以及演化、计算过程可以参照第 2 章。

图 10.1(a)为不同升温速率下球磨 $Ti_{64}Nb_{12}Cu_{11.2}Ni_{9.6}Sn_{3.2}$ 非晶合金粉末的 DSC 曲线。利用 Kissinger 方程，计算其晶化激活能 E_x 值为(352.3±15.6) kJ/mol(图 10.2)。在非等温条件下阿夫拉米指数 n 的计算过程中，非晶合金粉末的晶化体积分数 α 与晶化温度的关系可以通过以下方程结合 DSC 曲线获得，结果如下：

$$\alpha(t)=\frac{\int_{T_0}^{T}(\mathrm{d}H_c/\mathrm{d}T)\mathrm{d}T}{\int_{T_0}^{T_c}(\mathrm{d}H_c/\mathrm{d}T)\mathrm{d}T}=\frac{A_T}{A} \tag{10.1}$$

式中，T_0、T_c 代表非晶材料的晶化起始温度和晶化结束温度；$\mathrm{d}H_c/\mathrm{d}T$ (=(1/β) $\mathrm{d}H_c/\mathrm{d}t$) 为常压下热容量，$\beta$ 为 DSC 测试过程中的升温速率；A_T 是 DSC 曲线上自晶化起始温度 T_0 到任何一个给定温度 T 所包围的面积；A 代表自晶化起始温度 T_0 到晶化结束温度 T_c 所包含的 DSC 曲线面积。

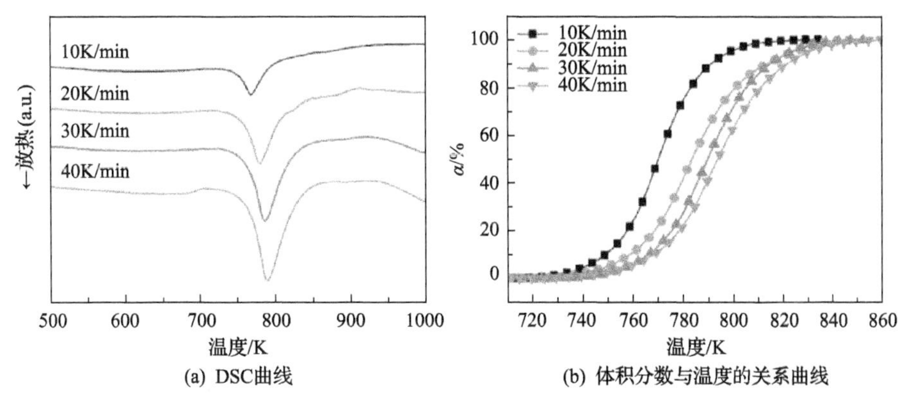

图 10.1　不同升温速率下球磨 $Ti_{64}Nb_{12}Cu_{11.2}Ni_{9.6}Sn_{3.2}$ 非晶合金粉末的 DSC 曲线和晶化体积分数与温度的关系曲线

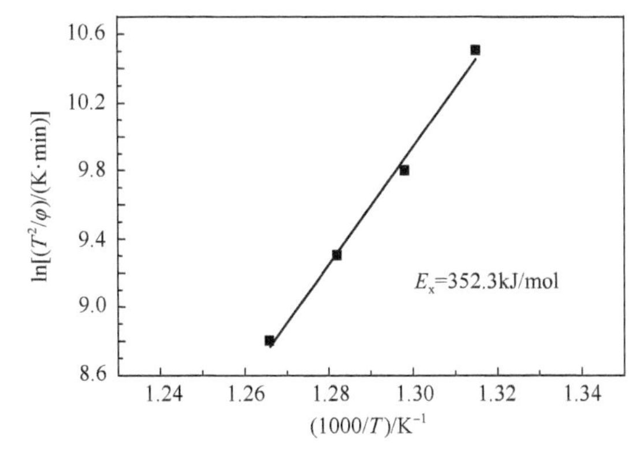

图 10.2　利用 Kissinger 方程计算的 $Ti_{64}Nb_{12}Cu_{11.2}Ni_{9.6}Sn_{3.2}$ 非晶粉末的晶化激活能

图 10.1(b)展示了由方程计算所得的晶化体积粉末 α 与温度的关系曲线。可以看出，所有非晶合金粉末的非等温晶化体积分数 α 与温度的关系曲线都呈“S”形。

图 10.3(a)展示了 $\ln[-\ln(1-\alpha)]$与 $\ln[(T-T_0)/\beta]$的关系曲线，通过计算该曲线的斜率可获得阿夫拉米指数 n 的值。从图 10.3(b)中可以发现，在不同升温速率下阿夫拉米指数 n 值在晶化体积分数 10%～40%的范围内不断增大，而在 40%～90%的范围内不断减小。同时还可以看出，阿夫拉米指数 n 值随升温速率的增加而不断增大。

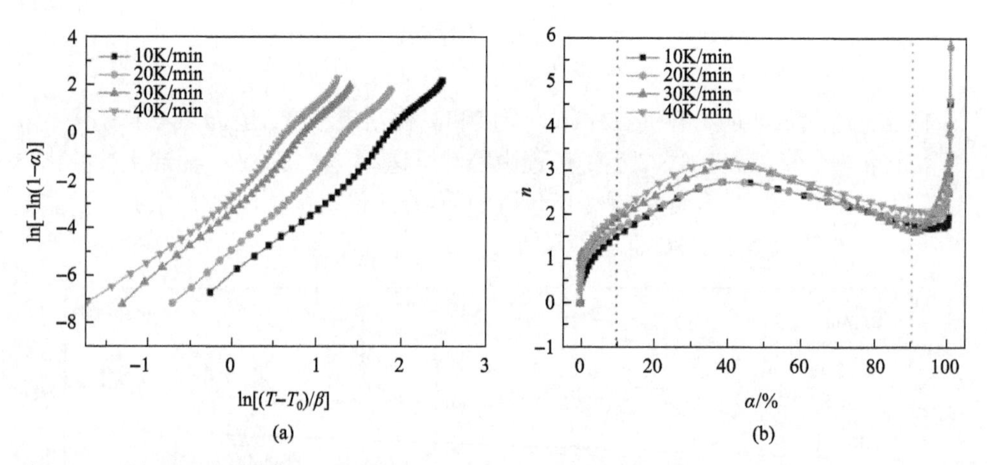

图 10.3　(a)不同升温速率下 $Ti_{64}Nb_{12}Cu_{11.2}Ni_{9.6}Sn_{3.2}$ 非晶合金粉末 $\ln[-\ln(1-\alpha)]$与 $\ln[(T-T_0)/\beta]$的关系曲线；(b)不同升温速率下阿夫拉米指数 n 与晶化体积分数 α 的关系

10.2.2　非晶合金粉末晶化机制与烧结钛合金组织性能的关系

根据前述的晶化动力学理论，阿夫拉米指数 n 可以表述为[2, 3]

$$n = c + \frac{d}{m} \tag{10.2}$$

式中，c 为形核因子，c=0 代表零形核，即 $n=d/m$，表示在晶化过程开始前已经形核，可能是通过热处理的方式形核，然后晶核长大；$0<c<1$ 代表形核速率降低；c=1 代表形核速率不变，即 $n=d/m+1$，表示热分析时才开始形核，即形核和长大同时进行；$c>1$ 代表形核速率增加。m 为晶核长大方式因子，m=1 代表界面控制长大模式；m=2 代表扩散控制长大模式。d 为长大的维数，d=1 代表颗粒的一维长大；d=2 代表颗粒的二维长大；d=3 代表颗粒的三维长大。

据文献报道，在钛基块状非晶合金中，晶化过程以扩散控制长大为主[4]。因此，在本节以下的讨论中，均认为 m=2。Christian[5]、Zhang 等[6]研究了金属材料的相变动力学，发现 n 值与晶核长大模式和晶核长大维数有关，认为当 n=1.5 时，表明晶粒只长大，几乎没有形核过程发生；当 $1.5<n<2.5$ 时，表明此晶化过程为形核速率不断减小的长大过程；当 n=2.5 时，表明晶化过程保持恒定的形核速率；当 $n>2.5$ 时，表明晶化过程为形核速率不断增大的过程。

对于本章的研究合金体系而言，由于在 DSC 实验前未进行热处理，非晶粉末晶化形核在 DSC 实验晶化过程中才发生，所以取 $n=d/m+1$[7]。在本节中，利用修正的 JMAK 方程所求的不同阶段阿夫拉米指数 n 不同，在晶化初始阶段（$0.1<\alpha<0.3$），不同升温速率下阿夫拉米指数 n 的平均值约为 1.7，这表明在晶化的初始阶段其晶化机制为形核速率不断降低的扩散控制三维形核长大。当晶化体积分数 α 增加到 0.5 时，不同升温速率下平均阿夫拉米指数 n 值增加到 2.9，表明其长大方式为典型的形核速率不断增加的扩散控制三维形核长大。在晶化的后期（$0.5<\alpha<0.9$），这个阶段平均阿夫拉米指数 n 开始降低到 1.8～2.0 的范围，这表明其形核长大方式为三维形核扩散控制长大但形核速率降低。与此同时，还发现不同升温速率下平均阿夫拉米指数 n 随升温速率 β 不断增加而增加。例如，对于在晶化过程中 $0.2<\alpha<0.8$ 的范围内，10K/min 升温速率下平均阿夫拉米指数 n 为 1.9，当升温速率增加到 20K/min 时，其值为 2.0，当升温速率 30K/min 时，其值为 2.5，40K/min 时为 2.9。这表明，非晶合金粉末晶化过程中，随着升温速率增加，其形核速率经历了降低→不变→不断增加的转变过程。因此，不同升温速率会改变晶化过程中非晶合金粉末的晶化形核速率，进而影响材料的晶粒尺寸或者相区尺寸。升温速率越高，形核速率越大，进而烧结和晶化的块状合金的晶粒尺寸或相区尺寸越小。

以上利用晶化动力学所获得的形核速率与升温速率的关系，与非晶晶化的经典形核长大理论相吻合，对于均匀形核过程，非晶晶化时的稳态形核率理论公式为第 2 章中的式(2.14)。形核速率受到形核激活能 Q 的影响，Q 越小形核速率越大。在本章研究中，放电等离子烧结可以通过快速升温使非晶合金粉末在某一温度下黏度降低，这将导致扩散激活能(形核激活能 Q)减小，从而导致形核率 I 增大[8]。

通过机械合金化制备出 $Ti_{64}Nb_{12}Cu_{11.2}Ni_{9.6}Sn_{3.2}$ 非晶合金粉末，将非晶合金粉末在不同的升温速率下烧结，烧结和晶化的块状合金中相区尺寸或晶粒尺寸随烧结温度的升高而减小。利用修改的 JMAK 方程，对非晶合金粉末的晶化动力学进行研究分析，结果表明在不同的晶化阶段，其阿夫拉米指数 n 在不同的晶化体积分数下具有不同的值，表明在不同的晶化阶段具有不同的晶化机制。此外，随着升温速率升高，阿夫拉米指数 n 值分别为 1.9、2.0、2.5 和 2.9，表明提高升温速率条件下非晶粉末晶化过程中的形核速率经历了降低→不变→不断增加的转变过程，烧结和晶化的块状合金中晶粒尺寸不断减小。其具体的晶化机制总结如表 10.1。

表 10.1　不同升温速率下 $Ti_{64}Nb_{12}Cu_{11.2}Ni_{9.6}Sn_{3.2}$ 非晶合金粉末的晶化机制

非晶合金成分	β/(K/min)	α	$\bar{n}$	晶化机制	相组成
$Ti_{64}Nb_{12}Cu_{11.2}Ni_{9.6}Sn_{3.2}$	10	0.2～0.8	1.9	3D, I↓	β-Ti、Nb_3Sn 和 (Cu, Ni)-Ti_2 相
	20		2.0	3D, I↓	
	30		2.5	3D, I 不变	
	40		2.9	3D, I↑	

注：升温速率 β，晶化体积分数 α，平均阿夫拉米指数 $\bar{n}$，形核维数 D，形核率 I(↑增加，↓减小)，余表同。

图 10.4 为不同烧结参数下烧结和晶化的块状合金的 SEM 形貌。由图可知，所有的块状合金微观结构均为 β-Ti 基体包围弥散分布的 Nb_3Sn 和 (Cu, Ni)-Ti_2 相，其中，图中黑色部分代表 Nb_3Sn 相，灰色部分代表 (Cu, Ni)-Ti_2 (图 10.4(a))。在合金样品 S-50-850-0 中，(Cu, Ni)-Ti_2 相区尺寸在 400～600nm 之间，β-Ti 基体的相区尺寸分布在 800～1000nm 之间(图 10.4(a))。随着升温速率升高，合金样品 S-100-850-0 的相区尺寸降低到大约 300～500nm(图 10.4(b))，进一步提高升温速率，合金样品 S-150-850-0 的相区尺寸进一步下降到 200～300nm(图 10.4(c))。因此，可以得出如下结论：高升温速率可以细化材料的相区尺度和晶粒尺寸。

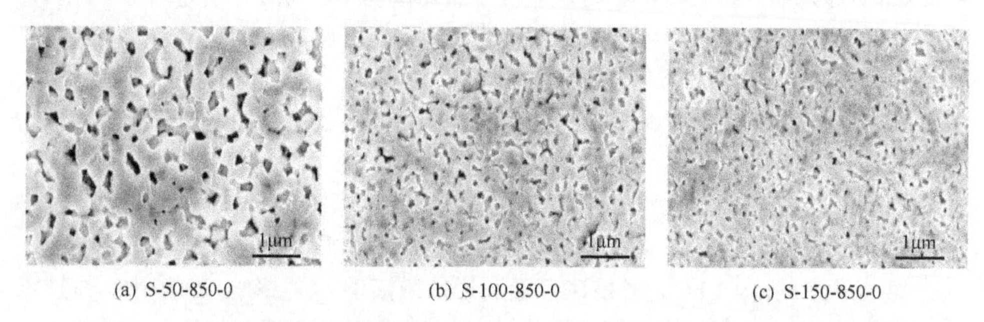

(a) S-50-850-0　(b) S-100-850-0　(c) S-150-850-0

图 10.4　不同烧结参数下烧结和晶化的 $Ti_{64}Nb_{12}Cu_{11.2}Ni_{9.6}Sn_{3.2}$ 块状合金的 SEM 形貌

不同烧结参数下晶化的 $Ti_{64}Nb_{12}Cu_{11.2}Ni_{9.6}Sn_{3.2}$ 块状合金的压缩力学性能，相关的弹性模量 E、屈服强度 σ_y、弹性应变 ε_y、断裂强度 σ_{max}、断裂应变 ε_f 等实验结果如表 10.2 所示。很明显，所有块状合金均展示出极高的断裂强度。与此同时，块状合金的强度与放电等离子烧结固结参数密切相关：升温速率越高，块状合金的相区尺度越小，强度越高。在所有样品中，合金样品 S-150-850-0 的断裂强度高达 2230MPa。其值与 $Ti_{40}Zr_{21}Be_{20}Cu_{10}Ni_9$ 块状非晶合金[9]、$Ti_{50}Cu_{23}Ni_{20}Sn_7$ 块状非晶合金[10]、$Ti_{41.5}Zr_{2.5}Hf_5Cu_{37.5}Ni_{7.5}Si_1Sn_5$ 块状非晶合金[11]相当。

表 10.2　不同烧结参数下固结的块状合金力学性能测试结果

样品	E/GPa	σ_y/MPa	σ_{max}/MPa	ε_f/%
S-50-850-0	62	1890	1890	3.1
S-100-850-0	60	1885	1885	3.1
S-150-850-0	65	2230	2230	3.4

由晶化机制的研究可知，随升温速率的增大，晶化晶粒尺寸会减小，在烧结过程中升温速率从 50K/min 增加到 150K/min，试样力学性能明显提高，可以表明晶化机制对材料性能存在显著影响。

本节采用放电等离子烧结-非晶晶化法固结多组元非晶粉末制备块状钛合金，机械合金化制备的多组元非晶合金粉末在过冷液相区内黏度很小，放电等离子烧结提供的高升温速率使非晶粉末在过冷液相区的黏度进一步减小，利用这一特性成功制备出近全致密且综合性能优良的块状钛合金。非晶晶化法的独特优势是可以通过调控升温速率、烧结温度、保温时间等工艺参数，改变多组元非晶合金粉末过冷液相区宽度和黏度等物性参数，从而调控晶化的块状合金的形核率和晶核长大率，保证在制备高性能块状钛合金材料的同时，获得纳米晶、超细晶和细晶等可控的理想结构。

10.3　不同成分非晶合金粉末晶化机制与烧结钛合金组织性能的关系

为了进一步研究不同条件非晶粉末晶化机制与烧结钛合金组织性能的关系，对不同成分非晶合金进行了研究，具体包括元素添加、微量不同替换元素对三元合金体系、五元合金体系非晶形成能力、晶化机制的影响。此外对烧结钛合金的组织性能与晶化机制的内在关系也进行了探究。

首先对机械合金化制备的非晶粉末 $Ti_{49.8}Ni_{50.2-x}Cu_x$ (x=5, 10) 的晶化激活能 E_x 和晶化峰值激活能 E_p 进行了计算。非等温晶化动力学涉及晶化过程中的形核和长大过程，图 10.5 (a) 和 (b) 分别为 $Ti_{49.8}Ni_{50.2-x}Cu_x$ (x=5) 和 $Ti_{49.8}Ni_{50.2-x}Cu_x$ (x=7.5) 合金粉末球磨 60h 至完全非晶后，分别以 10K/min、20K/min、30K/min、40K/min 的升温速率升温至 1200K 的 DSC 曲线。从图中可以看出，对具有最大非晶含量的粉末做 DSC 测试时，随着升温速率的增加，放热峰的面积不断增加，并且峰值逐渐向右移动。其玻璃化转变温度 T_g、晶化温度 T_x 及晶化峰值温度 T_p 随升温速率增加而逐渐增加。这表明粉末中非晶含量越高，合金粉末的热稳定性越好[12]。

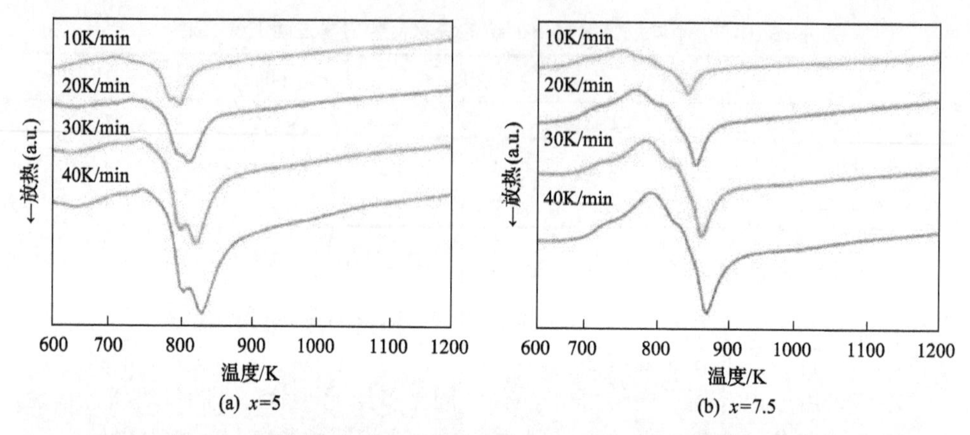

图 10.5　不同升温速率下 $Ti_{49.8}Ni_{50.2-x}Cu_x$ 合金粉末的 DSC 曲线

通过 JMAK 理论模型，可得到合金的玻璃化转变激活能 E_g、晶化激活能 E_x 和晶化峰值激活能 E_p，而晶化激活能 E_x 代表晶化过程的形核能，晶化峰值激活能 E_p 代表晶粒长大所需的能量。

利用图 10.5 中的数据，根据 Kissinger 关系式可以绘出玻璃化转变激活能 E_g、晶化激活能 E_x 和晶化峰值激活能 E_p 的拟合曲线，其中，E_x 与 E_p 的拟合曲线如图 10.6 所示。各种激活能的值分别对应 Kissinger 关系拟合曲线的斜率值。

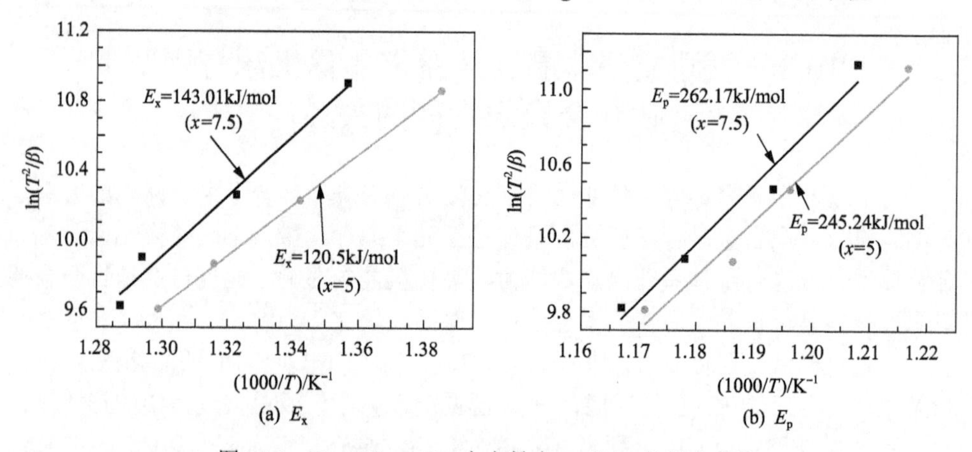

图 10.6　$Ti_{49.8}Ni_{50.2-x}Cu_x$ 合金粉末 E_x 和 E_p 的拟合曲线

非晶合金的热稳定性与晶化激活能有关，激活能越大，则非晶晶化所需要的能量越高，越不容易发生晶化，因此非晶的热稳定性越高。通过图 10.6 可知，x=7.5 的非晶合金晶化所需的形核能和晶粒长大所需的能量分别为 143.01kJ/mol、262.17kJ/mol，均高于 x=5 对应的能量值 120.5kJ/mol 和 245.24kJ/mol。因此，x=7.5 合金的热稳定性要高于 x=5 合金，即 $Ti_{49.8}Ni_{50.2-x}Cu_x$ (x=5) 非晶合金更容易晶化。

由图 10.6 可知，铜含量的差异会对 $Ti_{49.8}Ni_{50.2-x}Cu_x$ 非晶合金晶化的形核能与长大所需要的能量产生影响，下面研究铜含量对 $Ti_{49.8}Ni_{50.2-x}Cu_x$ 非晶合金晶化机制的影响。非等温晶化中的晶化体积分数 α 与晶化区间的温度 T 的关系可通过计算最大非晶含量的 DSC 曲线放热峰的峰值面积得到，非晶含量越高，晶化峰的面积越大[13]。由于本小节中的 DSC 实验均在恒定升温速率下进行，故而晶化区间内的 T 应为

$$T = T_0 + \beta t \tag{10.3}$$

式中，T_0 为该晶化区间的晶化开始温度；β 为晶化过程中的升温速率；t 为加热时间。开始晶化温度到该温度 T 区间对应的放热峰面积 A_T 与总的放热峰面积 A 的比值 A_T/A，即为该任意温度对应的晶化相体积分数 α，如公式(10.1)所述。

利用该公式，配合相应的绘图软件得出如图 10.7 所示的类“S”形曲线，呈现典型的非晶合金晶化特征，并与其他体系晶化动力学曲线类似(图 10.1(b))。由图可知，在晶化初期，非晶粉末晶化体积分数 α 增长缓慢；随着温度升高，由于初期温度低而扩散缓慢的原子获得能量，加大起伏，不断形成晶核并进一步长大，表现为晶化体积分数增长速率迅速增大。当温度继续升高时，合金粉末中非晶含量相对较少，加上晶化产物的包覆，阻碍原子间扩散，晶化的过程减慢，所以晶化体积分数趋于平缓。

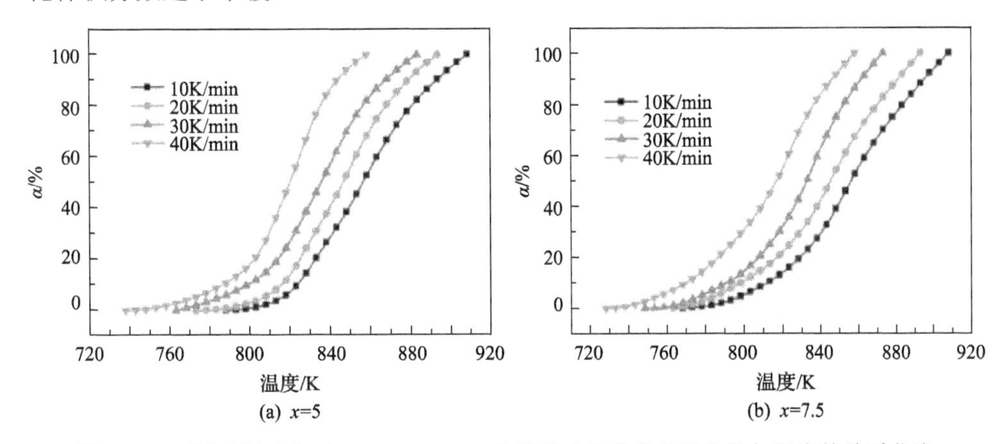

图 10.7　不同升温速率下 $Ti_{49.8}Ni_{50.2-x}Cu_x$ 非晶粉末的晶化体积分数与温度的关系曲线

通常 JMAK 公式既可用于等温条件也可用于非等温条件非晶晶化的形核与长大规律研究[14]，由于非等温实验具有易于操作及快速得出结果的优势，并且相对等温实验具有更小的动力学实验的噪声信号比[15]。更重要的是，烧结实验均是在非等温晶化基础上进行，故而非晶晶化动力学使用 JMAK 理论来研究。通过计算，在作图软件上描出不同的点并拟合不同 β 对应的 $\ln[-\ln(1-\alpha)]$ 与 $\ln t$ 的线性关系，所对应的斜率便是 n 值。

表 10.3 给出不同晶化温度下 $Ti_{49.8}Ni_{50.2-x}Cu_x$(x=5, x=7.5) 非晶态粉末晶化机制对比，可以明显看出铜元素的添加对非晶粉末的晶化机制存在显著影响。

表 10.3　不同晶化温度下的 $Ti_{49.8}Ni_{50.2-x}Cu_x$ 完全非晶态粉末晶化机制对比

非晶合金成分	T_x/K	$\overline{n}$	晶化机制	相组成
$Ti_{49.8}Ni_{50.2-x}Cu_x$(x=5)	793	3.13	2D, I↓	B2，B19′和 $NiTi_2$ 相
	793～806	2.5	3D, I 不变	
$Ti_{49.8}Ni_{50.2-x}Cu_x$(x=7.5)	783～795	2.13	3D, I↓	B2，B19′和 $NiTi_2$ 相

10.3.1　元素微量变化对五元非晶合金粉末晶化机制的影响

本节针对具有优异生物相容性的 Ti-Nb-Zr-Ta-Fe 五元合金，通过机械合金化合成不同 Fe 含量的 $(Ti_{0.697}Nb_{0.237}Zr_{0.049}Ta_{0.017})_{100-x}Fe_x$ ($(TNZT)_{100-x}Fe_x$) 五元非晶合金粉末，而后，对非晶粉末进行升温晶化处理，其目的是研究 Fe 含量对五元合金体系非晶形成能力、热稳定性和晶化机制的影响。

1. Fe 含量对 $(TNZT)_{100-x}Fe_x$ 非晶合金热稳定性的影响

图 10.8 为升温速率 20K/min 时不同 Fe 含量合金粉末的 DSC 曲线，再一次证实了 Fe 含量对合金体系结构转变和非晶形成能力产生了重大影响。当 Fe 含量为 0 时，没有非晶放热峰出现，证实了球磨粉末无非晶相出现。随 Fe 元素含量

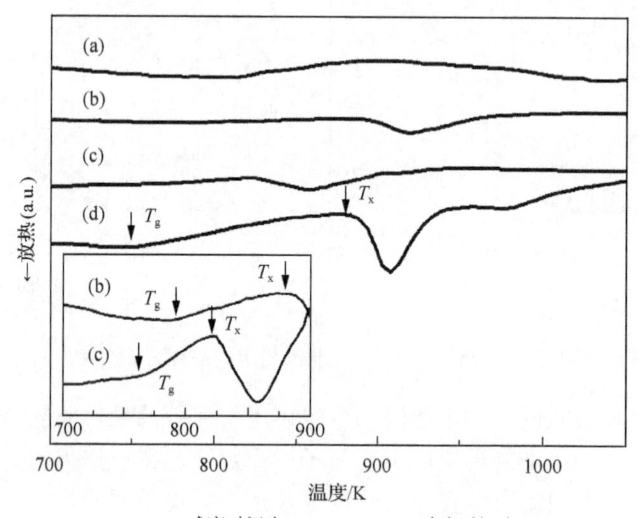

(a) x=0，球磨时间为100h；(b) x=2，球磨时间为80h；
(c) x=6，球磨时间为65h；(d) x=10，球磨时间为40h

图 10.8　$(TNZT)_{100-x}Fe_x$ 合金粉末的 DSC 曲线(升温速率为 20K/min)

增加，非晶放热峰面积也随之增大，对应的非晶放热焓也增加，表明其非晶形成能力亦变强。插入图标出了 x=2 和 6 时，对应合金粉末 T_g 和 T_x 的位置。并且，当 x=10 时，其对应 DSC 曲线有两个晶化放热峰，这表明合金粉末可能出现两步晶化现象。

表 10.4 为从 DSC 曲线上得到的玻璃化转变温度 T_g、晶化温度 T_x、过冷液相区 ΔT_x、晶化峰值温度 T_p、熔化温度 T_m、约化玻璃化转变温度 $T_{rg}=T_g/T_x$ 和晶化焓 ΔH_x（其值为 DSC 曲线中晶化峰的积分面积）的数值。

表 10.4　球磨终态 $(TNZT)_{100-x}Fe_x$ 粉末的 T_g、T_x、ΔT_x、T_p、T_m、T_{rg} 和 ΔH_x 值（升温速率为 20K/min）

合金	T_g/K	T_x/K	ΔT_x/K	T_p/K	T_m/K	T_{rg}	ΔH_x/(J/g)
$(TNZT)_{100}$	—	—	—	—	—	—	—
$(TNZT)_{98}Fe_2$	793±2	883±2	90±2	916±2	1484±2	0.53	7.51±0.10
$(TNZT)_{94}Fe_6$	771±2	824±2	59±2	857±2	1423±2	0.54	11.34±0.08
$(TNZT)_{90}Fe_{10}$	758±2	880±2	122±2	906±2	1381±2	0.55	20.01±0.06

根据 Turnbull 关于非晶合金形成的准则[16]，T_{rg} 能反映合金非晶形成能力的强弱。可见，随着 Fe 含量增加，T_{rg} 也相应变大，因此，Fe 元素的添加提高了合金体系的热稳定性和非晶形成能力。球磨非晶/纳米晶粉末随 Fe 含量的增加，T_g 变得越来越小，T_x 大于其他文献报道的非晶钛合金粉末，如 $Ti_{66}Nb_{13}Cu_8Ni_{6.8}Al_{6.2}$ 非晶粉末的 T_x 为 799K[17]，$Ti_{50}(Cu_{0.45}Ni_{0.55})_{40}Al_4Si_4B_2$ 非晶粉末的 T_x 为 780K[18]，$Ti_{50}(Cu_{0.45}Ni_{0.55})_{44}Si_4B_2$ 非晶粉末的 T_x 为 774K[19]，$TiB_2/Ti_{50}Cu_{18}Ni_{22}Al_4Sn_6$ 非晶粉末的 T_x 为 771K[20]。合金体系较高的 T_x 和 T_p 可能是因为包含较高熔点的 Nb、Ta 和 Zr 的缘故。因此，合成的非晶/纳米晶粉末具有较高的热稳定性。此外，所有合成的非晶/纳米晶粉末均具有宽的过冷液相区 ΔT_x，当 x=10 时，其过冷液相区宽度达到了 122K，这是目前文献报道的钛基非晶粉末 ΔT_x 的最大值[17-20]。合成超宽过冷液相区的非晶粉末为后续放电等离子烧结非晶粉末，制备具有优异力学性能的复合材料奠定了坚实的基础。

为了从能量上研究 Fe 含量对各种非晶态合金粉末的影响，比较了 x=6 和 10 时合金的晶化激活能 E_x 和晶化峰值激活能 E_p。非晶合金晶化过程中，由非晶态向晶态转变需要一定的晶化激活能，目的是使非晶合金中的原子受激后转变为晶态相中的原子。

图 10.9 为 x=6 和 10 时两种合金在不同升温速率下的 DSC 曲线，随着升温速率增大，T_g、T_x 和 T_p 数值都变大，晶化放热峰的强度也随升温速率增加而增大，表明非晶粉末晶化过程存在明显的晶化动力学效应。根据图 10.9 中的数据，图 10.10 分别绘出了两种合金粉末的晶化激活能和晶化峰值激活能的 Kissinger 拟合曲线。计

算得到的两种非晶态合金粉末的各种特征温度的激活能值如表 10.5 所示。可见，当 x=10 时，合金粉末的 E_x 和 E_p 都大于 x=6 对应的合金粉末。我们知道，非晶合金热稳定性与晶化激活能有关，晶化激活能越高，表明非晶热稳定性越好。这也表明 $(TNZT)_{90}Fe_{10}$ 合金粉末具有比 $(TNZT)_{94}Fe_6$ 合金粉末更高的热稳定性。

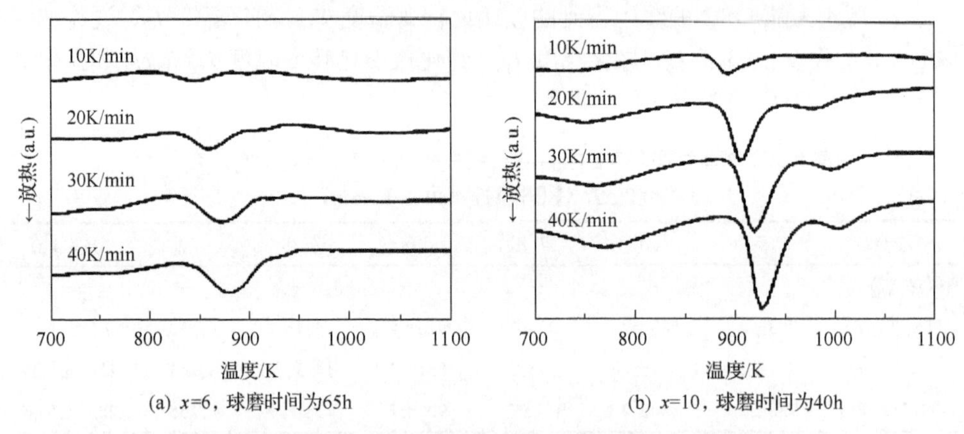

(a) x=6，球磨时间为65h　　(b) x=10，球磨时间为40h

图 10.9　不同升温速率下球磨 $(TNZT)_{100-x}Fe_x$ 粉末的 DSC 曲线

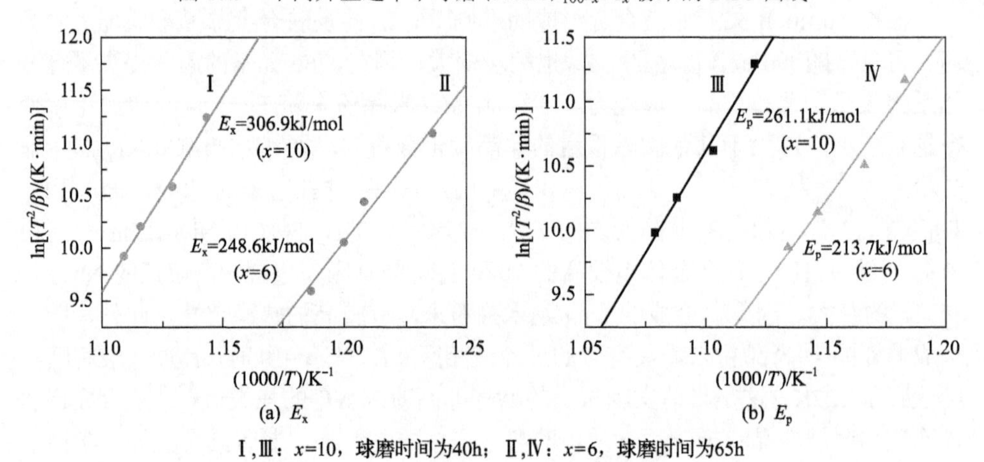

(a) E_x　　(b) E_p

Ⅰ,Ⅲ：x=10，球磨时间为40h；Ⅱ,Ⅳ：x=6，球磨时间为65h

图 10.10　$(TNZT)_{100-x}Fe_x$ (x=6, 10) 粉末的晶化温度 T_x 和晶化峰值温度 T_p 的 Kissinger 曲线

表 10.5　Kissinger 关系计算的球磨 $(TNZT)_{100-x}Fe_x$ (x=6, 10) 合金粉末的 E_x 和 E_p 值

合金	E_x / (kJ/mol)	E_p / (kJ/mol)
$(TNZT)_{94}Fe_6$	248.6	213.7
$(TNZT)_{90}Fe_{10}$	306.9	261.1

2. Fe 含量对 $(TNZT)_{100-x}Fe_x$ 非晶粉末晶化机制的影响

研究不同 Fe 含量合金粉末的晶化机制有助于明确 Fe 含量对块体材料微观结

构和力学性能的影响。晶化动力学可研究非晶合金晶化过程中的形核与长大规律。为了研究非等温晶化曲线上晶化体积分数 α 与升温温度 T 之间的关系，可通过积分 DSC 曲线放热峰面积获得，原因是非晶相晶化放出的热量正比于样品中非晶相的相对含量。根据式(10.1)，加热晶化过程中，某温度 T 对应的晶化体积分数为该温度所对应的放热峰面积除以 DSC 曲线上整个非晶放热峰的面积。

利用式(10.1)计算了不同升温速率下 x=6 和 10 的非晶/纳米晶粉末晶化分数 α 与升温温度 T 之间的关系，如图 10.11(a)与图 10.12(a)所示。由图可见，曲线呈现“S”形，为典型非晶合金的特征。在起始阶段由于温度比较低，合金中大部分为非晶相，形核的速率很慢，反映在图上为晶化体积分数缓慢增长。温度升高使得

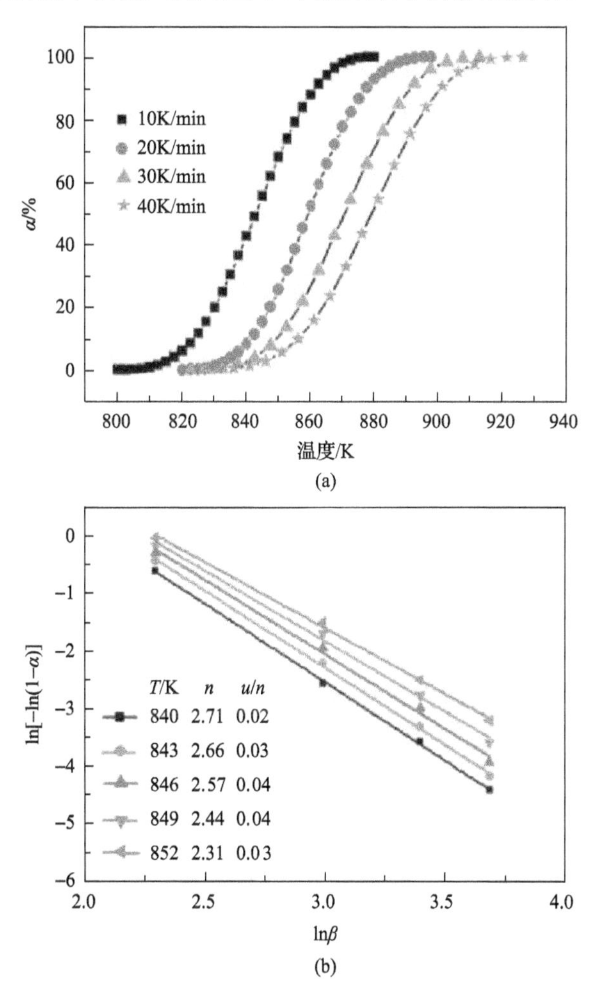

图 10.11　(a)球磨$(TNZT)_{94}Fe_6$合金粉末在不同升温速率下晶化体积分数与升温温度关系曲线；(b)不同温度下 $\ln[-\ln(1-\alpha)]$与 $\ln\beta$ 拟合关系图以及相应的阿夫拉米指数 n 值

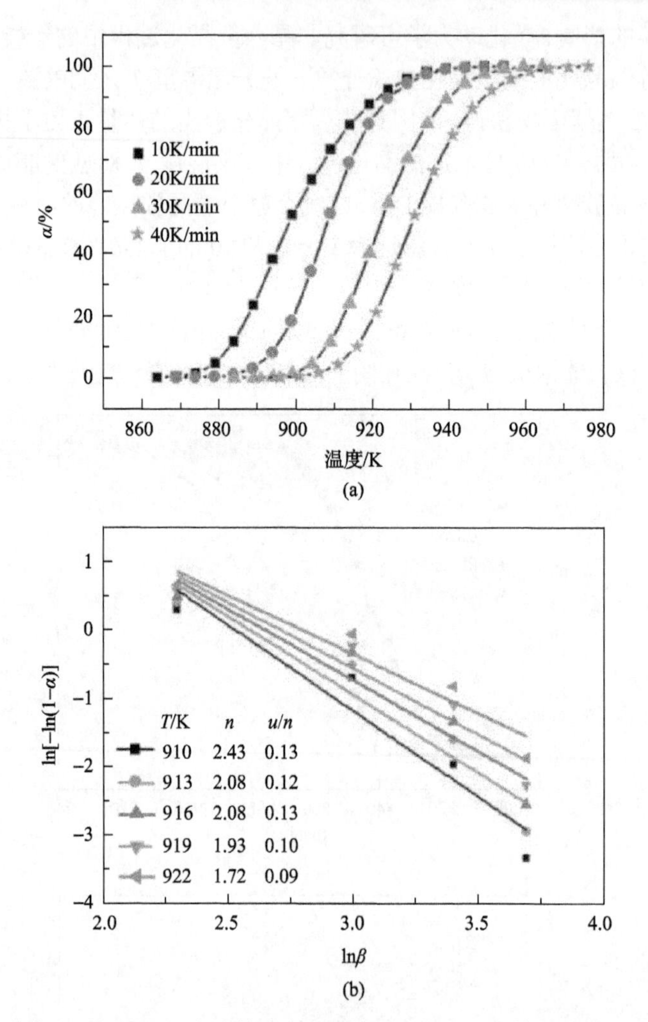

图 10.12 (a)球磨$(TNZT)_{90}Fe_{10}$合金粉末在不同升温速率下晶化体积分数与升温温度关系曲线；(b)不同温度下 $\ln[-\ln(1-\alpha)]$与 $\ln\beta$ 拟合关系图以及相应的阿夫拉米指数 n 值

热能增加，原本处于亚稳态的非晶基体中的原子，在高温热量激活下变得活跃起来，不再固定在原来位置，一旦外界提供能量能够克服形核所需能垒，亲和力强的原子聚集成团，形成成分起伏，在外加能量起伏的共同作用下，大量晶核不断形成和长大，结晶过程加快，反应在图上可见晶化体积分数快速增加。当温度继续升高时，晶态相占据了合金大部分位置，形核位置不断变少，并且已晶化的产物附着在非晶基体上，阻碍原子之间的相互扩散，晶化现象慢慢减弱，反映在图上可见晶化体积分数慢慢增加，接近 100%。

通常，JMAK 公式用来计算等温晶化条件下形核与长大的相变动力学。考虑到 DSC 测量经常被用于非等温晶化测试，一些研究者也将 JMAK 公式应用于非等温晶化实验[21, 22]。与等温实验相比，非等温实验能够在短时间和更宽温度范围下执行。非等温晶化实验过程中，在特定升温速率 β 下，晶化体积分数 α 和晶化激活能 E_x 有关。Matusita 等将传统的 JMAK 公式进行了调整[23]。调整后的公式如下：

$$\ln[-\ln(1-\alpha)] = -n\ln\beta - \frac{1.052\left(\dfrac{d}{m}\right)E_x}{RT} + C \tag{10.4}$$

$$\frac{\mathrm{d}\left\{\ln\left[-\ln(1-\alpha)\right]\right\}}{\mathrm{d}\ln\beta}\Big|_T = -n \tag{10.5}$$

式(10.5)由式(10.4)推导而出，β 代表升温速率，n 代表阿夫拉米指数。通过 $-\ln[-\ln(1-\alpha)]$ 与 $\ln\beta$ 作图，其拟合直线的斜率就是 n 值。

图 10.11(b)和图 10.12(b)分别为 x=6 和 10 时不同晶化温度的 $-\ln[-\ln(1-\alpha)]$ 与 $\ln\beta$ 的拟合关系直线。根据式(10.4)对图的点进行线性拟合，结果如下：当 x=6，晶化温度分别为 840K、843K、846K、849K 和 852K 时，对应的阿夫拉米指数 n 依次为 2.71、2.66、2.57、2.44 和 2.31，其平均值约为 $\bar{n}$=2.5。代入公式 $n=d/m+1$，此时，d=3，m=2。这表示生长机制为典型的体扩散控制的三维晶核生长。当 x=10，晶化温度分别为 910K、913K、916K、919K 和 922K 时，对应的阿夫拉米指数 n 依次为 2.43、2.28、2.08、1.93 和 1.72，其平均值约为 $\bar{n}$=2.0。代入公式 $n=d/m+1$，此时，d=2，m=2。这表示其生长机制为典型的体扩散控制的二维形核生长。可见，Fe 含量对 $(TNZT)_{100-x}Fe_x$ 合金粉末的晶化机制有显著影响，进而影响到其晶化后析出相的不同，最终对晶化固结块体材料微观组织和力学性能产生影响。

表 10.6 总结了 Fe 含量对 $(TNZT)_{100-x}Fe_x$ 非晶合金晶化机制的影响。图 10.13 为相同条件下 $(TNZT)_{94}Fe_6$ 和 $(TNZT)_{90}Fe_{10}$ 的 TEM 微观形貌，图 10.13(a)中 A、G 属于 FeTi 相，晶粒尺寸为 200～300nm，其相区平均成分为 $Ti_{50.3}Nb_{4.8}Zr_{4.2}Fe_{40.7}$；B、C、D、E 和 F 属于 β-Ti 相，晶粒尺寸为 200～400nm，其相区平均成分为 $Ti_{46.9}Nb_{30.5}Zr_{5.6}Fe_{17.0}$。$(TNZT)_{94}Fe_6$ 的组织微观结构为 β-Ti 基体包围 FeTi 的两相区结构。图 10.13(b)中 α-Ti 相含量较少，故分析不出来。其中 A、D 和 I 属于 α-Ti 相，晶粒尺寸为 100～400nm，其平均相区成分为 $Ti_{92.5}Nb_{4.2}Zr_{2.8}Fe_{0.5}$；B、E、G、H、J、K、M 和 Q 属于 β-Ti 相，晶粒尺寸为 50～200nm，其平均相区成分为 $Ti_{52.2}Nb_{30.8}Zr_{4.5}Fe_{12.6}$；C、F、L、N、O 和 P 属于 FeTi 相，晶粒尺寸为 50～200nm，其平均相区成分为 $Ti_{57.4}Nb_{4.4}Zr_{7.5}Fe_{30.7}$。合金为 α-Ti+FeTi 包围 β-Ti 的组织结构。

表 10.6　Fe 含量对$(TNZT)_{100-x}Fe_x$非晶合金晶化机制的影响

非晶合金成分	T/K	n	$\overline{n}$	晶化机制	相组成
	840	2.71			
	843	2.66			
$(TNZT)_{94}Fe_6$	846	2.57	2.5	3D, I不变	β-Ti 和 FeTi
	849	2.44			
	852	2.31			
	910	2.43			
	913	2.28			
$(TNZT)_{90}Fe_{10}$	916	2.08	2.0	2D, $I\downarrow$	α-Ti、β-Ti 和 FeTi
	919	1.93			
	922	1.72			

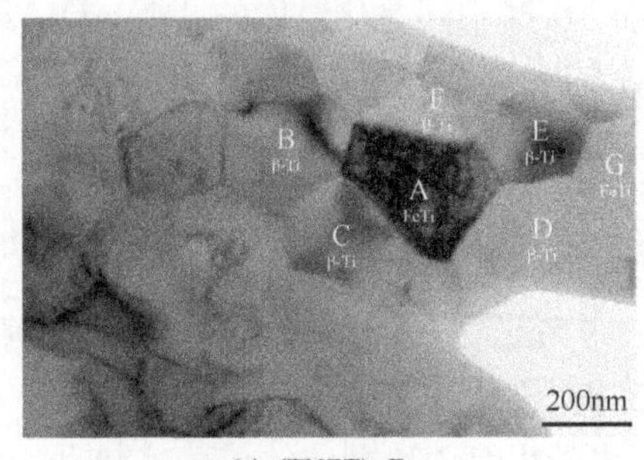

(a) $(TNZT)_{94}Fe_6$

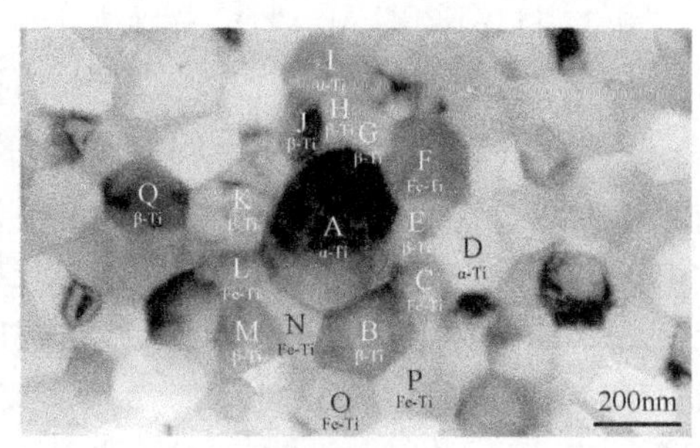

(b) $(TNZT)_{90}Fe_{10}$

图 10.13　$(TNZT)_{94}Fe_6$和$(TNZT)_{90}Fe_{10}$块体材料的 TEM 微观形貌

10.3.2　微量替换元素对五元非晶合金粉末晶化机制的影响

1. Ti/Cu 替代元素对$Ni_{57}Zr_{22}X_8Nb_8A_{15}$(X=Ti, Cu)非晶粉末的热物性影响

图 10.14 为升温速率为 20K/min 时 Ti8 和 Cu8 合金粉末的 DSC 曲线。该图进一步说明了两种合金粉末非晶化的演变过程及两者之间非晶形成能力的差异。球磨 10h 后，Ti8 合金粉末在位于 850～950K 之间有放热峰开始出现（图 10.14(a) C-10h），代表已经有少量非晶相形成。随着球磨时间的延长，非晶放热峰的面积不断增大。球磨时间到达 35h 时，Ti8 合金粉末的非晶放热峰面积最大（图 10.14(a) C-35h），达到 11.4J/g，表明此时粉末非晶含量达到最大值。当球磨时间进一步增大至 38h 时，放热峰的面积开始减小，这是由于非晶粉末在进一步球磨过程中发生了部分晶化。从 DSC 图可知，合金粉末放热峰的位置随着非晶含量的增大有向右偏移的趋势，其玻璃化转变温度 T_g、晶化温度 T_x 及晶化峰值温度 T_p 随球磨时间延长逐

渐增加，这表明粉末中非晶含量越高，合金粉末的非晶热稳定性越好。Cu8 合金粉末也经历了同样的过程：无放热峰→放热峰形成→放热峰面积逐渐增大→放热峰面积减小的过程。Cu8 合金粉末的最大面积放热峰出现在球磨 38h 时，最大放热峰面积为 21.9J/g。

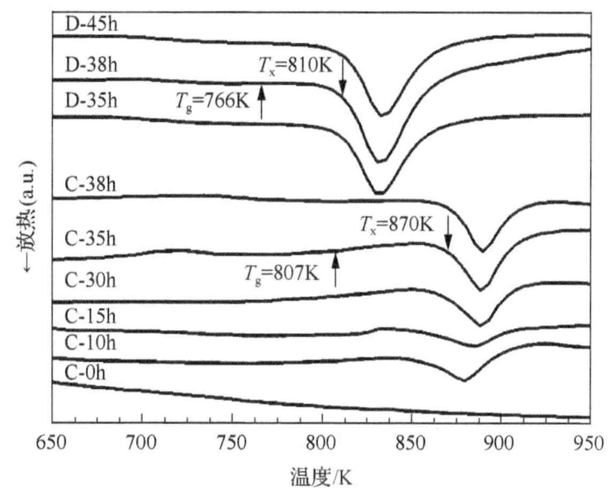

(a) 不同球磨时间后Ti8(C)及Cu8(D)合金粉末的DSC曲线

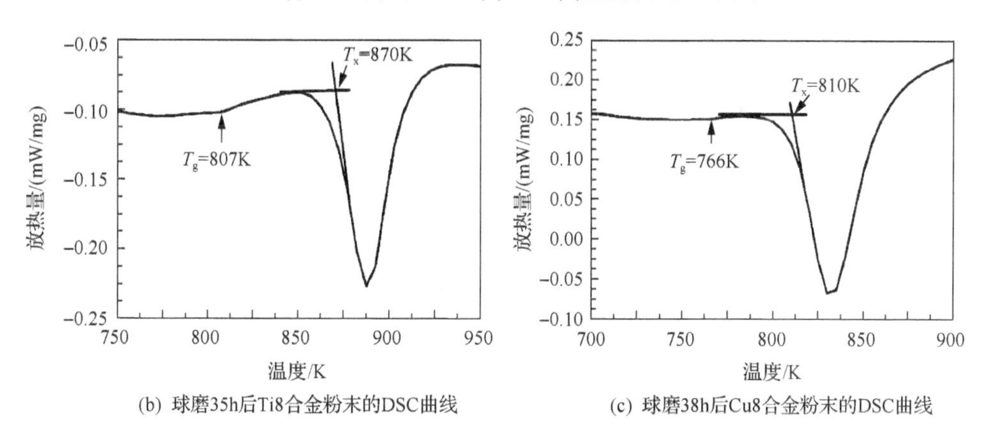

(b) 球磨35h后Ti8合金粉末的DSC曲线　　(c) 球磨38h后Cu8合金粉末的DSC曲线

图 10.14　升温速率为 20K/min 时 Ti8 和 Cu8 合金粉末的 DSC 曲线

从球磨 35h 的 Ti8 合金粉末及球磨 38h 的 Cu8 合金粉末对应 DSC 曲线可获得其玻璃化转变温度 T_g、晶化温度 T_x、晶化峰值温度 T_p、熔化温度 T_m、液相温度 T_l、过冷液相区 ΔT_x、约化玻璃转化温度 $T_{rg}=T_g/T_l$、参数 $\gamma=T_x/(T_g+T_l)$ 和晶化焓 ΔH_x，已列于表 10.7。根据非晶形成准则，T_x、T_{rg} 和 γ 为评价非晶形成能力认可度最高的三个参数。T_x、T_{rg} 和 γ 越大，表明合金的非晶形成能力越强。从表中可以看出，Ti8 合金粉末的 T_x、T_{rg} 和 γ 三个参数均大于 Cu8 合金粉末，表明 Ti8 合金粉末的非晶形成能力大于 Cu8 合金粉末。

表 10.7　球磨 Ti8 和 Cu8 合金粉末的 T_g、T_x、T_p、T_m、T_l、ΔT_x、T_{rg}、γ 和 ΔH_x 值（升温速率 20K/min）

合金粉末	T_g/K	T_x/K	T_p/K	T_m/K	T_l/K	ΔT_x/K	T_{rg}	γ	ΔH_x/(J/g)
Ti8	807	870	889	1286	1298	63	0.622	0.413	11.4
Cu8	766	810	831	1389	1411	44	0.543	0.372	21.9

为研究 Ti8 及 Cu8 合金粉末的热稳定性，计算了 Ti8 和 Cu8 合金粉末的玻璃化转变激活能 E_g、晶化激活能 E_x 和晶化峰值激活能 E_p。图 10.15 为两种合金粉末在 10K/min、20K/min、30K/min、40K/min 升温速率下的 DSC 曲线，通过 DSC 曲线可以获得 Ti8 和 Cu8 合金粉末的特征温度 T_g、T_x 和 T_p 值，如表 10.8 所示。

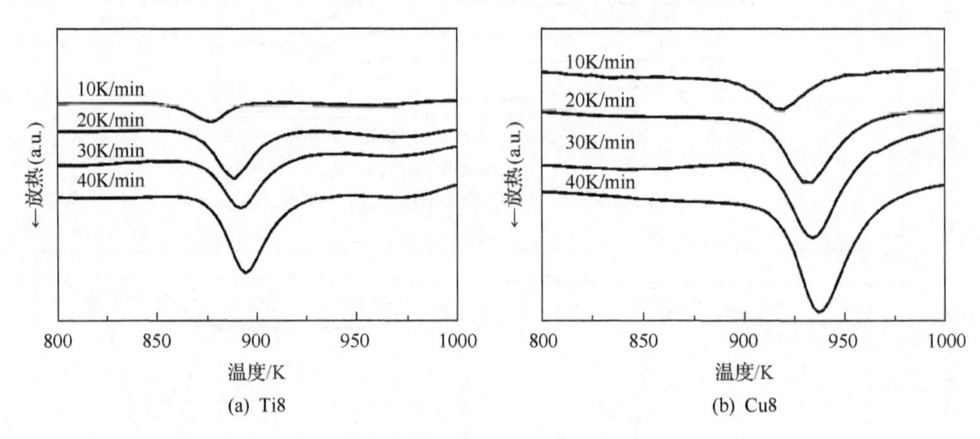

图 10.15　不同升温速率下球磨 Ti8 及 Cu8 合金粉末的 DSC 曲线

表 10.8　不同升温速率下球磨 Ti8 和 Cu8 合金粉末的 T_g、T_x 和 T_p 值

合金粉末	升温速率/(K/min)	T_g/K	T_x/K	T_p/K
Ti8	10	801	859	877
	20	807	870	889
	30	814	874	892
	40	816	877	895
Cu8	10	759	801	817
	20	766	810	831
	30	771	816	834
	40	777	817	837

T_g、T_x和 T_p对应的激活能可以通过 Kissinger 理论计算。由图 10.15 可知，随着升温速率的增大，Ti8 和 Cu8 合金粉末晶化放热峰面积增大，且有明显向右移动的趋势。图 10.16 是根据表 10.8 中数据绘出的玻璃化转变激活能 E_g、晶化激活能 E_x和晶化峰值激活能 E_p的 Kissinger 拟合曲线，从而可计算出特征温度对应的激活能，其值列于表 10.9 中。我们知道，非晶合金的热稳定性与激活能有关，激活能越大，非晶的热稳定性越高。E_x和 E_p分别代表非晶形核和核长大所需要的能量，如表 10.9 所示，Ti8 合金粉末的 E_x和 E_p值均大于 Cu8 合金粉末，表明 Ti8 合金粉末的非晶热稳定性要大于 Cu8 合金粉末。Ti8 和 Cu8 合金粉末的激活能和文献中的其他镍基非晶合金相似，如 $Ni_{60}Nb_{20}Zr_{20}$ 晶化峰值激活能 E_p 值为 419.5kJ/mol[24]。

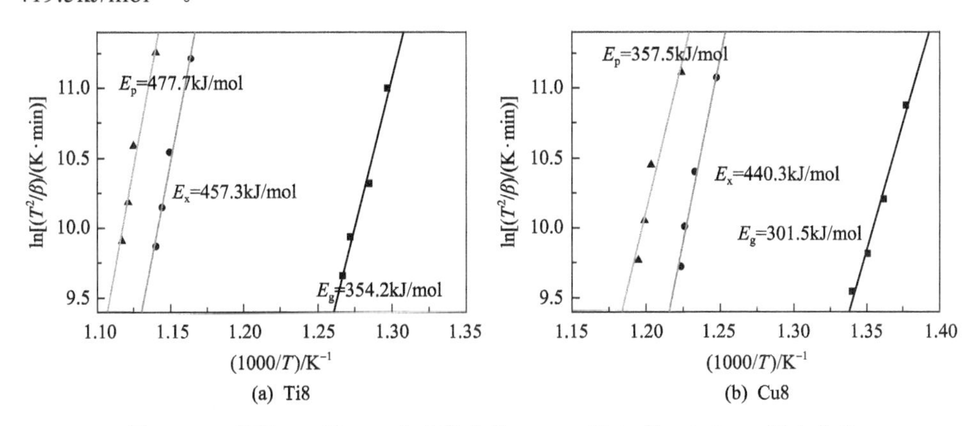

图 10.16　球磨 Ti8 及 Cu8 合金粉末的 E_g、E_x和 E_p的 Kissinger 拟合曲线

表 10.9　从 DSC 曲线得到球磨 Ti8 和 Cu8 合金粉末的 E_g、E_x和 E_p值

合金粉末	E_g/(kJ/mol)	E_x/(kJ/mol)	E_p/(kJ/mol)
Ti8	354.2	457.3	477.7
Cu8	301.5	440.3	357.5

2. 替代元素 Ti 和 Cu 对 $Ni_{57}Zr_{22}X_8Nb_8Al_5$(X=Ti, Cu)非晶粉末晶化机制的影响

Ti8 和 Cu8 合金粉末的晶化体积分数 α 与晶化区间温度 T 的关系曲线，如图 10.17(a)和 10.18(a)所示。曲线呈现典型“S”形，与其他体系晶化动力学曲线相似。从图中看出，随着温度的增高，晶化体积分数在晶化起始阶段增长缓慢。当 α 超过 10%时，迅速加快；在 α 为 50%左右时，其增长速率达到最大；当 α 达到约 90%后，其增长速率再次变得缓慢。在晶化初始阶段，由于温度和能量较低，各元素扩散速率慢，无法满足能量和成分起伏，故形核率低。随着温度的升高，外界提供能量能够使大部分原子形成满足能量和成分起伏，大量晶核不断形

成，晶化速率增大。到了晶化后期，由于合金粉末中非晶相已经较少，阻碍各元素间的扩散并抑制相的析出，所以晶化速率再度减小。

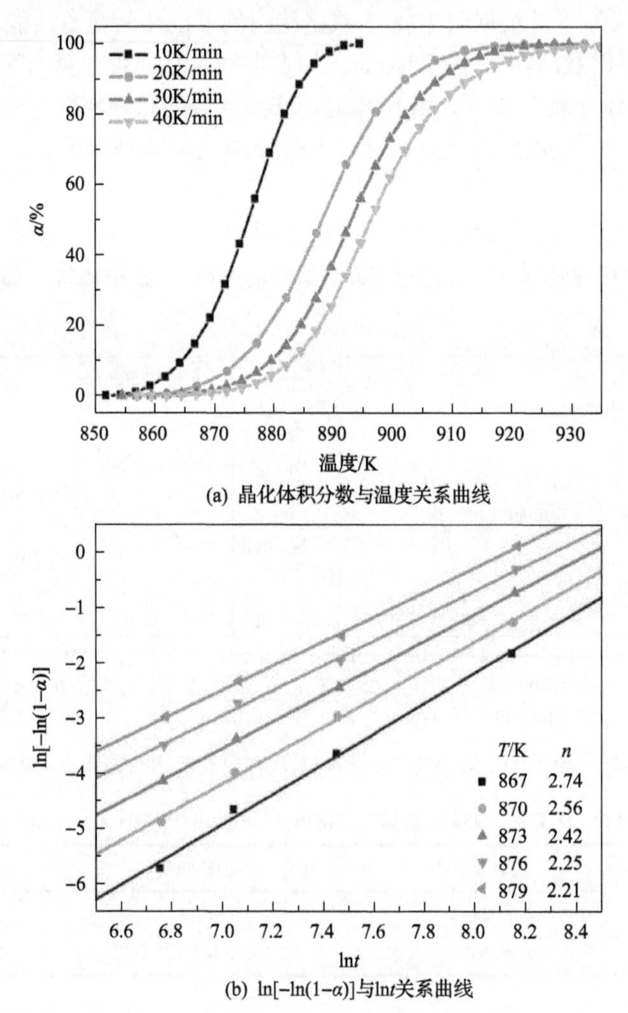

图 10.17　不同温度下 Ti8 合金粉末的晶化体积分数与温度关系曲线，$\ln[-\ln(1-\alpha)]$与 $\ln t$ 关系曲线及阿夫拉米指数 n 值

图 10.17(b) 和 10.18(b) 分别为 Ti8 和 Cu8 合金粉末在不同晶化温度的 $\ln[-\ln(1-\alpha)]$与 $\ln t$ 的拟合直线图。由图看出，不同晶化温度下阿夫拉米指数 n 不同。在一定的升温速率 β 下，非晶相在过冷液相区间的晶化体积分数 α 与晶化激活能 E_x 和阿夫拉米指数相关。反映晶化机制的阿夫拉米指数 n 也不是固定值，随着温度的不同而不断变化。对于 Ti8 合金粉末，在加热温度分别为 867K、870K、873K、876K 和 879K 时，对应的阿夫拉米指数 n 分别是 2.74、2.56、2.42、2.25 和 2.21，计算得其平均值为 2.44(≈2.5)(图 10.17(b))。由于 $n=d/m+1$，可得 $d=3$，

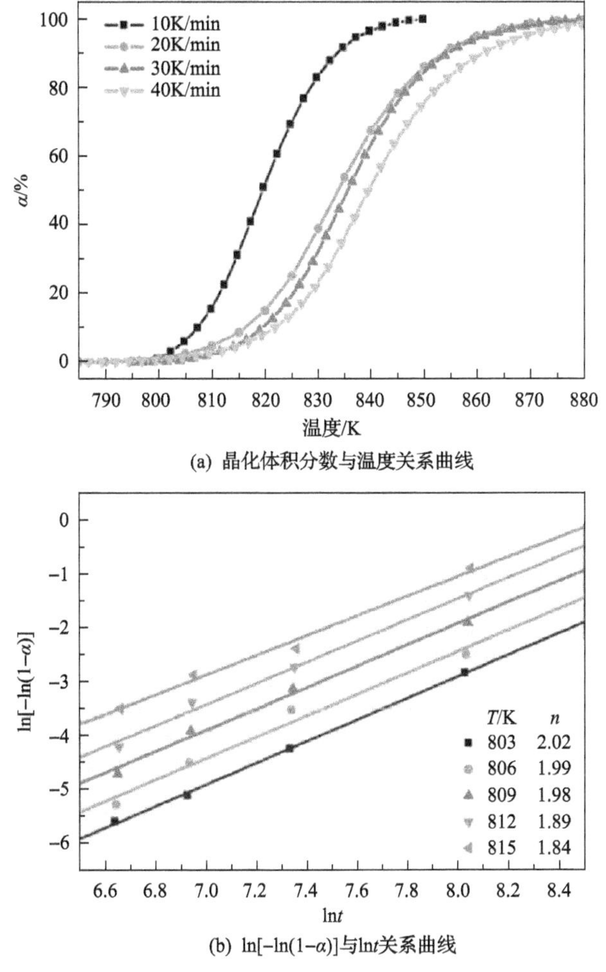

图10.18　不同温度下Cu8合金粉末的晶化体积分数与温度关系曲线，
ln[−ln(1−α)]与ln*t*关系曲线及阿夫拉米指数*n*值

m=2，表明生长机制为典型的体扩散控制的三维形核长大，且形核长大速率比较稳定。而对于Cu8合金粉末在晶化温度分别为803K、806K、809K、812K和815K时，对应的阿夫拉米指数*n*依次为2.02、1.99、1.98、1.89和1.84，平均值为1.89(≈2)。此时 *d*=2，*m*=2，表明生长机制为体扩散控制的二维形核长大，且形核速率逐渐减小。在晶化温度区间内，随着温度的升高，阿夫拉米指数有减小的趋势。Ti8合金粉末的阿夫拉米指数*n*由867K的2.74减小到879K的2.21，Cu8合金粉末的阿夫拉米指数*n*由803K的2.02减小到815K的1.84。在较低温度下*n*值较大，意味在较低温时形核率高。这可能归因于刚开始晶化时，非晶含量较大，一旦达到形核的成分和能量起伏即大量生成晶核。在较低温度下，元素扩散速率慢，

晶核难以快速长大。而在较高温度时刚好相反，非晶相含量减少且有利于扩散，适合大晶粒吞并小晶粒，晶核快速长大而形核位置减少。可见，添加微量的替代元素 Ti 和 Cu 对 Ni-Zr-Nb-Al 非晶粉末的晶化机制确实有明显影响。

基于 Ti8 和 Cu8 合金粉末，将其加热到 T_x 温度以上使其完全晶化固结成块体材料，分析两种合金的物相得出：Ti8 合金粉末晶化固结后得到的物相主要为 NiZr、$Ni_{10}Zr_7$ 和 NiTi 三种，而 Cu8 合金粉末烧结后析出的主要为 NiZr 和 $Ni_{10}Zr_7$ 两种物相，因此，可以得知晶化机制不同确实导致其晶化析出相的差异。表 10.10 总结了替代元素对 $Ni_{57}Zr_{22}X_8Nb_8Al_5$(X=Ti，Cu) 非晶合金粉末晶化机制的影响。

表 10.10　替代元素对 $Ni_{57}Zr_{22}X_8Nb_8Al_5$(X=Ti, Cu) 非晶合金粉末晶化机制的影响

非晶合金成分	T/K	$\bar{n}$	晶化机制	相组成
$Ni_{57}Zr_{22}Ti_8Nb_8Al_5$	867～879	2.44(≈2.5)	3D, I 不变	NiZr、$Ni_{10}Zr_7$ 和 NiTi
$Ni_{57}Zr_{22}Cu_8Nb_8Al_5$	803～815	1.89(≈2)	2D, I↓	NiZr、$Ni_{10}Zr_7$

3. 晶化焓对 $Ni_{57}Zr_{22}X_8Nb_8Al_5$(X=Ti, Cu) 非晶合金粉末热稳性的影响

虽然球磨 Ti8 合金粉末较 Cu8 合金粉末有更好的非晶形成能力，但是球磨 35h 后 Ti8 合金粉末的非晶晶化焓(ΔH_x)为 11.4J/g，远小于球磨 38h 后 Cu8 合金粉末的非晶晶化焓(21.9J/g)，如表 10.7 所示。这同样可以用合金系统非晶形成所需储存的能量来解释。正如上面所讨论的，非晶相发生在 $G_C+G_D>G_A$ 能量关系下，主要组元之间的混合焓为负值，利于非晶相的形成。然而，如果累积的能量 G_D 足够高，使其与原体系合金自由能 G_C 之和大于非晶相形成的自由能 G_A，即使组元间有正混合焓的合金系统形成非晶相也是可能的[25]。Ti8 合金粉末中 Ti 与基体组元 Ni 之间 Ti-Ni 的混合焓为负值，而 Cu-Ni 之间为正值。这就说明 Cu8 合金体系形成非晶所需积累的晶格畸变能要更高于 Ti8 合金体系。所以，晶化过程中 Cu8 合金粉末晶化放出的能量(ΔH_x)要高于 Ti8 合金粉末。

同时，放热焓的结果也和非晶热稳定性结果对应。如表 10.9 所示，Ti8 合金粉末的玻璃化转变激活能 E_g、晶化激活能 E_x 和晶化峰值激活能 E_p 均大于 Cu8 合金粉末，这表明 Ti8 合金体系的非晶热稳定性确实高于 Cu8 合金体系。Cu8 非晶复合粉末晶化焓 ΔH_x 要高于 Ti8 合金粉末，表明 Cu8 合金粉末的非晶相与晶化相之间的能量差大于 Ti8 合金粉末，具有更大的结晶驱动力，更容易发生晶化。换言之，Cu8 合金粉末较 Ti8 合金粉末热稳定性差。

再者，放热焓与球磨粉末颗粒尺寸也有联系。非晶颗粒在过冷液相区 ΔT_x 的黏度会大大降低，ΔH_x 值越大，表明合金粉末在过冷液相区的黏度越低，则获得的非晶粉末颗粒的尺寸越大。Ti8 合金粉末 ΔH_x 值小于 Cu8 合金粉末，所以 Ti8 合金粉末在过冷液相区的黏度要高于 Cu8 合金粉末。

10.4　不同晶化条件下非晶合金粉末晶化机制与烧结钛合金组织性能的关系

由上述章节内容可知，非晶合金的晶化工艺一般有两种：一种是连续加热至晶化温度以上，一种是在晶化温度以下的某一给定温度，进行长时间等温退火[26]。这就涉及非等温和等温晶化动力学的问题。对于非晶合金的等温晶化动力学研究，第 2 章中提出通常采用 JMAK 方程来分析，而后 Henderson 等[27, 28]研究证实，JMAK 方程还可用于分析非等温晶化动力学过程。因此，JMAK 方程也被广泛地应用到了非等温晶化动力学的研究当中[29-31]。

本节选取设计的 $Ti_{65.0}Nb_{23.33}Zr_{5.0}Ta_{1.67}Si_{5.0}$(原子分数，%)合金成分作为研究对象，研究非晶粉末的非等温和等温晶化机制对烧结晶化块状合金微观组织和力学性能的影响。研究结果对采用粉末固结-非晶晶化法设计和优化烧结工艺，以制备出微观组织和力学性能可调控的高性能超细晶块状钛合金具有重要的指导意义[32]。

在 DSC 分析中，对于非等温晶化动力学过程，分别以 10K/min、20K/min、30K/min、40K/min 的加热速率连续加热至 1523K；对于等温晶化动力学过程，以 20K/min 的加热速率分别加热到晶化温度 T_{x1}～820K 以下的 770K、773K、777K、780K 和晶化温度 T_{x2}～973K 以下的 928K、933K、938K、943K，然后保温 20min。为了研究非等温和等温晶化机制与放电等离子烧结超细晶块体钛合金微观组织和力学性能的内在关系，采用的 S_{P1}、S_{P2} 和 S_{P3} 烧结工艺对应于非晶粉末的非等温和等温晶化工艺条件，如图 10.19 所示。在非等温条件下，S_{P1} 是以 20K/min

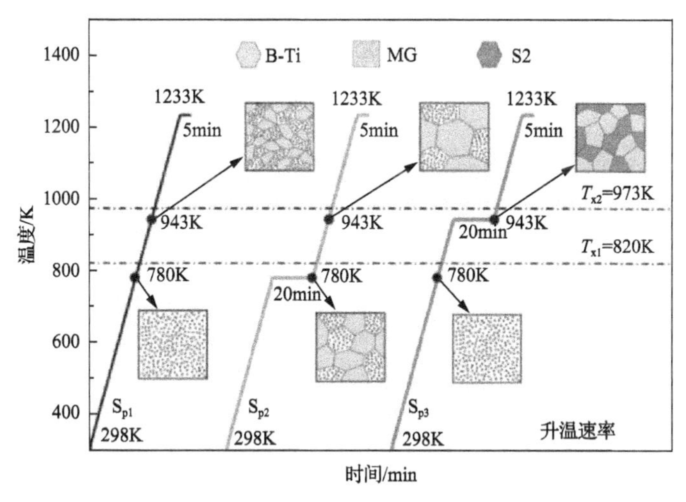

图 10.19　放电等离子烧结 $Ti_{65}Nb_{23.33}Zr_5Ta_{1.67}Si_5$ 非晶粉末合成块状合金采用的 S_{P1}、S_{P2}、S_{P3} 加热工艺参数，以及不同加热晶化阶段块状合金的微观组织示意图

的升温速率连续加热到 1233K 并保温 5min；在等温条件下，S_{P2} 是以 20K/min 的升温速率连续加热到 780K 保温 20min 后，接着以 20K/min 的升温速率连续加热到 1233K 并保温 5min；S_{P3} 是以 20K/min 的升温速率连续加热到 943K 保温 20min 后，接着以 20K/min 的升温速率连续加热到 1233K 并保温 5min。

10.4.1 非等温和等温晶化条件下超细晶结构的形成机理

图 10.20 是不同升温速率下 $Ti_{65}Nb_{23.33}Zr_5Ta_{1.67}Si_5$ 非晶合金粉末的非等温 DSC 曲线。通过 DSC 曲线可以明显看到两个晶化放热峰 Exo.1 和 Exo.2，这表明非晶粉末的晶化是分两步进行的。此外，我们还发现，在不同升温速率条件下，在 Exo.2 上都有一个肩峰，这说明固结晶化非晶粉末合成的块状合金中可能含有不同种类的晶化相。随着升温速率的增加，放热峰向较高的温度偏移，晶化温度 T_{x1} 和 T_{x2}、晶化峰值温度 T_{p1} 和 T_{p2} 和熔化温度 T_m 变大，同时放热峰的强度也增大，表明非晶粉末在晶化过程中存在明显的动力学效应。

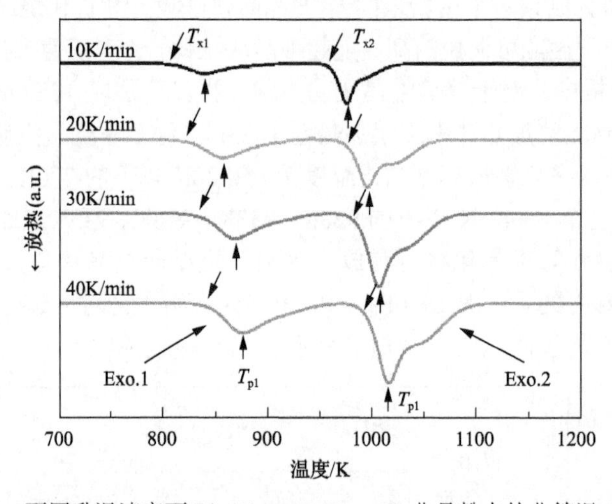

图 10.20　不同升温速率下 $Ti_{65}Nb_{23.33}Zr_5Ta_{1.67}Si_5$ 非晶粉末的非等温 DSC 曲线

表 10.11 列出了不同升温速率下 $Ti_{65}Nb_{23.33}Zr_5Ta_{1.67}Si_5$ 非晶合金粉末的 T_{x1}、T_{p1}、T_{x2}、T_{p2}、T_m、α_1、α_2 和 $\overline{\alpha}$ 值。其中，T_{x1} 和 T_{x2} 通过切线法求得。可以看出，$Ti_{65}Nb_{23.33}Zr_5Ta_{1.67}Si_5$ 非晶合金粉末晶化温度 T_{x1} 高于其他钛基非晶合金，具体数据和比较可以参照前面章节。因此非晶合金粉末具有较高的热稳定性。Mondal 和 Murty[33]提出，T_x 与 T_m 的比值 α 也可以用来衡量合金非晶形成能力的大小，尤其是当合金的玻璃化转变温度 T_g 不明显时。他们还指出，$\alpha \geqslant 0.60$ 可以作为合金具有较高非晶形成能力的判断条件。由表 10.11 可以看出，随着升温速率的增加，$\alpha_1(=T_{x1}/T_m)$ 和 $\alpha_2(=T_{x2}/T_m)$ 并没有变化。这说明升温速率未对作为非晶形成能力评判标准的参数 α 产生影响。平均 $\overline{\alpha}$ $(=(\alpha_1+\alpha_2)/2)$ 大小为 0.66，表明该合金具有较

好的非晶形成能力。

表 10.11　不同升温速率下 $Ti_{65}Nb_{23.33}Zr_5Ta_{1.67}Si_5$ 非晶粉末的 T_{x1}、T_{p1}、T_{x2}、T_{p2}、T_m、α_1、α_2 和 $\bar{\alpha}$

升温速率/(K/min)	T_{x1}/K	T_{p1}/K	T_{x2}/K	T_{p2}/K	T_m/K	α_1	α_2	$\bar{\alpha}$
10	804±1	839±1	954±1	976±1	1347±1	0.60±0.01	0.71±0.01	0.66±0.01
20	820±1	860±1	973±1	996±1	1356±1	0.60±0.01	0.71±0.01	0.66±0.01
30	831±1	868±1	981±1	1007±1	1379±1	0.60±0.01	0.71±0.01	0.66±0.01
40	838±1	875±1	989±1	1017±1	1384±1	0.60±0.01	0.71±0.01	0.66±0.01

为了分析 $Ti_{65}Nb_{23.33}Zr_5Ta_{1.67}Si_5$ 非晶合金粉末在两个晶化阶段形成的晶化相种类，以 20K/min 的升温速率将非晶粉末在 DSC 设备中分别加热到 840K、988K、1096K 后保温 20min。图 10.21 为不同温度下退火后 $Ti_{65}Nb_{23.33}Zr_5Ta_{1.67}Si_5$ 非晶粉末的 XRD 图谱。可以看出，当退火温度 T_a=840K($T_{x1}<T_a<T_{p1}$)时，β-Ti 主衍射峰覆盖了在 2θ=38.0°处形成的漫散射峰，说明在第一步晶化中，首先晶化析出了β-Ti 相。当退火温度增加到 T_a=988K($T_{x2}<T_a<T_{p2}$)和 T_a=1096K($T_{p2}<T_a$)时，β-Ti 衍射峰强度有所增加，同时，有(Ti, Zr)$_2$Si(S2)相的衍射峰产生。说明在晶化的第二阶段，同时析出了β-Ti 和 S2 相，而 S2 相较低的衍射峰强度说明其较低的含量。

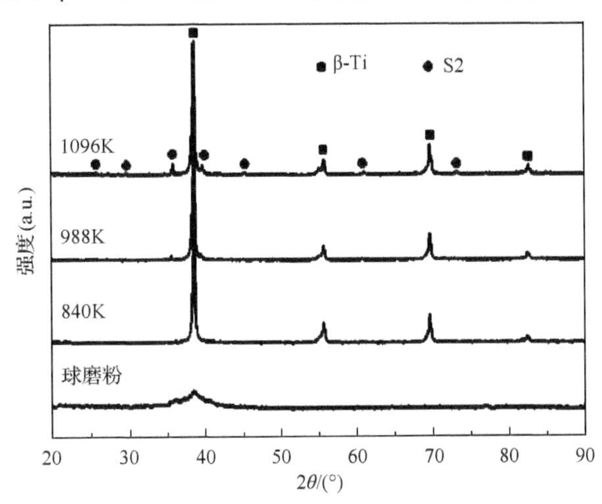

图 10.21　在不同温度下退火后 $Ti_{65}Nb_{23.33}Zr_5Ta_{1.67}Si_5$ 非晶粉末的 XRD 图谱

晶化的难易程度可以通过晶化激活能的大小进行分析。Exo.1 和 Exo.2 晶化过程的表观晶化激活能 E_{x1}、E_{x2} 和晶化峰值激活能 E_{p1}、E_{p2}，分别通过 Kissinger(图 10.22(a))、Ozawa(图 10.22(b))和 Augis-Bennett(图 10.22(c))方程计算。由 Kissinger 方程计算的 E_{x1}=213.3kJ/mol、E_{x2}=298.7kJ/mol，$E_{x2}>E_{x1}$ 说明第二步晶

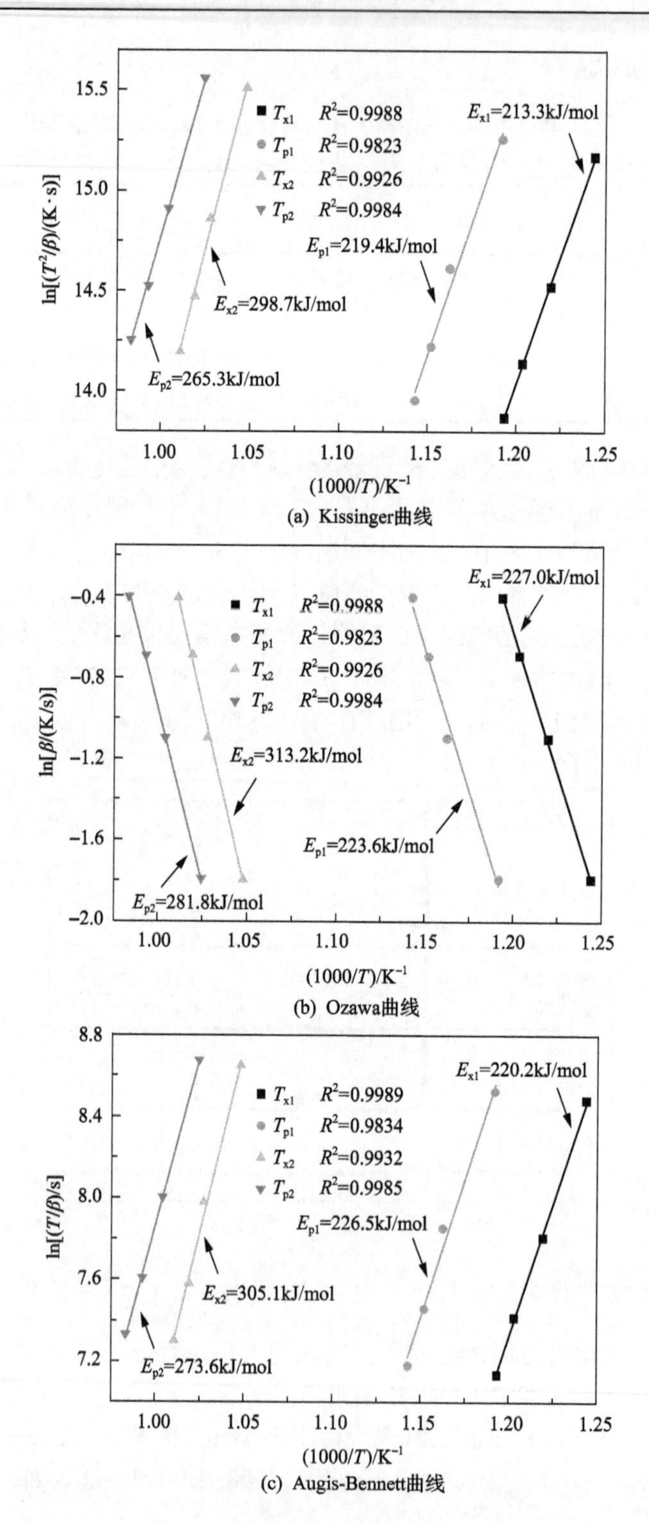

(a) Kissinger曲线

(b) Ozawa曲线

(c) Augis-Bennett曲线

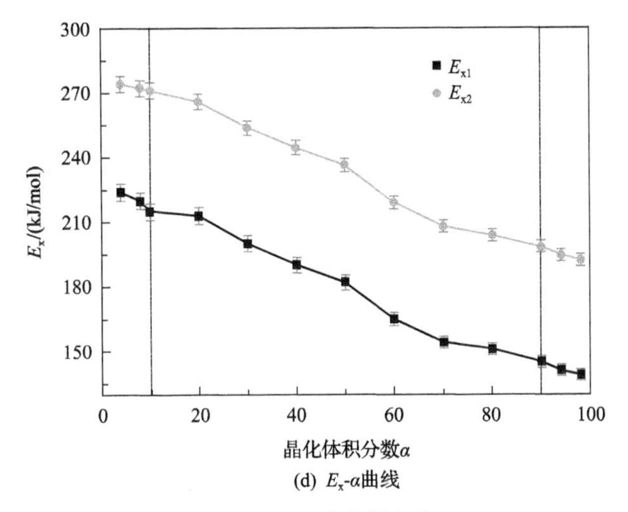

(d) E_x-α曲线

图 10.22　非等温条件件下 $Ti_{65}Nb_{23.33}Zr_5Ta_{1.67}Si_5$ 非晶粉末的 Kissinger、Ozawa、Augis-Bennett 曲线及基于 KAS 方程计算的局部晶化激活能 E_x 与晶化体积分数 α 的关系曲线

化的能垒高于第一步，表明第一步晶化更容易，有利于获得 β-Ti 为基体、S2 为增强相的两相结构。这与采用 Ozawa 和 Augis-Bennett 方程分析的结果一致。很明显，通过 Kissinger、Ozawa 和 Augis-Bennett 方程计算的表观晶化激活能是很相近的。此外，我们发现，通过这三种方法计算的 E_{p1} 和 E_{x1} 大小很接近，而 $E_{p2}<E_{x2}$。根据相关研究[34]，晶化温度 T_x 与晶体的形核过程有关，晶化峰值温度 T_p 与晶体的长大过程有关，因此，可以推断，晶化激活能 E_x 和晶化峰值激活能 E_p 可以分别表示晶体形核和长大的激活能。基于该理论，E_{p1} 和 E_{x1} 相近说明在第一步晶化中晶体的形核和长大难易程度相近，$E_{p2}<E_{x2}$ 说明在第二步晶化中晶体的形核较长大困难，也就是说晶体在第二步晶化中更容易长大。这在接下来的晶化第一阶段和第二阶段的晶化机制分析中也得到了证实。因此，要获得晶粒细小的块状合金，合理选择烧结工艺参数是极其重要的。基于 KAS(Kissinger-Akahira-Sunose)方程[35]计算的局部晶化激活能 E_x 与晶化体积分数 α 的关系曲线如图 10.22(d)所示。

在非等温晶化条件下，晶化体积分数可以通过本章公式(10.1)进行计算。图 10.23 是 $Ti_{65}Nb_{23.33}Zr_5Ta_{1.67}Si_5$ 非晶合金粉末在不同升温速率下晶化体积分数和温度的关系曲线。图中所有曲线都呈现“S”形，这与其他非晶合金[4, 29, 36]在非等温条件下 α 和 T 的关系曲线特征类似。结果发现，在 $\alpha<0.1$ 和 $\alpha>0.9$ 时，所有曲线上 α 随温度的增加幅度不明显，这说明在晶化开始和结束阶段，晶化比较缓慢。当 $0.1<\alpha<0.9$ 时，所有曲线上 α 随温度的增加而快速增加，这说明此过程晶化速率比较快。

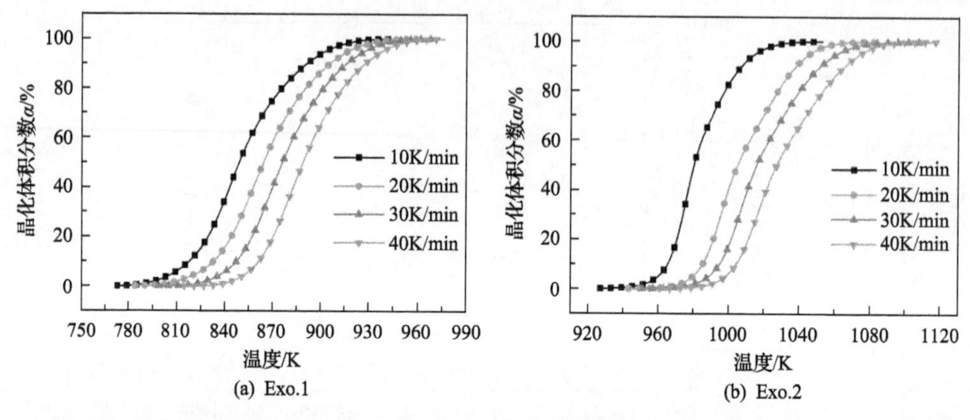

图 10.23 不同升温速率下 $Ti_{65}Nb_{23.33}Zr_5Ta_{1.67}Si_5$ 非晶粉末晶化体积分数和温度的关系曲线

由表 10.12 可以看出，Exo.2 局部晶化激活能的平均值为 234.1kJ/mol，大于 Exo.1 局部晶化激活能的平均值 180.4kJ/mol。这与表观晶化激活能的分析结果一致，如图 10.22(a)～(c)所示。由图 10.22(d)可以看出，在 $\alpha<0.1$ 时，E_{x1} 和 E_{x2} 较大，说明在晶化开始阶段能垒较高，晶化比较缓慢。晶化开始后，晶化激活能随着晶化体积分数的增加不断减小，因此，晶化速率较快。当 $\alpha>0.9$ 时，能垒较小，这与图 10.23 中“S”形曲线的变化规律不一致，这主要是因为在晶化结束阶段形核率减小的缘故。

表 10.12 基于 KAS 方程计算的 $Ti_{65}Nb_{23.33}Zr_5Ta_{1.67}Si_5$ 非晶粉末的局部晶化激活能

α/%	E_{x1}/(kJ/mol)	E_{x2}/(kJ/mol)
4	224.3	274.1
8	220.1	272.2
10	215.6	270.9
20	213.7	265.9
30	200.3	253.7
40	190.2	244.5
50	182.5	236.5
60	165.2	219.0
70	154.9	208.0
80	151.7	203.8
90	145.9	198.4
94	141.4	194.5
98	139.6	192.3
平均值	180.4	234.1

图 10.24 是通过 JMAK 方程计算的不同升温速率下 $Ti_{65}Nb_{23.33}Zr_5Ta_{1.67}Si_5$ 非晶合金粉末 $\ln[-\ln(1-\alpha)]$与 $\ln[(T-T_0)/\beta]$的关系曲线，曲线的斜率代表阿夫拉米指数 n。可以看出，整个曲线的斜率不断变化，表明晶化过程中形核长大方式不同。钛基非晶合金粉末在晶化过程属于扩散控制长大过程[4, 36]。也就是说，c=0.5。因此，当 1.5<n<2.5 时，晶化过程是扩散控制的不同维度形核长大方式，形核率不断减小；n=2.5 时，晶化过程是扩散控制的三维形核长大方式，形核率不变；n>2.5 时，晶化过程是扩散控制的不同维度形核长大方式，形核率不断增加。

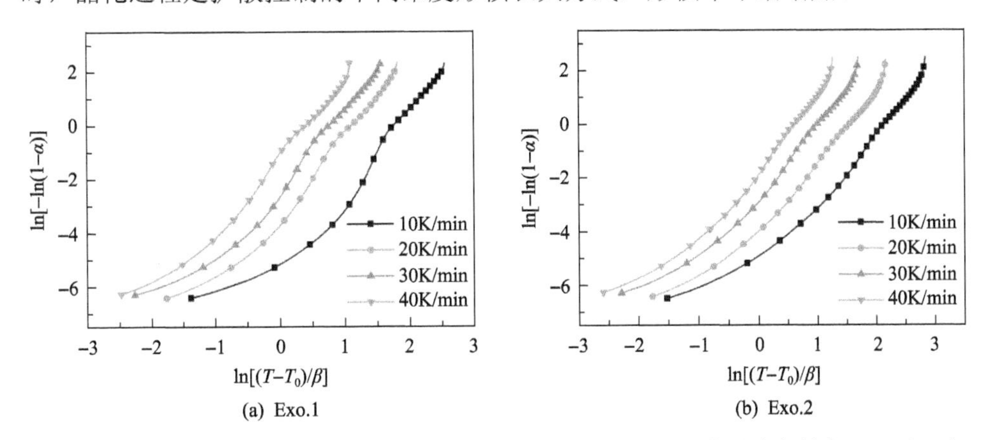

图 10.24　JMAK 方程计算的不同升温速率下 $Ti_{65}Nb_{23.33}Zr_5Ta_{1.67}Si_5$ 非晶合金粉末 $\ln[-\ln(1-\alpha)]$ 与 $\ln[(T-T_0)/\beta]$的关系曲线

图 10.25 是不同升温速率条件下 $Ti_{65}Nb_{23.33}Zr_5Ta_{1.67}Si_5$ 非晶合金粉末局部阿夫拉米指数 $n(\alpha)$与晶化体积分数的关系，主要研究 10%<α<90%过程中，局部阿夫拉米指数 $n(\alpha)$的变化。在 Exo.1 晶化过程中，如图 10.25(a)所示，当 20%<α<70%时，平均阿夫拉米指数 $\bar{n}$（局部阿夫拉米指数 $n(\alpha)$ 的平均值）由 2.8 慢慢减小到 1.6，当 α 增加到 90%时，$\bar{n}$ 又增加到 1.8。在 Exo.2 晶化过程中，如图 10.25(b)所示，当 20%<α<60%时，$\bar{n}$ 由 3.8 慢慢减小到 2，当 α 增加到 90%时，$\bar{n}$ 又增加到 2.2。这表明在两步晶化过程中，形核率都是先增加后减小。将 α 再细分，来进一步研究两步晶化过程的形核和长大机制。在 Exo.1 晶化过程中，当 10%<α<30%时，2.5<$\bar{n}$<2.8，c>1，表明在晶化过程是扩散控制的三维形核长大方式，同时形核率不断增加；当 30%<α<90%时，晶化过程转变为扩散控制的二维形核长大方式，同时形核率不断减小。在 Exo.2 晶化过程中，当 10%<α<60%时，2.5<$\bar{n}$<3.8，c>1，表明晶化过程是扩散控制的三维形核长大方式，同时形核率不断增加；当 60%<α<90%时，晶化过程转变为扩散控制的三维形核长大方式，同时形核率不断减小。可见，当 10%<α<90%时，Exo.1 的前期和后期晶化过程分别是扩散控制的三维和二维形核长大方式，Exo.2 的前期和后期晶化过程都是扩散控制的三

维形核长大方式。在 Exo.1 和 Exo.2 的整个晶化过程中，形核率都是先增加后减小。

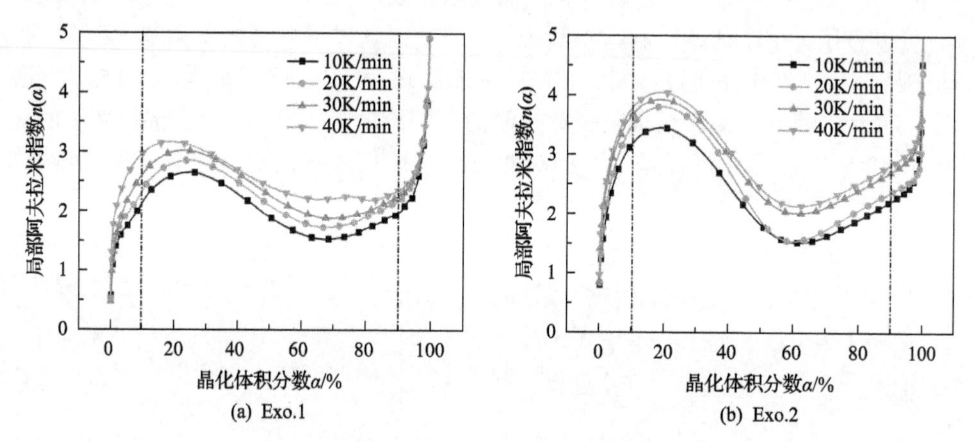

图 10.25　不同升温速率条件下 $Ti_{65}Nb_{23.33}Zr_5Ta_{1.67}Si_5$ 非晶合金粉末局部阿夫拉米指数 $n(\alpha)$ 与晶化体积分数的关系

此外，在图 10.25 中，局部阿夫拉米指数 $n(\alpha)$ 随升温速率 β 的增加而不断增大，这表明在较低的升温速率下，形核率较小。可见，基于不同的晶化机制，通过调节升温速率可以调控烧结晶化的块状合金的微观组织和力学性能。在给定的温度下，升温速率越高，晶化相的形核率越大，烧结和晶化的块状合金晶粒尺寸就越小。这是因为升温速率越高，非晶粉末的黏度越低，扩散激活能减小。$Ti_{65}Nb_{23.33}Zr_5Ta_{1.67}Si_5$ 非晶合金粉末在烧结晶化过程中，经历了两个阶段的晶体形核和长大过程。因此，增加升温速率，可以在增加晶体的形核率同时抑制晶体的长大，有利于获得晶粒细小的块状合金。

图 10.26 是以 20K/min 的升温速率加热到不同温度下保温 20min 后

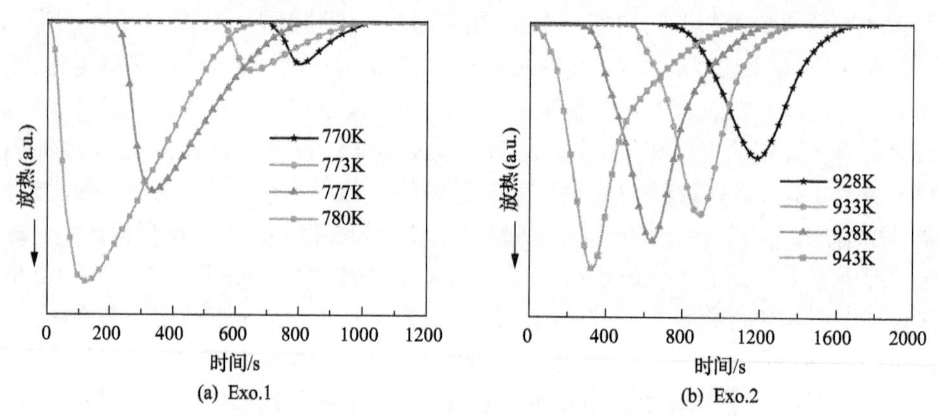

图 10.26　以 20K/min 的升温速率加热到不同温度下保温 20min 后 $Ti_{65}Nb_{23.33}Zr_5Ta_{1.67}Si_5$ 非晶粉末的等温 DSC 曲线

$Ti_{65}Nb_{23.33}Zr_5Ta_{1.67}Si_5$ 非晶粉末的等温 DSC 曲线。由图可见，非晶粉末在晶化之前，都经历了一段孕育时间。随着温度的升高，孕育时间不断减小，表明晶化过程经历了晶体的形核和长大[36]。图 10.27 是不同温度下 $Ti_{65}Nb_{23.33}Zr_5Ta_{1.67}Si_5$ 非晶合金粉末晶化体积分数和时间的关系曲线，呈现“S”形。

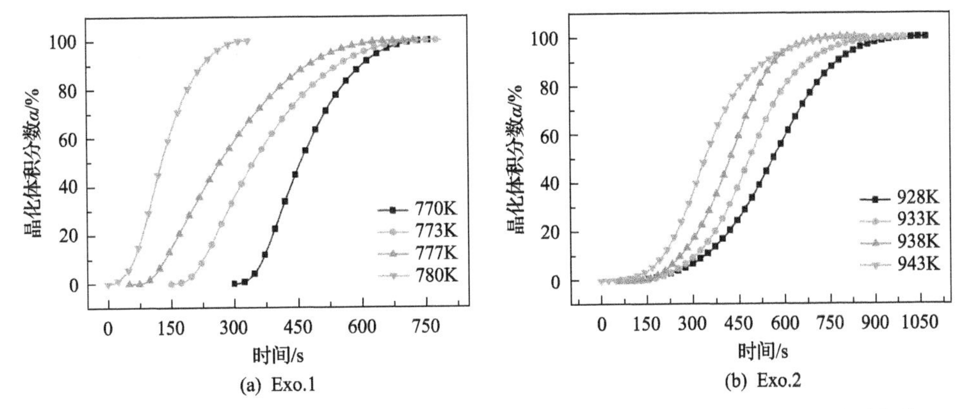

图 10.27　不同温度下 $Ti_{65}Nb_{23.33}Zr_5Ta_{1.67}Si_5$ 非晶粉末晶化体积分数和时间的关系曲线

图 10.28 是通过 JMAK 方程计算的不同温度下 $Ti_{65}Nb_{23.33}Zr_5Ta_{1.67}Si_5$ 非晶合金粉末 $\ln[-\ln(1-\alpha)]$ 与 $\ln(t-\tau)$ 的关系曲线，曲线的斜率是阿夫拉米指数 n 值。可以看出，整条曲线斜率不断变化，这表明 n 值也不断变化，暗示着非晶粉末在整个晶化过程中，晶体的形核和长大方式不同。

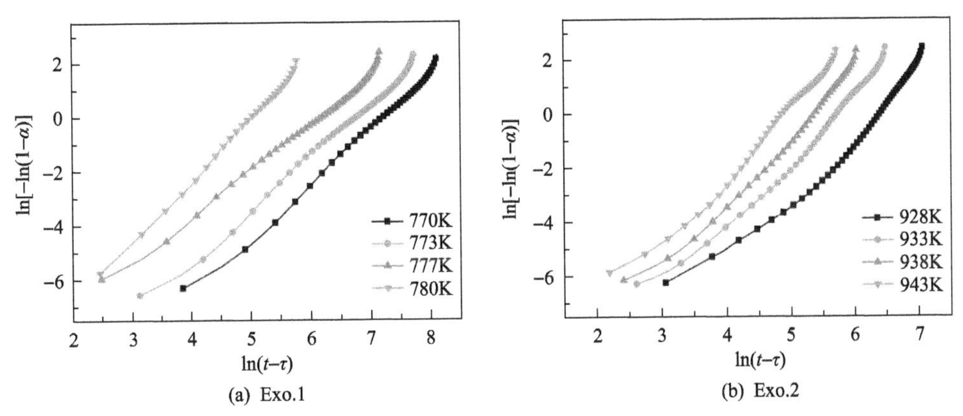

图 10.28　JMAK 方程计算的不同温度下 $Ti_{65}Nb_{23.33}Zr_5Ta_{1.67}Si_5$ 非晶合金粉末 $\ln[-\ln(1-\alpha)]$ 与 $\ln(t-\tau)$ 的关系曲线

图 10.29 是不同温度下 $Ti_{65}Nb_{23.33}Zr_5Ta_{1.67}Si_5$ 非晶粉末局部阿夫拉米指数 $n(\alpha)$ 与晶化体积分数的关系曲线。Exo.1 和 Exo.2 刚开始晶化时，局部阿夫拉米指数 $n(\alpha)$ 为 1 左右，说明在晶化初期晶化过程是界面控制的一维形核长大方式，同时

形核率不断减小[36]。在 Exo.1 晶化过程中，当 $10\%<\alpha<30\%$时，平均阿夫拉米指数$\bar{n}$约为 2.6，表明晶化过程是扩散控制的三维形核长大方式，同时形核率不断增加；当α增加到 90%时，$\bar{n}$减小到 1.9，说明晶化机制转变为扩散控制的二维形核长大方式，同时形核率不断减小。在 Exo.2 晶化过程中，当 $10\%<\alpha<70\%$时，$\bar{n}$=2.5～3.4，晶化过程是扩散控制的三维形核长大方式，同时形核率不断增加；当 $70\%<\alpha<90\%$时，形核率不断减小。与此同时，我们发现局部阿夫拉米指数$n(\alpha)$随着温度的增加而增大，这是因为温度较低时，原子扩散较难，不利于晶体的形核和长大，进而产生较低的形核率；而在较高的温度下，原子的迁移相对容易，因此，形核率较高，但也有利于晶体的长大。这在经典形核长大理论中也得到了证实[37]，即烧结温度越高，晶粒尺寸越大。因此，基于不同的晶化机制，要获得细晶合金，合理的选择加热温度也非常重要。

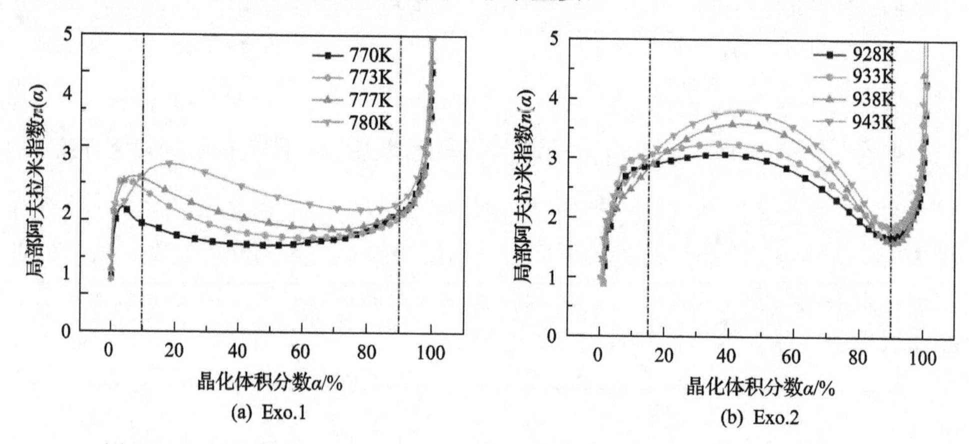

(a) Exo.1　　(b) Exo.2

图 10.29　不同温度下 $Ti_{65}Nb_{23.33}Zr_5Ta_{1.67}Si_5$ 非晶粉末局部阿夫拉米指数 $n(\alpha)$ 与晶化体积分数 α 的关系曲线

10.4.2　非等温和等温晶化机制对超细晶钛合金组织性能的影响

如前所述，烧结和晶化的块状合金 S_{P1}、S_{P2} 和 S_{P3} 微观组织和力学性能不同。同时，三种烧结参数的区别在于非等温和等温的工艺条件。也就是说，S_{P1}、S_{P2} 和 S_{P3} 微观组织不同归因于非等温和等温晶化条件下非晶粉末的晶化机制不同。为了研究其关系，对比分析非晶粉末 $Ti_{65}Nb_{23.33}Zr_5Ta_{1.67}Si_5$ 的非等温和等温晶化机制极其必要。

表 10.13 列出了非等温和等温条件下 $Ti_{65}Nb_{23.33}Zr_5Ta_{1.67}Si_5$ 非晶合金粉末晶化机制的异同。可以看出，在非等温条件下，当 α=10%～30%时，Exo.1 晶化过程是扩散控制的三维形核长大方式，且形核率不断增加；当 α=30%～90%时，Exo.1 晶化过程转变为扩散控制的二维形核长大方式，同时形核率不断减小。在非等温

条件下，当 α=10%～60%时，Exo.2 晶化过程是扩散控制的三维形核长大方式，伴随着形核率不断增加；当 α=60%～90%时，形核率不断减小。在等温条件下，当 α=10%～30%时，Exo.1 晶化过程是扩散控制的三维形核长大方式，伴随着形核率不断增加；当 α=30%～90%时，Exo.1 晶化过程转变为扩散控制的二维形核长大方式，同时形核率不断减小。在等温条件下，当 α=10%～70%时，Exo.2 晶化过程是扩散控制的三维形核长大方式，伴随着形核率不断增加；当 α=70%～90%时，形核率不断减小。可见，非等温晶化机制和等温晶化机制差别不大。无论是在非等温还是等温条件下，Exo.1 在 α=10%～30%和 α=30%～90%的晶化过程分别是扩散控制的三维和二维形核长大方式，形核率先增加后减小；Exo.2 的整个晶化过程是扩散控制的三维形核长大方式，形核率先增加后减小。通过 JMAK 方程计算的非晶粉末 $Ti_{65}Nb_{23.33}Zr_5Ta_{1.67}Si_5$ 的非等温和等温晶化机制相差不大，再次证实 JMAK 方程同样适用于非等温条件。

表 10.13　非等温和等温条件下 $Ti_{65}Nb_{23.33}Zr_5Ta_{1.67}Si_5$ 非晶合金粉末晶化机制的异同

非晶合金成分	晶化条件	晶化放热峰	β/(K/min)	ΔT/K	α/%	$\overline{n}$	晶化机制	相组成
$Ti_{65}Nb_{23.33}Zr_5Ta_{1.67}Si_5$	非等温	Exo.1	10～40	—	10～30	2.5～2.8	3D, $I\uparrow$	β-Ti+S2
		Exo.1	10～40	—	30～90	1.5～2.5	2D, $I\downarrow$	
		Exo.2	10～40	—	10～60	2.5～3.8	3D, $I\uparrow$	
		Exo.2	10～40	—	60～90	2.0～2.5	3D, $I\downarrow$	
	等温	Exo.1	—	770～780	10～30	2.5～2.6	3D, $I\uparrow$	β-Ti+S2
		Exo.1	—	770～780	30～90	1.8～2.5	2D, $I\downarrow$	
		Exo.2	—	928～943	10～70	2.5～3.4	3D, $I\uparrow$	β-Ti+S2
		Exo.2	—	928～943	70～90	2.0～2.5	3D, $I\downarrow$	

根据前面章节，烧结和晶化的块状合金 S_{P1}、S_{P3} 和 S_{P2} 的相区尺寸逐渐增大(图 10.30)，导致它们的屈服强度不同(图 10.31 和表 10.14)。块状合金微观组织的不同可以用非等温和等温加热工艺和晶化机制来解释。在非等温加热工艺条件下，固结晶化非晶粉末 $Ti_{65}Nb_{23.33}Zr_5Ta_{1.67}Si_5$ 合成 S_{P1} 过程中，非晶粉末经历了两步非等温形核长大过程。采用等温加热工艺制备 S_{P3} 时，非晶粉末 $Ti_{65}Nb_{23.33}Zr_5Ta_{1.67}Si_5$ 分别经历了第一步非等温晶化和第二步等温晶化过程。采用等温加热工艺制备 S_{P2} 时，非晶粉末 $Ti_{65}Nb_{23.33}Zr_5Ta_{1.67}Si_5$ 分别经历了第一步等温晶化和第二步非等温晶化过程。可知，在制备 S_{P1} 和 S_{P3} 过程中，非晶粉末的非等温和等温晶化机制相近，但是两者加热工艺条件不同，S_{P3} 升温到第二步晶化温度(973K)以下的 943K 时保温了 20min。升温到 943K 时，S_{P1} 经历了第一步非等温晶化，其微观组织由第一步晶化的 β-Ti 相和剩余的非晶相组成；而 S_{P3} 在 943K

保温 20min 后，经历了第一步非等温晶化和第二步等温晶化，在第二步晶化析出 S2 相的同时由第一步晶化析出的 β-Ti 晶粒已经有所长大。因此，S_{P1} 的屈服强度大于 S_{P3}。对于 S_{P3} 和 S_{P2}，它们的非等温和等温晶化机制也相似，但是两者等温晶化阶段不同。当加热温度升到 780K 时，S_{P3} 中只有非晶相，而 S_{P2} 在第一步晶化温度(820K)以下的 780K 保温 20min 之后，其微观组织由第一步等温晶化析出的 β-Ti 相和剩余的非晶相组成；继续加热到 943K 时，S_{P2} 中的相组成并未发生改变，但此时 β-Ti 已经长大，而 S_{P3} 经过 20min 保温后微观组织由 β-Ti 和 S2 组成。由表 10.13 可以看出，S_{P3} 在第二步等温晶化过程中形核率稍微大于 S_{P2} 在第二步非等温晶化过程中的形核率。因此，S_{P3} 的屈服强度稍大于 S_{P2}。可见，非等温和等温加热工艺参数以及非晶粉末非等温和等温晶化机制对烧结晶化的块状合金的微观组织和力学性能产生了显著影响。

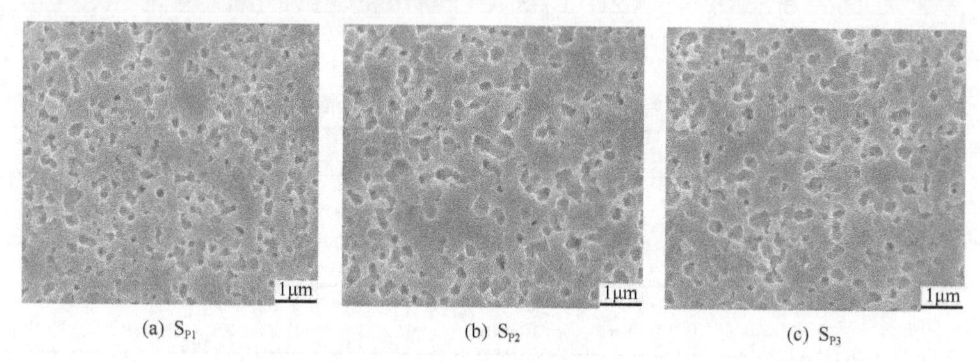

(a) S_{P1}　(b) S_{P2}　(c) S_{P3}

图 10.30　以非等温和等温加热工艺烧结晶化 $Ti_{65}Nb_{23.33}Zr_5Ta_{1.67}Si_5$ 非晶粉末合成的块状合金的 SEM 微观组织

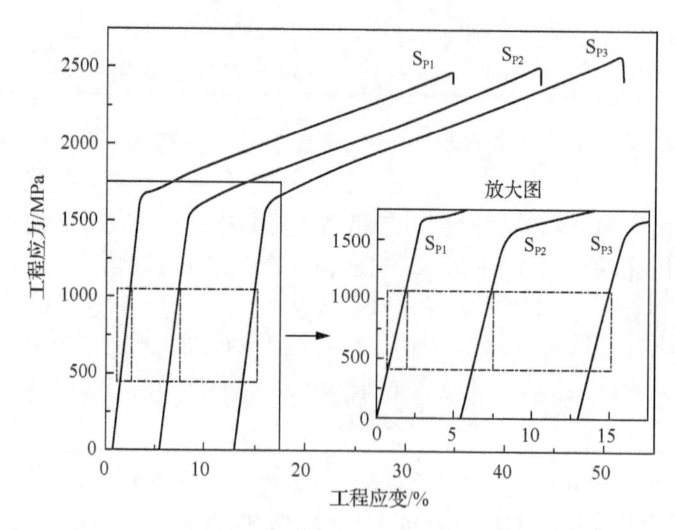

图 10.31　烧结晶化 $Ti_{65}Nb_{23.33}Zr_5Ta_{1.67}Si_5$ 非晶粉末合成的块状合金的室温压缩应力-应变曲线

表 10.14　烧结晶化的块状合金 S_{P1}、S_{P2} 和 S_{P3} 的屈服强度 $\sigma_{0.2}$、断裂强度 σ_{max}、断裂应变 ε_f、压缩弹性模量 E_c、相对密度 ρ

试样	$\sigma_{0.2}$/MPa	σ_{max}/MPa	ε_f/%	E_c/GPa	ρ/%
S_{P1}	1656±2	2474±36	35±5	60±3	99.2
S_{P2}	1506±2	2592±55	39±2	55±4	99.3
S_{P3}	1569±2	2563±45	40±2	53±6	99.5

图 10.31 是烧结晶化 $Ti_{65}Nb_{23.33}Zr_5Ta_{1.67}Si_5$ 非晶粉末合成的块状合金 S_{P1}、S_{P2} 和 S_{P3} 的室温压缩应力-应变曲线。表 10.14 列出了块状合金 S_{P1}、S_{P2} 和 S_{P3} 的屈服强度 $\sigma_{0.2}$、断裂强度 σ_{max}、断裂应变 ε_f、压缩弹性模量 E_c 和相对密度 ρ。三种块状合金的相对密度分别为 99.2%、99.3%、99.5%，这表明在非等温和等温烧结条件下，烧结晶化的块状合金都实现了近全致密。块状合金 S_{P1}、S_{P2} 和 S_{P3} 的断裂应变分别为 35%～40%，断裂强度为 2474～2592MPa，压缩弹性模量为 53～60GPa(图 10.31 中插图)。与此同时，我们发现块状合金 S_{P1}、S_{P2} 和 S_{P3} 的屈服强度分别为 1656MPa、1506MPa、1569MPa，大小依次是 $S_{P1}>S_{P3}>S_{P2}$，而块状合金晶粒大小顺序依次是 $S_{P1}<S_{P3}<S_{P2}$。这说明，块状合金晶粒尺寸越小，屈服强度越大。很显然，烧结晶化的块状合金 S_{P1}、S_{P2} 和 S_{P3} 力学性能的差异主要归因于微观组织的不同。

参 考 文 献

[1] Blaine R L, Kissinger H E. Homer Kissinger and the Kissinger equation. Thermochimica Acta, 2012, 540: 1-6.

[2] Kong L H, Gao Y L, Song T T, et al. Non-isothermal crystallization kinetics of FeZrB amorphous alloy. Thermochimica Acta, 2011, 522(1-2): 166-172.

[3] Málek J Í. The applicability of Johnson-Mehl-Avrami model in the thermal analysis of the crystallization kinetics of glasses. Thermochimica Acta, 1995, 267: 61-73.

[4] Zou L M, Li Y H. Yang C, et al. Effect of Fe content on glass-forming ability and crystallization behavior of a $(Ti_{69.7}Nb_{23.7}Zr_{4.9}Ta_{1.7})_{100-x}Fe_x$ alloy synthesized by mechanical alloying. Journal of Alloys and Compounds, 2013, 553: 40-47.

[5] Christian J W. The Theory of Transformations in Metals and Alloys. New York: Pergamon Press, 1965: 197-222.

[6] Zhang L C, Xu J, Eckert J. Thermal stability and crystallization kinetics of mechanically alloyed TiC/Ti-based metallic glass matrix composite. Journal of Applied Physics, 2006, 100(3): 033514.

[7] Christian J W. The Theory of Transformation in Metals and Alloys. Oxford: Pergamon Press, 1975.

[8] Yamasaki T, Maeda S, Yokoyama Y, et al. Viscosity measurements of $Zr_{55}Cu_{30}Al_{10}Ni_5$ supercooled liquid alloys by using penetration viscometer under high-speed heating conditions. Intermetallics, 2006, 14(8-9): 1102-1106.

[9] Park J M, Chang H J, Han K H, et al. Enhancement of plasticity in Ti-rich Ti-Zr-Be-Cu-Ni bulk metallic glasses. Scripta Materialia, 2005, 53(1): 1-6.

[10] Zhu S L, Wang X M, Inoue A. Glass-forming ability and mechanical properties of Ti-based bulk glassy alloys with large diameters of up to 1cm. Intermetallics, 2008, 16(8): 1031-1035.

[11] Huang Y J, Shen J, Sun J F, et al. A new Ti-Zr-Hf-Cu-Ni-Si-Sn bulk amorphous alloy with high glass-forming ability. Journal of Alloys and Compounds, 2007, 427(1-2): 171-175.

[12] Yang C, Cheng Q R, Liu L H, et al. Effect of minor Cu content on microstructure and mechanical property of NiTiCu bulk alloys fabricated by crystallization of metallic glass powder. Intermetallics, 2015, 56:37-43.

[13] Qiao J C, Pelletier J M. Crystallization kinetics in $Cu_{46}Zr_{45}Al_7Y_2$ bulk metallic glass by differential scanning calorimetry(DSC). Journal of Non-Crystalline Solids, 2011, 357: 2590-2594.

[14] Movahedi B, Enayati M H, Wong C C. On the crystallization behavior of amorphous Fe-Cr-Mo-B-P-Si-C powder prepared by mechanical alloying. Materials Letters, 2010, 64: 1055-1058.

[15] Blazquez J S, Conde C F, Conde A. Non-isothermal approach to isokinetic crystallization processes: Application to the nanocrystallization of HITPERM alloys. Acta Materialia, 2005, 53: 2305-2311.

[16] Turnbull D. Under what conditions can a glass be formed? Contemporary Physics, 1969, 10(5): 473-488.

[17] Li Y Y, Yang C, Chen W P, et al. Ultrafine-grained $Ti_{66}Nb_{13}Cu_8Ni_{6.8}Al_{6.2}$ composites fabricated by spark plasma sintering and crystallization of amorphous phase. Journal of Materials Research, 2009, 24(6): 2118-2122.

[18] Zhang L C, Xu J, Ma E. Mechanically alloyed amorphous $Ti_{50}(Cu_{0.45}Ni_{0.55})_{44-x}Al_xSi_4B_2$ alloys with supercooled liquid region. Journal of Materials Research, 2002, 17(7): 1743-1749.

[19] Wang Y L, Xu J, Yang R. Glass formation in high-energy ball milled $Ti_x(Cu_{0.45}Ni_{0.55})_{94-x}Si_4B_2$ alloys. Materials Science and Engineering A, 2003, 352(1-2): 112-117.

[20] Zhang L C, Shen Z Q, Xu J. Thermal stability of mechanically alloyed boride/ $Ti_{50}Cu_{18}Ni_{22}Al_4Sn_6$ glassy alloy composites. Journal of Non-Crystalline Solids, 2005, 351(27-29): 2277-2286.

[21] Criado J M, Ortega A. Non-isothermal crystallization kinetics of metal glasses: simultaneous determination of both the activation energy and the exponent n of the JMA kinetic law. Acta Metallurgy, 1987, 35(7): 1715-1721.

[22] Zhang Y H, Liu Y C, Gao Z M, et al. Study on crystallization of nanocrystalline/amorphous Al-based alloy. Journal of Alloys and Compounds, 2009, 469(1-2): 565-570.

[23] Matusita K, Komatsu T, Yokota R. Kinetics of non-isothermal crystallization process and activation energy for crystal growth in amorphous materials. Journal of Materials Science, 1984, 19(1): 291-296.

[24] Kim S M, Chien W M, Chandra D, et al. Phase transformation and crystallization kinetics of melt-spun $Ni_{60}Nb_{20}Zr_{20}$ amorphous alloy. Journal of Non-Crystalline Solids, 2012, 358: 1165-1170.

[25] Sakurai K, Yamada Y, Ito M, et al. Observation of solid-state amorphization in the immiscible system Cu-Ta.Applied Physics Letters, 1990, 57: 2660-2662.

[26] Wang G., Shen J, Sun J F, et al. Isothermal nanocrystallization behavior of $Zr_{41.25}Ti_{13.75}Ni_{10}Cu_{12.5}Be_{22.5}$ bulk metallic glass in the supercooled liquid region. Scripta Materialia, 2005, 53(6): 641-645.

[27] Henderson D W. Experimental analysis of non-isothermal transformations involving nucleation and growth. Journal of Thermal Analysis and Calorimetry, 1979, 15(2): 325-331.

[28] Henderson D W. Thermal analysis of non-isothermal crystallization kinetics in glass forming liquids. Journal of Non-Crystalline Solids, 1979, 30: 301-315.

[29] Kong L H, Gao Y L, Song T T, et al. Non-isothermal crystallization kinetics of FeZrB amorphous alloy. Thermochimica Acta, 2011, 522(1-2): 166-172.

[30] Soliman A A, Al-Heniti S, Al-Hajry A, et al. Crystallization kinetics of melt-spun $Fe_{83}B_{17}$ metallic glass. Thermochimica Acta, 2004, 413(1-2): 57-62.

[31] Wang H R, Gao Y L, Ye Y F, et al. Crystallization kinetics of an amorphous Zr-Cu-Ni alloy: calculation of the activation energy. Journal of Alloys and Compounds, 2003, 353(3-5): 200-206.

[32] Li Y H, Yang C, Kang L M, et al. Non-isothermal and isothermal crystallization kinetics and their effect on microstructure of sintered and crystallized TiNbZrTaSi bulk alloys. Journal of Non-Crystalline Solids, 2016, 432: 440-452.

[33] Mondal K, Murty B S. On the parameters to assess the glass forming ability of liquids. Journal of Non-Crystalline Solids, 2005, 351(16-17): 1366-1371.

[34] Wang H R, Gao Y L, Min G H, et al. Primary crystallization in rapidly solidified $Zr_{70}Cu_{20}Ni_{10}$ alloy from a supercooled liquid region. Physics Letters A, 2003, 314(1-2): 81-87.

[35] Minic D M, Adnađevic B. Mechanism and kinetics of Crystallization of α-Fe in amorphous $Fe_{81}B_{13}Si_4C_2$ alloy. Themochimca Acta, 2008, 474(1-2): 41-46.

[36] Yang C, Liu L H, Yao Y G, et al. Intrinsic relationship between crystallization mechanism of metallic glass powder and microstructure of bulk alloys fabricated by powder consolidation and crystallization of amorphous phase. Journal of Alloys and Compounds, 2014, 586: 542-548.

[37] Li Y Y, Yang C, Qu S G, et al. Nucleation and growth mechanism of crystalline phase for fabrication of ultrafine-grained $Ti_{66}Nb_{13}Cu_8Ni_{6.8}Al_{6.2}$ composites by spark plasma sintering and crystallization of amorphous phase. Materials Science and Engineering A, 2010, 528(1): 486-493.

本章作者：卢海洲，杨　超